普通高等教育土木工程专业新形态教材

土木工程施工组织

郑显春　主　编
郭涛　李鹏飞　副主编

清华大学出版社
北　京

内 容 简 介

本书依据"土木工程施工组织"课程教学大纲要求编写而成,主要阐述了施工组织的基本原理和理论方法。全书共6章,内容包括:施工组织概论、流水施工原理、工程网络计划技术、施工组织总设计、单位工程施工组织设计及BIM技术在施工组织中的应用。

本书注重贯彻我国现行规范、规程及有关文件,增加了绿色施工管理计划、创优质工程管理计划、BIM技术应用等内容,课后习题中编入部分执业资格考试真题。本书以二维码形式嵌入了大量视频、工艺动画、精品案例,为读者编制施工组织设计文件提供了新思路及一手资料。

本教材将理论知识与工程实践相结合,突出了工程的实用性,强化了施工管理实践能力的培养,具有内容翔实、深浅适度、可操作性强、适用面广等特点,可作为高等院校土木工程、工程管理、建筑施工技术、安全工程等专业的教材,也可作为继续教育的培训教材,同时可供土木工程施工管理人员参考。

版权所有,侵权必究。举报: 010-62782989, beiqinquan@tup.tsinghua.edu.cn。

图书在版编目(CIP)数据

土木工程施工组织 / 郑显春主编. -- 北京 : 清华大学出版社,2024.12. --(普通高等教育土木工程专业新形态教材). -- ISBN 978-7-302-67445-0

Ⅰ. TU721

中国国家版本馆 CIP 数据核字第 2024A3M286 号

责任编辑:王向珍
封面设计:陈国熙
责任校对:欧 洋
责任印制:刘海龙

出版发行:清华大学出版社
网　　址:https://www.tup.com.cn, https://www.wqxuetang.com
地　　址:北京清华大学学研大厦A座　　邮　　编:100084
社 总 机:010-83470000　　邮　　购:010-62786544
投稿与读者服务:010-62776969, c-service@tup.tsinghua.edu.cn
质量反馈:010-62772015, zhiliang@tup.tsinghua.edu.cn

印 装 者:三河市天利华印刷装订有限公司
经　　销:全国新华书店
开　　本:185mm×260mm　　印 张:22.75　　插 页:1　　字　　数:555千字
版　　次:2024年12月第1版　　印　　次:2024年12月第1次印刷
定　　价:69.80元

产品编号:097393-01

前 言
PREFACE

本书系统介绍了当前建筑业改革中应用的现代化施工组织和管理方法,同时作者在编写本书过程中参考了大量的实际工程资料,并得到很多施工企业工程师的指导,从而使本书理论知识与生产实践更加密切,尤其在施工方案编写、施工进度计划和平面布置图绘制方面,力求内容详细、完整、正确,这是本书最大的亮点。本书具有应用性知识突出、可操作性强、深浅适度、图文并茂、通俗易懂等特点。通过对本书的学习,学生可以掌握土木工程施工组织设计的基本原理、基本内容和基本步骤以及施工管理的主要方法,从而为未来从事相关工作打下坚实的基础。同时,本书也可作为建筑施工企业编制施工组织设计文件及施工方案的参考用书。

本书特色主要体现在以下几方面:

(1) 插入现行规范、规程、标准,有助于学生对规范的了解。

(2) 编入工程实例,有助于学生施工管理实践能力的培养,突出了本书的实用性。

(3) 增加了创优质工程管理计划的内容,有助于学生对优质工程申报程序的了解,并为施工企业创优工作提供参考。

(4) 习题和案例分析题中将历年建造师、造价工程师及监理工程师执业资格的部分考试内容编入其中,有助于提高学生的学习积极性。

(5) 将BIM技术编入教材,适应当前信息技术时代的要求,有利于提高学生BIM技术的应用能力。

(6) 本书以二维码形式嵌入大量能够反映工程行业动态和最新技术的视频及优秀工程案例,有助于学生对专业知识的理解及了解前沿技术,不实为一本立体化教材。

本书由郑显春担任主编,郭涛、李鹏飞担任副主编。全书共6章,每章均有思考题、习题,便于读者学习、巩固;第2~5章编有案例分析题。具体写作分工为:第1章由郭涛编写;第4.1~4.4节由李鹏飞编写;第5.1~5.4节由李雪飞编写;其余章节内容及全书思考题、习题、案例分析题均由郑显春编写,沈子洋参与施工进度计划及施工平面图部分内容的绘制。最后,由郑显春对全书进行统稿并定稿。本书图中没有标注单位的时间默认单位为天(d)。

本书在编写过程中,得到了河北建工集团有限责任公司、中铁电气化局集团北京建筑工程有限公司、中铁十五局集团第五工程有限公司、中国建筑一局(集团)有限公司、中建八局第一建设有限公司、中建八局第二建设有限公司等的大力支持,其为本书提供了大量实际工程资料,在此对具体参与者齐晓雷、马瑞林、邢亮、苏志航、周冀伟、沈子洋、李森等给予的帮助表示衷心的感谢!

由于编写时间仓促,编者水平有限,书中难免有不足之处,敬请各位读者批评指正。

编 者

2024年6月

目 录
CONTENTS

第1章 施工组织概论 1
  1.1 土木工程施工组织发展概述 1
  1.2 建设项目与土木工程施工程序 6
    1.2.1 建设项目 6
    1.2.2 土木工程施工程序 8
  1.3 施工组织设计的概念、作用及意义 11
  1.4 施工组织设计的分类 12
  1.5 施工组织设计的编制、审批与贯彻执行 13
    1.5.1 施工组织设计的编制 13
    1.5.2 施工组织设计的审批 14
    1.5.3 施工组织设计的贯彻执行和动态管理 14
  思考题 15
  习题 15

第2章 流水施工原理 17
  2.1 组织施工的基本方式 17
    2.1.1 依次施工 17
    2.1.2 平行施工 19
    2.1.3 流水施工 19
  2.2 流水施工的主要参数 24
    2.2.1 工艺参数 24
    2.2.2 空间参数 25
    2.2.3 时间参数 29
  2.3 流水施工的基本组织方式 34
    2.3.1 等节奏流水施工 34
    2.3.2 异步距异节奏流水施工 35
    2.3.3 等步距异节奏流水施工 38
    2.3.4 无节奏流水施工 45
    2.3.5 有层间关系的异步距异节奏流水施工与无节奏流水施工 47
    2.3.6 不同流水施工组织方式的比较 52

思考题 ……………………………………………………………………………………… 55
　　习题 ………………………………………………………………………………………… 55
　　案例分析题 ………………………………………………………………………………… 61

第 3 章　工程网络计划技术 …………………………………………………………… 62

3.1　概述 …………………………………………………………………………………… 62
　　3.1.1　网络计划技术的产生与发展 ……………………………………………………… 62
　　3.1.2　基本概念 …………………………………………………………………………… 63
　　3.1.3　工程网络计划技术的基本原理 …………………………………………………… 64
　　3.1.4　横道图与工程网络计划的比较 …………………………………………………… 64
　　3.1.5　工程网络计划的分类 ……………………………………………………………… 65
3.2　双代号网络计划 ……………………………………………………………………… 65
　　3.2.1　双代号网络图的基本要素 ………………………………………………………… 65
　　3.2.2　双代号网络图的绘制 ……………………………………………………………… 68
　　3.2.3　双代号网络计划时间参数计算 …………………………………………………… 75
3.3　单代号网络计划 ……………………………………………………………………… 86
　　3.3.1　单代号网络图的基本要素 ………………………………………………………… 86
　　3.3.2　单代号网络图与双代号网络图的区别 …………………………………………… 86
　　3.3.3　单代号网络图的绘制 ……………………………………………………………… 87
　　3.3.4　单代号网络计划时间参数计算 …………………………………………………… 89
3.4　双代号时标网络计划 ………………………………………………………………… 94
　　3.4.1　双代号时标网络计划基本概念 …………………………………………………… 94
　　3.4.2　双代号时标网络计划的特点 ……………………………………………………… 94
　　3.4.3　双代号时标网络计划的编制 ……………………………………………………… 95
　　3.4.4　双代号时标网络计划时间参数的确定 …………………………………………… 98
3.5　单代号搭接网络计划 ………………………………………………………………… 100
　　3.5.1　单代号搭接网络计划基本概念 …………………………………………………… 100
　　3.5.2　相邻工作的各种搭接关系 ………………………………………………………… 101
　　3.5.3　搭接网络计划的时间参数计算 …………………………………………………… 103
3.6　网络计划优化 ………………………………………………………………………… 109
　　3.6.1　工期优化 …………………………………………………………………………… 110
　　3.6.2　工期-费用优化 …………………………………………………………………… 112
　　3.6.3　资源优化 …………………………………………………………………………… 118
3.7　网络计划控制 ………………………………………………………………………… 126
　　3.7.1　网络计划检查 ……………………………………………………………………… 126
　　3.7.2　网络计划调整 ……………………………………………………………………… 127
3.8　网络计划应用实例 …………………………………………………………………… 132
　　3.8.1　分部工程网络计划 ………………………………………………………………… 132
　　3.8.2　单位工程网络计划 ………………………………………………………………… 134

思考题 ··· 138
　　习题 ··· 138
　　案例分析题 ··· 144

第4章　施工组织总设计 ·· 147

4.1　概述 ··· 147
4.1.1　施工组织总设计的作用 ·· 147
4.1.2　施工组织总设计的内容 ·· 147
4.1.3　施工组织总设计的编制依据 ·· 148
4.1.4　施工组织总设计的编制程序 ·· 148
4.1.5　工程概况 ·· 148

4.2　总体施工部署与主要施工方法 ·· 149
4.2.1　总体施工部署 ·· 149
4.2.2　主要施工方法 ·· 151

4.3　施工总进度计划 ··· 151
4.3.1　施工总进度计划的编制原则 ·· 151
4.3.2　施工总进度计划的编制步骤 ·· 152

4.4　总体施工准备与主要资源配置计划 ·· 156
4.4.1　总体施工准备 ·· 156
4.4.2　主要资源配置计划 ·· 159

4.5　暂设工程 ··· 160
4.5.1　工地加工厂 ·· 161
4.5.2　工地仓库 ··· 163
4.5.3　工地运输 ··· 165
4.5.4　办公及生活福利设施 ·· 166
4.5.5　工地临时供水 ·· 166
4.5.6　工地临时供电 ·· 175

4.6　施工总平面图 ··· 178
4.6.1　施工总平面图的设计依据 ··· 178
4.6.2　施工总平面图的设计原则 ··· 178
4.6.3　施工总平面图的设计内容 ··· 179
4.6.4　施工总平面图的设计步骤 ··· 179

4.7　施工组织总设计实例 ·· 184
4.7.1　编制依据 ··· 184
4.7.2　工程概况 ··· 185
4.7.3　总体施工部署 ·· 187
4.7.4　施工总进度计划 ··· 191
4.7.5　总体施工准备与主要资源配置计划 ··· 191
4.7.6　主要工程项目施工方法 ·· 196

4.7.7　施工总平面图布置 …………………………………………………… 201
思考题 ……………………………………………………………………………… 203
习题 ………………………………………………………………………………… 203
案例分析题 ………………………………………………………………………… 204

第5章　单位工程施工组织设计 …………………………………………… 206

5.1　概述 ………………………………………………………………………… 206
　　5.1.1　单位工程施工组织设计的作用 …………………………………… 206
　　5.1.2　单位工程施工组织设计的任务 …………………………………… 206
　　5.1.3　单位工程施工组织设计的编制依据 ……………………………… 207
　　5.1.4　单位工程施工组织设计的内容 …………………………………… 207
　　5.1.5　单位工程施工组织设计的编制程序 ……………………………… 208

5.2　工程概况 …………………………………………………………………… 208
　　5.2.1　工程主要情况 ……………………………………………………… 208
　　5.2.2　各专业设计简介 …………………………………………………… 209
　　5.2.3　工程施工条件 ……………………………………………………… 209

5.3　施工部署 …………………………………………………………………… 209
　　5.3.1　确定施工管理目标 ………………………………………………… 210
　　5.3.2　建立项目管理组织机构 …………………………………………… 210
　　5.3.3　施工组织安排 ……………………………………………………… 211
　　5.3.4　工程施工的重点和难点分析 ……………………………………… 219

5.4　施工方案 …………………………………………………………………… 220
　　5.4.1　施工方案的主要内容 ……………………………………………… 220
　　5.4.2　施工方法和施工机械的选择 ……………………………………… 221
　　5.4.3　施工方案的技术经济评价 ………………………………………… 224

5.5　单位工程施工进度计划 …………………………………………………… 228
　　5.5.1　单位工程施工进度计划的作用及分类 …………………………… 228
　　5.5.2　单位工程施工进度计划的编制依据 ……………………………… 229
　　5.5.3　单位工程施工进度计划的编制程序 ……………………………… 229
　　5.5.4　施工进度计划的表示方法 ………………………………………… 230
　　5.5.5　单位工程施工进度计划的编制步骤 ……………………………… 232

5.6　施工准备与资源配置计划 ………………………………………………… 238
　　5.6.1　施工准备 …………………………………………………………… 238
　　5.6.2　资源配置计划 ……………………………………………………… 250

5.7　单位工程施工平面图 ……………………………………………………… 251
　　5.7.1　设计依据 …………………………………………………………… 251
　　5.7.2　设计原则 …………………………………………………………… 252
　　5.7.3　单位工程施工平面图的设计内容 ………………………………… 252
　　5.7.4　单位工程施工平面图的设计步骤 ………………………………… 252

5.8 主要施工管理计划 ··· 260
　　5.8.1 进度管理计划 ··· 260
　　5.8.2 质量管理计划 ··· 261
　　5.8.3 安全管理计划 ··· 261
　　5.8.4 环境管理计划 ··· 262
　　5.8.5 成本管理计划 ··· 263
　　5.8.6 其他管理计划 ··· 263
5.9 单位工程施工组织设计实例 ··· 276
　　5.9.1 某公司办公楼工程施工组织设计 ·· 276
　　5.9.2 某道路工程施工组织设计 ·· 311
思考题 ··· 333
习题 ·· 333
案例分析题 ·· 336

第6章 BIM技术在施工组织中的应用 ·· 339

6.1 概述 ··· 339
　　6.1.1 BIM技术的发展 ··· 339
　　6.1.2 BIM技术在施工阶段的应用 ·· 340
6.2 施工模拟 ·· 341
　　6.2.1 施工方案模拟 ··· 342
　　6.2.2 施工工艺模拟 ··· 344
6.3 BIM技术在施工进度计划编制及控制中的应用 ·· 345
　　6.3.1 BIM技术在施工进度计划编制中的应用 ··· 345
　　6.3.2 BIM技术在施工进度计划控制中的应用 ··· 346
6.4 BIM技术在施工场地布置中的应用 ·· 351
思考题 ··· 352

参考文献 ·· 353

第1章 施工组织概论

重点掌握内容：施工组织设计分类，建设项目的分解与组合。
了解内容：施工组织发展方向，土木工程施工程序，施工组织设计的审批。

1.1 土木工程施工组织发展概述

1. 古代施工组织

我国古代就非常重视施工组织管理工作。最早的记载见于《左传》，春秋时期楚国令尹（楚国在春秋战国时代的最高官衔）要建沂城，委派封人（主管城建的官员）筹措，封人首先筹措资金，整理夯土及挖土器械，计算土方量及土方运距，平整场地，准备口粮，然后开工，仅用30日便完成了建设任务。

到了宋代，项目统筹管理工作又取得了长足进展，《梦溪笔谈》中记载有"一举而三役济"的实例。宋真宗年间，宫中失火，丁谓奉命修缮被烧毁的宫室。工程除了资金以外有3个难题：①建设皇宫需要很多泥土，可是京城中空地很少，取土要到郊外去挖，路很远，得耗费大量的劳力；②修建皇宫需要大批建筑材料，这些都要从外地运来，而运河在郊外，远离皇宫，从码头运到皇宫需找大量人工搬运；③工程上原有很多碎砖破瓦等垃圾要清运出京城。经过周密思考，丁谓制订出一套科学施工方案：首先从施工现场向外挖了若干条大深沟，把挖出来的土作为施工需要的泥土备用。其次，从城外把运河水引入所挖的大沟中，利用木排及船只运送木材石料，解决了木材石料的运输问题。最后，等到材料运输任务完成之后，再把沟中的水排掉，把工地上的垃圾填入沟内，使沟重新变为平地。这不仅节约了时间和经费，而且使工地秩序井然，使城内的交通和生活秩序受工程施工的影响小。工程原先估计用15年时间建成，结果只用了7年。"丁谓造宫"体现了严密的施工组织性，达到"一举三得"的效果，成为历史上典型的施工组织设计成功案例，充分反映了中国古代匠师们超群的智慧。

2. 近现代施工组织

国外对施工组织设计的研究有两大模式，苏联称为施工组织设计，而西方国家一般称为工程项目管理计划或施工计划，其中尤其以网络计划的研究居多。1928年，苏联在修建第聂伯河水电站过程中，施工人员编制了第一份较为完备的施工组织设计，通过实施取得了显著的成效，随后组建了专门的研究机构进行施工组织设计的理论研究并逐步推广到项目管理实践中。新中国成立后,沿袭了苏联的施工组织设计模式,第一个五年计划期间,在某些大型工程建设中推行施工组织设计,取得了较大成效。住房城乡建设部明确规定,在基本建设过程的不同阶段均要编制对应的施工组织设计并由相关部门审批通过后方可投入实施。

改革开放至今,我国建筑企业建造了无数令人叹为观止、全球少有的各类顶尖工程。从建造"高精特难"工程来看,有各项指标居世界第一的三峡大坝,世界海拔最高、"有史以来最困难的铁路工程项目"青藏铁路,标志中国工程"速度""密度"的高铁工程,标志中国工程"精度""跨度"以港珠澳大桥为代表的桥梁工程,代表中国工程"高度"的上海中心大厦,代表中国工程"深度"的洋山深水港码头,代表中国工程"难度"的全球首堆示范工程——福清核电站5、6号机组等。在海外,中国建筑企业建造了许多优质精品工程,近几年还深度参与了"一带一路"沿线数十个国家和地区陆、海、天、网四位一体重大项目的规划与建设。随着现代建设规模的扩大,我国工程技术人员不断创造新的奇迹,每个建设项目的顺利进行都需要科学合理的施工组织设计。可扫描二维码1-1,了解武汉绿地中心超高层关键建造技术。扫描二维码1-2观看视频,了解创6项世界第一的白鹤滩水电站建设概况及设计、施工、管理中的难点,感受大国重器巨坝横江的雄伟气魄。扫描二维码1-3观看视频,了解被称为"现代世界七大奇迹"之首的北京大兴国际机场设计亮点和施工组织管理中的难点,感受中国速度、中国质量和中国力量。

1-1　　1-2　　1-3

3. 施工组织发展方向

1) 绿色低碳建造

2020年9月中国明确提出2030年"碳达峰"与2060年"碳中和"目标,建筑业作为我国能源消耗大户、碳排放大户,要实现"双碳"目标,必须加强对绿色建筑尤其是净零碳建筑的重视程度,积极推进绿色低碳建造,逐步使建筑业实现碳中和。

《"十四五"建筑节能与绿色建筑发展规划》明确,到2025年,城镇新建建筑全面建成绿色建筑。2024年3月发布的《加快推动建筑领域节能降碳工作方案》提出,到2025年,建筑领域节能降碳制度体系更加健全,城镇新建建筑全面执行绿色建筑标准;到2027年,建成一批绿色低碳高品质建筑,建筑领域节能降碳取得显著成效。

《"十四五"建筑业发展规划》提出,初步建立绿色建造政策、技术、实施体系,加快推行绿色建造方式,不断提高工程建设集约化水平。积极推进施工现场建筑垃圾减量化,推动建筑废弃物的高效处理与再利用,探索建立研发、设计、建材和部品部件生产、施工、资源回收再利用等一体化协同的绿色建造产业链。2025年,实现新建建筑施工现场建筑垃圾(不包括工程渣土、工程泥浆)排放量每万平方米不高于300t,其中装配式建筑排放量每万平方米不高于200t。

(1) 绿色低碳建造应统筹考虑建筑工程质量、安全、效率、环保、生态等要素,实现工程策划、设计、施工、交付全过程一体化,提高建造水平和建筑品质;应全面体现绿色要求,有效降低建造全过程对资源的消耗和对生态环境的影响,减少碳排放,整体提升建造活动绿色化水平。

(2) 施工组织应采用节能、节材、节水、节地和环境保护("四节一环保")等措施,最大限度地节约资源,减少对环境负面影响,实现可持续发展。采用绿色建筑材料和可再生能源是一种关键举措。例如,使用可再生材料如竹木、再生钢材和可降解塑料,减少对有限资源的依赖；此外，可再生能源如太阳能和风能用于建筑施工现场的照明用电，可以减少对传统能源的消耗和碳排放。通过应用 BIM 技术，能够在工程初期预测并优化材料的使用，减少浪费。根据研究显示，应用 BIM 技术大约可以减少 20% 的材料浪费。

（3）采用节能型施工设备和技术，如采用高效水龙头、水量监测系统和雨水收集系统等节水措施，减少水资源浪费。规范施工现场管理，统筹做好施工临时设施与永久设施综合利用，对建筑垃圾进行分类处理和资源化利用，减少废弃物排放对环境的污染，达到节约材料的目的。

2）建筑施工装配化

装配式建筑相比传统施工方法具有构件加工精度高、节能、环保、施工速度快、生产效率高、减少现浇工作、有利于冬季施工等多种优势，近年来在我国得到大力推行使用。《"十四五"建筑业发展规划》指出，到 2035 年，建筑业发展质量和效益大幅提升，建筑工业化全面实现。大力推广应用装配式建筑，积极推进高品质钢结构住宅建设，鼓励学校、医院等公共建筑优先采用钢结构。智能建造与新型建筑工业化协同发展的政策体系和产业体系基本建立，打造一批建筑产业互联网平台，形成一批建筑机器人标志性产品，培育一批智能建造和装配式建筑产业基地。

"十四五"期间要大力发展装配式建筑，装配式建筑占新建建筑的比例达到 30% 以上，推动生产和施工智能化升级，扩大标准化构件和部品部件使用规模，提高预制构件和部品部件通用性，推广标准化、少规格、多组合设计。完善适用不同建筑类型装配式混凝土建筑结构体系，加大高性能混凝土、高强度钢筋和消能减震、预应力技术集成应用。积极推进装配化装修方式在商品住房项目中的应用，加快建设绿色低碳住宅。推广管线分离、一体化装修技术，推广集成化模块化建筑部品，促进装配化装修与装配式建筑的深度融合。

在装配式建筑规模快速发展的同时，对施工管理也提出诸多挑战。施工企业应从以下几方面做好装配式建筑施工组织管理工作：

（1）强化项目管理人员的专业化培养。定期选送管理人员赴国内外装配式建筑标杆企业、先进项目学习，借鉴先进管理经验。常态化开展管理人员培训，围绕项目策划、进度控制、质量管理、成本核算、合同管理、信息化应用等内容，提升项目团队的现代化管理能力。同时，鼓励专业技术人员与施工管理人员开展交流研讨。面向在职施工人员开展全员、全过程、全方位的专项培训。针对不同工种、不同岗位，实施分类施教、因材施教。理论教学方面，可通过案例分析、情景模拟等方式，帮助学员系统掌握装配式建筑的基本原理、施工工艺、操作规范等；实操培训方面，可采取"理论＋实操"的模式，通过现场教学、实际操作等，系统化提升施工人员的动手能力和专业技能，规范其操作行为。

（2）编制详细的施工组织设计。编制科学合理的施工方案和施工总进度计划，科学编制施工测量放样方案，推行构件一次定位安装，提高装配精度。科学设置关键节点工期，合理安排作业顺序，并细化到周、日作业计划。同时，要统筹兼顾设计、生产、施工、采购等各方面资源，提前谋划，及时调配，确保人员、材料、设备、资金等要素高效匹配。注重施工平面布置优化，合理划分堆场、道路、办公区等功能分区，最大限度地减少二次搬运和相互干扰。通过强化施工准备，为后续装配施工创造有利条件。

（3）加强施工设备管理力度。装配式建筑施工所需要的设备包括构件运输车辆、塔式起重机、升降机、爬模机等大型设备，首先，要对用电设备进行严格管理，由专人负责，其他岗位人员不得擅自使用；其次，要对所有设备形成用前检查、用中观察、用后养护机制；尤其要注意吊装设备的管理，对吊装缆绳等进行测试，避免缆绳断裂导致的危险事故。

（4）推进装配式建筑信息化管理。加强BIM技术应用，实现从设计、生产到施工、运维的一体化应用，为精细化管理提供数据支撑。搭建装配式建筑管理信息系统，通过二维码、射频识别等技术手段，对构件生产、运输、储存、安装等环节信息进行采集和追溯管理。引入智慧工地平台，利用视频监控、无线传感等技术，对施工现场进行智能化监测，实时掌控工程进度和质量动态。加快推进电子化交付，对图纸、方案、技术交底等资料实行电子化存档、网络化审批，提高信息传递效率。强化施工过程数据分析应用，运用大数据、云计算等技术，对施工过程数据进行分析挖掘，优化资源配置，科学指导施工。

3) 施工组织数字化和智能化

2020年7月住房城乡建设部、国家发展改革委等13部门联合印发的《关于推动智能建造与建筑工业化协同发展的指导意见》（建市〔2020〕60号）提出："以大力发展建筑工业化为载体，以数字化、智能化升级为动力，创新突破相关核心技术，加大智能建造在工程建设各环节应用，形成涵盖科研、设计、生产加工、施工装配、运营等全产业链融合一体的智能建造产业体系，提升工程质量安全、效益和品质，有效拉动内需，培育国民经济新的增长点，实现建筑业转型升级和持续健康发展"。

《"十四五"建筑业发展规划》提出，加快智能建造与新型建筑工业化协同发展，大幅提升建筑工业化、数字化、智能化水平，新一代信息技术与建筑业深度融合，催生一批新产品新业态新模式。鼓励建筑企业、互联网企业和科研院所等开展合作，引导企业建立BIM云服务平台，推动信息传递云端化，实现设计、生产、施工环节数据共享。依托全国工程质量安全监管平台和地方各级监管平台，大力推进"互联网＋监管"，充分运用大数据、云计算等信息化手段和差异化监督方式，实现"智慧"监督。

1-4

1-5

传统建筑施工组织多依靠大量工人的简单重复劳动，效率低下，科技化程度不高，工程质量和施工安全难以保证，还存在一定的环境污染问题，不符合"双碳"节能的发展要求。在创新驱动发展背景下，数字经济蓬勃发展，建设工程领域新技术（BIM）、新业态（智能建造）、新模式不断出现，施工企业应加强智慧工地建设，加强物联网、大数据、云计算、人工智能、区块链等新一代信息技术的融合应用，将数字技术和信息技术应用于土木工程建筑施工中，实现施工过程的数字化管理和智能化控制，从而提高施工效率和工程质量，降低施工安全事故发生率，逐步实现减碳节能目标。可扫描二维码1-4，了解中国第一高楼上海中心大厦的数字化设计与建造技术；扫描二维码1-5观看视频，了解曾荣获第十五届中国土木工程詹天佑奖、2019年"BOMA全球创新大奖"等重要奖项的上海中心大厦施工组织管理中的难点问题及绿色环保低碳技术。

（1）虚拟仿真技术应用于施工组织设计

将虚拟仿真技术应用于复杂工程施工的结构设计、方案设计，通过三维图形的形式动态显示施工方案实施的全过程，使用VR（virtual reality，虚拟仿真）技术，让方案设计人员进行可视化漫游，在虚拟环境中预览、模拟施工流程，随时调整、优化施工方案，提高指导现场施工的精准度。

AR（augmental reality，增强现实）技术则通过将虚拟信息叠加到施工现场中，使施工技术人员可以在实际工地上直接观察和操作虚拟建筑模型，预先对施工过程中存在的问题和不足进行改进,提高施工准确性和效率,有效减少施工过程中隐患的发生。同时,对整个施工现场场景和施工过程的三维展现,一方面能使人了解施工设备和人在施工过程中的工序执行"瓶颈",另一方面也方便观察施工过程中的空间利用情况,检查在施工过程中是否会发生物体间的相互碰撞,为施工过程的可行性提供支持。

(2) BIM技术应用于施工组织管理

通过应用BIM技术,能够在工程初期预测并优化材料的使用,减少浪费。根据研究显示,应用BIM技术大约可以减少20%的材料浪费。将BIM技术应用于土木工程的招投标管理、施工成本核算、项目规划管理、进度管理与控制、施工现场平面布置、施工质量控制、安全管理以及施工环境管理中,能够进行全面、动态监控,有效控制施工过程,并将其延伸到每一个施工环节,确保工地现场施工严格遵循土木工程的施工程序,提高工程质量和施工效率,降低事故风险,缩短工期,降低成本,从而实现社会效益和经济效益双赢。

(3) 物联网和传感器技术应用于施工组织

施工组织管理中广泛应用物联网和传感器技术进行数据处理分析。施工过程中,应用智能化技术对施工进度、材料使用情况和质量进行实时监控与调整,从而进一步提高施工效率,并实现对工程项目的"零距离"管控。智能传感器可以收集和监测施工过程中的各种数据,如温度、湿度、振动等,从而实现对施工环境和设备状态的实时监控与分析。同时,物联网和传感器技术能减少能源消耗,减小施工现场对环境的影响,有效降低碳排放,部分施工现场已经实现了智能化能源管理,通过数据分析,可以节约15%左右的能源。智能化技术也为施工现场的废弃物管理提供了有效解决方案,通过实时监控和数据分析,使废弃物的处理、回收和再利用变得更为系统化和高效,在某些成功的实例中,智能化施工组织管理方式帮助工程项目减少了30%废弃物的产生。此外,智能传感器和预警系统的应用能够实时监测环境和设备的状态,及时预警潜在的风险,也进一步增强了现场安全管理,保证了施工人员的安全,降低了事故发生的概率。

(4) 自动化设备和智能机器人应用于施工组织

在智能化背景下,自动化设备、智能机器人和无人机被逐步应用于土木工程施工中,如自动化机械臂和机器人可以执行重复性、高精度和危险性较高的施工任务,辅助和替代"危、繁、脏、重"施工作业,减少人工操作失误和危险性,提高工作效率。而机器人和自动化设备的应用,如3D打印混凝土机器人、智能塔式起重机、智能混凝土泵送设备等,能够确保材料得到精确运输、使用,避免过度浪费,同时大大缩短了工程施工工期。不久的将来,机器人将会在装配式工厂和工地现场承担大量的施工任务,如混凝土预制构件制作、钢构件下料焊接、测量、材料配送、钢筋加工、混凝土浇筑、构(部)件安装、楼面墙面装饰装修、高空焊接、深基坑施工等施工环节,逐渐实现施工现场的人员减少甚至无人化,降低建筑施工对人工的依赖,从而降低人工成本。可扫描二维码1-6了解造楼机爬升原理,感受中国建造、中国高度、中国效率。扫描二维码1-7观看机器人施工视频,了解高集成化、高智能化、高程序化施工组织以及智能控制系统实时对项目进行监测、管理的相关内容。

1-6

1-7

(5) 建筑工人实名制管理

完善全国建筑工人管理服务信息平台,充分运用物联网、生物识别、区块链等新一代信息技术,实现建筑工人实名制、劳动合同、培训记录与考核评价、作业绩效与评价等方面的信息化管理。制定统一数据标准,加强各系统平台间数据对接互认,实现全国数据互联共享。

将建筑工人管理数据与日常监管结合,加强数据分析应用,提升监管效能。在建筑工人实名制管理的基础上,加强管理人员到岗履职监管,严格实行特种作业人员实名上岗,落实现场管理和技术人员责任。

4) 加强危险性较大的分部分项工程专项治理工作

(1) 加强专项施工方案编制、审核、论证、实施环节突出问题整治,严厉打击可能导致群死群伤事故的严重违法违规行为。

(2) 鼓励推行建筑起重机械租赁、安拆、使用、维护一体化管理模式,进一步压实建筑起重机械各环节安全生产责任。

(3) 加大危险性较大的分部分项工程领域安全技术和信息化技术研发推广,实施"机械化换人、自动化减人",消除重大隐患。

(4) 健全质量安全信用信息归集、公开制度,加大守信激励和失信惩戒力度。完善安全生产处罚机制,严格落实安全生产事故"一票否决"制度。

(5) 大力发展工程质量保险,加快推动全国工程质量保险信息系统建设。制定建筑施工安全生产责任保险实施办法,建立健全投保理赔事故预防机制。

(6) 推动建立建筑工程质量评价制度,形成可量化的评价指标和评价机制,鼓励通过政府购买服务,委托具备条件的第三方机构独立开展质量评价。

1.2 建设项目与土木工程施工程序

1.2.1 建设项目

1. 建设项目的概念

在一个场地或几个场地上,按一个总体设计进行施工,完工后具有完整的系统,可以独立地形成生产能力或使用功能的工程,称为一个建设项目。

在我国通常把建设一个企业、一个事业单位或一个独立工程项目作为一个建设项目,例如,一个工厂、一所学校、一所医院、一座桥梁、一条公路、一座变电站等。

2. 建设项目的组成

一个建设项目,由一个或几个单项工程组成。大型分期建设的工程,如果分为几个总体设计,就有几个建设项目。凡属于一个总体设计中分期分批建设的主体工程、水电气供应工程、配套或综合利用工程都应合并为一个建设项目。不能把不属于一个总体设计的几个工程,归算为一个建设项目;也不能把同一个总体设计内的工程,按地区或施工单位分为几个建设项目。

建设项目的分解与组合如图1-1所示。

3. 单项工程

单项工程又称工程项目,是建设项目的组成部分,是具有独立的设计文件,竣工后可以独立发挥生产能力或使用效益的工程。

例如,一所医院的门诊楼或居民住宅小区建设中的一幢住宅楼是构成该建设项目的单

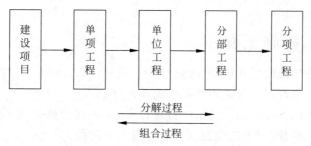

图 1-1 建设项目的分解与组合示意

项工程。有时,一个建设项目只有一个单项工程,则此单项工程就是建设项目。

4. 单位工程

单位工程是单项工程的组成部分,是具有独立的设计文件、可以独立组织施工,但建成后不能独立发挥生产能力或使用效益的工程。

例如,医院门诊楼的土建工程、给排水工程、机械设备安装工程、电气设备安装工程等,是门诊楼这个单项工程的组成部分,即单位工程。

5. 分部工程

分部工程是单位工程的组成部分,是按照建筑物或构筑物的专业性质或工程部位划分的工程分部。

例如,一般土建工程划分为地基与基础、主体结构、装饰装修、屋面工程四大分部工程。

6. 分项工程

分项工程是分部工程的组成部分,可按主要工种、材料、施工工艺、设备类别等进行划分。

例如,混凝土结构工程中的模板工程、钢筋工程、混凝土工程属于分项工程。

某学校建设项目的分解如图 1-2 所示。

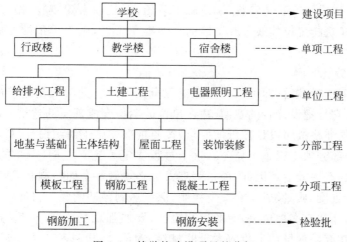

图 1-2 某学校建设项目的分解

1.2.2 土木工程施工程序

基本建设程序是建设项目从策划、评估、决策、设计、施工到竣工验收、投入生产或交付使用的整个建设过程中各项工作必须遵循的先后次序。

工程项目基本建设程序包括：编制项目建议书、开展可行性研究、进行勘察设计、建设准备、建设施工、生产准备、竣工验收及项目后评价8个阶段。

施工项目是建筑企业自施工承包投标开始到保修期满为止的全过程所完成的项目。

施工程序是拟建施工项目在整个施工阶段必须遵循的先后顺序。

土木工程施工程序通常分为5个阶段：承接工程任务，签订施工合同→做好施工准备，提出开工报告→组织全面施工→竣工验收，交付使用→回访保修。

1）承接工程任务，签订施工合同

在市场经济条件下，建筑施工企业一般通过招投标的方式承接建筑施工任务，中标后，施工单位必须同建设单位签订施工合同。只有签订了施工合同的施工项目，才算落实了施工任务。当然签订合同的施工项目，必须是经建设单位主管部门正式批准的，有计划任务书、初步设计和总概算，已列入年度基本建设计划，落实了投资的，否则不能签订施工合同。

2）做好施工准备，提出开工报告

每项工程开工前必须进行充分的施工准备，施工准备工作是建筑施工顺利进行的根本保障。施工准备工作主要包括：技术准备、物资准备、劳动组织准备、施工现场准备和施工场外协调准备，其中技术准备是施工准备工作的核心。

施工企业与建设单位签订施工合同后，施工总承包单位在调查分析资料的基础上，拟订施工规划，编制施工组织总设计，部署施工力量，安排施工总进度计划，确定主要工程施工方案，规划整个施工现场，统筹安排，做好全面施工规划。经批准后，便组织施工先遣人员进入现场，与建设单位密切配合，做好施工规划中确定的各项全局性施工准备工作，为建设项目全面正式开工创造条件。

当一个施工项目建立了项目管理机构，进行了图纸会审，编制和批准了单位工程施工组织设计、施工图预算和施工预算；组织好材料、半成品和构配件的订货、生产和加工运输，组织施工机具进场，搭设了临时建筑物，调遣施工队伍，拆迁原有建筑物，做好"四通一平"，进行了场区测量和建筑物定位放线等开工前的一切准备工作，施工单位即可向主管部门提出开工报告。

3）组织全面施工

开工报告经审查批准后，即可组织拟建工程全面施工。此阶段是建筑施工全过程中最重要的一个阶段，它是把设计者的意图、建设单位的期望变成现实的建筑产品的加工制作过程。施工单位必须严格按照设计图纸的要求，按照批准的施工组织设计，科学合理地组织施工，完成全部的分部分项工程施工任务。这个过程决定了施工工期、产品的质量和成本，以及建筑施工企业的经济效益。因此，项目管理人员必须做好全面控制和管理工作，在施工中要跟踪检查，进行进度、质量、成本和安全控制，保证达到预期的施工目标。

施工过程中，往往有多单位、多专业进行协作，要加强现场指挥、调度，进行多方面的平衡和协调工作。在有限的场地上投入大量的材料、构配件、机具和工人，应进行全面统筹安排，组织连续、均衡地施工。

4）竣工验收，交付使用

竣工验收是建设工程项目竣工后，由投资主管部门会同建设单位、设计单位、施工单位、监理单位、设备供应单位及工程质量监督等部门，对该项目是否符合规划设计要求以及对建筑施工和设备安装质量进行全面检验合格后，取得竣工合格资料、数据和凭证的过程。

竣工验收是建筑施工的最后一个阶段，是全面考核建设工作，检查是否符合设计要求和工程质量的重要环节，对促进建设项目（工程）及时投产发挥投资效果，总结建设经验有重要作用。凡是质量不合格的工程不准交工、不准报竣工面积，也不能交付使用。

应该指出的是，竣工验收是建立在分阶段验收基础上的，前面已经完成验收的工程项目，一般在房屋竣工验收时就不再重新验收。竣工验收合格后，施工单位与建设单位办理竣工结算和移交手续。

(1) 工程竣工验收应当具备的条件

① 完成房屋建筑工程设计文件和合同约定的各项内容；
② 有完整的技术档案和施工管理资料；
③ 有工程使用的主要建筑材料、建筑构配件和设备的进场试验报告；
④ 有勘察单位、设计单位、施工单位、监理单位等签署的质量合格文件；
⑤ 有施工单位签署的工程保修书。

(2) 工程竣工验收程序

① 工程竣工预验收

工程竣工后，监理工程师按照承包商自检验收合格后提交的《建设工程竣工预验收申请表》，审查资料并进行现场检查。项目监理部就存在的问题提出书面意见，并签发《监理工程师通知书》，要求承包商限期整改。承包商整改完毕后，按有关文件要求，编制《建设工程竣工验收报告》交监理工程师检查，由项目总监签署意见后，提交建设单位。

② 工程竣工验收

建设单位组织勘察单位、设计单位、施工单位、监理单位等进行竣工验收并主持验收会议。

A. 建设单位、勘察单位、设计单位、施工单位、监理单位分别汇报工程合同履行情况和在工程建设各个环节执行法律、法规和工程建设强制性标准的情况；

B. 审阅建设单位、勘察单位、设计单位、施工单位、监理单位提供的工程档案资料；

C. 查验工程实体质量；

D. 对工程施工、设备安装质量和各管理环节等方面作出总体评价，形成工程竣工验收意见，填写《建设工程竣工验收报告》，验收人员签字，并盖好公章。

如果参与工程竣工验收的各方不能形成一致意见，应报当地建设行政主管部门或监督机构进行协调，待意见一致后，重新组织工程竣工验收。

(3) 工程竣工验收内容

① 检查工程是否按批准的设计文件建成，配套工程、辅助工程是否与主体工程同步建成。
② 检查工程质量是否符合相关设计规范及工程施工质量验收标准。
③ 检查工程设备配套及设备安装、调试情况，国外引进设备合同完成情况。
④ 检查概算执行情况及财务竣工决算编制情况。

⑤ 检查联调联试、动态检测、运行试验情况。

⑥ 检查环境保护、水土保持、劳动、安全、卫生、消防、防灾安全监控系统、安全防护、应急疏散通道、办公生产生活房屋等设施是否按批准的设计文件建成、合格,精测网复测是否完成、复测成果和相关资料是否移交设备管理单位,工机具、常备材料是否按设计配备到位,地质灾害整治及建筑抗震设防是否符合规定。

⑦ 检查工程竣工文件编制完成情况,竣工文件是否齐全、准确。

⑧ 检查建设用地权属来源是否合法,面积是否准确,界址是否清楚,手续是否齐备等。

(4) 建筑工程竣工验收监督

建设单位提前15日把《工程技术资料》送监督站审查,监督站在审查工程技术资料后,对该工程进行评价,出具《建设工程施工安全评价书》,并在5日内将《工程竣工质量安全管理资料退回单》返给建设单位。

建设单位应当在工程竣工验收7个工作日前将验收时间、地点及验收组名单书面通知工程质量监督站,另附《工程质量验收计划书》。监督站在收到工程竣工验收书面通知后,对照《建设工程竣工验收条件审核表》进行审核,并对工程竣工验收组织形式、验收程序、执行验收标准等情况进行现场监督,并出具《建设工程质量验收意见书》。

(5) 建筑工程竣工验收备案

建设单位应当自工程竣工验收合格之日起15日内,依照《房屋建筑和市政基础设施工程竣工验收备案管理办法》的规定,向工程所在地的县级以上地方人民政府建设主管部门备案。备案机关收到建设单位报送的竣工验收备案文件,验证文件齐全后,应当在工程竣工验收备案表上签署文件收讫。工程竣工验收备案表一式两份,一份由建设单位保存,一份留备案机关存档。

5) 回访保修

《建设工程质量管理条例》规定:建设工程在保修范围和保修期限内发生质量问题的,施工单位应当履行保修义务,并对造成的损失承担赔偿责任。

建设工程承包单位在向建设单位提交工程竣工验收报告时,应当向建设单位出具质量保修书,质量保修书中应当明确建设工程的保修范围、保修期限等。

(1) 保修范围

对房屋建筑工程及其各个部位,包括地基基础工程、主体结构工程、屋面防水工程、有防水要求的卫生间、房间和外墙面的防渗漏、供热与供冷系统、电气管线、给排水管道、设备安装和装修工程以及双方约定的其他项目,由施工单位施工责任造成的建筑物使用功能不良或无法使用的问题应实行保修。

凡是由于用户使用不当或第三方造成建筑功能不良或损坏者,或是工业产品项目发生问题,或不可抗力造成的质量缺陷等,均不属保修范围,由建设单位自行组织修理。

(2) 保修期限

在正常使用条件下,房屋建筑工程的保修期应从工程竣工验收合格之日起计算,其最低保修期限为:

① 基础设施工程、房屋建筑的地基基础工程和主体结构工程,为设计文件规定的该工程的合理使用年限。

② 屋面防水工程、有防水要求的卫生间、房间和外墙面的防渗漏,保修期限为5年。

③ 供热与供冷系统，保修期限为2个采暖期、供冷期。

④ 电气管线、给排水管道、设备安装和装修工程，保修期限为2年。

住宅小区内的给排水设施、道路等配套工程及其他项目的保修期限由建设单位和施工单位约定。

房屋建筑工程在保修期限内出现质量缺陷，建设单位或者房屋建筑所有人应当向施工单位发出保修通知。施工单位接到保修通知后，应当到现场核查情况，在质量保修书约定的时间内予以保修。发生涉及结构安全或者严重影响使用功能的紧急抢修事故，施工单位接到保修通知后，应当立即到达现场抢修，修缮完毕后就可以继续使用。

建设工程在超过合理使用年限后需要继续使用的，产权所有人应当委托具有相应资质等级的勘察、设计单位鉴定，并根据鉴定结果采取加固、维修等措施，重新界定使用期。

1.3 施工组织设计的概念、作用及意义

1. 施工组织设计的概念

施工组织设计是根据拟建工程的特点，对人力、材料、机械、资金、施工方法等方面的因素做全面、科学、合理的安排，并形成指导拟建工程施工全过程中各项活动的技术、经济和管理的综合性文件。《建筑施工组织设计规范》(GB/T 50502—2009)给出的施工组织设计 (construction organization plan) 定义是：以施工项目为对象编制的，用以指导施工的技术、经济和管理的综合性文件。

2. 施工组织设计的主要作用

施工组织设计的主要作用包括以下几方面：

(1) 施工准备工作的重要组成部分，也是做好施工准备工作的依据和重要保证；

(2) 工程设计和施工之间沟通的桥梁；

(3) 具有重要的规划、组织和指导作用；

(4) 对拟建工程施工全过程实行科学管理的重要手段；

(5) 编制施工预算的主要依据；

(6) 检查工程施工进度、质量、成本三大目标的依据；

(7) 建设单位与施工单位之间履行合同的主要依据。

3. 施工组织设计的意义

(1) 合理的施工组织设计是施工单位以高质量、高效率、低成本、低消耗完成工程项目建设的有力保证，是加强管理、提高经济效益的重要手段。

(2) 施工组织设计是正确处理施工中人员、材料、机械设备、施工方法、环境等各种生产要素之间的关系，科学合理地组织项目施工生产的重要保障。

(3) 施工组织设计为论证拟建项目设计方案的经济合理性和项目实施的可能性提供依据。

(4) 施工组织设计为建设单位编制基本建设计划和施工单位编制施工准备工作计划及

施工作业计划提供依据。

(5) 通过编制施工组织设计,可以综合考虑拟建工程的各种具体施工条件,编制科学合理的施工方案,确定施工顺序、施工方法和劳动组织,合理布局,统筹安排施工进度计划。

(6) 通过对复杂施工过程的科学、经济、合理的规划安排,使建设项目能够实现连续、均衡、协调而有节奏地施工,以满足建设项目对工期、质量、安全及投资方面的各项要求。

总之,根据拟建工程特点编制科学合理的施工组织设计,对建设项目顺利进行有着十分重要的意义。

1.4 施工组织设计的分类

1. 按编制对象分类

施工组织设计按编制对象的不同,可分为施工组织总设计、单位工程施工组织设计和施工方案。

(1) 施工组织总设计

施工组织总设计是以一个建设项目为编制对象,对整个项目的施工全过程进行全面规划和统筹安排,用以指导全局性施工活动的技术、经济和管理的综合性文件。

(2) 单位工程施工组织设计

单位工程施工组织设计是以一个单位工程为编制对象,用以指导其施工全过程的各项施工活动的技术、经济和管理的综合性文件。

(3) 施工方案

施工方案是以分部分项工程或专项工程为编制对象,用以具体指导其施工全过程的各项施工活动的技术、经济和管理的综合性文件。专项工程是指某一专项技术(如重要的安全技术、质量技术或高新技术)。

2. 按编制时间分类

施工组织设计按编制时间不同,可分为投标前编制的施工组织设计(简称标前设计)和签订工程承包合同后编制的施工组织设计(简称标后设计)两种。两种施工组织设计的区别见表1-1。

表1-1 标前与标后施工组织设计的区别

种类	编制时间	编制者	服务范围	编制程度	追求主要目标
标前设计	投标前	经营管理层	投标与签约	简明	中标和经济效益
标后设计	签约后开工前	项目管理层	施工准备至验收	详细	施工效率和效益

3. 按编制内容的繁简程度分类

施工组织设计按编制内容的繁简程度不同,可分为完整的施工组织设计和简明的施工组织设计两种。

(1) 完整的施工组织设计

对于重点工程,规模大、结构复杂、技术要求高,或采用新结构、新技术、新材料和新工艺的拟建工程项目,必须编制内容详尽的完整施工组织设计。

(2) 简明的施工组织设计

对于工程规模小、结构简单、技术要求和工艺方法不复杂的拟建工程项目,可以编制仅包括施工方案、施工进度计划表和施工平面布置图(简称一案、一表、一图)等内容的简明施工组织设计。

《建筑施工组织设计规范》(GB/T 50502—2009)中规定如下:

2.0.2 施工组织总设计(general construction organization plan)

以若干单位工程组成的群体工程或特大型项目为主要对象编制的施工组织设计,对整个项目的施工过程起统筹规划、重点控制的作用。

2.0.3 单位工程施工组织设计(construction organization plan for unit project)

以单位(子单位)工程为主要对象编制的施工组织设计,对单位(子单位)工程的施工过程起指导和制约作用。

2.0.4 施工方案(construction scheme)

以分部(分项)工程或专项工程为主要对象编制的施工技术与组织方案,用以具体指导其施工过程。

《建筑施工组织设计规范》条文说明中规定如下:

3.0.1 建筑施工组织设计还可以按照编制阶段的不同,分为投标阶段施工组织设计和实施阶段施工组织设计。本规范在施工组织设计的编制与管理上,对这两个阶段的施工组织设计没有分别规定,但在实际操作中,编制投标阶段施工组织设计,强调的是符合招标文件要求,以中标为目的;编制实施阶段施工组织设计,强调的是可操作性,同时鼓励企业技术创新。

3.0.2 我国工程建设程序可归纳为以下四个阶段:投资决策阶段、勘察设计阶段、项目施工阶段、竣工验收和交付使用阶段。

1.5 施工组织设计的编制、审批与贯彻执行

1.5.1 施工组织设计的编制

1. 施工组织设计的编制原则

(1) 符合施工合同或招标文件中有关工程进度、质量、安全、环境保护、造价等方面的要求;认真贯彻执行党和国家对工程建设的各项方针与政策,严格执行现行的建设程序;贯彻执行施工技术规范、操作规程,提高工程质量,确保安全施工,缩短施工工期,降低工程成本。

(2) 遵循建筑施工工艺及其技术规律,坚持科学的施工程序和合理的施工顺序,采用流水施工和网络计划等方法,组织有节奏、连续和均衡的施工,科学安排施工进度计划,科学配置资源,保证人力、物力充分发挥作用,达到合理的经济技术指标。

(3) 积极开发、使用新技术和新工艺,采用国内外先进施工技术,推广应用新材料和新

设备。

（4）科学确定施工方案，统筹安排，保证重点，采取季节性施工措施，合理安排冬期、雨期施工项目。

（5）精心规划施工平面图，合理布置现场，节约用地，尽量减少临时设施，合理储存物资，充分利用当地资源，减少物资运输量。

（6）与质量、环境和职业健康安全三个管理体系有效结合，采取技术和管理措施，推广建筑节能和绿色施工，做好现场文明施工和环境保护工作。

2. 施工组织设计的编制方法

（1）施工单位中标后，必须编制建设工程施工组织设计（这里是指标后设计）。建设工程实行总包和分包的，由总包单位负责编制施工组织设计或者分阶段施工组织设计。分包单位在总包单位的总体部署下，负责编制分包工程的施工组织设计。施工组织设计应根据合同工期及有关规定进行编制，并且要广泛征求各协作施工单位的意见。

（2）对结构复杂、施工难度大以及采用新工艺和新技术的工程项目，要进行专业性的研究，必要时组织专门会议，邀请有经验的专业工程技术人员参加。

（3）吸纳不同部门的技术和管理人员参与施工组织设计的编制，充分发挥各职能部门的作用和优势，合理地进行交叉配合设计。

（4）形成较完整的施工组织设计方案之时，应组织参编人员及相关单位进行讨论，逐项逐条地研究，修改完善后最终形成正式的施工组织设计文件，送交主管部门审批。

1.5.2　施工组织设计的审批

施工组织设计编制完成后，必须履行审批程序。施工组织设计的审批应符合下列规定：
（1）施工组织总设计应由总承包单位技术负责人审批。
（2）单位工程施工组织设计应由施工单位技术负责人或技术负责人授权的技术人员审批。
（3）施工方案应由项目技术负责人审批。
（4）重点、难点分部（分项）工程和专项工程施工方案应由施工单位技术部门组织相关专家评审，施工单位技术负责人批准。
（5）由专业承包单位施工的分部（分项）工程或专项工程的施工方案，应由专业承包单位技术负责人或技术负责人授权的技术人员审批；有总承包单位时，应由总承包单位项目技术负责人核准备案。
（6）规模较大的分部（分项）工程和专项工程的施工方案应按单位工程施工组织设计进行编制和审批。

1.5.3　施工组织设计的贯彻执行和动态管理

1. 施工组织设计的贯彻执行

施工组织设计编制和审批后，必须在施工实践中认真贯彻和执行。施工组织设计贯彻执行的实质，就是把一个静态平衡方案放到不断变化的施工过程中，考核其效果和检查其优劣的过程，以达到预定的目标。施工组织设计由谁负责编制，就由谁负责贯彻。一般在工程开工前由技术部门召集有关人员参加,逐级进行交底,这样便于贯彻执行,有利于全面指导施工。为了保证施工组织设计的顺利实施,应做好以下几方面的工作:

(1) 传达施工组织设计的内容和要求,做好施工组织设计的交底工作;
(2) 制定有关贯彻施工组织设计的规章制度;
(3) 推行项目经理责任制和项目成本核算制;
(4) 统筹安排,综合平衡;
(5) 切实做好施工准备工作。

2. 施工组织设计的动态管理

施工组织设计在实施过程中应实行动态管理,经常对施工组织设计执行情况进行检查、分析并适时调整和补充,且经修改和补充的施工组织设计应重新审批后实施。

项目施工过程中,发生以下情况之一时,施工组织设计应及时进行修改或补充:

(1) 工程设计有重大修改;
(2) 有关法律、法规、规范和标准实施、修订和废止;
(3) 主要施工方法有重大调整;
(4) 主要施工资源配置有重大调整;
(5) 施工环境有重大改变。

思考题

1. 简述施工组织设计的概念、作用。
2. 按编制对象不同,施工组织设计分为哪几类?
3. 施工组织设计的编制原则有哪些?
4. 单位工程施工组织设计应由谁审批?
5. 为保证施工组织设计的顺利实施,应做好哪些工作?
6. 发生哪些情况时,施工组织设计应及时进行修改或补充?

习题

1. 单项选择题

(1) 根据《建筑施工组织设计规范》,施工组织设计有三个层次是指(　　)。(**2016 年国家一级造价工程师真题**)

A. 施工组织总设计、单位工程施工组织设计和施工方案
B. 施工组织总设计、单位工程施工组织设计和施工进度计划
C. 施工组织设计、施工进度计划和施工方案
D. 指导性施工组织设计、实施性施工组织设计和施工方案

(2) 根据《建筑施工组织设计规范》,施工组织总设计应由(　　)主持编制。(**2015 年**

国家一级造价工程师真题）

  A. 总承包单位技术负责人   B. 施工项目负责人
  C. 总承包单位法定代表人   D. 施工项目技术负责人

（3）某施工企业针对建筑主体钢结构工程编制专项施工方案，该施工方案应由（　　）进行审批。（2018年国家一级建造师考试真题）

  A. 总承包单位项目技术负责人   B. 专业分包单位技术负责人
  C. 专业分包单位项目技术负责人   D. 总承包单位技术负责人

（4）根据施工组织设计的管理要求，重点、难点分部（分项）工程施工方案的批准人是（　　）。（2016年国家一级建造师考试真题）

  A. 项目技术负责人   B. 项目负责人
  C. 施工单位技术负责人   D. 总监理工程师

（5）单位工程施工组织设计是以（　　）为编制对象。

  A. 建设项目   B. 群体工程   C. 单位工程   D. 分部工程

2. 多项选择题

（1）下列具体情况中，施工组织设计应及时进行修改或补充的有（　　）。（2018年国家一级建造师考试真题）

  A. 由于施工规范发生变更导致需要调整预应力钢筋施工工艺
  B. 由于国际钢材市场价格大涨导致进口钢材无法及时供料，严重影响工程施工
  C. 由于自然灾害导致工期严重滞后
  D. 施工单位发现设计图纸存在严重错误，无法继续施工
  E. 设计单位应业主要求对工程设计图纸进行了细微修改

（2）项目施工过程中，对施工组织设计进行修改或补充的情形有（　　）。（2017年国家一级建造师考试真题）

  A. 设计单位应业主要求对楼梯部分进行局部修改
  B. 某桥梁工程由于新规范的实施而需要重新调整施工工艺
  C. 由于自然灾害导致施工资源的配置有重大变更
  D. 施工单位发现设计图纸存在重大错误需要修改工程设计
  E. 某钢结构工程施工期间，钢材价格上涨

（3）施工组织设计，按编制时间不同可分为（　　）。

  A. 施工组织总设计   B. 单位工程施工组织设计
  C. 分部工程施工组织设计   D. 标前设计
  E. 标后设计

（4）简明施工组织设计的内容主要包括（　　）。

  A. 施工部署   B. 施工准备与资源配置计划
  C. 施工方案   D. 施工进度计划表
  E. 施工平面布置图

第2章

流水施工原理

重点掌握内容：流水施工参数分类，施工段数确定原则，流水步距确定；等节奏流水、等步距异节奏流水、异步距异节奏流水、无节奏流水的基本特征、工期计算及流水施工进度计划表的绘制；各种流水施工的适用范围。

了解内容：有层间关系的异步距异节奏流水与无节奏流水施工工期计算及流水施工进度计划表的绘制。

2.1 组织施工的基本方式

根据工程项目的施工特点、工艺流程、资源利用、平面或空间布置等要求，组织施工的方式一般有依次施工、平行施工和流水施工三种。

2.1.1 依次施工

依次施工也可称为顺序施工，是按照一定的施工顺序，前一个施工过程完成后，后一个施工过程开始施工；或先按一定的施工顺序完成前一个施工段上的全部施工过程后再进行下一个施工段的施工，直到完成所有施工段上的作业。

例 2-1 某住宅小区的临街商业楼工程为框架结构，地上 3 层，其室内装饰装修工程由内墙抹灰、楼地面铺砖、安装门窗扇和室内粉刷 4 个施工过程组成，各层装饰工程量均相等，每个施工过程在每一层的施工时间分别为 6d、6d、3d、3d，各专业工作队的人数分别为 20 人、20 人、6 人、6 人。按照依次施工的方式组织该商业楼工程的室内装饰工程施工，其施工进度计划、劳动力动态变化曲线和工期如图 2-1 中"依次施工"列所示，由图 2-1 可见依次施工组织方式具有以下优缺点。

1．优点

（1）单位时间内投入的劳动力、材料、机具资源量较少且较均衡，有利于资源供应的组织工作。

（2）施工现场的组织、管理较简单。

2．缺点

（1）不能充分利用工作面去争取时间，工期长。

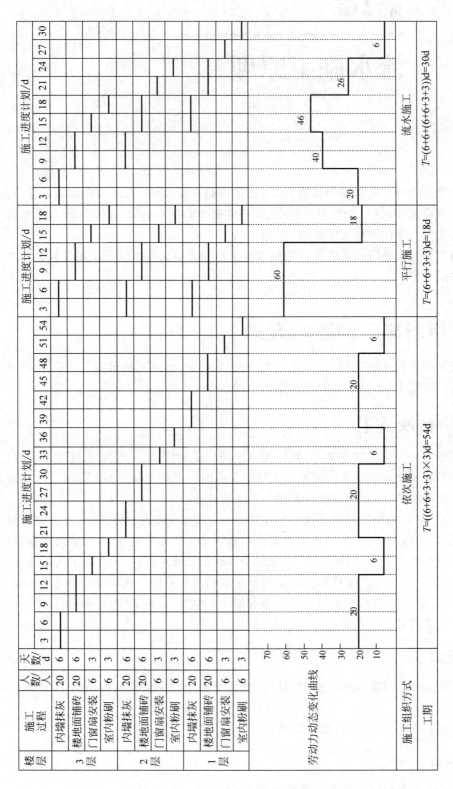

图2-1 不同施工组织方式对比分析

(2) 各专业班组不能连续工作,产生窝工现象(宜采用混合队组)。

(3) 不利于实现专业化施工,不利于改进工人的操作方法和施工机具,不利于提高劳动生产率和工程质量。

3. 适用范围

依次施工适合组织大包队施工,一般适用于场地小、资源供应不足、工作面有限、工期不紧、规模较小的工程,如住宅小区非功能性的零星工程。

2.1.2 平行施工

平行施工是各队同时进行施工,即组织几个相同的工作队(或班组),在各施工段上同时开工、齐头并进,且同时完工的一种施工组织方式。

在例 2-1 中,采用平行施工的组织方式,其施工进度计划、劳动力动态变化曲线和工期如图 2-1 中"平行施工"列所示,由图 2-1 可见平行施工组织方式具有以下优缺点。

1. 优点

充分利用了工作面,工期短。

2. 缺点

(1) 单位时间内投入施工的资源量成倍增长,资源供应集中,现场临时设施也相应增加。

(2) 不利于实现专业化施工队伍连续作业,不利于提高劳动生产率和工程质量。

(3) 施工现场组织、管理较复杂。

3. 适用范围

平行施工的组织方式只有在拟建工程任务十分紧迫,工作面允许以及资源能够充足保证供应的条件下才适用,如抢险救灾工程。

2.1.3 流水施工

建筑工程的"流水施工"来源于工业生产中的"流水作业"。

"流水作业"是把整个加工过程划分成若干个不同的工序,按照一定的顺序像流水似的组织生产。实践证明,流水作业是组织产品生产的最理想、最有效的科学组织方式。它最早应用于工业生产中,后来应用于所有生产领域,在建筑安装施工过程中也采用流水作业法,即"流水施工",但与工业生产中的"流水作业"又有所不同。在工业生产中,生产工人和设备的位置是固定的,产品按生产加工工艺在生产线上进行移动加工,从而形成加工者与被加工对象之间的相对流动;而在建筑施工过程中,建筑产品有固定性的特点。因此,在建筑工程中的流水施工是建筑产品的位置固定不动,由生产工人带着材料和机具等在建筑物的空间上从前一段到后一段进行移动生产形成的。

1. 流水施工的基本原理

流水施工是将拟建工程项目的全部建造过程在工艺上分解为若干个施工过程(即划分

为若干工作性质相同的分部、分项工程或工序),同时在平面上划分成若干劳动量大致相等的施工段,在竖向上划分成若干个施工层。然后按照施工过程相应地组织若干个专业工作队(或班组),同一施工队按照一定的流向在各施工段上流动,不同的施工队按工艺顺序依次投入施工,并使相邻两个专业工作队,在开工时间上最大限度地、合理地搭接起来,保证工程项目施工全过程在时间和空间上,有节奏、连续、均衡地进行下去,直到完成全部工程任务。

在例2-1中,采用流水施工的组织方式,其施工进度计划、劳动力动态变化曲线和工期如图2-1中"流水施工"列所示,由图2-1可见流水施工组织方式具有以下优缺点。

1) 优点

(1) 能科学地利用工作面,工期较合理,能连续、均衡地生产。

(2) 能实现专业化施工,工人操作技术熟练,有利于保证工作质量,提高劳动生产率。

(3) 参与流水的专业工作队能够连续作业,相邻的专业工作队之间能最大限度地合理搭接。

(4) 单位时间内投入施工的资源量较为均衡,有利于资源供应的组织管理工作。

(5) 可为文明施工和现场的科学管理创造有利条件。

2) 缺点

由于施工工艺,流水施工中各施工过程间逻辑关系相互制约,如果其中一个工序出现问题,其余工序都要受到影响,甚至影响工期。

显然,采用流水施工的组织方式,充分利用时间和空间,明显优于依次施工和平行施工。

2. 流水施工的技术经济效果

通过图2-1中3种施工组织方式的比较,可以看出,流水施工方式在时间安排和空间布置上进行统筹安排,使劳动力得以合理使用,充分利用工作时间和操作空间,保证工程施工连续、均衡、有节奏地进行,明显优于依次施工和平行施工,是一种先进、科学的施工组织方式。流水施工的技术经济效果,具体表现在以下几方面。

1) 缩短工期

流水施工的节奏性、连续性,消除了各专业班组投入施工后的等待时间,可以加快各专业队的施工进度,减少时间间隔;在一定条件下相邻两施工过程还可以互相搭接,做到尽可能早地开始工作,从而可以大幅缩短工期(一般工期可缩短 $1/3\sim1/2$)。

2) 提高劳动生产率

流水施工方式建立了合理的劳动组织,工作班组实现了专业化生产,人员工种比较固定,为工人提高技术水平、改进操作方法以及革新生产工具创造了有利条件,能促进劳动生产率的不断提高和工人劳动条件的改善。同时由于工人连续作业,没有窝工现象,机械闲置时间少,增加了有效劳动时间,从而使施工机械和劳动力的生产效率得以充分发挥(一般可提高劳动生产率30%以上)。

3) 施工质量更容易保证

实行专业化生产,工人的技术水平及熟练程度不断提高,而且各专业队之间紧密地搭接作业,紧后工作队监督紧前工作队,从而使工程质量更容易得到保证和提高,便于推行全面质量管理工作,可为创造优良工程提供条件。

4) 资源供应均衡

在资源使用上,克服了高峰现象,供应比较均衡,有利于资源的采购、组织、存储、供应等工作。

5）降低工程成本

流水施工资源消耗均衡，便于组织资源供应，使得资源存储合理，利用充分，可以减少各种不必要的损失，节约材料费；生产效率提高可以减少用工量和施工临时设施的建造量，从而节约人工费和机械使用费，减少临时设施费；工期较短，可以减少企业管理费，最终达到降低工程成本，提高企业经济效益的目的（一般可降低成本 6%～12%）。值得强调的是，仅仅通过改变施工组织的形式便取得了较好的经济效益。

3. 流水施工的表达方式

流水施工的表达方式主要有横道图、斜线图、网络图 3 种，本章主要介绍横道图和斜线图，网络图将在第 3 章中介绍。

1）流水施工的横道图表示法

横道图又叫水平图表，其表达形式如图 2-2 所示。图中纵坐标表示施工过程的名称或编号，横坐标表示流水施工在时间坐标下的施工进度，每条水平线段的长度表示某施工过程在某个施工段的作业延续时间，横道位置的起止表示某施工过程在某施工段上作业开始、结束的时间。图 2-2 中每条带有编号的水平粗线段表示在某施工段作业面上的施工过程，长短表示该施工过程持续的时间，①、②、③表示施工段编号。

施工过程	施工进度计划/d							
	1	2	3	4	5	6	7	8
墙体绑扎钢筋	①		②		③			
墙体支模板			①		②		③	
墙体浇筑混凝土					①		②		③

图 2-2 流水施工的横道图

横道图绘制简单，流水施工直观、形象、易懂，使用方便。

2）流水施工的斜线图表示法

斜线图又叫垂直图表，其表达形式如图 2-3 所示。图中纵坐标表示各施工段（施工段的编号一般由下向上编写），横坐标表示流水施工过程在时间坐标下的施工进度，斜线水平投影的长度表示某施工过程在某个施工段的持续时间，施工过程的紧前、紧后关系由斜线的前后位置表示。

斜线图能直观地反映出在一个施工段中各施工过程的先后顺序和相互配合关系，可由其斜线的斜率形象地反映出各施工过程的施工速度，斜率越大则表明施工速度越快。

4. 流水施工组织步骤

1）划分施工过程

首先把拟建工程的整个建造过程分解成若干施工过程或工序，每个施工过程或工序分

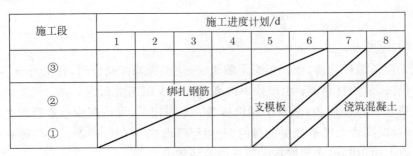

图 2-3 流水施工斜线图(垂直图表)

别由固定的专业班组来完成。例如,木工负责支模板,钢筋工负责绑扎钢筋,混凝土工负责混凝土的浇筑。

2) 划分施工段

根据组织流水施工的要求,将拟建工程在平面上尽可能地划分为劳动量大致相等的若干施工作业面,也称为施工段。

3) 每个施工过程组织独立的施工班组

每个施工过程均应组织独立的施工班组,负责本施工过程的施工,每个班组按施工顺序依次、连续、均衡地从一个施工段转移到另一个施工段反复完成相同的工作。

4) 确定每一施工过程在各施工段上的延续时间(即流水节拍)

根据各施工段劳动量的大小及作业班组人数或机械数量等因素,计算各专业班组在各施工段上作业的延续时间。

5) 主要施工过程连续、均衡地施工

主要施工过程是指工程量大、施工持续时间较长的施工过程。对于主要施工过程,必须安排在各施工段之间连续施工,并尽可能均衡施工。而对于其他次要施工过程,可考虑与相邻施工过程合并或安排合理间断施工,以便缩短施工工期。

6) 相邻的施工过程按施工工艺要求,尽可能组织平行搭接施工

组织各施工过程之间的合理关系,在工作面及相关条件允许情况下,除必要的技术与组织间歇外,相邻的施工过程应最大限度地安排在不同的施工段上平行搭接施工,以达到缩短总工期的目的。

5. 流水施工分类

1) 按流水施工的组织范围划分

根据组织流水施工的工程对象范围的大小,可划分为分项工程流水施工、分部工程流水施工、单位工程流水施工和群体工程流水施工。其中最重要的是分部工程流水施工,又叫专业流水,是组织流水施工的基本方法。

(1) 分项工程流水施工

分项工程流水施工也称细部流水施工或施工过程流水施工,是在一个专业工种内部组织起来的流水施工,即一个工作队(组)依次在各施工段进行连续作业的施工方式。例如,安装模板的工作队依次在各段上连续完成模板工作。它是组织流水施工的基本单元。

(2) 分部工程流水施工

分部工程流水施工又叫专业流水施工,是在一个分部工程内部各分项工程之间组织起

来的流水施工,即由若干在工艺上密切联系的工作队(组)依次连续不断地在各施工段上重复完成各自的工作,直到所有工作队经过了各施工段,完成所有过程为止。例如,钢筋混凝土工程由支模板、绑扎钢筋、浇筑混凝土3个分项工程组成,木工、钢筋工、混凝土工3个专业队组依次在各施工段上完成各自的工作。

(3) 单位工程流水施工

单位工程流水施工是在一个单位工程内部各分部工程之间组织起来的流水施工,即所有专业班组依次在一个单位工程的各施工段上连续施工,直至完成该单位工程为止。一般地,它由若干分部工程流水组成。例如,多层全现浇钢筋混凝土框架结构房屋的土建部分是由基础分部工程流水施工、主体分部工程流水施工、围护分部工程流水施工和装饰分部工程流水施工等组成。

(4) 群体工程流水施工

群体工程流水施工又叫综合流水施工,俗称大流水施工,是在单位工程之间组织起来的流水施工,即为完成群体工程而组织起来的全部单位工程流水施工的总和——所有工作队依次在工地上建筑群的各施工段上连续施工的总和。例如,一个住宅小区建设、一个工业厂区建设等所组织的流水施工中,由多个单位工程的流水施工组合而成的流水施工方式。

以上4种流水施工方式中,分项工程流水施工和分部工程流水施工是流水施工的基本方式,而单位工程流水施工和群体工程流水施工实际上是分部工程流水施工的推广应用,因此应认真研究专业流水施工。

以上4种流水施工之间的关系如图2-4所示。

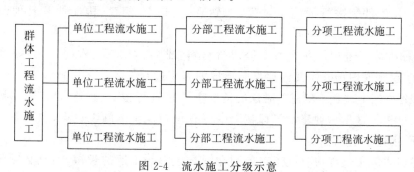

图 2-4 流水施工分级示意

2) 按流水施工节拍的特征划分

根据流水施工节拍的特征,可划分为有节奏流水施工和无节奏流水施工。其中,有节奏流水施工又可分为等节奏流水施工(全等节拍流水施工)和异节奏流水施工(异节拍流水施工)。异节奏流水施工又可分为异步距异节奏流水施工和等步距异节奏流水施工两种,如图2-5所示。

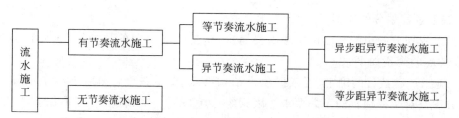

图 2-5 流水施工分类(按流水施工节拍特征分)

2.2 流水施工的主要参数

在组织流水施工时,为了说明各施工过程在时间和空间上的开展情况及相互依存关系,这里引入一些描述工艺流程、空间布置和时间安排等方面的特征和各种数量关系的参数,称为流水施工参数。按其性质的不同,一般可分为工艺参数、空间参数和时间参数。

2.2.1 工艺参数

工艺参数主要是指在组织流水施工时,用以表达流水施工在施工工艺上的开展顺序及其特征的参数,通常包括施工过程数和流水强度两个参数。

1. 施工过程数

组织土木工程流水施工时,根据施工组织及计划安排将计划任务划分成子项称为施工过程。施工过程数一般用 n 表示,是流水施工的主要参数之一。

1) 施工过程的分类

根据其性质和特点不同,施工过程一般分为 3 类,即制备类施工过程、运输类施工过程和建造类施工过程。

(1) 制备类施工过程:为提高土木工程生产的工厂化、机械化程度而预先加工和制造建筑半成品、构配件等进行的施工过程,如砂浆、混凝土、门窗、构配件及其他制品的制备过程。

(2) 运输类施工过程:将土木工程建筑材料、成品、半成品、构配件、设备和制品等物资,运到工地仓库或现场操作使用地点而形成的施工过程。

(3) 建造类施工过程:在施工对象的空间上直接进行施工(砌筑、浇筑),最终形成建筑产品的施工过程。这是一种建设工程施工中占有主导地位的施工过程,如建筑物或构筑物的基础工程、主体结构工程等。

由于建造类施工过程占有施工对象的空间直接影响工期的长短,因此必须将其列入施工进度计划,且大多数施工过程作为主导施工过程或关键工作。

运输类与制备类施工过程一般不占施工对象的空间,不影响工期,故无须列入流水施工进度计划之中。只有当它占有施工对象的工作面,影响工期时,才列入施工进度计划之中。例如,对于采用装配式钢筋混凝土结构的土木工程,钢筋混凝土构件的现场制作过程就需要列入施工进度计划之中,同样,结构安装中的构件吊运施工过程也需要列入施工进度计划之中。

2) 施工过程划分的原则

施工过程划分的粗细程度由实际需要而定,坚持不简不繁的划分原则。确定施工过程数(n)应考虑的因素如下:

(1) 施工过程数目的确定,可依据项目结构特点、施工进度计划在客观上的作用、采用的施工方法及对工程项目的工期要求等因素综合考虑。一般情况下,可根据施工工艺顺序和专业班组性质按分项工程进行划分,如一般混合结构住宅的施工过程可分为 20~30 个;

对于工业建筑,施工过程可划分得多些。

(2) 施工过程数应划分适当,没必要划分得太多、太细,给各种计算增添麻烦,在施工进度计划上也会带来主次不分的缺点;但也不宜划分太少,以免计划过于笼统,失去指导施工的作用。

(3) 当编制控制性的施工进度计划时,其施工过程应划分得粗些、综合性大些,一般只列出分部工程名称,如地基与基础工程、主体结构工程、装饰装修工程、屋面工程等。当编制实施性的施工进度计划时,其施工过程应划分得细些、具体些,可将分部工程再分解为若干分项工程,如将地基与基础工程分解为土方开挖、基坑支护、地基处理、混凝土基础、土方回填等。对于其中起主导作用的分项工程,往往需要考虑按专业工种组织专业施工队进行施工,为便于掌握施工进度和指导施工,可将分项工程再进一步分解成若干由专业工种施工的工序作为施工过程。

同时,为了充分利用工作面,有些施工过程不参与流水施工更有利,也就是说,组织流水施工时,只要安排好主导施工过程(即工程量大、持续时间长)连续均衡即可。而非主导施工过程(即工程量小、持续时间短),可以安排其间断施工。

2. 流水强度

流水强度是指流水施工的某施工过程(专业工作队)在单位时间内所完成的工程量(如浇捣混凝土施工过程每工作班能浇捣多少立方米混凝土),也称为流水能力或生产能力,一般用 V 表示。

1) 机械施工过程的流水强度

$$V = \sum_{i=1}^{x} R_i S_i \tag{2-1}$$

式中:R_i——第 i 种施工机械的台数;

S_i——投入该施工过程中第 i 种施工机械的产量定额;

x——用于同一施工过程的主导施工机械种类数。

2) 手工操作过程的流水强度

$$V = NS \tag{2-2}$$

式中:N——每一施工队(或班组)工人的人数;

S——工人每班的产量定额。

2.2.2 空间参数

在组织流水施工时,用以表达流水施工在空间布置上所处状态的参数称为空间参数。空间参数主要包括工作面、施工段数和施工层数。

1. 工作面

工作面是指工人或机械进行施工时所必须具备的活动空间,表明施工对象上可能安置多少工人进行操作或布置多少施工机械进行施工的场所空间大小,一般用 A 表示。

根据施工过程的不同,它可以用不同的计量单位。在组织流水施工时,通常是前一施工过程的结束为后一个(或几个)施工过程提供了工作面。每个作业的工人或每台施工机械所需工作面的大小,取决于单位时间内其完成的工程量和安全施工的要求。工作面确定得合理与否,直接影响专业工作队的生产效率。最小工作面是指施工队(班组)为保证安全生产和充分发挥劳动效率所必需的工作面。施工段上的工作面必须大于施工队伍的最小工作面。主要工种的最小工作面的参考数据见表2-1。

表 2-1 主要工种的最小工作面的参考数据

工 作 项 目	每个技工的工作面	说 明
砌筑砖基础	7.6m/人	以1砖半计,2砖乘以0.8,3砖乘以0.55
砌筑砖墙	8.5m/人	以1砖计,1砖半乘以0.71,2砖乘以0.57
混凝土柱、墙基础	8.0m³/人	机拌、机捣
混凝土设备基础	7.0m³/人	机拌、机捣
现浇钢筋混凝土柱	2.45m³/人	机拌、机捣
现浇钢筋混凝土梁	3.20m³/人	机拌、机捣
现浇钢筋混凝土楼板	5.0m³/人	机拌、机捣
预制钢筋混凝土柱	5.3m³/人	机拌、机捣
预制钢筋混凝土梁	3.6m³/人	机拌、机捣
混凝土地坪及面层	40.0m²/人	机拌、机捣
外墙抹灰	16.0m²/人	
内墙抹灰	18.5m²/人	
卷材屋面	18.5m²/人	
门窗安装	11.0m²/人	

2. 施工段数

2-1

为了有效地组织流水施工,通常将施工对象在平面或空间上划分成若干劳动量大致相等的施工段落,称为施工段或流水段。施工段数一般用 m 表示,是流水施工的主要参数之一。可扫描二维码2-1观看教学视频,学习流水参数中施工段数相关知识。

1) 划分施工段的目的

划分施工段的目的是组织流水施工。土木工程体形庞大,所以可以将其划分成若干施工段,从而为组织流水施工提供足够的空间,保证不同的施工班组在不同的施工段上同时进行施工。在组织流水施工时,专业工作队完成一个施工段上的任务后,遵循施工组织顺序又到另一个施工段上作业,产生连续流动施工的效果。在一般情况下,一个施工段在同一时间内,只安排一个专业工作队施工,各专业工作队遵循施工工艺顺序依次投入作业,同一时间内在不同施工段上平行施工,使流水施工均衡地进行。组织流水施工时,可以划分足够数量的施工段,使各施工班组能按一定的时间间隔转移到另一个施工段进行连续施工,既消除等待、停歇现象,避免窝工,又互不干扰。

2) 划分施工段的原则

(1) 施工段的分界应尽可能与结构界限或幢号一致,宜设在伸缩缝、温度缝、沉降缝和单元尺寸等处;如果必须将分界线设在墙体中间,则应将其设在门窗洞口处,以减少施工缝的数量,有利于结构的整体性。

(2) 各个施工段上的劳动量(或工程量)应大致相等,相差幅度不宜超过15%。只有这样,才能保证在施工班组人数不变的情况下,同一施工过程在各段上的施工持续时间相等,从而保证组织连续、均衡、有节奏的流水施工。

(3) 为充分发挥工人(或机械)的生产效率,不仅要满足专业工种对最小工作面的要求,而且要使施工段所能容纳的劳动力人数(或机械台数)满足最小劳动组合要求。

最小劳动组合是指某一施工过程进行正常施工所必需的最低限度的工人数及其合理组合。例如,砖墙砌筑施工包括砂浆搅拌、材料运输、砌砖等多项工作,一般人数不宜少于18人,如果人数太少,则无法组织正常的流水施工;而技工、壮工的比例也以2:1为宜,这就是砌筑砖墙施工队(班组)的最小劳动组合。

(4) 施工段数应适宜,对于某一项工程,若施工段数过多,则每段上的工程量便较少,势必要减少班组人数,使得过多的工作面不能被充分利用,拖长工期;若施工段数过少,则每段上的工程量较大,又造成施工段上的劳动力、机械和材料等的供应过于集中,互相干扰大,不利于组织流水施工,也会使工期拖长。

(5) 划分施工段时,应以主导施工过程的需要来划分。主导施工过程是指劳动量较大或技术复杂,对总工期起控制作用的施工过程,如多层全现浇钢筋混凝土结构的混凝土工程就是主导施工过程。

(6) 施工段的划分还应考虑垂直运输机械和进料的影响。一般用塔式起重机时分段可多些,用井架等固定式垂直运输机械时,分段应与其经济服务半径适应,以免跨段进行楼面水平运输而造成混乱。

(7) 当有层间关系(即拟建工程又分层又分段)时,为使各施工队(班组)能连续施工(即各施工过程的施工队做完第一段能立即转入第二段,施工完第一层的最后一段能立即转入第二层的第一段)。每层的施工段数应满足下列要求:$m \geqslant n$ 或 $m \geqslant \sum_{i=1}^{n} b_i$($b_i$ 为第 i 个施工过程的施工队数);当有间歇时间时,应满足式(2-3)或式(2-4)的要求。

$$m \geqslant n + \frac{\sum Z_1 + Z_2 + \sum G - \sum D}{K} \tag{2-3}$$

或

$$m \geqslant \sum_{i=1}^{n} b_i + \frac{\sum Z_1 + Z_2 + \sum G - \sum D}{K_b} \tag{2-4}$$

式中:$\sum Z_1$——一个施工层内的各个施工过程间的技术间歇时间之和;

Z_2——层间间歇时间;

$\sum G$——一个施工层内的各个施工过程间的组织间歇时间之和;

$\sum D$——一个施工层内的各个施工过程间的搭接时间之和;

K——流水步距;

$\sum_{i=1}^{n} b_i$——各施工过程的施工队数之和;

K_b——等步距异节奏流水施工的流水步距。

3) 施工段数 m 与施工过程数 n 的关系

例 2-2 某小区物业楼为一个2层现浇钢筋混凝土框架结构工程,施工过程数 $n=4$,各施工过程的流水节拍均为 $t=1d$，则施工段数 m 与施工过程数 n 之间有下列3种情况，如图 2-6、图 2-7、图 2-8 所示。

(1) $m=n$

取 $m=n=4$ 段，即每层划分4个施工段，其施工进度计划如图 2-6 所示。

楼层	施工过程	施工进度计划/d										
		1	2	3	4	5	6	7	8	9	10	11
1层	绑扎柱钢筋	①	②	③	④							
	支模板		①	②	③	④						
	绑扎梁板钢筋			①	②	③	④					
	浇筑混凝土				①	②	③	④				
2层	绑扎柱钢筋					①	②	③	④			
	支模板						①	②	③	④		
	绑扎梁板钢筋							①	②	③	④	
	浇筑混凝土								①	②	③	④

图 2-6 施工段数 m 与施工过程数 n 的关系 ($m=n$)

从图 2-6 中可以看出，当 $m=n$ 时，施工队(组)连续施工，施工段上无间歇，工期 11d，比较理想。

(2) $m>n$

取 $m=5$ 段，即每层划分5个施工段，其施工进度计划如图 2-7 所示。

楼层	施工过程	施工进度计划/d												
		1	2	3	4	5	6	7	8	9	10	11	12	13
1层	绑扎柱钢筋	①	②	③	④	⑤								
	支模板		①	②	③	④	⑤							
	绑扎梁板钢筋			①	②	③	④	⑤						
	浇筑混凝土				①	②	③	④	⑤					
2层	绑扎柱钢筋							①	②	③	④	⑤		
	支模板								①	②	③	④	⑤	
	绑扎梁板钢筋									①	②	③	④	⑤
	浇筑混凝土										①	②	③	④	⑤

图 2-7 施工段数 m 与施工过程数 n 的关系 ($m>n$)

从图 2-7 中可以看出，当 $m>n$ 时，施工队(组)仍能连续施工，但每层混凝土浇筑完毕后不能立即进行绑扎柱钢筋，因为第1层第⑤施工段的绑扎柱钢筋尚未完成，施工队(组)不能及时进入第2层第①段进行施工，施工段出现停歇，致使工期延至13d，这一延期有时是必要的，可利用停歇的工作面进行养护、备料、放线等准备工作。所以这种组织方式也常被采用。

（3）$m<n$

取 $m=3$ 段，即每层划分 3 个施工段，其施工进度计划如图 2-8 所示。

楼层	施工过程	施工进度计划/d									
		1	2	3	4	5	6	7	8	9	10
1层	绑扎柱钢筋	①	②	③							
	支模板		①	②	③						
	绑扎梁板钢筋			①	②	③					
	浇筑混凝土				①	②	③				
2层	绑扎柱钢筋					①	②	③			
	支模板						①	②	③		
	绑扎梁板钢筋							①	②	③	
	浇筑混凝土								①	②	③

图 2-8 施工段数 m 与施工过程数 n 的关系（$m<n$）

从图 2-8 中可以看出，当 $m<n$ 时，尽管施工段上未出现停歇，但因施工队（组）不能及时投入第 2 层施工段进行施工，则各施工队（组）不能保持连续施工而造成窝工。因此，采用这种方式对一个建筑物组织流水作业是不合适的，必须避免这种情况出现。但是在建筑群中可与另一些建筑物组织大流水作业，从而消除窝工现象。

结论：专业队组流水作业时，当分层又分段时，只有使 $m\geqslant n$，才能保证不窝工，工期短。当无层间关系时，施工段数的确定则不受此约束。同时注意 m 不能过大，否则，可能不满足最小工作面要求，材料、人员、机具过于集中，影响效率和效益，且易发生事故。

3. 施工层数

在组织流水施工时，为满足专业工种对操作高度的要求，通常将施工项目在竖向上划分为若干操作层，这些操作层均称为施工层。一般，施工层数用 j 表示。

施工层的划分，应视工程项目的具体情况，根据建筑物的高度、楼层来确定。例如，砌筑工程的施工层高度一般为 1.2~1.4m，即一步脚手架的高度作为一个施工层；室内抹灰、木装修、油漆、玻璃和水电安装等，可以一个楼层作为一个施工层。

2.2.3 时间参数

时间参数是指在组织流水施工时，用以表达各流水施工过程的工作持续时间及其在时间排列上的相互关系和所处状态的参数，主要有流水节拍、流水步距、流水工期、间歇时间、搭接时间 5 种。

1. 流水节拍 t

流水节拍是指从事某一施工过程的专业工作队（组）在一个施工段上的工作持续时间。它是流水施工的主要参数之一，表明流水施工的速度和节奏性。流水节拍小，其流水速度快,节奏感强;反之则相反。流水节拍决定着单位时间的资源供应量,同时也是区别流水施工组织方式的特征参数。

同一施工过程的流水节拍,主要由所采用的施工方法、施工机械,以及在工作面允许的前提下投入施工的工人数、机械台数和采用的工作班次等因素确定。有时,为了均衡施工和减少转移施工段时消耗的工时,可以适当调整流水节拍,其数值最好为半个班的整数倍。

1) 流水节拍的确定方法

(1) 定额计算法

定额计算法是利用公式套用定额进行计算。此时流水节拍的计算公式如下:

$$t_{ij}=\frac{P_{ij}}{n_{ij}b_{ij}}=\frac{Q_{ij}}{S_i n_{ij}b_{ij}} \tag{2-5}$$

或

$$t_{ij}=\frac{P_{ij}}{n_{ij}b_{ij}}=\frac{Q_{ij}H_i}{n_{ij}b_{ij}} \tag{2-6}$$

式中:t_{ij}——第 i 施工过程在第 j 施工段上的流水节拍;

P_{ij}——第 i 施工过程在第 j 施工段上的劳动量;

Q_{ij}——第 i 施工过程在第 j 施工段上的工程量;

S_i——第 i 施工过程的人工或机械产量定额;

H_i——第 i 施工过程的人工或机械时间定额;

n_{ij}——第 i 施工过程在第 j 施工段上的施工班组人数或机械台数;

b_{ij}——第 i 施工过程在第 j 施工段上的每天工作班制。

有时,也可在 t_{ij} 已知的情况下,利用式(2-5)和式(2-6)反算某施工过程的班组人数或机械台数 n_{ij}。

例 2-3 某住宅小区 3 号楼工程为钢筋混凝土剪力墙结构,基础形式为筏板基础,该楼共由 3 个单元组成,其基础工程各施工过程的工程量、产量定额、专业队人数如表 2-2 所示。试计算各施工过程的流水节拍。

表 2-2 某基础工程有关数据

施工过程	工程量	产量定额	人数(机械台数)
基础垫层	67.10m³	62.50m³/台班	1 台汽车泵
砖胎模	88.80m³	0.95m³/工日	17 人
基础绑扎钢筋	43.46t	0.47t/工日	30 人
基础浇筑混凝土	460.47m³	62.50m³/台班	1 台汽车泵

解 ① 3 号楼共有 3 个单元,取 $m=3$ 段。

② 计算各施工过程在一个施工段上的劳动量(计算结果保留两位小数)。

基础垫层 $P=Q/S=[67.10/(3\times62.50)]$ 台班 ≈ 0.36 台班

砖胎模 $P=Q/S=[88.80/(3\times0.95)]$ 工日 ≈ 31.16 工日

基础绑扎钢筋 $P=Q/S=[43.46/(3\times0.47)]$ 工日 ≈ 30.82 工日

基础浇筑混凝土 $P=Q/S=[460.47/(3\times62.50)]$ 台班 ≈ 2.46 台班

③ 求各施工段的流水节拍(基础浇筑混凝土按两班制,其他按一班制,计算结果取半天

的整数倍。

基础垫层 $t=P/(nb)=[0.36/(1\times1)]d=0.36$d,取 0.5d

砖胎模 $t=P/(nb)=[31.16/(17\times1)]d\approx1.83$d,取 2d

基础绑扎钢筋 $t=P/(nb)=[30.82/(30\times1)]d\approx1.03$d,取 1d

基础浇筑混凝土 $t=P/(nb)=[2.46/(1\times2)]d\approx1.23$d,取 1.5d

(2) 三时估算法

对某些采用新技术、新工艺的施工过程,往往缺乏定额,此时可采用三时估算法。三时估算法计算公式如下:

$$t_i=\frac{a+4c+b}{6} \tag{2-7}$$

式中:t_i——某施工过程在某施工段的流水节拍;

a——某施工过程完成某施工段工程量的最乐观时间(即按最顺利条件估计的最短时间);

c——某施工过程完成某施工段工程量的最可能时间(即按正常条件估计的正常时间);

b——某施工过程完成某施工段工程量的最悲观时间(即按最不利条件估计的最长时间)。

(3) 工期计算法

对于有工期要求的工程,可采用工期计算法(也叫倒排进度法)。其方法是首先将一个工程对象划分为几个施工阶段,根据规定工期,估计出每一阶段所需要的时间,然后将每一施工阶段划分为若干个施工过程,并在平面上划分为若干个施工段(在竖向上划分施工层),再确定每一施工过程在每一施工阶段的作业持续时间,最后即可确定各施工过程在各施工段(层)上的作业时间,即流水节拍。

2) 确定流水节拍时应考虑的因素

从理论上讲,总希望流水节拍越小越好,但在确定流水节拍时应考虑以下因素:

(1) 施工班组人数应适宜

既要满足最小劳动组合人数的要求(人数的最低限度),又要满足最小工作面的要求(人数的最高限度),不能为了缩短工期而无限制地增加人数,否则会由于工作面不足降低劳动效率,且容易发生安全事故。

(2) 工作班制要恰当

工作班制应根据工期、工艺等要求而定。当工期不紧迫,工艺上又无连续施工要求时,一般采用一班制;当组织流水施工时,为了给第 2 天连续施工创造条件,某些施工过程可考虑在夜班进行,即采用两班制;当工期较紧或工艺上要求连续施工,或为了提高施工机械的使用率,某些项目可考虑三班制施工,如现浇混凝土构件,为了满足工艺上的要求,常采用两班制或三班制施工(但如果在市区施工,考虑夜间扰民,则不得采用三班浇筑混凝土)。

(3) 机械的台班效率或机械台班产量的大小。

(4) 考虑各种资源(劳动力、机械、材料、构配件等)的供应情况。

(5) 流水节拍值一般应取半天的整倍数。

2. 流水步距

流水步距是指相邻两个施工过程的施工班组在保证施工顺序、满足连续施工和保证工程质量要求的条件下,相继投入同一施工段开始工作的最小间隔时间(不包括技术间歇时间和组织间歇时间,也不必减去搭接时间),通常用符号 K 表示。

流水步距的大小对工期影响很大,在施工段不变的情况下,流水步距小,则工期短;反之,则工期长。流水步距的数目取决于参加流水的施工过程数,如施工过程数为 n 个,则流水步距的总数为 $n-1$ 个。流水步距应取半天的整倍数。

1) 确定流水步距的基本要求

(1) 始终保持合理的先后两个施工过程工艺顺序;

(2) 尽可能保持各施工过程的连续作业;

(3) 做到前后两个施工过程施工时间的最大搭接(即前一施工过程完成后,后一施工过程尽可能早地进入施工)。

2) 确定流水步距的方法

确定流水步距的方法有图上分析法、不同的流水节拍特征确定法、最大差法,其中"最大差法"(也叫潘特考夫斯基法)计算比较简单,且该方法适用于各种形式的流水施工。"最大差法"可概括为"累加数列,错位相减,取大差",即首先把每个施工过程在各个施工段上的流水节拍依次累加,逢段求和得出各施工过程流水节拍的累加数列;然后将两相邻施工过程的累加数列的后者均向后错一位,两数列错位相减后得出一个新数列,新数列中的最大者即为这两个相邻施工过程间的流水步距。

例 2-4 某临街 4 层办公楼的室内粗装修工程主要由 5 个施工过程组成,分 4 段,1 层、2 层、3 层、4 层分别为 1 段、2 段、3 段、4 段,按照自上而下的顺序组织流水施工。1 层层高为 4.8m,2~4 层层高均为 3.6m,各施工过程的流水节拍如表 2-3 所示,试计算流水步距。

表 2-3 某室内粗装修工程的流水节拍   d

施工过程	施工段			
	④	③	②	①
1. 内墙抹灰	8	8	8	10
2. 吊顶	4	4	4	4
3. 楼地面铺砖	6	6	6	6
4. 门窗扇安装	3	3	3	3
5. 内粉刷	4	4	4	5

解 计算流水步距

1) 求 $K_{1,2}$

$$
\begin{array}{cccccc}
& 8 & 16 & 24 & 34 & \\
-) & & 4 & 8 & 12 & 16 \\
\hline
& \max(8 & 12 & 16 & 22 & -16) = 22
\end{array}
$$

$\therefore K_{1,2} = 22\text{d}$。

2) 求 $K_{2,3}$

$$
\begin{array}{cccccc}
& 4 & 8 & 12 & 16 & \\
-) & & 6 & 12 & 18 & 24 \\
\hline
& \max(4 & 2 & 0 & -2 & -24) = 4
\end{array}
$$

∴ $K_{2,3} = 4d$。

3) 求 $K_{3,4}$

$$
\begin{array}{r}
6 \quad 12 \quad 18 \quad 24 \\
-) \quad\quad 3 \quad\; 6 \quad\; 9 \quad 12 \\
\hline
\max(6 \quad 9 \quad 12 \quad 15 \quad -12) = 15
\end{array}
$$

∴ $K_{3,4} = 15d$。

4) 求 $K_{4,5}$

$$
\begin{array}{r}
3 \quad 6 \quad 9 \quad 12 \\
-) \quad\; 4 \quad 8 \quad 12 \quad 17 \\
\hline
\max(3 \quad 2 \quad 1 \quad 0 \quad -17) = 3
\end{array}
$$

∴ $K_{4,5} = 3d$。

3. 流水工期

流水工期是指在组织某工程的流水施工时,从第一个施工过程进入第一个施工段开始施工算起,到最后一个施工过程退出最后一个施工段的施工为止的总持续时间,一般用 T_L 表示。

流水工期的计算公式也因不同的流水施工组织形式而异,后面将详细介绍。

4. 间歇时间

1) 技术间歇时间

技术间歇时间是指在组织流水施工时,为了保证工程质量,由施工规范规定的或施工工艺要求的在相邻两个施工过程之间必须留有的间隔时间,一般用 Z_1 表示。例如,混凝土浇筑后的养护时间、砂浆抹面的干燥时间、油漆面的干燥时间等。

2) 组织间歇时间

组织间歇时间是指在组织流水施工时,由于考虑组织上的因素,两相邻施工过程在规定流水步距之外所增加的必要时间间隔,一般用 G 表示。它是为对前一施工过程进行检查验收,或为后一施工过程的开始做必要的施工准备工作而考虑的间歇时间。例如,混凝土浇筑之前要检查钢筋及预埋件并作记录、砌筑墙身前的弹线时间、回填土前对埋设的地下管道的检查验收时间等都属于组织间歇时间。

在组织流水施工时,技术间歇和组织间歇可以统一考虑,但是二者的概念、作用和内涵是不同的,施工组织者必须清楚。

3) 层间间歇时间

层间间歇时间是指由技术或组织方面的原因,层与层之间需要间歇的时间,一般用 Z_2 表示。实际上,层间间歇就是位于两层之间的技术间歇或组织间歇。

5. 搭接时间

搭接时间是指相邻两个施工过程同时在同一施工段上工作的重叠时间,通常用 D 表示。一般情况下,相邻两个施工过程的专业施工队在同一施工段上的关系是前后衔接关系,即前者全部结束后者才能开始。但有时为了缩短工期,在工作面允许的前提下,也可以在前者完成部分可以满足后者的工作面要求时,让后者提前进入同一施工段,两者在同一施工段上平行搭接施工。

2.3 流水施工的基本组织方式

流水施工组织方式根据流水节拍特征的不同,可分为等节奏流水施工、异步距异节奏流水施工、等步距异节奏流水施工、无节奏流水施工4种(图2-5)。

2.3.1 等节奏流水施工

在组织流水施工时,如果所有的施工过程在各个施工段上的流水节拍均相等,这种流水施工组织方式称为等节奏流水施工,又可称为全等节拍流水施工或固定节拍流水施工。

1. 基本特征

(1) 同一施工过程在各个施工段上的流水节拍均相等,如果有 m 个施工段,则有:

$$t_1 = t_2 = \cdots = t_{m-1} = t_m = t (常数) \tag{2-8}$$

(2) 不同施工过程的流水节拍彼此相等,如果有 n 个施工过程,则有:

$$t_1 = t_2 = \cdots = t_{n-1} = t_n = t (常数) \tag{2-9}$$

(3) 各施工过程之间的流水步距也相等,且等于其流水节拍,即:

$$K_{1,2} = K_{2,3} = \cdots = K_{n-1,n} = K = t (常数) \tag{2-10}$$

(4) 专业工作队数 n_1 等于施工过程数 n,即:

$$n_1 = n \tag{2-11}$$

2. 施工段数的确定

(1) 如果没有层间关系,可按2.2.2节中划分施工段原则的前6条确定施工段数。

(2) 如果有层间关系,为使各施工队能够连续施工,则7条原则均应考虑,故全等节拍流水施工的施工段数还应满足式(2-3)。

为了保证间歇时间满足要求,当计算结果有小数时,应只入不舍取整数;当各层的 $\sum Z_1$、$\sum Z_2$、$\sum G$ 或 $\sum D$ 不完全相等时,应取各层中最大的 $\sum Z_1$、$\sum Z_2$、$\sum G$ 和最小的 $\sum D$ 进行计算。

3. 工期计算

等节奏流水施工的工期可按下式计算:

$$T = (mj + n - 1)K + \sum Z_1 + \sum G - \sum D \tag{2-12}$$

式中:T ——流水施工工期;

K ——流水步距;

j ——施工层数。

式(2-3)和式(2-12)中,如果没有间歇和搭接时间,则可视为零;工期计算中,如果只有一个施工层,则可看作 $j=1$。

例 2-5 某公路有 4 个涵洞,施工过程包括土方开挖、涵管基础施工、安装涵管和回填土压实。如果合同工期不超过 50d,试组织等节奏流水施工,计算流水节拍 t 和流水步距 K,并绘制流水施工进度计划表。

解 由已知数据可分析出,施工段有 4 段,每个施工段有 4 个施工过程,并且要求组织等节奏流水施工。

已知 $n=4$,$m=4$;且由于是等节奏流水,所以 $K=t$;

因此可得:$T=(m+n-1)K=7K\leqslant 50$d;

从而得 $K=t=7$d,则流水工期 $T=7K=7\times 7$d$=49$d

根据以上计算结果,绘制流水施工进度计划表,如图 2-9 所示。

施工过程	施工进度计划/d						
	7	14	21	28	35	42	49
土方开挖	①	②	③	④			
涵管基础施工		①	②	③	④		
安装涵管			①	②	③	④	
回填土压实				①	②	③	④

图 2-9 某涵洞工程流水施工进度计划表

例 2-6 某分部工程由 A、B、C、D 4 个施工过程组成,划分 2 个施工层组织流水施工,流水节拍均为 1d,施工过程 B 完成后需养护 1d 施工过程 C 才能开始,且层间间歇时间为 2d。为保证工作队连续作业,试确定施工段数,计算工期,绘制流水施工进度计划表。

解 由题意可知应组织等节奏流水施工。

1)确定流水步距
$$K=t=1\text{d}$$

2)确定施工段数
$$m\geqslant n+\frac{\sum Z_1+Z_2}{K}=\left(4+\frac{1+2}{1}\right)\text{段}=7\text{ 段,取 }m=7\text{ 段}$$

3)计算工期
$$T=(mj+n-1)K+\sum Z_1=[(7\times 2+4-1)\times 1+1]\text{d}=18\text{d}$$

4)绘制流水施工进度计划表

如图 2-10 所示。

4. 等节奏流水施工方式的适用范围

等节奏流水施工比较适用于分部工程流水施工,特别是施工过程较少的分部工程,而对于一个单位工程,因其施工过程数较多,要使所有施工过程的流水节拍都相等是十分困难的,所以一般不宜组织等节奏流水施工。至于单项工程和群体工程,它同样也不适用。因此,等节奏流水施工的实际应用范围并不广泛。

2.3.2 异步距异节奏流水施工

在实际工程中,由于各方面的原因(如工程性质、复杂程度、劳动量、技术组织等),采用

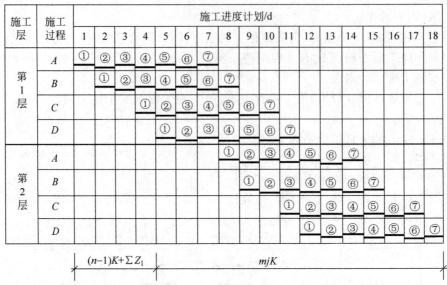

图 2-10 例 2-6 中工程的流水施工进度计划表

相同的流水节拍来组织施工,显然是比较困难的。例如,某些施工过程要求尽快完成;或者某些施工过程工程量过少,流水节拍较小;或者某些施工过程的工作面受到限制,不能投入较多的人力、机械,而使得流水节拍较大,因而会出现各细部流水的流水节拍不等的情况,此时便可采用异节奏流水施工的组织形式来施工。异节奏流水施工又可分为异步距异节奏流水施工和等步距异节奏流水施工两种。

异步距异节奏流水施工是指同一施工过程在各个施工段上的流水节拍相等,不同施工过程的流水节拍不完全相等的流水施工方式。

1. 基本特征

(1) 同一施工过程在各个施工段上的流水节拍均相等;
(2) 不同施工过程的流水节拍不完全相等;
(3) 流水步距不完全相等;
(4) 专业工作队数等于施工过程数,即 $n_1 = n$。

2. 流水步距的确定

可按"最大差法"计算,也可以按下列公式计算:

$$K_{i,i+1} = t_i \quad (t_i \leqslant t_{i+1}) \tag{2-13}$$

$$K_{i,i+1} = mt_i - (m-1)t_{i+1} \quad (t_i > t_{i+1}) \tag{2-14}$$

式中:$K_{i,i+1}$——第 i 施工过程与第 $i+1$ 施工过程之间的流水步距;

t_i——第 i 施工过程的流水节拍;

t_{i+1}——第 $i+1$ 施工过程的流水节拍;

m——施工段数。

3. 计算工期

当只有一个施工层时,异步距异节奏流水施工的工期可按下列公式计算:

$$T = \sum_{i=1}^{n-1} K_{i,i+1} + T_n + \sum Z_1 + \sum G - \sum D \qquad (2\text{-}15)$$

或

$$T = \sum_{i=1}^{n-1} K_{i,i+1} + mt_n + \sum Z_1 + \sum G - \sum D \qquad (2\text{-}16)$$

式中：T——流水施工工期；

$\sum_{i=1}^{n-1} K_{i,i+1}$——一个施工层内的流水步距之和；

T_n——最后一个(第 n 个)施工过程的总持续时间；

t_n——最后一个(第 n 个)施工过程的流水节拍。

式中其他符号的含义同前。

例 2-7 某分部工程由甲、乙、丙、丁 4 个施工过程组成，分 3 段组织施工，各施工过程的流水节拍分别为 2d、4d、3d、3d，且施工过程乙完成后需有 1d 的组织间歇时间，试组织流水施工。

解 由题意可知应组织异步距异节奏流水施工。

（1）计算流水步距

$\because t_甲 < t_乙 \therefore K_{甲,乙} = t_甲 = 2\text{d}$

$\because t_乙 > t_丙 \therefore K_{乙,丙} = mt_乙 - (m-1)t_丙 = [3 \times 4 - (3-1) \times 3]\text{d} = 6\text{d}$

$\because t_丙 = t_丁 \therefore K_{丙,丁} = t_丙 = 3\text{d}$

（2）计算工期

$$T = \sum_{i=1}^{n-1} K_{i,i+1} + mt_n + \sum Z_1 + \sum G - \sum D = [(2+6+3) + 3 \times 3 + 0 + 1 - 0]\text{d} = 21\text{d}$$

（3）绘制流水施工进度计划表

如图 2-11 所示。

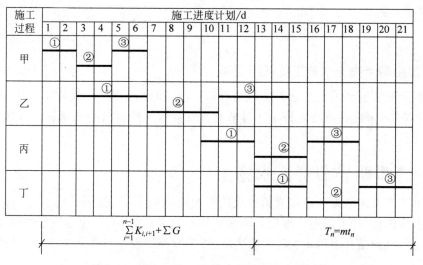

图 2-11 例 2-7 中工程的流水施工进度计划表

例 2-8 某分部工程划分为 A、B、C、D 4 个施工过程,分 5 段组织施工,各施工过程的流水节拍分别为 4d、6d、2d、4d,A、B 两个过程可搭接 1d,且施工过程 C 完成后需有 2d 的技术间歇时间,试组织异步距异节奏流水施工。

解

(1) 计算流水步距

$\because t_A < t_B \therefore K_{A,B} = t_A = 4\text{d}$

$\because t_B > t_C \therefore K_{B,C} = mt_B - (m-1)t_C = [5 \times 6 - (5-1) \times 2]\text{d} = 22\text{d}$

$\because t_C < t_D \therefore K_{C,D} = t_C = 2\text{d}$

(2) 计算工期

$$T = \sum_{i=1}^{n-1} K_{i,i+1} + mt_n + \sum Z_1 + \sum G - \sum D = [(4+22+2) + 5 \times 4 + 2 - 1]\text{d} = 49\text{d}$$

(3) 绘制流水施工进度计划表

如图 2-12 所示。

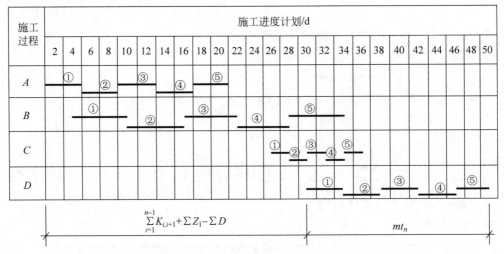

图 2-12 例 2-8 中工程的流水施工进度计划表

4. 异步距异节奏流水施工的适用范围

异步距异节奏流水施工适用于分部工程和单位工程流水施工,允许不同施工过程采用不同的流水节拍,因此在进度安排上比等节奏流水和等步距异节奏流水施工灵活,实际应用范围更广泛。

2.3.3 等步距异节奏流水施工

等步距异节奏流水施工也称为加快成倍节拍流水施工,是指同一施工过程在各个施工段上的流水节拍相等,不同施工过程的流水节拍不完全相等,但均为某一常数的整数倍的流水施工方式。可扫描二维码 2-2 观看教学视频,学习等步距异节奏流水施工相关知识。

2-2

1. 基本特征

(1) 同一施工过程在各个施工段上的流水节拍均相等;

(2) 不同施工过程的流水节拍不完全相等,但均为某一常数的整数倍;
(3) 流水步距都相等,均等于各施工过程流水节拍的最大公约数;
(4) 专业工作队总数大于施工过程数,即:

$$n_1 > n \tag{2-17}$$

2. 一般建筑工程的等步距异节奏流水施工

一般建筑工程的等步距异节奏流水施工组织步骤如下:

(1) 确定流水步距 K_b

所有流水步距均等于各施工过程流水节拍的最大公约数,即

$$K_b = 最大公约数(t_1, t_2, \cdots, t_n) \tag{2-18}$$

(2) 确定专业工作队数

各施工过程的相应工作队数为:

$$b_i = \frac{t_i}{K_b} \tag{2-19}$$

专业工作队总数为:

$$n_1 = \sum_{i=1}^{n} b_i \tag{2-20}$$

(3) 确定施工段数 m

① 如果没有层间关系,可按 2.2.2 节划分施工段原则的前 6 条确定施工段数。

② 如果有层间关系,为使各施工队能够连续施工,则 7 条原则均应考虑,故等步距异节奏流水施工的施工段数还应满足式(2-4)。

(4) 计算工期

等步距异节奏流水施工的工期可按下式计算:

$$T = \left(mj + \sum_{i=1}^{n} b_i - 1\right) K_b + \sum Z_1 + \sum G - \sum D \tag{2-21}$$

(5) 绘制流水施工进度计划表。

例 2-9 以例 2-8 中的分部工程为例,试对该分部工程组织等步距异节奏流水施工。

解

(1) 确定流水步距

最大公约数(4,6,2,4)=2,所以 $K_b = 2d$。

(2) 确定专业工作队数

各施工过程的相应工作队数为:

$$b_A = \frac{t_A}{K_b} = \left(\frac{4}{2}\right)队 = 2 队$$

$$b_B = \frac{t_B}{K_b} = \left(\frac{6}{2}\right)队 = 3 队$$

$$b_C = \frac{t_C}{K_b} = \left(\frac{2}{2}\right)队 = 1 队$$

$$b_D = \frac{t_D}{K_b} = \left(\frac{4}{2}\right) \text{队} = 2 \text{队}$$

专业工作队总数为：

$$n_1 = \sum_{i=1}^{n} b_i = (2+3+1+2) \text{队} = 8 \text{队}$$

(3) 计算工期

$$T = \left(mj + \sum_{i=1}^{n} b_i - 1\right)K_b + \sum Z_1 + \sum G - \sum D$$

$$= [(5 \times 1 + 8 - 1) \times 2 + 2 + 0 - 1]\text{d} = 25\text{d}$$

(4) 绘制流水施工进度计划表

如图 2-13 所示。

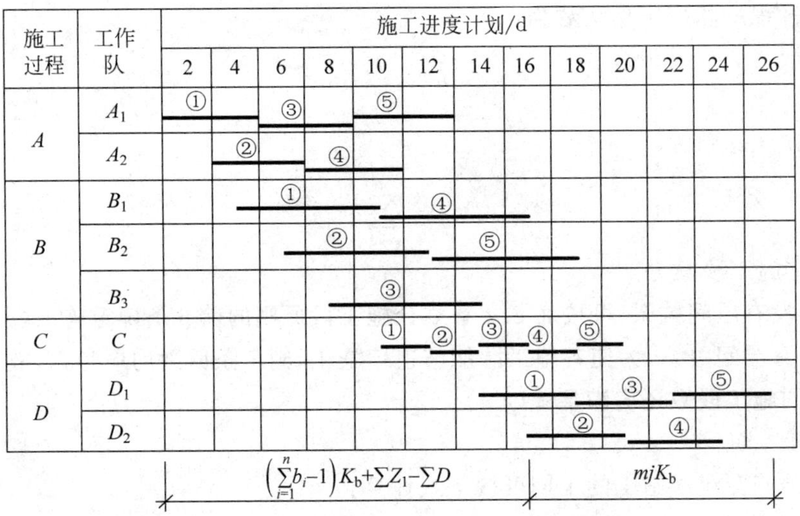

施工过程	工作队	施工进度计划/d											
		2	4	6	8	10	12	14	16	18	20	22	24	26
A	A_1	①		③		⑤								
	A_2		②		④									
B	B_1			①			④							
	B_2				②			⑤						
	B_3					③								
C	C					①	②	③	④	⑤				
D	D_1									①		③		⑤
	D_2										②		④	

图 2-13 例 2-9 中工程的流水施工进度计划表

比较例 2-8 和例 2-9，对同一个分部工程，采用两种不同的流水施工组织方式，等步距异节奏流水比异步距异节奏流水施工，工期缩短 24d。

对图 2-13 作进一步分析可知：组织等步距异节奏流水施工可使各工序步调一致，衔接紧密，不但各施工过程连续施工，而且无空闲的施工段，因而总工期较短。但在组织等步距异节奏流水时，纳入流水的专业班组不宜太多，以免造成现场混乱和管理工作的复杂。

值得说明的是，等步距异节奏流水的组织方式，与采用"两班制""三班制"的组织方式有所不同。"两班制""三班制"的组织方式，通常是指同一个专业班组在同一施工段上连续作业 16h（"两班制"）或 24h（"三班制"）；或安排两个专业班组在同一施工段上各作业 8h 累计 16h（"两班制"），或安排三个专业班组在同一施工段上各作业 8h 累计 24h（"三班制"）。因而，在进度计划上反映出的流水节拍应为原流水节拍的 1/2（"两班制"）或 1/3（"三班制"）。而等步距异节奏流水的组织方式是将增加的专业班组与原专业班组分别以交叉的方式安排在不同的施工段上进行作业，因而其流水节拍不发生变化。

例 2-10 某 3 层的分部工程由 A、B、C 3 个施工过程组成，其流水节拍分别为 4d、4d、

2d,B、C 2个施工过程之间有 2d 的组织间歇时间,C 施工过程完成后需要间歇 1d 的时间,后一层才能开始施工。为保证各工作队能连续施工,试确定施工段数,计算工期,并绘制流水施工进度计划表。

解 由题意可知应组织等步距异节奏流水施工

(1) 确定流水步距

最大公约数(4,4,2)=2,所以 $K_b=2d$。

(2) 确定专业工作队数

各施工过程的相应工作队数为：

$$b_A = \frac{t_A}{K_b} = \left(\frac{4}{2}\right) 队 = 2 队$$

$$b_B = \frac{t_B}{K_b} = \left(\frac{4}{2}\right) 队 = 2 队$$

$$b_C = \frac{t_C}{K_b} = \left(\frac{2}{2}\right) 队 = 1 队$$

专业工作队总数为：

$$n_1 = \sum_{i=1}^{n} b_i = (2+2+1) 队 = 5 队$$

(3) 确定施工段数

$$m \geqslant \sum_{i=1}^{n} b_i + \frac{\sum Z_1 + Z_2 + \sum G - \sum D}{K_b} = \left(5 + \frac{0+1+2-0}{2}\right) 段 = 6.5 段$$

取 $m=7$ 段。

(4) 计算工期

$$T = \left(mj + \sum_{i=1}^{n} b_i - 1\right) K_b + \sum Z_1 + \sum G - \sum D$$

$$= [(7 \times 3 + 5 - 1) \times 2 + 0 + 2 - 0] d = 52 d$$

(5) 绘制流水施工进度计划表

如图 2-14 所示。

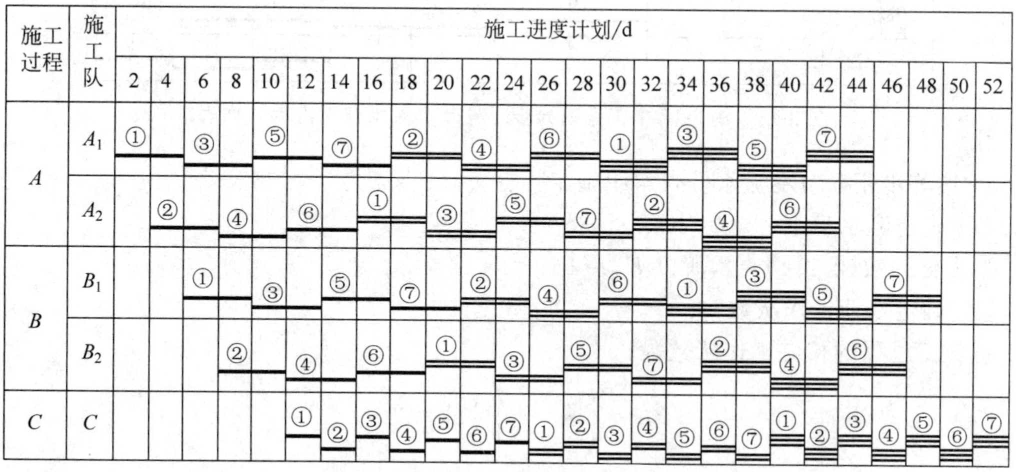

施工过程	施工队	施工进度计划/d																								
		2	4	6	8	10	12	14	16	18	20	22	24	26	28	30	32	34	36	38	40	42	44	46	48	50	52
A	A_1	①		③		⑤		⑦		②		④		⑥		①		③		⑤		⑦					
	A_2		②		④		⑥		①		③		⑤		⑦		②		④		⑥						
B	B_1			①		③		⑤		⑦		②		④		⑥		①		③		⑤		⑦			
	B_2				②		④		⑥		①		③		⑤		⑦		②		④		⑥				
C	C						①	②	③	④	⑤	⑥	⑦	①	②	③	④	⑤	⑥	⑦	①	②	③	④	⑤	⑥	⑦

图 2-14 例 2-10 中工程的流水施工进度计划表

例 2-11 某桥梁的桥面采用现浇混凝土,施工过程分为安装模板、绑扎钢筋、浇筑混凝土 3 项,流水节拍分别为 2d、2d、1d,分为 3 个施工段,分别按异步距异节奏和等步距异节奏流水方式组织施工,计算工期,绘制流水施工进度计划表。

解

1) 按异步距异节奏流水方式组织施工

(1) 采用"最大差法"确定流水步距

① 求 $K_{模,筋}$

$$
\begin{array}{r}
2\ 4\ 6 \\
-)\quad 2\ 4\ 6 \\
\hline
\max(2\ \ 2\ \ 2\ \ -6)=2
\end{array}
$$

$\therefore K_{模,筋}=2\mathrm{d}$。

② 求 $K_{筋,混凝土}$

$$
\begin{array}{r}
2\ 4\ 6 \\
-)\quad 1\ 2\ 3 \\
\hline
\max(2\ \ 3\ \ 4\ \ -3)=4
\end{array}
$$

$\therefore K_{筋,混凝土}=4\mathrm{d}$。

(2) 计算工期

$$T=\sum_{i=1}^{n-1}K_{i,i+1}+mt_n+\sum Z_1+\sum G-\sum D$$

$$=[(2+4)+3\times 1+0+0-0]\mathrm{d}=9\mathrm{d}$$

(3) 绘制流水施工进度计划表

如图 2-15 所示。

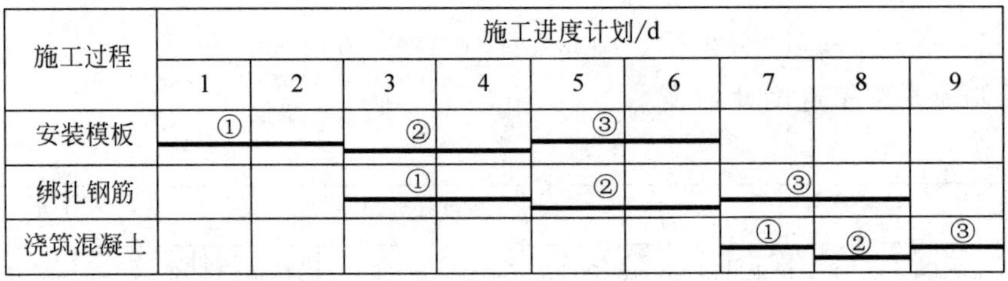

施工过程	施工进度计划/d									
	1	2	3	4	5	6	7	8	9
安装模板	①		②		③				
绑扎钢筋			①		②		③		
浇筑混凝土							①	②	③

图 2-15 例 2-11 中工程的异步距异节奏流水施工进度计划表

2) 按等步距异节奏流水方式组织施工

(1) 确定流水步距

最大公约数$(2,2,1)=1$,所以 $K_b=1\mathrm{d}$。

(2) 确定专业工作队数

各施工过程的相应工作队数为:

$$b_{模}=\frac{t_{模}}{K_b}=\left(\frac{2}{1}\right)队=2\ 队$$

$$b_{筋} = \frac{t_{筋}}{K_b} = \left(\frac{2}{1}\right) 队 = 2 \text{ 队}$$

$$b_{混凝土} = \frac{t_{混凝土}}{K_b} = \left(\frac{1}{1}\right) 队 = 1 \text{ 队}$$

专业工作队总数为:

$$n_1 = \sum_{i=1}^{n} b_i = (2+2+1) 队 = 5 \text{ 队}$$

(3) 计算工期

$$T = \left(mj + \sum_{i=1}^{n} b_i - 1\right) K_b + \sum Z_1 + \sum G - \sum D$$

$$= [(3 \times 1 + 5 - 1) \times 1 + 0 + 0 - 0] \text{d} = 7\text{d}$$

与异步距异节奏流水施工方式比较,工期缩短 2d。

(4) 绘制流水施工进度计划表

如图 2-16 所示。

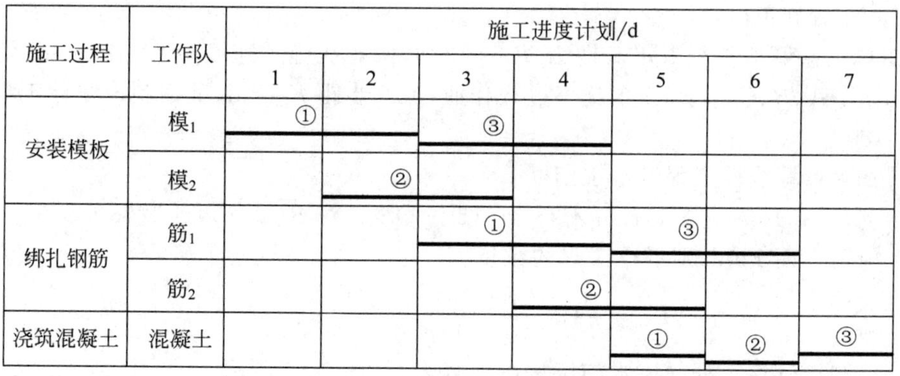

施工过程	工作队	施工进度计划/d						
		1	2	3	4	5	6	7
安装模板	模$_1$	①		③				
	模$_2$		②					
绑扎钢筋	筋$_1$			①		③		
	筋$_2$				②			
浇筑混凝土	混凝土					①	②	③

图 2-16 例 2-11 中工程的等步距异节奏流水施工进度计划表

3. 线性工程流水线法

等步距异节奏流水施工比较适用于线性工程的施工,线性工程是指单向延伸的土木工程,如道路、管道、沟渠、堤坝和地下通道等。这类工程沿长度方向分布均匀、单一,作业队可匀速施工,一般采用流水线法组织施工。其组织步骤为:

(1) 划分施工过程,确定其过程数 n;

(2) 确定主导施工过程;

(3) 确定主导施工过程每个班次的施工速度 v,按 v 值设计其他施工过程的细部流水施工速度,并使两者配合协调;

(4) 确定相邻两作业队开始施工的时间间隔 K,当两队流水速度相等时,则各相邻作业队之间的 K 均相等;

(5) 计算流水工期 T。

线性工程流水工期 T 可按下式计算:

$$T = (n-1)K + L/v \tag{2-22}$$

有间歇时:

$$T = (n-1)K + \frac{L}{v} + \sum Z_1 + \sum G - \sum D \tag{2-23}$$

式中：K——流水步距，即一段上的持续时间；

n——流水施工的施工过程数；

L——工程的全长长度(km 或 m)；

v——作业队的施工速度(km/d 或 m/d)。

如果限定工期 T_1，则平行流水的数量 E_n 为：

$$E_n = \frac{T - (n-1)K}{T_1 - (n-1)K} \tag{2-24}$$

或

$$m = \frac{L}{v[T_1 - (n-1)K]} \tag{2-25}$$

式中：E_n——平行流水的数量；

T_1——限定的施工期限；

m——线性工程分成的段落数目，$m \leqslant 3$ 时可采用两班制或三班制进行施工，不必划分施工段。

例 2-12 某管道工程限定工期为 $T_1 = 120\text{d}$，作业队施工速度 $v = 0.2\text{km/d}$，管线长度 $L = 40\text{km}$，分 A、B、C、D、E 5 个施工过程作业，流水步距 $K = 5\text{d}$，试编制该线性工程流水施工进度计划。

解 （1）计算线性工程流水工期 T：

$$T = (n-1)K + L/v = [(5-1) \times 5 + 40/0.2]\text{d} = 220\text{d}$$

（2）限定工期 120d，则平行流水的数量 E_n 为：

$$E_n = \frac{T - (n-1)K}{T_1 - (n-1)K} = \frac{220 - 20}{120 - 20} = 2$$

（3）绘制该管道工程的流水施工进度计划表，如图 2-17 所示。

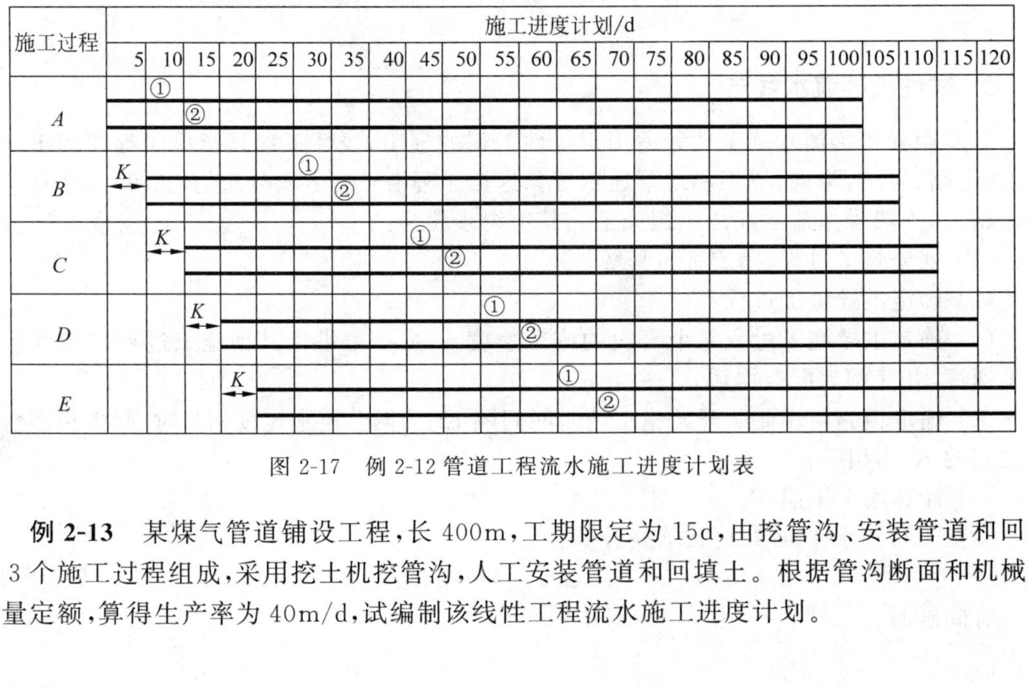

图 2-17 例 2-12 管道工程流水施工进度计划表

例 2-13 某煤气管道铺设工程，长 400m，工期限定为 15d，由挖管沟、安装管道和回填土 3 个施工过程组成，采用挖土机挖管沟，人工安装管道和回填土。根据管沟断面和机械的产量定额，算得生产率为 40m/d，试编制该线性工程流水施工进度计划。

解 (1) 确定施工过程数 n,工程由挖土机挖管沟、人工安装管道和回填土 3 个施工过程组成,即 $n=3$。

(2) 确定挖土机以开挖管沟为主导施工过程,其施工速度 $v=40\text{m/d}$。

(3) 安装管道和回填土速度同主导施工过程,相应为 40m/d。

(4) 确定相邻两专业队的开始作业时间间隔为 1d,即 $K=1\text{d}$。

(5) 计算流水工期

$$T=(n-1)K+L/v=[(3-1)\times 1+400/40]\text{d}=12\text{d}$$

$T<T_1=15\text{d}$,满足要求。

不划分施工段。

(6) 绘制该煤气管道铺设工程的施工进度计划表,如图 2-18 所示。

施工过程	施工进度计划/d											
	1	2	3	4	5	6	7	8	9	10	11	12
挖管沟												
安装管道		K										
回填土			K									

图 2-18 例 2-13 煤气管道铺设工程的流水施工进度计划表

4. 等步距异节奏流水施工方式的适用范围

等步距异节奏流水施工比较适用于线性工程(如道路、管道等)的施工,而房屋建筑工程施工中可适用于某些分部工程流水。理论上只要各施工过程的流水节拍具有倍数关系,均可采用这种等步距异节奏流水组织方式;但如果其倍数差异较大,往往难以配备足够的施工队组,或者难以满足各个队组的工作面及资源要求,则这种组织方式就不可能有实际应用。因此,等步距异节奏流水施工的实际应用范围不是很广泛。

2.3.4 无节奏流水施工

在实际施工中,有些工程的某些施工过程在不同施工段上的工程量彼此不相等,各专业工作队的生产效率相差也较大,从而导致各流水节拍不完全相等,不可能组织成等节奏或异节奏流水施工,这时可以组织成无节奏流水施工。

无节奏流水施工就是指各施工过程在各施工段上的流水节拍均不完全相等的流水施工,又叫非节奏流水施工。

1. 基本特征

(1) 同一施工过程在不同施工段上的流水节拍不完全相等;

(2) 不同施工过程的流水节拍也不完全相等;

(3) 流水步距不完全相等;

(4) 专业工作队数 n_1 等于施工过程数 n,即 $n_1=n$。

2. 流水步距的确定

无节奏流水施工相邻施工过程间的流水步距可采用"最大差法"计算,即"累加数列,错位相减,取大差"。

3. 计算工期

无节奏流水施工的工期,计算公式基本同不成倍节拍流水,

当只有一个施工层时

$$T = \sum_{i=1}^{n-1} K_{i,i+1} + mt_n + \sum Z_1 + \sum G - \sum D$$

或

$$T = \sum_{i=1}^{n-1} K_{i,i+1} + \sum_{j=1}^{m} t_n^j + \sum Z_1 + \sum G - \sum D \tag{2-26}$$

式中: t_n^j ——最后一个(第 n 个)施工过程在第 j 个施工段的流水节拍。

例 2-14 某分部工程划分为 A、B、C、D 4 个施工过程,分 3 段组织施工,各施工过程的流水节拍如表 2-4 所示,且施工过程 B 完成后需有 1d 的技术间歇时间,试计算工期,绘制流水施工进度计划表。

表 2-4 某分部工程的流水节拍   d

施工过程	施 工 段		
	①	②	③
A	2	2	3
B	3	3	4
C	3	2	2
D	3	4	3

解 由题意可知应组织无节奏流水施工。

1) 计算流水步距

(1) 求 $K_{A,B}$

$$\begin{array}{r} 2 \quad 4 \quad 7 \\ -) \quad 3 \quad 6 \quad 10 \\ \hline \max(2 \quad 1 \quad 1 \quad -10) = 2 \end{array}$$

∴ $K_{A,B} = 2$d。

(2) 求 $K_{B,C}$

$$\begin{array}{r} 3 \quad 6 \quad 10 \\ -) \quad 3 \quad 5 \quad 7 \\ \hline \max(3 \quad 3 \quad 5 \quad -7) = 5 \end{array}$$

∴ $K_{B,C} = 5$d。

(3) 求 $K_{C,D}$

$$\begin{array}{r} 3 \quad 5 \quad 7 \\ -) \quad 3 \quad 7 \quad 10 \\ \hline \max(3 \quad 2 \quad 0 \quad -10) = 3 \end{array}$$

∴ $K_{C,D} = 3$d。

2) 计算工期

$$T = \sum_{i=1}^{n-1} K_{i,i+1} + \sum_{j=1}^{m} t_n^j + \sum Z_1 + \sum G - \sum D$$
$$= [(2+5+3) + (3+4+3) + 1 + 0 - 0]d = 21d$$

3) 绘制流水施工进度计划表

如图 2-19 所示。

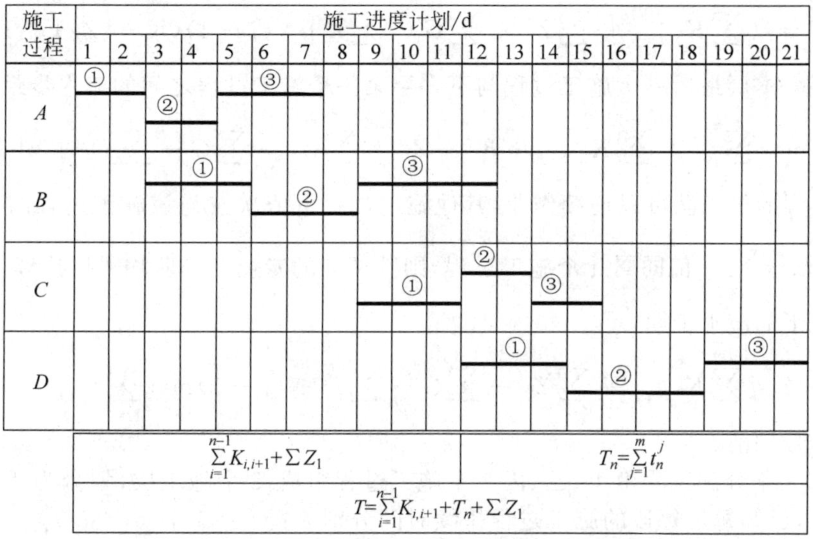

图 2-19 例 2-14 中工程的无节奏流水施工进度计划表

4. 无节奏流水施工的适用范围

无节奏流水施工允许不同施工过程、不同施工段采用不同的流水节拍,在进度安排上比其他流水施工组织方式更为灵活,实际应用范围更广泛,可以适用于分项工程、分部工程、单位工程和群体工程流水施工。

2.3.5 有层间关系的异步距异节奏流水施工与无节奏流水施工

多个施工层异步距异节奏流水施工与无节奏流水施工的组织,第一个施工层流水完成后,以后各层开始的时间要受到工作面和工作队两方面限制。所谓工作面限制,是指前一个施工层任何一个施工段的工作未完成,则后面施工层的相应施工段就没有施工的工作面;所谓工作队限制,是指任何一个工作队只有完成前一施工层各施工段的工作后,才能开始后一施工层的工作,这都将导致工作后移。每项工程具体受到哪种限制,取决于其施工段数及流水节拍的特征。可扫描二维码 2-3 观看教学视频,学习多个施工层异步距异节奏流水与无节奏流水施工相关知识。

2-3

多个施工层异步距异节奏流水施工与无节奏流水施工的组织,可根据一个施工层的施工过程持续时间的最大值 $\max\sum_{i=1}^{n} t_i$ 与流水步距及间歇时间总和的大小对比进行判别。

(1) 当 $\max\sum_{i=1}^{n} t_i < \sum_{i=1}^{n-1} K_{i,i+1} + K' + Z_2 + \sum Z_1 + \sum G - \sum D$ 时,除一层以外的各施工层施工只受工作面限制,可按层间工作面连续来安排下一层第一个施工过程,其他施工

过程均按已定流水步距依次施工,各专业工作队都不能连续作业。

(2) 当 $\max\sum_{i=1}^{n}t_i = \sum_{i=1}^{n-1}K_{i,i+1} + K' + Z_2 + \sum Z_1 + \sum G - \sum D$ 时,流水安排同(1),但只有 $\max\sum_{i=1}^{n}t_i$ 值的施工过程的专业工作队可以连续作业,其他则会出现间断。

上述两种情况的流水工期:

$$T = j(\sum_{i=1}^{n-1}K_{i,i+1} + \sum Z_1 + \sum G - \sum D) + (j-1)(K' + Z_2) + T_n \quad (2\text{-}27)$$

式中:K'——本层最后一个施工过程与下一层第一个施工过程之间的流水步距。

(3) 当 $\max\sum_{i=1}^{n}t_i > \sum_{i=1}^{n-1}K_{i,i+1} + K' + Z_2 + \sum Z_1 + \sum G - \sum D$ 时,具有 $\max\sum_{i=1}^{n}t_i$ 值的施工过程的施工队可以连续作业,其他施工过程可依次按与该施工过程的步距关系安排作业,若 $\max\sum_{i=1}^{n}t_i$ 值同属几个施工过程,则其相应的专业工作队均可以连续作业。

此情况下的流水工期:

$$T = \sum_{i=1}^{n-1}K_{i,i+1} + \sum Z_1 + \sum G - \sum D + (j-1)\max\sum_{i=1}^{n}t_i + T_n \quad (2\text{-}28)$$

其他符号同前。

例 2-15 某分部工程由甲、乙、丙 3 个施工过程组成,2 个施工层,划分为 4 个施工段组织流水施工,已知每层每段的施工过程持续时间分别为:$t_\text{甲}=3\text{d}, t_\text{乙}=3\text{d}, t_\text{丙}=2\text{d}$,甲、乙之间有 2d 的组织间歇时间,丙完成后需养护 1d,第 2 个施工层才能开始。试计算工期,并绘制流水施工进度计划表。

解 由题意可知应组织异步距异节奏流水施工。

(1) 确定流水步距

1 层: 3 6 9 12
    3 6 9 12   显然 $K_{\text{甲,乙}}=3\text{d}$
      2 4 6 8   显然 $K_{\text{乙,丙}}=6\text{d}$

2 层: 3 6 9 12   显然 $K'=2\text{d}$
       3 6 9 12   显然 $K_{\text{甲,乙}}=3\text{d}$
         2 4 6 8   显然 $K_{\text{乙,丙}}=6\text{d}$

(2) 判别式

$$\max\sum_{i=1}^{n}t_i = 12 < \sum_{i=1}^{n-1}K_{i,i+1} + K' + Z_2 + \sum Z_1 + \sum G - \sum D$$

$$= (3+6+2+1+0+2-0)\text{d} = 14\text{d}$$

按层间工作面连续来安排下一层第一个施工过程,其他施工过程均按已定步距同第一个施工过程流水施工。

(3) 工期

$$T = j(\sum_{i=1}^{n-1}K_{i,i+1} + \sum Z_1 + \sum G - \sum D) + (j-1)(K' + Z_2) + T_n$$

$$= [2\times(3+6+0+2-0)+(2-1)\times(2+1)+8]\text{d} = 33\text{d}$$

(4) 绘制流水施工进度计划表

如图 2-20 所示。

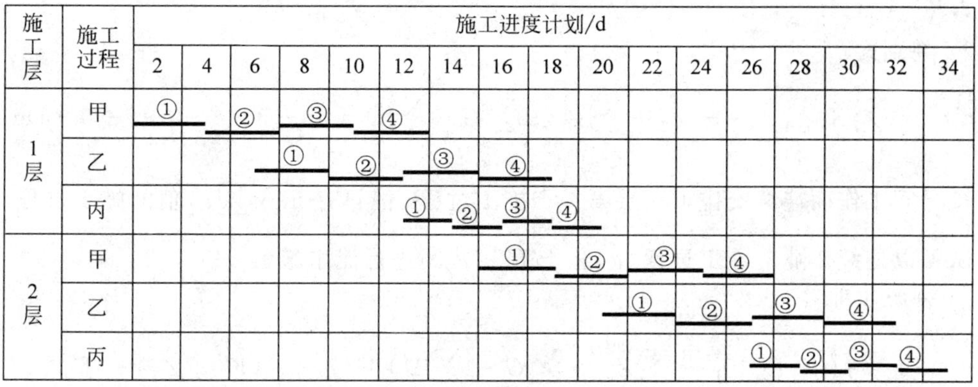

施工层	施工过程	施工进度计划/d															
		2	4	6	8	10	12	14	16	18	20	22	24	26	28	30	32	34
1层	甲	①		②		③		④										
	乙				①		②		③		④							
	丙							①	②	③		④						
2层	甲										①		②		③		④	
	乙												①		②	③		④
	丙														①	②	③	④

图 2-20 例 2-15 中工程的异步距异节奏流水施工进度计划表

例 2-16 某 3 层的分部工程由Ⅰ、Ⅱ、Ⅲ 3 个施工过程组成,划分为 3 个施工段组织流水施工。已知Ⅱ、Ⅲ可搭接 1d 施工,各施工过程的流水节拍如表 2-5 所示。试计算工期,并绘制流水施工进度计划表。

表 2-5 某分部工程的流水节拍   d

施工过程	施工段		
	①	②	③
Ⅰ	4	3	2
Ⅱ	3	4	5
Ⅲ	4	3	3

解 根据题设条件可知,该工程应组织无节奏流水施工。

1) 确定流水步距

(1) 求 $K_{Ⅰ,Ⅱ}$

$$\begin{array}{r} 4\quad 7\quad 9 \\ -)\quad 3\quad 7\quad 12 \\ \hline \max(4\quad 4\quad 2\ -12)=4 \end{array}$$

∴ $K_{Ⅰ,Ⅱ}=4$d。

(2) 求 $K_{Ⅱ,Ⅲ}$

$$\begin{array}{r} 3\quad 7\quad 12 \\ -)\quad 4\quad 7\quad 10 \\ \hline \max(3\quad 3\quad 5\ -10)=5 \end{array}$$

∴ $K_{Ⅱ,Ⅲ}=5$d。

(3) 求施工过程Ⅲ和第 2 层的施工过程Ⅰ之间的流水节拍 K'

$$\begin{array}{r} 4\quad 7\quad 10 \\ -)\quad 4\quad 7\quad 9 \\ \hline \max(4\quad 3\quad 3\ -9)=4 \end{array}$$

$\therefore K' = 4\mathrm{d}$。

2) 判别式

$$\max\sum_{i=1}^{n}t_i = \sum_{i=1}^{n-1}K_{i,i+1}+K'+Z_2+\sum Z_1+\sum G-\sum D=(4+5+4+0+0+0-1)\mathrm{d}=12\mathrm{d}$$

按层间工作面连续安排下一层第一个施工过程,但只有 $\max\sum_{i=1}^{n}t_i$ 值的施工过程 Ⅱ 的施工队可以连续作业。施工过程 Ⅰ、Ⅲ 按已定步距进行流水施工。

3) 计算工期

$$T=j\left(\sum_{i=1}^{n-1}K_{i,i+1}+\sum Z_1+\sum G-\sum D\right)+(j-1)(K'+Z_2)+T_n$$

$$=[3\times(4+5+0+0-1)+(3-1)\times(4+0)+10]\mathrm{d}=42\mathrm{d}$$

4) 绘制流水施工进度计划表

如图 2-21 所示。

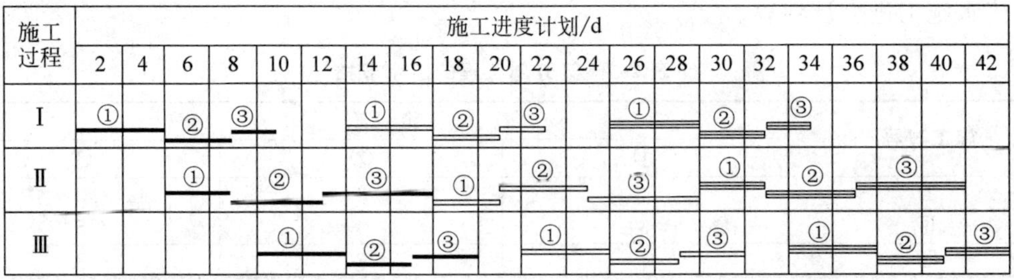

施工过程	施工进度计划/d																				
	2	4	6	8	10	12	14	16	18	20	22	24	26	28	30	32	34	36	38	40	42
Ⅰ	①		②		③		①		②		③		①		②		③				
Ⅱ			①		②		③		①		②		③		①		②		③		
Ⅲ					①		②		③		①		②		③		①		②		③

图 2-21 例 2-16 工程流水施工进度计划表

2、3 层先绘制施工过程 Ⅱ 的进度线,再依据已定流水步距绘制施工过程 Ⅰ、Ⅲ 进度线。

例 2-17 某分部工程由 A、B、C 3 个分项工程组成,划分为 2 个施工层,4 个施工段,各施工过程的流水节拍如表 2-6 所示。试计算工期,并绘制流水施工进度计划表。

表 2-6 某分部工程的流水节拍 d

施工过程	施工段			
	①	②	③	④
A	3	3	2	2
B	4	2	3	2
C	2	2	2	3

解 根据题设条件可知,该工程应组织无节奏流水施工。

(1) 确定流水步距

1 层:3 6 8 10   显然 $K_{A,B}=3\mathrm{d}$
        4 6 9 11   显然 $K_{B,C}=5\mathrm{d}$
           2 4 6 9   显然 $K'=2\mathrm{d}$

2 层: 3 6 8 10   显然 $K_{A,B}=3\mathrm{d}$
          4 6 9 11   显然 $K_{B,C}=5\mathrm{d}$
             2 4 6 9

(2) 判别式

$$\sum_{i=1}^{n-1} K_{i,i+1} + K' + Z_2 + \sum Z_1 + \sum G - \sum D = (3+5+2+0+0+0-0)\text{d}$$

$$= 10\text{d} < \max\sum_{i=1}^{n} t_i = 11\text{d}$$

具有 $\max\sum_{i=1}^{n} t_i$ 值的 B 施工过程的施工队可以连续作业，所以先安排 B 工作，其他施工过程可依次按与 B 施工过程的流水步距关系安排施工作业。

(3) 计算工期

$$T = \sum_{i=1}^{n-1} K_{i,i+1} + \sum Z_1 + \sum G - \sum D + (j-1)\max\sum_{i=1}^{n} t_i + T_n$$

$$= [3+5+0+0-0+(2-1)\times 11+9]\text{d} = 28\text{d}$$

(4) 绘制流水施工进度计划表

如图 2-22 所示。

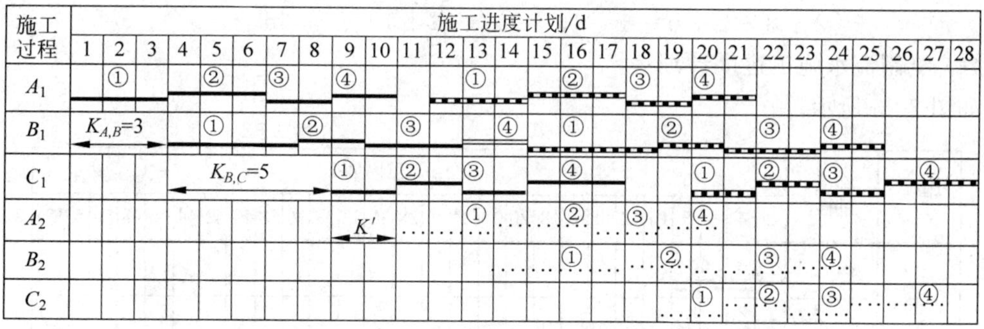

施工过程	施工进度计划/d
A_1	① ② ③ ④ ① ② ③ ④
B_1	$K_{A,B}=3$ ① ② ③ ④ ① ② ③ ④
C_1	$K_{B,C}=5$ ① ② ③ ④ ① ② ③ ④
A_2	K' ① ② ③ ④
B_2	① ② ③ ④
C_2	① ② ③ ④

图 2-22 例 2-17 工程的施工进度计划表

结论：由图 2-22 所示，如果只考虑层间步距，如虚线所示，显然 B 施工过程在第 1 施工层和第 2 施工层 14d 处冲突重叠，所以 B 施工过程第 2 施工层第一段必须从第 15d 开始施工。

例 2-18 某 3 层的分部工程由 A、B、C 3 个施工过程组成，划分为 4 个施工段，各施工过程的流水节拍如表 2-7 所示。已知 A、B 之间有 2d 技术间歇，B、C 可搭接 1d 施工，且层间间歇为 1d，试计算工期，并绘制流水施工进度计划表。

表 2-7 某分部工程的流水节拍 d

施工过程	施工段			
	①	②	③	④
A	2	3	2	1
B	5	4	3	4
C	3	2	3	2

解 根据题设条件可知，该工程应组织无节奏流水施工。

(1) 确定流水步距

第 1 层： 2　5　7　8

　　　　　　5　9　12　16　　　　　显然 $K_{A,B}=2$d

　　　　　　　　3　5　8　10　　　显然 $K_{B,C}=8$d

第2层：　　　　　　2　5　7　8　　　　　　　　　显然 $K'=3d$
　　　　　　　　　　　5　9　12　16　　　　　　　显然 $K_{A,B}=2d$
　　　　　　　　　　　　　3　5　8　10　　　　　　显然 $K_{B,C}=8d$

(2) 判别式

$$\sum_{i=1}^{n-1}K_{i,i+1}+K'+Z_2+\sum Z_1+\sum G-\sum D=(2+8+3+1+2+0-1)d$$

$$=15d<\max\sum_{i=1}^{n}t_i=16d$$

具有 $\max\sum_{i=1}^{n}t_i$ 值的 B 施工过程的工作队可以连续作业，所以先安排 B 工作，A、C 2 个施工过程可依次按与 B 过程的步距关系安排流水作业。

(3) 计算工期

$$T=\sum_{i=1}^{n-1}K_{i,i+1}+\sum Z_1+\sum G-\sum D+(j-1)\max\sum_{i=1}^{n}t_i+T_n$$

$$=[2+8+2+0-1+(3-1)\times 16+10]d=53d$$

(4) 绘制流水施工进度计划表

如图 2-23 所示。

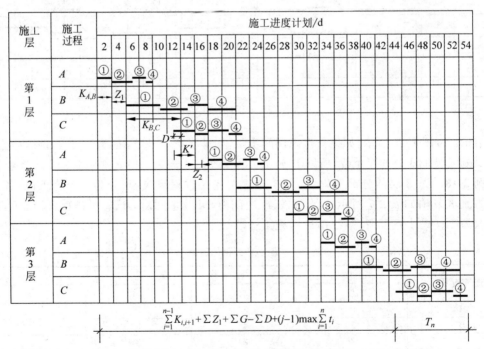

图 2-23　例 2-18 工程的施工进度计划表

2.3.6　不同流水施工组织方式的比较

这里从流水节拍、流水步距、施工段数及流水工期的计算等方面对几种基本流水组织方式加以比较，如表 2-8 所示。

第2章 流水施工原理

表 2-8 几种基本流水组织方式的比较

比较内容	等节奏流水	等步距异节奏流水	异步距异节奏流水	无节奏流水
流水节拍	所有的施工过程在各施工段上的流水节拍均相等	同一施工过程在各个施工段上的流水节拍均相等,不同施工过程的流水节拍不完全相等。各施工过程的流水节拍为某一常数的整数倍	同一施工过程在各个施工段上的流水节拍均相等,不同施工过程的流水节拍不完全相等。各施工过程的流水节拍不存在倍数关系	同一施工过程在不同施工段上的流水节拍不完全相等,不同施工过程的流水节拍也不完全相等
流水步距	各施工过程之间的流水步距都相等,且等于其流水节拍	流水步距相等,均等于各施工过程的流水节拍的最大公约数	流水步距不完全相等,用"最大差法"计算	流水步距不完全相等,用"最大差法"计算
工作队数	等于施工过程数	大于施工过程数	等于施工过程数	等于施工过程数
施工段数	(1) 如果没有层间关系,可按 2.2.2 节划分施工段原则的前 6 条确定施工段数; (2) 如果有层间关系,则 7 条原则均应考虑,故等节奏流水施工的施工段数还应满足: $$m \geq n + \frac{\sum Z_1 + \sum Z_2 + \sum G - \sum D}{K}$$	同等节奏流水,施工段数还应满足: $$m \geq \sum_{i=1}^{n} b_i + \frac{\sum Z_1 + \sum Z_2 + \sum G - \sum D}{K_b}$$	按 2.2.2 节划分施工段原则的前 6 条确定施工段数	按 2.2.2 节划分施工段原则的前 6 条确定施工段数

续表

比较内容	组织方式			
	等节奏流水	等步距异节奏流水	异步距异节奏流水	无节奏流水
流水工期	$T=(mj+n-1)K+\sum Z_1+\sum G-\sum D$	$T=(mj+\sum_{i=1}^n b_i-1)K_b+\sum Z_1+\sum G-\sum D$	1. 无层间关系 $T=\sum_{i=1}^{n-1}K_{i,i+1}+T_n$ 2. 有层间关系 (1) $\max\sum_{i=1}^n t_i \leq \sum_{i=1}^{n-1}K_{i,i+1}+K'+Z_2+\sum Z_1+\sum G-\sum D$ $T=j(\sum_{i=1}^{n-1}K_{i,i+1}+K'+Z_2)+T_n$ (2) $\max\sum_{i=1}^n t_i > \sum_{i=1}^{n-1}K_{i,i+1}+K'+Z_2+\sum Z_1+\sum G-\sum D$ $T=\sum_{i=1}^{n-1}K_{i,i+1}+\sum Z_1+\sum G-\sum D+T_n$	$T=\sum_{i=1}^{n-1}K_{i,i+1}+\sum Z_1+\sum G-\sum D+(j-1)(K'+Z_2)+\sum Z_1+\sum G-\sum D+(j-1)\max\sum_{i=1}^n t_i+T_n$

思考题

1. 组织施工的方式有哪些？各有什么特点？
2. 什么是"流水作业"？"流水施工"与"流水作业"有何区别？
3. 简述流水施工的基本原理和组织步骤。
4. 说明流水施工的技术经济效果。
5. 流水施工有哪些参数？
6. 划分施工段的原则有哪些？
7. 施工段数与施工过程数的关系是怎样的？
8. 什么是"最小工作面"？什么是"最小劳动组合"？
9. 如何对流水施工进行分类？分为哪些种类？
10. 流水施工按流水节拍特征不同可分为哪几种方式？各有什么特点？各种方式的工期如何计算？

习题

1. 单项选择题

(1) 施工队(组)在某施工段上工作的延续时间是(　　)。
　　A. 流水步距　　B. 流水节拍　　C. 自由时差　　D. 技术间歇时间
(2) 已知某施工项目分为 4 个施工段，甲工作和乙工作在各施工段上的持续时间分别为 3d、2d、4d、1d 和 3d、2d、1d、2d，若组织流水施工，则甲乙之间应保持(　　)流水步距。
　　A. 2d　　B. 3d　　C. 4d　　D. 5d
(3) 当组织分层又分段流水施工时，$m > n$ 则(　　)。
　　A. 施工段上无空闲　　　　　B. 施工段上出现空闲
　　C. 施工队不能连续施工　　　D. 施工队出现窝工
(4) 流水步距的数目取决于(　　)的流水施工参数。
　　A. 施工过程数　　B. 施工段数　　C. 流水节拍　　D. 流水工期
(5) 确定劳动量 $P = QH$ 公式中 H 是(　　)。
　　A. 预算定额　　B. 概算定额　　C. 时间定额　　D. 产量定额
(6) 已知某工程有 5 个施工过程，分成 3 段组织固定节拍流水施工，工期为 55d，技术间歇和组织间歇的总和为 6d，则各施工过程之间的流水步距为(　　)。
　　A. 3　　B. 5　　C. 7　　D. 8
(7) 选择每日工作班次，每班工作人数，是在确定(　　)参数时需要考虑的。
　　A. 施工过程数　　B. 施工段数　　C. 流水步距　　D. 流水节拍
(8) 某工程基础包含开挖基槽、浇筑混凝土垫层、砌筑砖基础 3 项工作，分 3 个施工段组织流水施工，每项工作均由一个专业班组施工，各工作在各施工段上的流水节拍分别是 4d、1d 和 2d，混凝土垫层和砖基础之间有 1d 的技术间歇。在保证各专业班组连续施工的情

况下,完成该基础施工的工期是( )d。(**2017年国家一级建造师考试真题**)

  A. 8   B. 12   C. 18   D. 22

(9) 某工作最短估计时间是5d,最长估计时间是10d,最可能估计时间是6d。根据三时估算法,该工作的持续时间是( )d。(**2019年国家一级建造师考试真题**)

  A. 6.25   B. 6.5   C. 6.75   D. 7

(10) 关于如图2-24所示横道图进度计划的说法,正确的是( )。(**2019年国家一级建造师考试真题**)

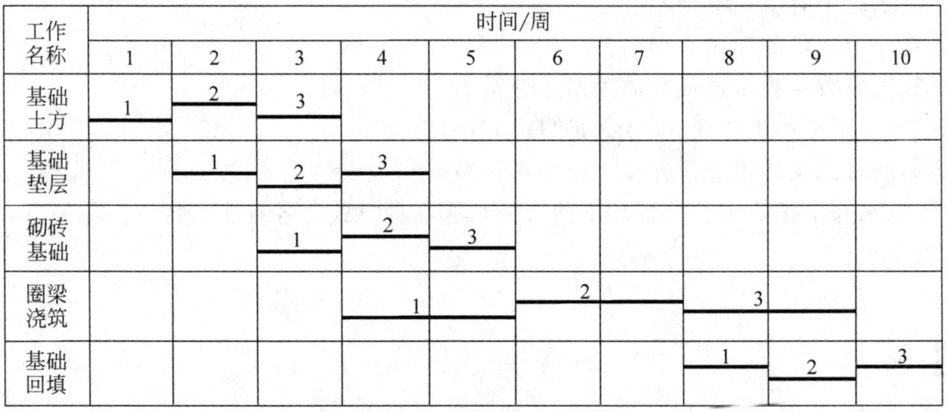

图 2-24 某工程的施工进度计划表

  A. 如果不要求工作连续,工期可压缩1周
  B. 圈梁浇筑和基础回填间的流水步距是2周
  C. 所有工作都没有机动时间
  D. 圈梁浇筑工作的流水节拍是2周

(11) 某项目施工横道图进度计划如图2-25所示,如果第2层支模板需要在第1层浇筑混凝土完成1d后才能开始,则有1d的层间技术间歇,正确的层间间歇是( )。(**2020年国家一级建造师考试真题**)

  A. Z_1 B. Z_3 C. Z_2 D. Z_4

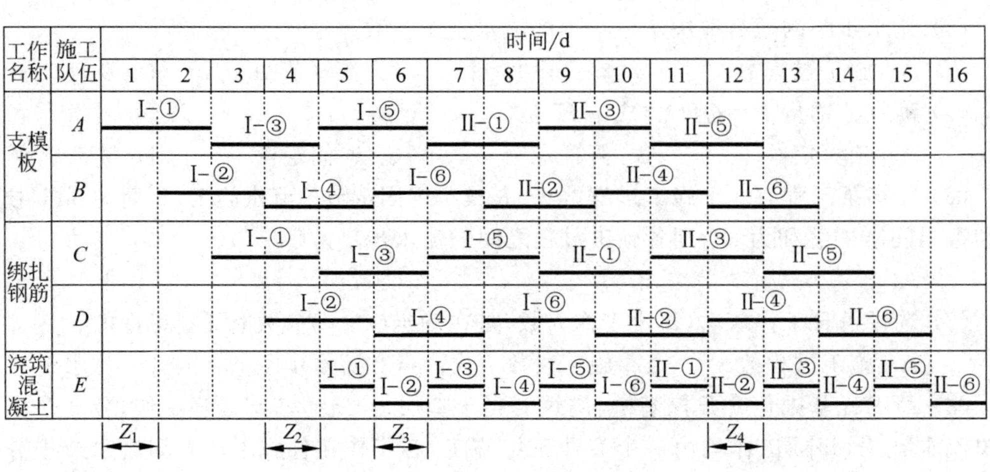

注:Ⅰ、Ⅱ表示楼层;①~⑥表示施工段

图 2-25 某项目施工横道图

(12) 关于横道图进度计划特点的说法,正确的是( )。(2020 年国家一级建造师考试真题)

  A. 可以识别计划的关键工作   B. 不能表达工作逻辑关系
  C. 调整计划的工作量较大   D. 可以计算工作时差

(13) 关于横道图进度计划的说法,正确的是( )。(2021 年国家一级建造师考试真题)

  A. 横道图中的工作均无机动时间   B. 横道图中工作的时间参数无法计算
  C. 计划的资源需要量无法计算   D. 计划的关键工作无法确定

(14) 下列流水施工参数中,属于空间参数的是( )。(2015 年国家一级造价师考试真题)

  A. 施工过程和流水强度   B. 工作面和流水步距
  C. 施工段和工作面   D. 流水强度和流水段

(15) 某工程划分为 3 个施工过程、4 个施工段组织固定节拍流水施工,流水节拍为 5d,累计间歇时间为 2d,累计提前插入时间为 3d,该工程流水施工工期为( )d。(2015 年国家一级造价师考试真题)

  A. 29   B. 30   C. 34   D. 35

(16) 工程项目组织非节奏流水施工的特点是( )。(2016 年国家一级造价师考试真题)

  A. 相邻施工过程的流水步距相等   B. 各施工段上的流水节拍相等
  C. 施工段之间没有空闲时间   D. 专业工作队数等于施工过程数

(17) 某工程划分为 3 个施工过程,4 个施工段组织加快的成倍节拍流水施工,流水节拍分别为 4d、6d 和 4d,则需要派出( )个专业作业队。(2016 年国家一级造价师考试真题)

  A. 7   B. 6   C. 4   D. 3

(18) 下列流水施工参数中,属于时间参数的是( )。(2017 年国家一级造价师考试真题)

  A. 施工过程和流水步距   B. 流水步距和流水节拍
  C. 施工段和流水强度   D. 流水强度和工作面

(19) 其工程有 3 个施工过程,分为 4 个施工段组织流水施工。流水节拍分别为 2d、3d、4d、3d;4d、2d、3d、5d;3d、2d、2d、4d,则流水施工工期为( )d。(2017 年国家一级造价师考试真题)

  A. 17   B. 19   C. 20   D. 21

(20) 某分部工程流水施工计划如图 2-26 所示,该流水施工的组织形式是( )。(2018 年国家一级造价师考试真题)

  A. 异步距异节奏流水施工
  B. 等步距异节奏流水施工
  C. 有提前插入时间的固定节拍流水施工
  D. 有间歇时间的固定节拍流水施工

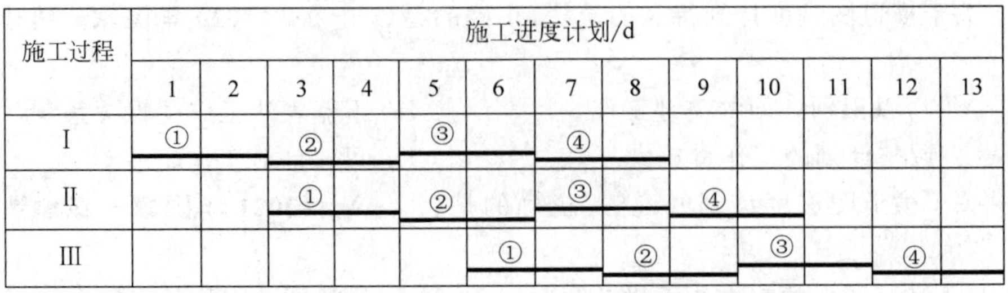

施工过程	施工进度计划/d												
	1	2	3	4	5	6	7	8	9	10	11	12	13
Ⅰ	①		②			③		④					
Ⅱ			①			②			③		④		
Ⅲ						①		②		③			④

图 2-26 某分部工程流水施工进度计划表

(21) 建设工程组织流水施工时,用来表述流水施工在施工工艺方面进展状态的参数是( )。**(2019 年国家一级造价师考试真题)**
    A. 施工段和流水步距   B. 流水步距和施工过程
    C. 施工过程和流水强度   D. 流水强度和施工段

(22) 某工程有 3 个施工过程,分 4 个施工段组织加快的成倍节拍流水施工,3 个施工过程的流水节拍分别为 4d、2d、4d,则流水施工工期为( )d。**(2019 年国家一级造价师考试真题)**
    A. 10   B. 12   C. 16   D. 18

(23) 某楼板结构工程由 3 个施工段组成,每个施工段均包括支模板、绑扎钢筋和浇筑混凝土 3 个施工过程,每个施工过程由各自专业工作队施工,流水节拍如表 2-9 所示。该工程绑扎钢筋和浇筑混凝土之间的流水步距为( )d。**(2021 年国家一级造价师考试真题)**

表 2-9 某工程流水节拍   d

施工段	施工过程		
	支模板	绑扎钢筋	浇筑混凝土
第 1 区	5	4	2
第 2 区	4	5	3
第 3 区	4	6	2

    A. 2   B. 5   C. 8   D. 10

(24) 建设工程采用平行施工方式的特点是( )。**(2021 年监理工程师考试真题)**
    A. 充分利用工作面进行施工   B. 施工现场组织管理简单
    C. 专业工作队能够连续施工   D. 有利于实现专业化施工

(25) 下列流水施工参数中,用来表达流水施工在空间布置上开展状态的参数是( )。**(2021 年监理工程师考试真题)**
    A. 施工过程和流水强度   B. 流水强度和工作面
    C. 流水段和施工过程   D. 工作面和流水段

(26) 某工程有 3 个施工过程,分 3 个施工段组织固定节拍流水施工,流水节拍为 2d。各施工过程之间存在 2d 的工艺间歇时间,则流水施工工期为( )d。**(2021 年监理工程师考试真题)**
    A. 10   B. 12   C. 14   D. 16

2. 多项选择题

(1) 以下参数属于流水施工时间参数的是(　　)。
　　A. 流水节拍　　B. 施工过程数　　C. 流水步距
　　D. 施工段数　　E. 流水工期

(2) 建设工程组织加快成倍节拍流水施工的特点有(　　)。(2015年国家一级造价师考试真题)
　　A. 各专业工作队在施工段上能够连续作业
　　B. 相邻施工过程的流水步距均相等
　　C. 不同施工过程的流水节拍成倍数关系
　　D. 施工段之间可能有空闲时间
　　E. 专业工作队数大于施工过程数

(3) 下列流水施工参数中,用来表达流水施工在空间布置上开展状态的参数有(　　)。(2016年国家一级造价师考试真题)
　　A. 流水能力　　B. 施工过程　　C. 流水强度
　　D. 工作面　　　E. 施工段

(4) 建设工程组织流水施工时,确定流水节拍的方法有(　　)。(2018年国家一级造价师考试真题)
　　A. 定额计算法　　B. 经验估计法　　C. 价值工程法
　　D. ABC分析法　　E. 风险概率法

(5) 关于横道图进度计划的说法,正确的有(　　)。(2019年国家一级建造师考试真题)
　　A. 便于进行资源优化和调整
　　B. 能直接显示工作的开始和完成时间
　　C. 计划调整工作量大
　　D. 可将工作简要说明直接放在横道上
　　E. 有严谨的时间参数计算,可使用计算机自动编制

(6) 建设工程组织固定节拍流水施工的特点有(　　)。(2019年国家一级造价师考试真题)
　　A. 专业工作队数大于施工过程数
　　B. 施工段之间没有空闲时间
　　C. 相邻施工过程的流水步距相等
　　D. 各施工段上的流水节拍相等
　　E. 各专业工作队能够在各施工段上连续作业

(7) 下列流水施工参数中,属于空间参数的有(　　)。(2021年国家一级造价师考试真题)
　　A. 流水步距　　B. 工作面　　C. 流水强度
　　D. 施工过程数　　E. 施工段数

(8) 关于流水施工方式特点的说法,正确的是(　　)。(2021年国家一级造价师考试真题)
　　A. 施工工期较短,可以尽早发挥项目的投资效益
　　B. 实现专业化生产,可以提高施工技术水平和劳动生产率
　　C. 工人连续施工,可以充分发挥施工机械和劳动力的生产效率

D. 提高工程质量,可以增加建设工程的使用寿命

E. 工作队伍较多,可能增加总承包单位的成本

(9) 建设工程组织流水施工时,划分施工段的原则有(　　)。(**2021年监理工程师考试真题**)

A. 每个施工段要有足够工作面

B. 施工段数要满足合理组织流水施工要求

C. 施工段界限应尽可能与结构界限吻合

D. 同一专业工作队在不同施工段的劳动量必须相等

E. 施工段必须在同一平面内划分

(10) 建设工程组织固定节拍流水的特点有(　　)。(**2021年监理工程师考试真题**)

A. 专业工作队数等于施工过程数

B. 施工过程数等于施工段数

C. 各施工段上的流水节拍相等

D. 有的施工段之间可能有空闲时间

E. 相邻施工过程之间的流水步距相等

3. 计算题

(1) 某分部工程由甲、乙、丙3个施工过程组成,划分为3个施工层,流水节拍均为3d,已知甲、乙过程之间可搭接1d施工,丙施工过程完成后需养护1d,下一层才能开始,试组织该分部工程的流水施工。

(2) 某分部工程由Ⅰ、Ⅱ、Ⅲ3个施工过程组成,分4段组织流水施工,已知流水节拍分别为5d、3d、4d,且施工过程Ⅱ、Ⅲ之间有2d的组织间歇时间,试组织该分部工程的流水施工。

(3) 已知某分部工程由A、B、C、D 4个施工过程组成,划分为2个施工层,4个施工段。流水节拍分别为4d、6d、4d和2d,已知A、B之间有2d的技术间歇时间,层间间歇时间为1d。试组织异步距异节奏流水施工,并绘制流水施工进度计划表。

(4) 把第(3)题组织成等步距异节奏流水施工。

(5) 某分部工程由A、B、C、D、E 5个施工过程组成,划分为4个施工段组织流水施工,其流水节拍如表2-10所示。已知B完成后需要干燥3d,施工过程C才能开始;D、E之间可以搭接1d施工。试确定各施工过程间流水步距,计算工期,并绘制流水施工进度计划表。

表2-10　某分部工程的流水节拍　　　　　　　　　　　　　　　d

施工过程	施工段			
	①	②	③	④
A	2	3	4	1
B	4	2	1	3
C	3	4	2	2
D	4	2	3	2
E	2	4	3	2

(6)某分部工程由 A、B、C 3 个施工过程组成,划分为 4 个施工段组织流水施工,各施工过程的流水节拍如表 2-11 所示。已知 A、B 之间有 2d 的组织间歇时间,B、C 之间可以搭接 1d 施工,且 C 完成后需养护 1d,下一层才能开始,试组织 3 层的流水施工。

表 2-11 某分部工程的流水节拍   d

施工过程	施工段			
	①	②	③	④
A	2	3	4	3
B	3	4	3	2
C	4	5	5	3

案例分析题

1. 案例 1(2021 年国家一级建造师考试真题改):某工程项目,地上 15~18 层,地下 2 层,钢筋混凝土剪力墙结构,总建筑面积 57 000m²。施工单位中标后成立项目部组织施工。

项目部计划施工组织方式采用流水施工,根据劳动力储备和工程结构特点确定流水施工的工艺参数、时间参数和空间参数,如空间参数中的施工段、施工层划分等,合理配置了组织和资源。

(1)工程施工组织方式有哪些?
(2)组织流水施工时,应考虑的工艺参数和时间参数分别包括哪些内容?

2. 案例 2(2019 年国家一级建造师考试真题改):某新建办公楼工程,地下 2 层,地上 20 层,框架剪力墙结构,建筑高度 87m。建设单位通过公开招标选定了施工总承包单位并签订了工程施工合同,基坑深 7.6m,基础底板施工计划网络图如图 2-27 所示。基坑施工前,基坑支护专业施工单位编制了基坑支护专项方案,履行相关审批签字手续后,组织包括总承包单位技术负责人在内的 5 名专家对该专项方案进行专家论证。

(1)指出网络图中各施工工作的流水节拍;
(2)如采用成倍节拍流水施工,计算各施工工作专业队数量。

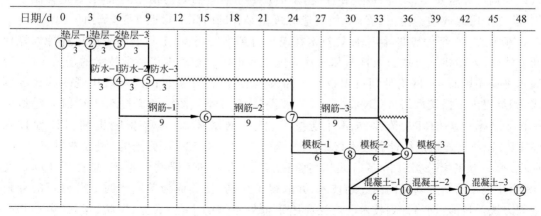

图 2-27 某工程基础底板施工计划网络图

第3章

工程网络计划技术

重点掌握内容：单、双代号网络图及双代号时标网络图绘制；单、双代号网络计划时间参数计算；单代号搭接网络计划搭接关系；关键工作和关键线路的确定；工期优化步骤；网络计划检查（前锋线比较法）与调整。

了解内容：工期-费用优化步骤，资源优化分类；单代号搭接网络计划时间参数计算。

3.1 概述

3.1.1 网络计划技术的产生与发展

网络计划技术是一种科学的计划管理方法，是随着现代科学技术和工业生产的发展而产生的。20世纪50年代，为适应生产发展和关系复杂的科学研究工作的需要，国外陆续出现了一些计划管理的新方法。1956年，美国杜邦公司研究创立了网络计划技术的关键线路法(CPM)，并在1957年首先应用于一个价值1000多万美元的化工厂建设工程和设备维修工作，取得了良好的经济效果。关键线路法用于解决杜邦化学公司的扩建和修理问题，使杜邦公司维修停产的时间由过去的125h降到74h，一年节约100多万美元。1958年，美国海军武器规划局特种规划室在研究北极星导弹潜艇计划时创造了计划评审技术(PERT)，这是一项有几十亿个管理项目、250个承包商和9000多个转包商参加的巨型工程。通过对项目计划进行合理安排、评价、审查和控制，全面协调了各厂商间的相互关系，有效地控制了计划，获得了巨大成功。使用PERT使制造北极星导弹的时间缩短近3年，节约了大量资金。

20世纪60年代初期，网络计划技术在美国得到推广，新建工程全面采用这种计划管理新方法，并开始将该方法引入日本和西欧等国家和地区。随着现代科学技术的迅猛发展、管理水平的不断提高，网络计划技术也在不断发展和完善，几乎每两三年就出现一些新的模式，相继提出了搭接网络(QLN)、决策关键线路法(DCPM)、图示评审技术(GERT)、随机网络计划技术(QGERT)、流水网络计划技术、概率网络技术、风险型随机网络计划技术(VERT)、仿真随机网络计划技术(GERTS)等。1961—1972年，美国的"阿波罗登月计划"项目，有2万多家公司、120多所大学实验室、42万人参加了研制和生产，总耗资400亿美元，应用概率网络和随机网络计划技术，并取得了成功，使其成为美国当时十分盛行的计划管理方法。目前，网络计划技术已广泛应用于世界各国的工业、农业、国防、建筑、运输和科研等领域，已成为发达国家盛行的一种现代生产管理的科学方法。

我国对网络计划技术的研究与应用起步较早，1965年，著名数学家华罗庚教授首先在我国的生产管理中推广和应用这些新的计划管理方法，并根据网络计划统筹兼顾、全面规划的特点，将其称为"统筹法"。改革开放以后，网络计划技术在我国的工程建设领域也得到迅速推广和应用，尤其是在大中型工程项目的建设中，在缩短建设周期、提高工效、降低造价以及提高生产管理水平方面取得显著的效果。几十年来，网络计划技术作为一门现代管理技术已逐渐被各级领导和广大科技人员所重视。目前，已经较好地实现了工程网络计划技术应用全过程的计算机化，即用计算机绘图、计算、优化、检查、调整与统计，还大力研究了将网络计划与设计、报价、统计、成本核算及结算等结合系统，做到资源共享。网络计划技术与工程管理已经密不可分，已成为我国工程建设领域中必不可少的现代化管理方法。

为规范网络计划技术在我国的实施推广，国家技术监督局和建设部先后颁布了一系列标准、规程，目前正在执行的如《网络计划技术》(GB/T 13400.1—2012、13400.2—2009、13400.3—2009)3个标准，中华人民共和国行业标准《工程网络计划技术规程》(JGJ/T 121—2015)等，使工程网络计划技术在计划的编制与控制管理的实际应用中有了一个可遵循的、统一的技术标准，保证了计划的科学性，对提高工程项目的管理水平发挥了重大作用。

3.1.2 基本概念

1. 网络图

网络图是指由箭线和节点组成的，用来表示工作流程的有向、有序的网状图形，如图3-1所示。

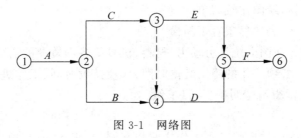

图3-1 网络图

2. 工程网络计划

工程网络计划是指以工程项目为编制对象，用网络图表达任务构成、工作顺序并加注工作时间参数的进度计划。

3. 工程网络计划技术

工程网络计划技术是指用网络计划对任务的工作进度进行安排和控制，以保证实现预定目标的科学的计划管理技术。《工程网络计划技术规程》(JGJ/T 121—2015)规定如下：

2.1.9 网络图(network diagram)
由箭线和节点组成的，用来表示工作流程的有向、有序网状图形。

2.1.12 网络计划(network planning and scheduling)
在网络图上加注工作的时间参数而编成的进度计划。

2.1.1 工程网络计划(engineering network planning and scheduling)

以工程项目为对象编制的网络计划。

2.1.2 工程网络计划技术(engineering network planning and scheduling techniques)

工程网络计划的编制、计算、应用等全过程的理论、方法和实践活动的总称。

3.1.3 工程网络计划技术的基本原理

(1) 把一项工程全部建造过程分解成若干项工作,并按各项工作开展顺序和相互制约关系绘制成网络图。

(2) 通过计算网络图各项时间参数,找出关键工作、关键线路,并确定计算工期和计划工期。

(3) 通过网络计划优化,不断改进网络计划初始方案,找出最优方案。

(4) 在网络计划执行过程中,对其进行有效的控制和监督,合理安排各项资源,以最少的资源消耗,获得最大的经济效益。

3.1.4 横道图与工程网络计划的比较

横道图与工程网络计划都可以表示施工进度计划,但由于表达形式不同,各自有其优缺点。

1. 横道图的优缺点

横道图也称甘特图,由美国亨利·甘特于1917年发明。

1) 优点

(1) 编制比较容易,绘图比较简单。

(2) 排列整齐有序,表达形象直观易懂。

(3) 便于用叠加法在图上统计劳动力、材料、机具等各项资源的需要量。

(4) 有时间坐标,各项工作的施工起讫时间、作业持续时间、工作进度、总工期以及流水作业的情况等都能表示得清楚明确,一目了然。

2) 缺点

(1) 不能全面而准确地反映各项工作之间相互制约、相互依赖、相互影响的关系。

(2) 不能反映出整个计划中的主次部分,不便找出关键工作和关键线路,更不能明确地表明某项工作的推迟或提前完成,对工程总工期的影响程度。

(3) 难以对计划作出准确评价,不能明确哪项工作有机动时间,看不出计划中的潜力所在,无法进行最合理的组织安排和指挥生产。

(4) 不能应用电子计算机进行计算,更不能对计划进行科学合理的调整和优化处理,不利于改进和加强施工管理工作。

2. 工程网络计划的优缺点

与横道图相比,工程网络计划的优缺点恰恰与横道图的优缺点互补。

1) 优点

(1) 能全面而明确地表达各项工作开展的先后顺序,并能反映各项工作间相互制约和相互依赖的关系。

(2) 能进行各种时间参数的计算，找出关键工作和关键线路，便于管理者抓住主要矛盾，确保按期竣工，避免盲目抢工。

(3) 在计划实施过程中能进行有效的控制和监督，并利用计算出的各项工作的机动时间更好地调配人力和设备，以达到降低成本的目的。

(4) 通过网络计划的优化，可以在若干个可行方案中找出最优方案。

(5) 网络计划的编制、计算、调整、优化和绘图等各项工作都可以用计算机来协助完成。

2) 缺点

(1) 表达计划不直观、不形象，从图上很难清晰地看出流水作业的情况。

(2) 难以根据普通网络计划（无时标网络计划）计算资源日用量，但时标网络计划可以克服这一缺点。

(3) 编制较难，绘图较麻烦。

3.1.5 工程网络计划的分类

按不同的分类方法，可以将工程网络计划划分为不同类别，如表 3-1 所示。

表 3-1 工程网络计划分类

分类方法	类 别	特 点 描 述
按表示方法分类	双代号网络计划	以箭线及其两端节点的编号表示工作
	单代号网络计划	以节点及编号表示工作，箭线仅表示工作之间的逻辑关系
	搭接网络计划	前后工作之间存在搭接关系
	流水网络计划	能够反映流水作业的网络计划
按有无时间坐标分类	时标网络计划	有时间坐标的网络计划
	无时标网络计划	无时间坐标的网络计划
按作用分类	控制性网络计划	工作划分较粗，其作用是控制工程建设总体进度
	实施性网络计划	工作划分较细，其作用是具体指导现场施工作业
按编制的对象和范围分类	总体网络计划	以整个建设项目为对象编制而成，如一所大学、一所医院的网络计划
	单位工程网络计划	以一个单位工程为对象编制而成，如一个办公楼土建工程的网络计划
	局部网络计划	以某一分部工程或某一施工阶段为对象编制而成，如基础工程网络计划
按工作性质分类	肯定型网络计划	工作、工作之间的逻辑关系和工作持续时间都肯定
	非肯定型网络计划	工作、工作之间的逻辑关系和工作持续时间三者中至少有一项不肯定

3.2 双代号网络计划

双代号网络图是以箭线及其两端节点的编号表示工作的网络图。在双代号网络图上加注工作的时间参数而编成的进度计划即为双代号网络计划（图 3-2），是目前国际工程项目进度计划中最常采用的网络计划形式。

3.2.1 双代号网络图的基本要素

双代号网络图的基本要素包括箭线、节点、线路。可扫描二维码 3-1 观看教学视频，学习双代号网络图的基本要素相关知识。

3-1

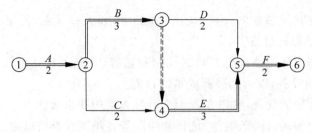

图 3-2 双代号网络计划

1. 箭线

网络图中一端带箭头的实线即为箭线。

在双代号网络图中,用一条箭线及其两端节点的编号表示一项工作。工作名称应标注在箭线上方,持续时间应标注在箭线下方(图 3-3)。箭线的方向表示工作的进行方向。箭线应画成水平直线、垂直直线或折线,箭线水平投影的方向应自左向右。在无时标网络图中,箭线的长短与工作持续时间不成比例。

1) 工作划分原则

工作也可称施工过程或工序,是根据计划任务按需要的粗细程度划分而成的一个消耗时间或同时也消耗资源的子项目或子任务。

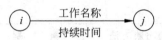

图 3-3 双代号网络图工作表示方法

工作可以是分项、分部、单位工程或建设项目,其划分的粗细程度,主要取决于计划的类型、工程性质和规模。控制性计划可分解到分部工程;实施性计划应分解到分项工程。

2) 工作分类

(1) 实工作。实工作为实际存在的工作,又可以分为两种:

① 既消耗时间又消耗资源的工作,如砌墙、浇筑混凝土等。

② 只消耗时间而不消耗资源的工作,如油漆干燥。

(2) 虚工作。虚工作为实际工作中并不存在的虚拟工作,既不消耗时间也不消耗资源。虚工作应以虚箭线表示。虚工作有以下 3 个作用:

① 联系:用虚工作将紧前或紧后工作连接起来,如图 3-2 中的工作 3—4 连接 B 和 E。

② 区分:当两项工作的节点编号相同时,应使用虚工作加以区分。

③ 断路:用虚工作将网络图中无联系的工作断开。

3) 工作间关系

就某项工作而言,紧排在其前面的工作称为紧前工作,紧排在其后面的工作称为紧后工作,与之平行的工作称为平行工作(有相同的开始节点或结束节点),如图 3-4 所示。

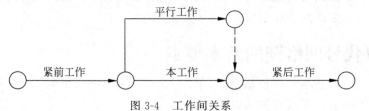

图 3-4 工作间关系

2. 节点

在双代号网络图中,箭线两端带有编号的圆圈称为节点,箭线的箭尾节点表示某项工作的开始,箭头节点表示该工作的结束。节点表示前面一项或若干项工作的结束和后面一项或若干项工作的开始,只是一个"瞬间",既不消耗时间,也不消耗资源。

1) 节点分类

(1) 起点节点(start node)。起点节点是网络图的第一个节点,表示一项任务的开始。

(2) 终点节点(end node)。终点节点是网络图的最后一个节点,表示一项任务的完成。

(3) 中间节点(middle node)。中间节点是网络图中除起点节点和终点节点以外的其他节点。

2) 节点编号

双代号网络图的节点应用圆圈表示,并应在圆圈内编号。编号原则如下:

(1) 编号应从起点节点开始,用正整数从左至右、从小到大,依次向终点节点进行;

(2) 一般采用连续编号法,也可不连续,采用奇数编号法(如1,3,5…),或偶数编号法(如2,4,6…),或间隔编号法(如1,5,10,15…)等;

(3) 双代号网络图中,一项工作应只有唯一的一条箭线和相应的一对节点编号,箭尾的节点编号应小于箭头的节点编号;

(4) 在一个网络图中,严禁出现重复编号,两个编号只能表示一项工作。

3. 线路

从网络图的起点节点出发,沿箭线方向到达终点节点,中间经由一系列节点和箭线(包括虚箭线)所构成的若干条"通路",即称为线路。

图3-2中,共有三条线路,分别为:

第1条:1→2→3→5→6,总持续时间9d。

第2条:1→2→3→4→5→6,总持续时间10d。

第3条:1→2→4→5→6,总持续时间9d。

1) 关键线路和非关键线路

关键线路是指网络图中总持续时间最长的线路。在网络图中,关键线路至少有一条,并以粗箭线或双箭线或彩色箭线表示。除了关键线路之外,其余线路都是非关键线路。图3-2中,1→2→3→4→5→6是关键线路,其余两条是非关键线路。

2) 关键工作和非关键工作

关键线路上的工作都是关键工作,关键工作没有时间储备。在非关键线路上,除了关键工作之外,其余工作均为非关键工作,非关键工作有时间储备。

图 3-2 中，A、B、E、F 是关键工作，C、D 是非关键工作。

在一定条件下，关键工作与非关键工作、关键线路与非关键线路都可以相互转化（如当关键工作持续时间缩短或非关键工作持续时间延长时）。

《工程网络计划技术规程》（JGJ/T 121—2015）规定如下：

2.1.10　双代号网络图（activity-on-arrow network）
以箭线及其两端节点的编号表示工作的网络图。

2.1.3　工作（activity）
计划任务按需要粗细程度划分而成的、消耗时间或资源的一个子项目或子任务。

2.1.4　虚工作（dummy activity）
既不耗用时间，也不耗用资源的虚拟的工作。双代号网络计划中，表示前后工作之间的逻辑关系；单代号网络计划中，表示虚拟的起始工作或结束工作。

2.1.7　节点（node）
网络图中箭线端部的圆圈或其他形状的封闭图形。在双代号网络计划中，表示工作开始或完成的时刻；在单代号网络计划中，表示一项工作或虚工作。

2.1.19　线路（path）
网络图中从起点节点开始，沿箭线方向连续通过一系列箭线（或虚箭线）与节点，最后达到终点节点所经过的通路。

3.2.2　双代号网络图的绘制

3-2

可扫描二维码 3-2 观看教学视频，学习双代号网络图的绘制相关知识。

1. 绘制规则

双代号网络图的绘制必须遵循《工程网络计划技术规程》（JGJ/T 121—2015）中的规定，如不允许出现图 3-5～图 3-8 的错误画法，可以用图 3-9、图 3-10 的画法。

《工程网络计划技术规程》（JGJ/T 121—2015）规定如下：

4.2.1　双代号网络图应正确表达工作之间已定的逻辑关系。

4.2.2　双代号网络图中，不得出现回路。

4.2.3　双代号网络图中，不得出现带双向箭头或无箭头的连线。

4.2.4　双代号网络图中，不得出现没有箭头节点或没有箭尾节点的箭线。

4.2.5　当双代号网络图的起点节点有多条外向箭线或终点节点有多条内向箭线时，对起点节点和终点节点可使用母线法绘图。

4.2.6　绘制网络图时，箭线不宜交叉；当交叉不可避免时，可用过桥法、断线法或指向法。

4.2.7　双代号网络图中应只有一个起点节点；在不分期完成任务的网络图中，应只有一个终点节点；其他所有节点均应是中间节点。

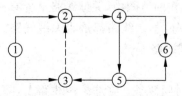

图 3-5　回路的错误示例

图 3-6　双向箭头和无箭头的错误

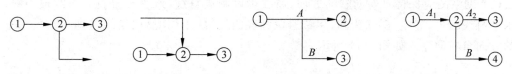

(a) 无箭头节点的错误画法　　(b) 无箭尾节点的错误画法　　(c) 无箭尾节点的错误画法　　(d) 正确画法

图 3-7　无箭头节点和无箭尾节点工作

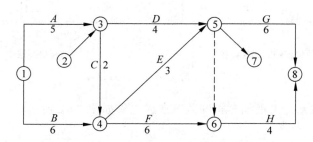

图 3-8　网络图中有多个起点节点和多个终点节点的错误示例

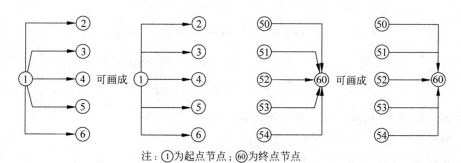

注：① 为起点节点；⑩ 为终点节点

图 3-9　母线绘制法

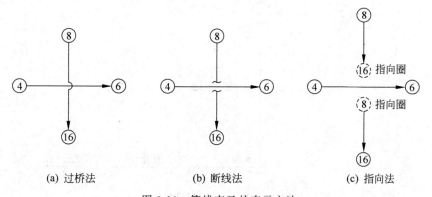

(a) 过桥法　　　　　　(b) 断线法　　　　　　(c) 指向法

图 3-10　箭线交叉的表示方法

此外，还应满足以下条件：

（1）工作组成要清楚，顺序关系要明确，工作时间要正确。

（2）布局要合理，重点突出，层次分明；尽量把关键工作和关键线路布置在中心位置，密切相关的工作尽可能相邻布置，以减少箭线交叉。

（3）网络图应保持自左向右的方向，箭线可以画成直线（水平或垂直）、折线或斜线，应以水平直线为主，竖线、斜线为辅，尽量避免画成曲线，禁止用"反向箭线"（即箭线的水平投影的方向自右向左），如图3-11所示。

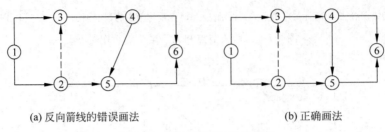

(a) 反向箭线的错误画法　　　　　　　　(b) 正确画法

图3-11　避免用反向箭线绘制

（4）网络图中不允许出现编号相同的节点或工作如图3-12所示。

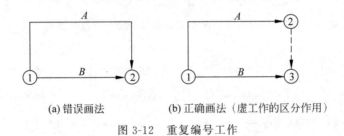

(a) 错误画法　　　　(b) 正确画法（虚工作的区分作用）

图3-12　重复编号工作

（5）同一网络图中，同一项工作不能出现两次。

（6）网络图中力求减少不必要的虚工作。

（7）正确使用网络图中的"断路法"，将没有逻辑关系的有关工作用虚工作加以隔断，如图3-13所示。

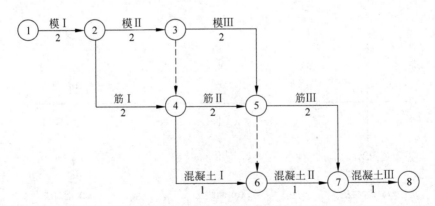

图3-13　某工程双代号网络图

由图3-13看出，浇筑混凝土Ⅰ（简称混凝土Ⅰ）不应该受支模板Ⅱ（简称模Ⅱ）控制，浇筑混凝土Ⅱ（简称混凝土Ⅱ）也不应该受支模板Ⅲ（简称模Ⅲ）控制，这是空间逻辑关系上的表达错误，可以采用横向断路法或纵向断路法将其加以改正，如图3-14和图3-15所示。

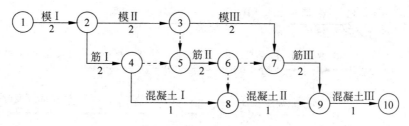

图 3-14 横向断路法示意

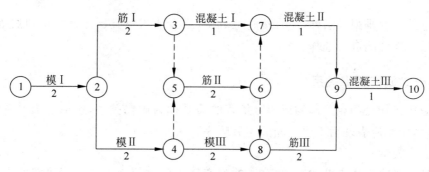

图 3-15 纵向断路法示意

2．网络图的排列方法

（1）按工种排列法

为了突出表示工种的连续作业，可以把同一工种的工作排列在同一水平线上，如图 3-14 所示。

（2）按施工段排列法

为了突出表示工作面的连续，可以把在同一施工段上的不同工种的工作排列在同一水平线上，如图 3-16 所示。

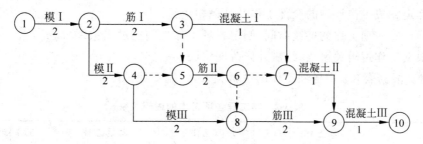

图 3-16 按施工段排列法示意

（3）按楼层排列

把同一楼层的各工作排列在同一水平线上，某工程室内抹灰的网络计划如图 3-17 所示。

（4）混合排列

如图 3-15 所示，这种排列方法的优点是对称、美观；缺点是排列无规律，不易掌握。

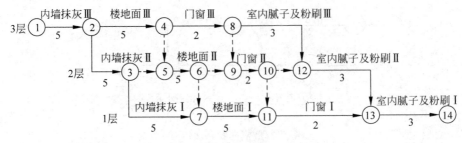

图 3-17 按楼层排列法示意

除按上述几种排列方法外,还有按施工单位(或专业)排列法、按栋号排列法等,实际工作中应根据具体情况进行选择。

3. 工作之间的逻辑关系

网络图中工作之间相互制约或相互依赖的关系称为逻辑关系,包括工艺关系和组织关系,在网络图中均应表现为工作之间的先后顺序。

(1) 工艺关系

生产性工作之间由工艺过程决定的,非生产性工作之间由工作程序决定的先后顺序称为工艺关系。

(2) 组织关系

工作之间由于组织安排需要或资源(人力、材料、机械设备和资金等)调配需要而规定的先后顺序关系称为组织关系。

4. 双代号网络图的绘制方法

双代号网络图的绘制方法,视各人的经验而不同,但从根本上说,都要在既定施工方案的基础上,根据具体的施工客观条件,以统筹安排为原则。一般的绘图步骤如下:

(1) 任务分解,划分施工工作。
(2) 确定完成工作计划的全部工作及其逻辑关系。
(3) 确定每一项工作的持续时间,制定各项工作之间的逻辑关系表。
(4) 根据工作逻辑关系表,绘制并修改网络图。

例 3-1 根据表 3-2 中各项工作的逻辑关系,绘制双代号网络图。

表 3-2 某工程各项工作的逻辑关系

序号	本工作	紧前工作	紧后工作	工作持续时间/d
1	A	无	B、C	3
2	B	A	D、E	2
3	C	A	E、F	1
4	D	B	G	3
5	E	B、C	G、H	8
6	F	C	H	4

续表

序号	本工作	紧前工作	紧后工作	工作持续时间/d
7	G	D、E	I	4
8	H	E、F	I	6
9	I	G、H	无	5

解 1) 绘制草图

根据表 3-2 中逻辑关系,绘制网络图的步骤如下:

(1) 先绘制无紧前工作的 A 工作。

(2) 绘制 A 的紧后工作 B、C。

(3) 绘制 B 的紧后工作 D、E。

(4) 绘制 C 的紧后工作 F,因为其紧后工作还有 E,故需在 E 前加两个虚工作。

(5) 绘制 D 的紧后工作 G,因为 G 的紧前工作还有 E,故需在 G 前加虚工作。

(6) 绘制 E 的紧后工作 H,因为 H 的紧前工作还有 F,且 G 的紧前工作没有 F,故需在 H 前加虚工作,箭头向下。

(7) 最后绘制以 G 和 H 为紧前工作的工作 I。

2) 绘制正式网络图

根据以上步骤绘制出网络图的草图后,再根据表 3-2 中的逻辑关系从起点节点开始,由左向右逐项检查网络图的逻辑关系是否正确,无误后再做结构调整,使整个网络条理清楚,布局合理,尽量做到对称美观。最后绘制出正式的网络图,并进行节点编号,如图 3-18 所示。可扫描二维码 3-3 观看教学视频,学习双代号网络图的具体绘制方法和注意事项。

3-3

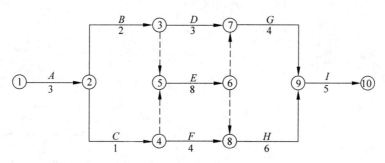

图 3-18 双代号网络图绘制示例

5. 网络图的合并、连接与详略组合

(1) 网络图的合并

为了简化网络图,可以将某些相对独立的局部网络图合并为少量的箭线。如图 3-19(a) 所示的图形,合并后如图 3-19(b) 所示。合并后工作 2—7 的持续时间应以图 3-19(a) 中最长的线路计算。

又如图 3-20(a) 中,两个节点⑫、⑰与外部施工过程相联系的节点,在合并中必须保留这两个节点,合并后如图 3-20(b) 所示。

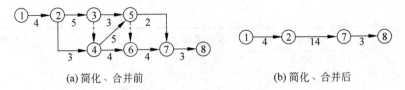

(a) 简化、合并前　　　　　　　(b) 简化、合并后

图 3-19　网络图的合并(一)

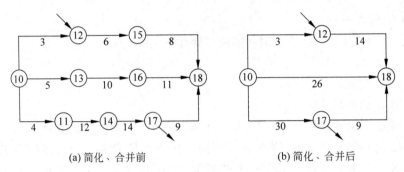

(a) 简化、合并前　　　　　　　(b) 简化、合并后

图 3-20　网络图的合并(二)

(2) 网络图的连接

在编制一个工程规模比较复杂或有多幢房屋工程的网络计划时，一般先按不同的分部工程编制局部网络图，然后根据其相互之间的逻辑关系进行连接，形成一个总体网络图。图 3-21 所示为由基础、主体结构和装修 3 个分部工程局部网络图连接而成的总体网络图。

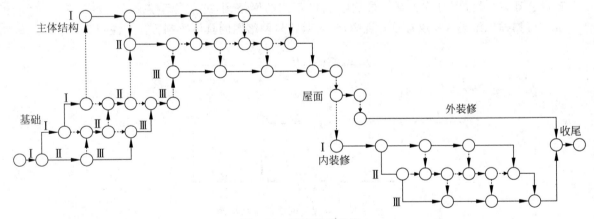

图 3-21　网络图的连接

为便于将分别编绘的局部网络图连接起来，绘制局部网络图时要考虑好彼此之间的联系，连接处应选在箭线和节点较少的位置，并且使相关节点的编号保持一致，也可采取连接后再编号的办法。

(3) 网络图的详略组合

在一个施工计划的网络图中，应以"局部详细，整体粗略"的方式来突出重点，说明计划中的主要问题；或者采用某阶段详细，其他相同阶段粗略的方法使图形简化。这种方式在标准层施工中最为常用。如图 3-22 所示为一个 5 层的房屋工程，其 2～5 层相同，绘制网络图时，先画一个 2 层的标准层网络图，其他 3～5 层的情况，因为与 2 层相同，故用一条箭线表示即可,其持续时间分别为 T。

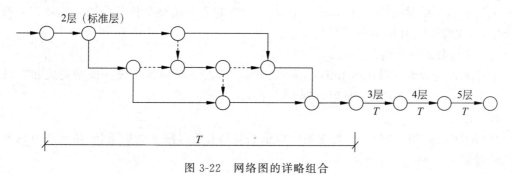

图 3-22 网络图的详略组合

3.2.3 双代号网络计划时间参数计算

可扫描二维码 3-4 观看教学视频,学习双代号网络计划时间参数计算方法。

1. 计算目的

(1) 确定关键线路和关键工作,便于施工中抓住重点,向关键线路要时间。

(2) 明确非关键工作及其在施工中时间上有多大的机动性,便于挖掘潜力,统筹全局,部署资源。

(3) 确定总工期,做到工程进度心中有数,为网络计划的优化、调整和执行提供明确的时间参数。

2. 时间参数分类

时间参数包括工作持续时间、节点时间参数、工作时间参数和工期四类。

1) 工作持续时间

工作持续时间(duration)D_{i-j} 是一项工作从开始到完成的时间。计算方法有两种:定额计算法、三时估算法。

2) 节点时间参数

(1) 节点最早时间

节点最早时间(earliest event time)ET_i 是以该节点为开始节点的各项工作的最早开始时间。

(2) 节点最迟时间

节点最迟时间(latest event time)LT_i 是以该节点为完成节点的各项工作的最迟完成时间。

3) 工作时间参数

(1) 工作最早开始时间

工作最早开始时间(earliest start time)ES_{i-j} 是在紧前工作和有关时限约束下,本工作有可能开始的最早时刻。

(2) 工作最早完成时间

工作最早完成时间(earliest finish time)EF_{i-j} 是在紧前工作和有关时限约束下,本工作有可能完成的最早时刻。

(3) 工作最迟开始时间

工作最迟开始时间(latest start time)LS_{i-j}是在不影响整个任务按期完成和有关时限约束下,本工作必须开始的最迟时刻。

(4) 工作最迟完成时间

工作最迟完成时间(latest finish time)LF_{i-j}是在不影响整个任务按期完成和有关时限约束下,本工作必须完成的最迟时刻。

(5) 总时差

总时差(total float)TF_{i-j}是在不影响总工期和有关时限的前提下,一项工作可以利用的机动时间。

(6) 自由时差

自由时差(free float)FF_{i-j}是在不影响其紧后工作最早开始和有关时限的前提下,一项工作可以利用的机动时间。

4) 工期

(1) 计算工期

计算工期(calculated project duration)T_c是根据网络计划时间参数计算所得到的工期。

(2) 要求工期

要求工期(specified project duration)T_r是任务委托人所提出的指令性工期。

(3) 计划工期

计划工期(planned project duration)T_p是在要求工期和计算工期的基础上综合考虑需要和各种可能而确定的工期。

3. 网络计划时间参数计算方法

1) 分析计算法

分析计算法是根据各项时间参数的相应计算公式,列式计算时间参数的方法。

2) 图上计算法

图上计算法是当工作数目不太多时,直接在网络图上计算时间参数的方法。此方法又可分为以下两种:

(1) 节点计算法。先计算节点时间参数,再根据节点时间参数计算工作的各项时间参数。

(2) 工作计算法。不计算节点时间参数,直接计算工作的各项时间参数的方法。

3) 表上计算法

表上计算法是为了保持网络图的清晰和计算数据的条理化,用表格形式进行计算的一种方法。

4) 矩阵法

矩阵法是根据网络图工作的数目n,列出$n \times n$阶矩阵表,再按照各项时间参数计算公式及程序,直接在矩阵表上计算各项时间参数的方法。

5) 电算法

电算法是根据网络图提供的网络逻辑关系和数据,采用相应的算法语言,编制网络计划的相应计算程序,利用电子计算机进行各项时间参数计算的方法。

4. 按工作计算法计算时间参数

计算工作时间参数应在确定各项工作的持续时间之后进行。虚工作可视同工作进行计算，其持续时间应为零。工作各时间参数的计算结果应按图 3-23 所示位置进行标注。

按工作计算法，不必计算节点时间参数，而直接计算工作时间参数，其计算方法和计算步骤如下所述：

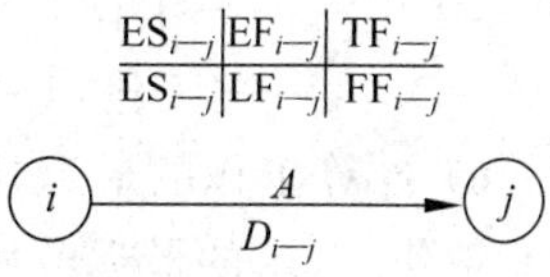

1) 计算工作的最早开始时间

(1) 计算工作最早开始时间，应从网络计划的起点节点开始顺着箭线方向依次逐项计算。

图 3-23 工作计算法的标注

(2) 以起点节点 i 为箭尾节点的工作 $i—j$，当未规定其最早开始时间时，应按下式计算：

$$\text{ES}_{i-j} = 0 \tag{3-1}$$

(3) 其他工作的最早开始时间应按下式计算：

$$\text{ES}_{i-j} = \max\{\text{ES}_{h-i} + D_{h-i}\} \tag{3-2}$$

或

$$\text{ES}_{i-j} = \max\{\text{EF}_{h-i}\} \tag{3-3}$$

式中：ES_{i-j}——工作 $i—j$ 的最早开始时间；

ES_{h-i}——工作 $i—j$ 的各项紧前工作 $h—i$ 的最早开始时间；

EF_{h-i}——工作 $i—j$ 的各项紧前工作 $h—i$ 的最早完成时间；

D_{h-i}——工作 $i—j$ 的各项紧前工作 $h—i$ 的持续时间。

2) 计算工作的最早完成时间

工作 $i—j$ 的最早完成时间 EF_{i-j} 应按下式计算：

$$\text{EF}_{i-j} = \text{ES}_{i-j} + D_{i-j} \tag{3-4}$$

3) 确定网络计划的计算工期

网络计划的计算工期 T_c 应按下式计算：

$$T_c = \max\{\text{EF}_{i-n}\} \tag{3-5}$$

式中：EF_{i-n}——以终点节点 ($j=n$) 为箭头节点的工作 $i—n$ 的最早完成时间。

4) 确定网络计划的计划工期

网络计划的计划工期 T_p 应按下列情况确定：

(1) 当已规定要求工期 T_r 时，

$$T_p \leqslant T_r \tag{3-6}$$

(2) 当未规定要求工期 T_r 时，

$$T_p = T_c \tag{3-7}$$

5) 计算工作的最迟完成时间

(1) 工作 $i—j$ 的最迟完成时间 LF_{i-j} 应从网络计划的终点节点开始，逆着箭线方向依次逐项计算。

(2) 以终点节点 ($j=n$) 为箭头节点的工作，最迟完成时间 LF_{i-n} 应按下式计算：

$$\text{LF}_{i-n} = T_p \tag{3-8}$$

(3) 其他工作的最迟完成时间应按下式计算：

$$LF_{i-j} = \min\{LF_{j-k} - D_{j-k}\} \tag{3-9}$$

或

$$LF_{i-j} = \min\{LS_{j-k}\} \tag{3-10}$$

式中：LF_{j-k}——工作 $i-j$ 的各项紧后工作 $j-k$ 的最迟完成时间；

LS_{j-k}——工作 $i-j$ 的各项紧后工作 $j-k$ 的最迟开始时间；

D_{j-k}——工作 $i-j$ 的各项紧后工作 $j-k$ 的持续时间。

6) 计算工作的最迟开始时间

工作 $i-j$ 的最迟开始时间 LS_{i-j} 应按下式计算：

$$LS_{i-j} = LF_{i-j} - D_{i-j} \tag{3-11}$$

7) 计算工作的总时差

在计划工期不变的条件下，有些工作的 ES_{i-j} 与 LS_{i-j}（或 EF_{i-j} 与 LF_{i-j}）之间存在一定差值，把这个不影响工期（也不影响紧后工作最迟开始时间）情况下具有的机动时间称为总时差（图 3-24）。故工作 $i-j$ 的总时差 TF_{i-j} 可按下式计算：

$$TF_{i-j} = LS_{i-j} - ES_{i-j} \tag{3-12}$$

或

$$TF_{i-j} = LF_{i-j} - EF_{i-j} \tag{3-13}$$

8) 计算工作的自由时差

有些工作的紧后工作 ES_{j-k} 和本工作 EF_{i-j} 之间也存在一定时差，把这个不影响紧后工作最早开始时间 ES_{j-k}（当然更不会影响工期），并为本工作所专有的机动时间称为自由时差（图 3-24）。

工作 $i-j$ 的自由时差 FF_{i-j} 的计算应符合下列规定：

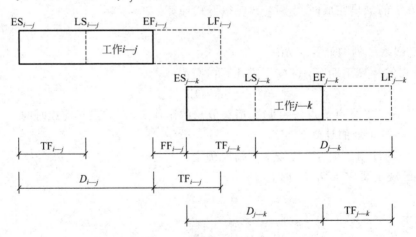

图 3-24 双代号网络图各时间参数

(1) 当工作 $i-j$ 有紧后工作 $j-k$ 时，其自由时差应按下式计算：

$$FF_{i-j} = \min\{ES_{j-k}\} - EF_{i-j} \tag{3-14}$$

(2) 以终点节点（$j=n$）为箭头节点的工作，其自由时差应按下式计算：

$$FF_{i-n} = T_p - EF_{i-n} \tag{3-15}$$

式中：ES_{j-k}——工作 $i-j$ 的紧后工作 $j-k$ 的最早开始时间；

FF_{i-n}——以终点节点 n 为箭头节点的工作的自由时差;

EF_{i-n}——以终点节点 n 为箭头节点的工作的最早完成时间。

5. 按节点计算法计算时间参数

按节点计算法计算时间参数,其计算结果应标注在节点之上(图 3-25)。

1)计算节点最早时间

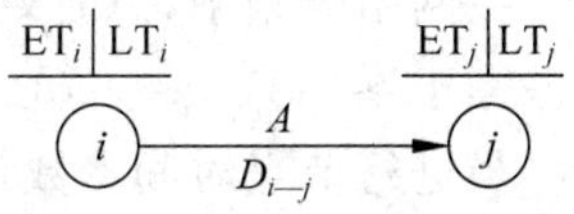

(1)节点 i 的最早时间 ET_i 应从网络计划的起点节点开始,顺着箭线方向依次逐项计算。

(2)起点节点 i 的最早时间,当未规定最早时间时,应按下式计算:

图 3-25 节点计算法的标注

$$ET_i = 0 \,(i=1) \tag{3-16}$$

(3)其他节点 j 的最早时间 ET_j 应按下式计算:

$$ET_j = \max\{ET_i + D_{i-j}\} \tag{3-17}$$

式中:ET_i——工作 i—j 的箭尾节点 i 的最早时间;

ET_j——工作 i—j 的箭头节点 j 的最早时间;

D_{i-j}——工作 i—j 的持续时间。

2)网络计划的计算工期 T_c

$$T_c = ET_n \tag{3-18}$$

式中:ET_n——终点节点 n 的最早时间。

3)网络计划的计划工期 T_p

其计算方法同工作计算法。

4)计算节点最迟时间

(1)节点 i 的最迟时间 LT_i 应从网络计划的终点节点开始,逆着箭线方向依次逐项计算。

(2)终点节点 n 的最迟时间 LT_n 应按下式计算:

$$LT_n = T_p \tag{3-19}$$

(3)其他节点的最迟时间 LT_i 应按下式计算:

$$LT_i = \min\{LT_j - D_{i-j}\} \tag{3-20}$$

式中:LT_i——工作 i—j 的箭尾节点 i 的最迟时间;

LT_j——工作 i—j 的箭头节点 j 的最迟时间。

5)工作 i—j 的最早开始时间 ES_{i-j}:

$$ES_{i-j} = ET_i \tag{3-21}$$

6)工作 i—j 的最早完成时间 EF_{i-j}:

$$EF_{i-j} = ET_i + D_{i-j} \tag{3-22}$$

7)工作 i—j 的最迟完成时间 LF_{i-j}:

$$LF_{i-j} = LT_j \tag{3-23}$$

8)工作 i—j 的最迟开始时间 LS_{i-j}:

$$LS_{i-j} = LT_j - D_{i-j} \tag{3-24}$$

9)工作 i—j 的总时差 TF_{i-j}:

$$TF_{i-j} = LT_j - ET_i - D_{i-j} \tag{3-25}$$

10) 工作 i—j 的自由时差 FF_{i-j}：

$$FF_{i-j} = ET_j - ET_i - D_{i-j} \tag{3-26}$$

6．关键工作和关键线路的确定

在网络计划中，总时差最小的工作应为关键工作。如果计划工期与计算工期相等，则总时差等于零（$TF_{i-j}=0$）的工作即为关键工作。

当进行节点时间参数计算时，凡满足式(3-27)3个条件的工作必为关键工作。

$$\begin{cases} LT_i - ET_i = T_p - T_c \\ LT_j - ET_j = T_p - T_c \\ LT_j - ET_i - D_{i-j} = T_p - T_c \end{cases} \tag{3-27}$$

在双代号网络计划中，自始至终全部由关键工作组成的线路或线路上各工作持续时间之和数值最大的线路应为关键线路。关键线路至少有一条，并宜用粗箭线、双箭线或彩色箭线表示。

例 3-2　采用图上计算法（结合分析计算法）计算图 3-26 所示双代号网络计划的各项时间参数，并找出关键工作和关键线路。（已知计划工期等于计算工期）

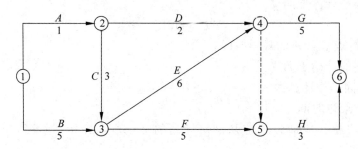

图 3-26　某双代号网络计划

解　1) 按工作计算法计算时间参数

(1) 计算工作的最早开始时间和最早完成时间

按式(3-1)、式(3-3)和式(3-4)计算图 3-26 中各工作的最早开始时间和最早完成时间，计算结果如下：

$$ES_{1-2} = 0$$
$$EF_{1-2} = ES_{1-2} + D_{1-2} = (0+1)d = 1d$$
$$ES_{1-3} = 0$$
$$EF_{1-3} = ES_{1-3} + D_{1-3} = (0+5)d = 5d$$
$$ES_{2-3} = EF_{1-2} = 1d$$
$$EF_{2-3} = ES_{2-3} + D_{2-3} = (1+3)d = 4d$$
$$ES_{2-4} = EF_{1-2} = 1d$$
$$EF_{2-4} = ES_{2-4} + D_{2-4} = (1+2)d = 3d$$
$$ES_{3-4} = \max\{EF_{1-3}, EF_{2-3}\} = \max\{5d, 4d\} = 5d$$

$$EF_{3-4} = ES_{3-4} + D_{3-4} = (5+6)d = 11d$$
$$ES_{3-5} = \max\{EF_{1-3}, EF_{2-3}\} = \max\{5d, 4d\} = 5d$$
$$EF_{3-5} = ES_{3-5} + D_{3-5} = (5+5)d = 10d$$
$$ES_{4-5} = \max\{EF_{2-4}, EF_{3-4}\} = \max\{3d, 11d\} = 11d$$
$$EF_{4-5} = ES_{4-5} + D_{4-5} = 11d + 0d = 11d$$
$$ES_{4-6} = \max\{EF_{2-4}, EF_{3-4}\} = \max\{3d, 11d\} = 11d$$
$$EF_{4-6} = ES_{4-6} + D_{4-6} = (11+5)d = 16d$$
$$ES_{5-6} = \max\{EF_{3-5}, EF_{4-5}\} = \max\{10d, 11d\} = 11d$$
$$EF_{5-6} = ES_{5-6} + D_{5-6} = (11+3)d = 14d$$

将计算结果直接写在图 3-27 中相应位置。

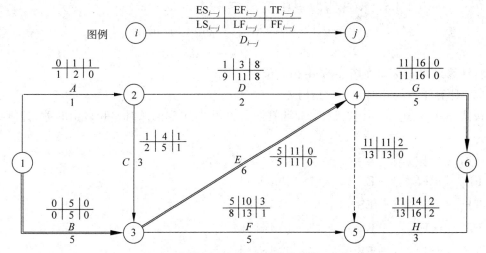

图 3-27 双代号网络计划时间参数计算结果（工作计算法）

(2) 确定网络计划的计算工期 T_c

按式(3-5)计算，则图 3-26 中网络计划的计算工期为：
$$T_c = \max\{EF_{4-6}, EF_{5-6}\} = \max\{16d, 14d\} = 16d$$

(3) 确定网络计划的计划工期 T_p

已知计划工期等于计算工期，则其计划工期 T_p 按公式(3-7)取其计算工期：
$$T_p = T_c = 16d$$

(4) 计算工作的最迟完成时间和最迟开始时间

按式(3-8)、式(3-10)和式(3-11)计算图 3-26 中各工作的最迟完成时间和最迟开始时间，计算结果如下：
$$LF_{5-6} = T_p = 16d$$
$$LS_{5-6} = LF_{5-6} - D_{5-6} = (16-3)d = 13d$$
$$LF_{4-6} = T_p = 16d$$
$$LS_{4-6} = LF_{4-6} - D_{4-6} = (16-5)d = 11d$$
$$LF_{4-5} = LS_{5-6} = 13d$$

$$LS_{4-5} = LF_{4-5} - D_{4-5} = (13-0)d = 13d$$

$$LF_{3-5} = LS_{5-6} = 13d$$

$$LS_{3-5} = LF_{3-5} - D_{3-5} = (13-5)d = 8d$$

$$LF_{3-4} = \min\{LS_{4-5}, LS_{4-6}\} = \min\{13d, 11d\} = 11d$$

$$LS_{3-4} = LF_{3-4} - D_{3-4} = (11-6)d = 5d$$

$$LF_{2-4} = \min\{LS_{4-5}, LS_{4-6}\} = \min\{13d, 11d\} = 11d$$

$$LS_{2-4} = LF_{2-4} - D_{2-4} = (11-2)d = 9d$$

$$LF_{2-3} = \min\{LS_{3-4}, LS_{3-5}\} = \min\{5d, 8d\} = 5d$$

$$LS_{2-3} = LF_{2-3} - D_{2-3} = (5-3)d = 2d$$

$$LF_{1-3} = \min\{LS_{3-4}, LS_{3-5}\} = \min\{5d, 8d\} = 5d$$

$$LS_{1-3} = LF_{1-3} - D_{1-3} = (5-5)d = 0d$$

$$LF_{1-2} = \min\{LS_{2-3}, LS_{2-4}\} = \min\{2d, 9d\} = 2d$$

$$LS_{1-2} = LF_{1-2} - D_{1-2} = (2-1)d = 1d$$

将计算结果直接写在图 3-27 中相应位置。

(5) 计算工作的总时差和自由时差

按式(3-12)、式(3-14)和式(3-15)计算图 3-26 中各工作的总时差和自由时差，计算结果如下：

$$TF_{1-2} = LS_{1-2} - ES_{1-2} = (1-0)d = 1d$$

$$FF_{1-2} = ES_{2-3} - EF_{1-2} = (1-1)d = 0d$$

$$TF_{1-3} = LS_{1-3} - ES_{1-3} = (0-0)d = 0d$$

$$FF_{1-3} = ES_{3-4} - EF_{1-3} = (5-5)d = 0d$$

$$TF_{2-3} = LS_{2-3} - ES_{2-3} = (2-1)d = 1d$$

$$FF_{2-3} = ES_{3-4} - EF_{2-3} = (5-4)d = 1d$$

$$TF_{2-4} = LS_{2-4} - ES_{2-4} = (9-1)d = 8d$$

$$FF_{2-4} = \min\{ES_{4-6}, ES_{5-6}\} - EF_{2-4} = \min\{11d, 11d\} - 3d = (11-3)d = 8d$$

$$TF_{3-4} = LS_{3-4} - ES_{3-4} = (5-5)d = 0d$$

$$FF_{3-4} = \min\{ES_{4-6}, ES_{5-6}\} - EF_{3-4} = \min\{11d, 11d\} - 11d = (11-11)d = 0d$$

$$TF_{3-5} = LS_{3-5} - ES_{3-5} = (8-5)d = 3d$$

$$FF_{3-5} = ES_{5-6} - EF_{3-5} = (11-10)d = 1d$$

$$TF_{4-5} = LS_{4-5} - ES_{4-5} = (13-11)d = 2d$$

$$FF_{4-5} = ES_{5-6} - EF_{4-5} = (11-11)d = 0d$$

$$TF_{4-6} = LS_{4-6} - ES_{4-6} = (11-11)d = 0d$$

$$FF_{4-6} = T_p - EF_{4-6} = (16-16)d = 0d$$

$$TF_{5-6} = LS_{5-6} - ES_{5-6} = (13-11)d = 2d$$

$$FF_{5-6} = T_p - EF_{5-6} = (16-14)d = 2d$$

将计算结果直接写在图 3-27 中相应位置。

2）按节点计算法计算时间参数

根据式(3-16)～式(3-26)的系列公式，用图上计算法计算图 3-26 中各个节点及各项工作的时间参数，将计算结果直接写在图 3-28 中相应位置。

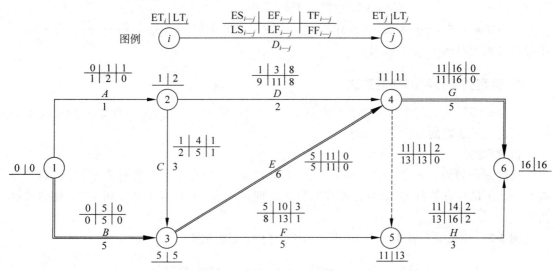

图 3-28　双代号网络计划时间参数计算结果（节点计算法）

3）确定关键工作和关键线路

本例题网络计划未规定要求工期，则取其计划工期等于计算工期，故总时差为零的工作为关键工作，则关键工作有 1—3、3—4、4—6；关键线路为 1→3→4→6，在图 3-27 和图 3-28 中用双箭线表示出来。

另外，关键工作 1—3、3—4、4—6 满足式(3-27)的 3 个条件。

7．双代号网络图的性质

（1）总时差不为本工作所专有而与前后工作都有关，为一条线路所共有。同一条线路上总时差互相关联，若动用某工作总时差，则将引起通过该工作线路上的时差重新分配。

如图 3-27 中线路 1→3→5→6，其中 $TF_{1-3}=0$，$TF_{3-5}=3$，$TF_{5-6}=2$，若在总时差 $TF_{3-5}=3$ 范围内动用了 2d 机动时间，即工作 3—5 的持续时间由原来的 5d 变为 7d，通过重新计算，则得到 $TF_{1-3}=0$，$TF_{3-5}=1$，$TF_{5-6}=1$。

（2）自由时差为本工作所专有，即它本身是独立的，其使用对其紧前、紧后工作无任何影响，紧后工作仍可按其最早开始时间开始，也不会影响总工期，但应及时使用自由时差，如果本工作不能及时使用，后面工作不得再利用。

（3）各项工作的自由时差是其总时差的一部分，所以自由时差小于等于总时差。

（4）虚工作的自由时差归其紧前工作所有。

（5）当工期无要求时，即计划工期等于计算工期时：

① 关键工作的总时差等于自由时差且都等于零。

② 非关键工作的总时差不等于零，自由时差不一定等于零。

③ 凡是最早时间等于最迟时间的节点就是关键节点,如图 3-27 中,节点 1、3、4、6 为关键节点。关键工作两端的节点必为关键节点,但相邻两个关键节点之间的工作不一定是关键工作。

④ 以关键节点为箭头节点的工作,其总时差等于自由时差,如图 3-27 中工作 1—3、2—3、2—4、3—4、4—6、5—6 的自由时差都等于总时差。

(6) 对某工作 $i-j$ 来说,其所有紧后工作的最早开始时间 ES_{j-k} 相同,其所有紧前工作的最迟完成时间 LF_{h-i} 相同。

8. 确定关键线路的简便方法

前面介绍了由关键工作及总持续时间确定关键线路的方法,这里再介绍两种更简便的快速确定关键线路的方法。

1) 破圈法

从网络计划的起点节点到终点节点,顺着箭线方向,对每个节点进行考察,凡遇到节点有 2 条以上的内向箭线时,则可以按线路段工作时间长短,采取留长去短而破圈,得到关键线路。

例 3-3 用破圈法找出图 3-29 所示网络图中的关键线路。

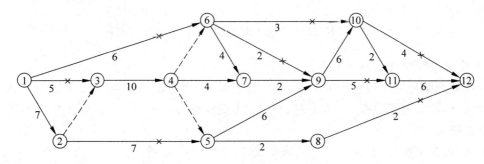

图 3-29 网络图破圈法示例

解 通过考察,节点 3、5、6、7、9、10、11、12 有两条以上的内向箭线,去掉每个节点内向箭线所在线路段工作时间之和较短的工作,余下的工作即为关键工作,如图 3-29 中关键线路有:

1→2→3→4→5→9→10→11→12;
1→2→3→4→6→7→9→10→11→12;
1→2→3→4→7→9→10→11→12。

2) 标号法

当无须计算各项工作的时间参数,只确定网络计划的计算工期或关键线路时,可采用节点标号法。它利用节点计算法的基本原理,对网络计划中的每个节点进行标号,然后利用标号值快速确定网络计划的计算工期和关键线路。此方法具体步骤如下:

(1) 确定节点标号值 (a, b_j)

① 网络计划起点节点的标号值为零,即:

$$b_1 = 0$$

② 其他节点的标号值按下式计算:

$$b_j = \max\{b_i + D_{i-j}\} \qquad (3-28)$$

式中：b_j——工作 $i-j$ 的完成节点 j 的标号值；

b_i——工作 $i-j$ 的开始节点 i 的标号值。

用节点标号值及其源节点对节点进行双标号，即用源节点号 a 作为第一标号，用标号值 b_j 作为第二标号。当有多个源节点时，应将所有源节点标注出来。所谓源节点，就是用来确定本节点标号值的节点。

（2）确定计算工期

网络计划的计算工期即为网络计划终点节点的标号值。

（3）确定关键线路

按已标注出的各节点标号值的来源，从终点节点向起点节点逆向搜索，即可确定关键线路。

例 3-4 用标号法确定图 3-30 所示网络计划的计算工期和关键线路。

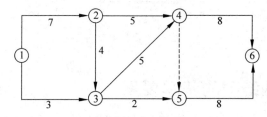

图 3-30 某双代号网络计划

解 （1）计算图 3-30 中各节点的标号值：

$b_1 = 0$

$b_2 = b_1 + D_{1-2} = (0+7)\text{d} = 7\text{d}$

$b_3 = \max\{b_1 + D_{1-3}, b_2 + D_{2-3}\} = \max\{(0+3)\text{d}, (7+4)\text{d}\} = 11\text{d}$

$b_4 = \max\{b_2 + D_{2-4}, b_3 + D_{3-4}\} = \max\{(7+5)\text{d}, (11+5)\text{d}\} = 16\text{d}$

$b_5 = \max\{b_3 + D_{3-5}, b_4 + D_{4-5}\} = \max\{(11+2)\text{d}, (16+0)\text{d}\} = 16\text{d}$

$b_6 = \max\{b_4 + D_{4-6}, b_5 + D_{5-6}\} = \max\{(16+8)\text{d}, (16+8)\text{d}\} = 24\text{d}$

（2）用节点标号值及其源节点对各节点进行双标号，如图 3-31 所示。

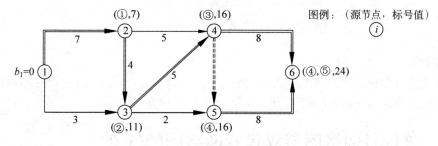

图 3-31 标号法确定关键线路

（3）计算工期：$T_c = b_6 = 24\text{d}$。

（4）从终点节点⑥开始跟踪源节点，即得关键线路 1→2→3→4→5→6 和 1→2→3→4→6。

3.3 单代号网络计划

单代号网络图是以节点及该节点的编号表示工作,以箭线表示工作之间逻辑关系的网络图。在单代号网络图上加注工作的时间参数而编成的进度计划即为单代号网络计划(图 3-32),这是网络计划的另一种表达方式。

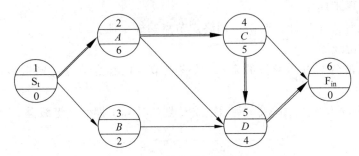

图 3-32 单代号网络计划

3.3.1 单代号网络图的基本要素

单代号网络图的基本要素包括箭线、节点和线路。

(1) 箭线

单代号网络图中,箭线表示工作之间的逻辑关系,箭线可画成水平直线、折线或斜线。箭线水平投影的方向自左向右,表示工作的进行方向。在普通单代号网络图中没有虚箭线。

(2) 节点

单代号网络图中每一个节点表示一项工作,应以圆圈或矩形表示。一项工作应包括节点编号、工作名称、持续时间,均标注在节点内(图 3-33)。一项工作应有唯一的一个编号。

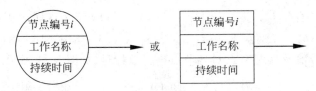

图 3-33 单代号网络图工作的表示方法

(3) 线路

单代号网络图中从起点节点开始,沿箭线方向连续通过一系列箭线与节点,最后达到终点节点所经过的通路,即称为线路,其含义同双代号网络图。

3.3.2 单代号网络图与双代号网络图的区别

(1) 单代号网络图作图方便,图面简洁,不必增加虚箭线,因此产生逻辑错误的可能性较小,在此点上,弥补了双代号网络图的不足。

(2) 在双代号网络图中节点表示工作的开始或完成,在单代号网络图中节点表示工作。

(3) 在双代号网络图中箭线表示工作,在单代号网络图中箭线表示工作之间的逻辑关系。

(4) 在双代号网络图中两个节点的编号代表一项工作,在单代号网络图中一个节点的编号代表一项工作。

(5) 单代号网络图具有便于说明,容易被非专业人员所理解和易于修改的优点。

3.3.3 单代号网络图的绘制

1. 单代号网络图各种逻辑关系的表示方法

单代号网络图各种逻辑关系的表示方法见表3-3,表中同时列出双代号表示方法,以方便对比。

表3-3 网络图中常见的逻辑关系表达方式

序号	工作间逻辑关系	网络图中表示方法	
		双代号	单代号
1	A、B 两项工作,A 完成后 B 开始施工	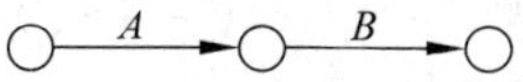	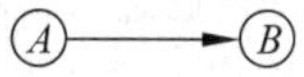
2	A、B、C 三项工作,同时开始施工	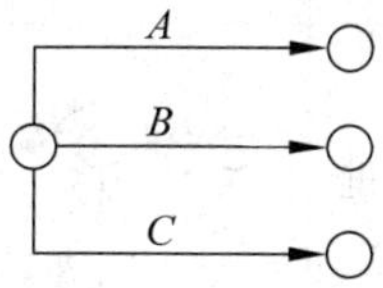	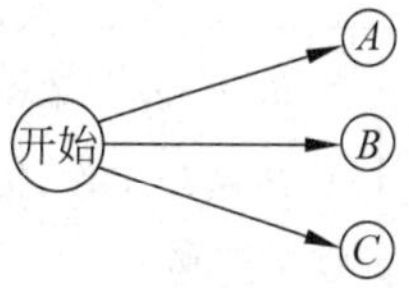
3	A、B、C 三项工作,同时结束施工	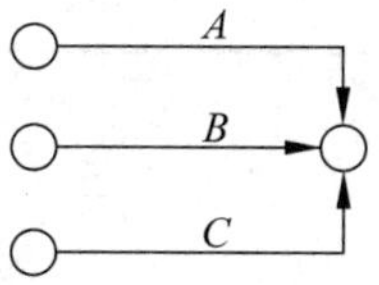	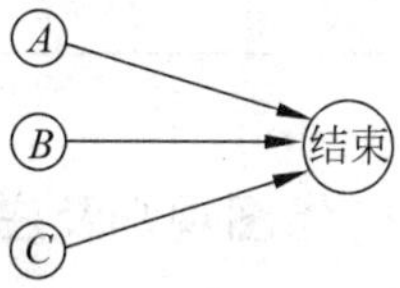
4	A、B、C 三项工作,A 完成之后,B、C 同时开始施工	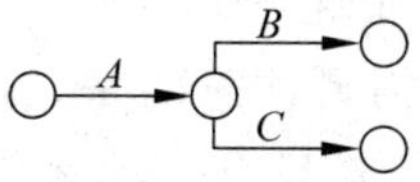	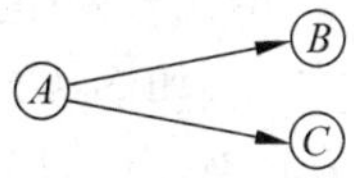
5	A、B、C 三项工作,A、B 都完成之后,C 才能开始施工	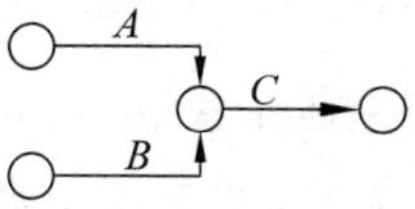	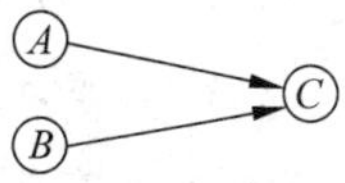
6	A、B、C、D 四项工作,当 A、B 完成之后,C、D 才能开始施工	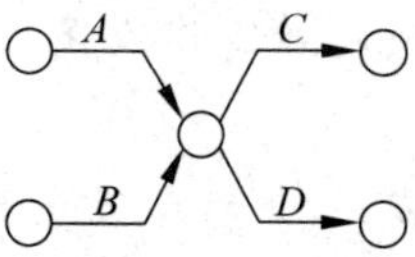	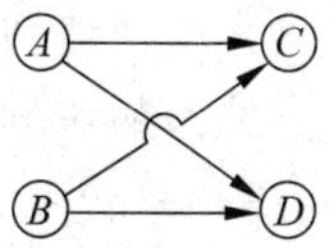

续表

序号	工作间逻辑关系	网络图中表示方法	
		双代号	单代号
7	A、B、C、D 四项工作,A 完成之后,C 才能开始施工;A、B 完成之后,D 才能开始施工		
8	A、B、C、D、E 五项工作,A、B 完成之后,D 才能开始施工;B、C 完成之后,E 才能开始施工		
9	A、B、C、D、E 五项工作,A、B、C 完成之后,D 才能开始施工;B、C 完成之后,E 才能开始施工		
10	A、B 两项工作,按 3 个施工段进行流水施工		

2. 绘图规则及注意事项

单代号网络图的绘图规则及注意事项基本同双代号网络图,不同之处如下所述:

一个单代号网络图应只有一个起点节点和一个终点节点,否则须增加虚拟的起点节点和终点节点,如图 3-32 所示。但需要注意的是,若单代号网络图只有一项无内向箭线的工作,就不必增设虚拟的起点节点;若只有一项无外向箭线的工作,就不必增设虚拟的终点节点。

《工程网络计划技术规程》(JGJ/T 121—2015)规定如下:

2.1.11 单代号网络图(activity-on-node network)

以节点及该节点的编号表示工作,以箭线表示工作之间逻辑关系的网络图。

2.1.8 虚拟节点(dummy node)

在单代号网络图中,当有多项起始工作或多项结束工作时,为便于计算而虚设的起点节点或终点节点的统称。

5.2.6 单代号网络图应只有一个起点节点和一个终点节点;当网络图中有多项起点节点或多项终点节点时,应在网络图的两端分别设置一项虚拟节点,作为该网络图的起点节点(S_t)和终点节点(F_{in})。

3. 绘图示例

根据表 3-4 中各项工作的逻辑关系，绘制单代号网络图。

表 3-4 某工程各项工作逻辑关系

工作代号	A	B	C	D	E	F	G	H
紧前工作	—	—	A	A、B	B	C、D	D	D、E
紧后工作	C、D	D、E	F	F、G、H	H	—	—	—
持续时间/d	3	2	5	7	4	4	10	6

此例题的绘制结果如图 3-34 所示。

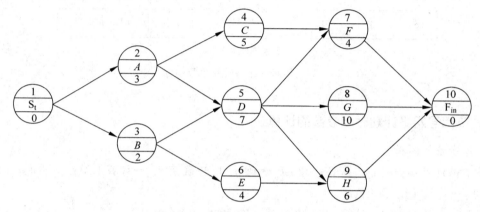

图 3-34 单代号网络图的绘制示例

3.3.4 单代号网络计划时间参数计算

1. 单代号网络计划的各项时间参数及其代表符号

单代号网络计划与双代号网络计划相似，主要包括以下内容：
(1) 工作持续时间 D_i；
(2) 工作最早开始时间 ES_i；
(3) 工作最早完成时间 EF_i；
(4) 工作最迟开始时间 LS_i；
(5) 工作最迟完成时间 LF_i；
(6) 总时差 TF_i；
(7) 自由时差 FF_i；
(8) 计算工期 T_c；
(9) 要求工期 T_r；
(10) 计划工期 T_p；
(11) 工作 i 和工作 j 的间隔时间（time lag）$LAG_{i,j}$。

2. 单代号网络计划时间参数的标注形式

单代号网络计划时间参数的标注形式如图 3-35 所示。

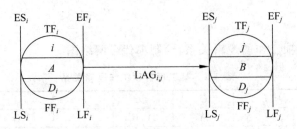

(a) 圆圈表示节点

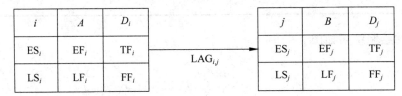

(b) 矩形表示节点

图 3-35 单代号网络计划时间参数的标注形式

3. 单代号网络计划时间参数的计算

计算步骤有两种：

第 1 种计算步骤是：计算 ES_i 和 EF_i →确定 T_c →确定 T_p →计算 $LAG_{i,j}$ →计算 TF_i →计算 FF_i →计算 LS_i 和 LF_i。

第 2 种计算步骤是：计算 ES_i 和 EF_i →确定 T_c →确定 T_p →计算 LS_i 和 LF_i →计算 $LAG_{i,j}$ →计算 TF_i →计算 FF_i。

1) 第 1 种计算步骤具体计算过程

(1) 工作最早开始时间的计算应符合下列规定：

① 工作 i 的最早开始时间 ES_i 应从网络计划的起点节点开始，顺着箭线方向依次逐项计算。

② 当起点节点 i 的最早开始时间 ES_i 无规定时，应按下式计算：

$$ES_i = 0 \tag{3-29}$$

③ 其他工作 i 的最早开始时间 ES_i 应按下式计算：

$$ES_i = \max\{ES_h + D_h\} \tag{3-30}$$

或

$$ES_i = \max\{EF_h\} \tag{3-31}$$

式中：ES_h——工作 i 的各项紧前工作 h 的最早开始时间；

EF_h——工作 i 的各项紧前工作 h 的最早完成时间；

D_h——工作 i 的各项紧前工作 h 的持续时间。

(2) 工作 i 的最早完成时间 EF_i 应按下式计算：

$$EF_i = ES_i + D_i \tag{3-32}$$

(3) 网络计划计算工期 T_c 应按下式计算：

$$T_c = EF_n \tag{3-33}$$

式中：EF_n——终点节点 n 的最早完成时间。

(4) 网络计划的计划工期 T_p 的计算同双代号网络计划，即按式(3-6)、式(3-7)确定。

(5) 相邻两项工作 i 和 j 的间隔时间 $LAG_{i,j}$ 的计算应符合下列规定：

① 当终点节点为虚拟节点时，其间隔时间应按下式计算：

$$LAG_{i,n} = T_p - EF_i \tag{3-34}$$

② 其他节点之间的间隔时间应按下式计算：

$$LAG_{i,j} = ES_j - EF_i \tag{3-35}$$

(6) 工作总时差的计算应符合下列规定：

① 工作 i 的总时差 TF_i 应从网络计划的终点节点开始，逆着箭线方向依次逐项计算；

② 终点节点所代表工作 n 的总时差 TF_n 值应按下式计算：

$$TF_n = T_p - EF_n \tag{3-36}$$

③ 其他工作 i 的总时差 TF_i 应按下式计算：

$$TF_i = \min\{TF_j + LAG_{i,j}\} \tag{3-37}$$

(7) 工作自由时差的计算应符合下列规定：

① 终点节点所代表工作 n 的自由时差 FF_n 应按下式计算：

$$FF_n = T_p - EF_n \tag{3-38}$$

② 其他工作 i 的自由时差 FF_i 应按下式计算：

$$FF_i = \min\{LAG_{i,j}\} \tag{3-39}$$

(8) 工作 i 的最迟完成时间 LF_i 应按下式计算：

$$LF_i = EF_i + TF_i \tag{3-40}$$

(9) 工作 i 的最迟开始时间 LS_i 应按下式计算：

$$LS_i = ES_i + TF_i \tag{3-41}$$

2) 第 2 种计算步骤具体计算过程

(1) 计算工作的最早开始时间和最早完成时间

与第 1 种计算步骤相同。

(2) 网络计划计算工期的计算

与第 1 种计算步骤相同。

(3) 网络计划计划工期的计算

与第 1 种计算步骤相同。

(4) 计算工作的最迟完成时间和最迟开始时间

① 工作 i 的最迟完成时间 LF_i 应从网络计划的终点节点开始，逆着箭线方向依次逐项计算。

② 终点节点所代表的工作 n 的最迟完成时间 LF_n，应按下式计算：

$$LF_n = T_p \tag{3-42}$$

③ 其他工作 i 的最迟完成时间 LF_i 应按下列公式计算：

$$LF_i = \min\{LF_j - D_j\} \tag{3-43}$$

或

$$LF_i = \min\{LS_j\} \tag{3-44}$$

④ 工作 i 的最迟开始时间 LS_i 应按下式计算：

$$LS_i = LF_i - D_i \tag{3-45}$$

4. 关键工作和关键线路的确定

1) 关键工作的确定

单代号网络计划关键工作的确定方法与双代号网络计划相同,即总时差最小的工作应确定为关键工作。

2) 关键线路的确定

在单代号网络计划中,自始至终全部由关键工作组成且关键工作的间隔时间为零的线路或总持续时间最长的线路确定为关键线路,并宜用粗箭线、双箭线或彩色箭线标注。

例 3-5 计算图 3-36 所示单代号网络计划的时间参数,并找出关键工作和关键线路。

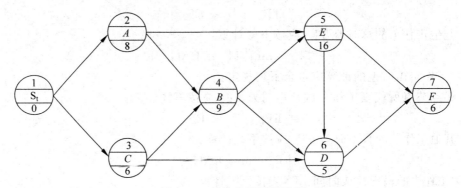

图 3-36 某单代号网络计划

解 按照第 1 种计算步骤(也可按第 2 种计算步骤),用分析计算法结合图上计算法计算各时间参数。

(1) 计算工作的最早开始时间和最早完成时间

按照式(3-29)、式(3-31)和式(3-32)计算图 3-36 中各工作的最早开始时间和最早完成时间,计算结果如下:

$ES_1 = 0$, $\qquad EF_1 = ES_1 + D_1 = (0+0)d = 0d$

$ES_2 = EF_1 = 0$, $\qquad EF_2 = ES_2 + D_2 = (0+8)d = 8d$

$ES_3 = EF_1 = 0$, $\qquad EF_3 = ES_3 + D_3 = (0+6)d = 6d$

$ES_4 = \max\{EF_2, EF_3\} = \max\{8d, 6d\} = 8d$, $\qquad EF_4 = ES_4 + D_4 = (8+9)d = 17d$

$ES_5 = \max\{EF_2, EF_4\} = \max\{8d, 17d\} = 17d$, $\qquad EF_5 = ES_5 + D_5 = (17+16)d = 33d$

$ES_6 = \max\{EF_3, EF_4, EF_5\} = \max\{6d, 17d, 33d\} = 33d$, $\qquad EF_6 = ES_6 + D_6 = (33+5)d = 38d$

$ES_7 = \max\{EF_5, EF_6\} = \max\{33d, 38d\} = 38d$, $\qquad EF_7 = ES_7 + D_7 = (38+6)d = 44d$

将计算结果直接写在图 3-37 中相应位置。

(2) 确定网络计划的计算工期 T_c

按照式(3-33)计算,则图 3-36 中网络计划的计算工期为:

$$T_c = EF_7 = 44d$$

(3) 确定网络计划的计划工期 T_p

本例题网络计划未规定要求工期,则其计划工期 T_p 按式(3-7)取其计算工期:

$$T_p = T_c = 44d$$

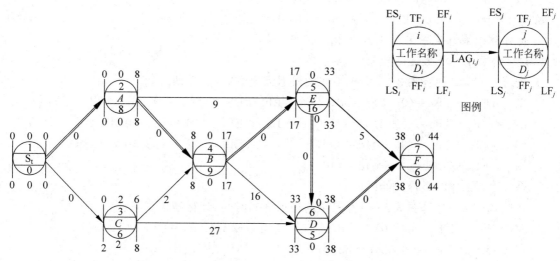

图 3-37 单代号网络计划时间参数计算结果

(4) 计算相邻工作之间的间隔时间

按照式(3-35)计算图 3-36 中相邻工作之间的间隔时间,计算结果如下:

$LAG_{6,7} = ES_7 - EF_6 = (38-38)d = 0d$, $\quad LAG_{5,7} = ES_7 - EF_5 = (38-33)d = 5d$

$LAG_{5,6} = ES_6 - EF_5 = (33-33)d = 0d$, $\quad LAG_{4,6} = ES_6 - EF_4 = (33-17)d = 16d$

$LAG_{3,6} = ES_6 - EF_3 = (33-6)d = 27d$, $\quad LAG_{4,5} = ES_5 - EF_4 = (17-17)d = 0d$

$LAG_{2,5} = ES_5 - EF_2 = (17-8)d = 9d$, $\quad LAG_{3,4} = ES_4 - EF_3 = (8-6)d = 2d$

$LAG_{2,4} = ES_4 - EF_2 = (8-8)d = 0d$, $\quad LAG_{1,3} = ES_3 - EF_1 = (0-0)d = 0d$

$LAG_{1,2} = ES_2 - EF_1 = (0-0)d = 0d$

(5) 计算工作的总时差

按照式(3-36)和式(3-37)计算图 3-36 中各工作的总时差,计算结果如下:

$TF_7 = T_p - EF_7 = (44-44)d = 0d$, $\quad TF_6 = TF_7 + LAG_{6,7} = (0+0)d = 0d$

$TF_5 = \min\{TF_7 + LAG_{5,7}, \quad TF_6 + LAG_{5,6}\} = \min\{0d+5d, 0d+0d\} = 0d$

$TF_4 = \min\{TF_6 + LAG_{4,6}, \quad TF_5 + LAG_{4,5}\} = \min\{0d+16d, 0d+0d\} = 0d$

$TF_3 = \min\{TF_6 + LAG_{3,6}, \quad TF_4 + LAG_{3,4}\} = \min\{0d+27d, 0d+2d\} = 2d$

$TF_2 = \min\{TF_5 + LAG_{2,5}, \quad TF_4 + LAG_{2,4}\} = \min\{0d+9d, 0d+0d\} = 0d$

$TF_1 = \min\{TF_3 + LAG_{1,3}, \quad TF_2 + LAG_{1,2}\} = \min\{2d+0d, 0d+0d\} = 0d$

将计算结果直接写在图 3-37 中相应位置。

(6) 计算工作的自由时差

按照式(3-38)和式(3-39)计算图 3-36 中各工作的自由时差,计算结果如下:

$FF_7 = T_p - EF_7 = (44-44)d = 0d$

$FF_6 = LAG_{6,7} = 0d$

$FF_5 = \min\{LAG_{5,6}, LAG_{5,7}\} = \min\{0d, 5d\} = 0d$

$FF_4 = \min\{LAG_{4,5}, LAG_{4,6}\} = \min\{0d, 16d\} = 0d$

$FF_3 = \min\{LAG_{3,4}, LAG_{3,6}\} = \min\{2d, 27d\} = 2d$

$FF_2 = \min\{LAG_{2,4}, LAG_{2,5}\} = \min\{0d, 9d\} = 0d$

$FF_1 = \min\{LAG_{1,2}, LAG_{1,3}\} = \min\{0d, 0d\} = 0d$

将计算结果直接写在图 3-37 中相应位置。

(7) 计算工作的最迟完成时间

按照式(3-40)计算图 3-36 中各工作的最迟完成时间,计算结果如下:

$LF_1 = EF_1 + TF_1 = (0+0)d = 0d$, $\qquad LF_2 = EF_2 + TF_2 = (8+0)d = 8d$

$LF_3 = EF_3 + TF_3 = (6+2)d = 8d$, $\qquad LF_4 = EF_4 + TF_4 = (17+0)d = 17d$

$LF_5 = EF_5 + TF_5 = (33+0)d = 33d$, $\qquad LF_6 = EF_6 + TF_6 = (38+0)d = 38d$

$LF_7 = EF_7 + TF_7 = (44+0)d = 44d$

(8) 计算工作的最迟开始时间

按照式(3-41)计算图 3-36 中各工作的最迟开始时间,计算结果如下:

$LS_1 = ES_1 + TF_1 = (0+0)d = 0d$, $\qquad LS_2 = ES_2 + TF_2 = (0+0)d = 0d$

$LS_3 = ES_3 + TF_3 = (0+2)d = 2d$, $\qquad LS_4 = ES_4 + TF_4 = (8+0)d = 8d$

$LS_5 = ES_5 + TF_5 = (17+0)d = 17d$, $\qquad LS_6 = ES_6 + TF_6 = (33+0)d = 33d$

$LS_7 = ES_7 + TF_7 = (38+0)d = 38d$

将计算结果直接写在图 3-37 中相应位置。

(9) 确定关键工作和关键线路

通过判断,图 3-37 中的关键工作为:"1""2""4""5""6""7"共 6 项,关键线路为:1→2→4→5→6→7,并用双箭线标出。

3.4 双代号时标网络计划

3.4.1 双代号时标网络计划基本概念

双代号时标网络计划是指以时间坐标单位为尺度,表示箭线长度的双代号网络计划,简称为时标图,如图 3-38 所示。时间坐标即是按一定时间单位表示工作进度时间的坐标轴,其时间单位是根据该网络计划的需要而确定的。由于时标图综合应用横道图时间坐标和网络计划的原理,兼有横道图的直观性和网络图的逻辑性,故在工程中的应用较无时标网络计划更广泛。

3.4.2 双代号时标网络计划的特点

(1) 各条工作箭线的水平投影长度即为各项工作的持续时间,能明确表达各项工作的起、止时间和先后施工的逻辑关系,使计划表达形象直观,一目了然。

(2) 能在时标计划表上直接显示各项工作的主要时间参数,并可直接判断出关键线路。

(3) 因有时标的限制,在绘制时标网络计划时,不会出现"循环回路"之类的逻辑错误。

(4) 可以利用时标计划表直接统计资源的需要量,以便进行资源优化和调整,并对进度计划的实施进行控制和监督。

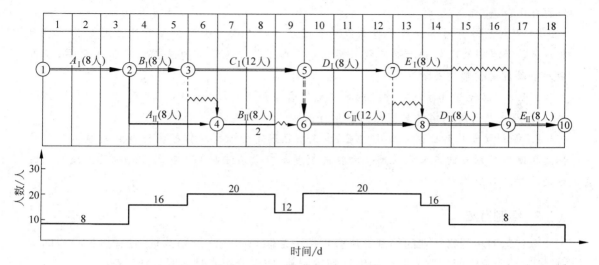

图 3-38 双代号时标网络计划

（5）由于箭线受时标的约束，故用手工绘图不易，修改也较难。而使用计算机编制、修改时标网络图较方便。

3.4.3 双代号时标网络计划的编制

1. 编制的基本要求

双代号时标网络计划的编制必须遵循《工程网络计划技术规程》(JGJ/T 121—2015)中的规定，并应先按已确定的时间单位绘出时标计划表，其格式如表 3-5 所示。时间单位是指横坐标上刻度代表的时间量。一个刻度可以是等于或多于 1 个时间单位的整倍数，但不应小于 1 个时间单位。

表 3-5 时标计划表

计算坐标体系	0	1	2	3	4	5	...	n
工作日坐标体系		1	2	3	4	5	6	...	n
日历坐标体系									
时标网络计划									

注：时标计划表中部的刻度线宜为细线。为使图面清晰，此线也可不画或少画。

《工程网络计划技术规程》(JGJ/T 121—2015)规定如下：

2.1.14 双代号时标网络计划(time-scaled network)
以时间坐标单位为尺度，表示箭线长度的双代号网络计划。
4.4.1 双代号时标网络计划应符合下列规定：
1. 双代号时标网络计划应以水平时间坐标为尺度表示工作时间，时标的时间单位应根据需要在编制网络计划之前确定，可为小时、天、周、旬、月、季或年。
2. 双代号时标网络计划应以实箭线表示工作，以虚箭线表示虚工作，以波形线表示工作的自由时差。

3. 双代号时标网络计划中所有符号在时间坐标上的水平投影位置都必须与其时间参数对应。节点中心必须对准相应的时标位置。虚工作必须以垂直方向的虚箭线表示,有自由时差时应用波形线表示。

4.4.2 双代号时标网络计划的编制应符合下列规定:

1. 双代号时标网络计划宜按最早时间编制。

2. 编制双代号时标网络计划之前,应先按已确定的时间单位绘出时标计划表。时标可标注在时标计划表的顶部或底部。时标的长度单位必须注明。可在顶部时标之上或底部时标之下加注日历的对应时间。

2.编制方法

双代号时标网络计划的编制方法有直接法绘制和间接法绘制两种,且宜按最早时间编制,不宜按最迟时间编制。时标网络计划编制前,应先绘制非时标网络计划草图。

1)间接法绘制

间接法绘制是先计算网络计划的时间参数,再根据时间参数按草图在时标计划表上绘制的方法。可扫描二维码 3-5 观看教学视频,学习间接法绘制时标网络计划。间接法绘制时标网络计划可按下列步骤进行:

3-5

(1)绘制出无时标网络计划;

(2)计算各节点的最早时间;

(3)根据节点最早时间在时标计划表上确定节点的位置;

(4)按要求连线,某些工作箭线长度不足以达到该工作的完成节点时,用波形线补足。

例 3-6 将图 3-39 所示的无时标网络计划,用间接法绘制,并按最早时间绘制成时标网络计划。

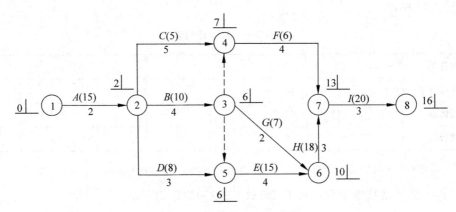

图 3-39 某双代号网络计划

解 用间接法绘制,其绘制步骤如下:

(1)计算各节点的最早时间(或各工作的最早时间)并标注在图上,如图 3-39 所示。

(2)按节点的最早时间将各节点定位在时标计划表上,图形尽量与草图一致,如图 3-40 所示。

(3) 按各工作的持续时间绘制相应工作的实线部分,使其在时间坐标上的水平投影长度等于工作的持续时间;若实线长度不足以到达该工作的完成节点,则用波形线补足,并在末端绘出箭头。

(4) 虚工作以垂直方向的虚箭线表示,有自由时差时加波形线表示。

绘制完成的时标网络计划如图 3-40 所示。

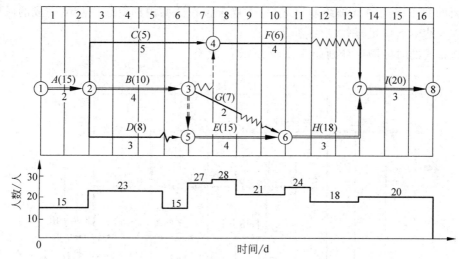

图 3-40 时标网络计划绘制示例一(间接法绘制)

2) 直接法绘制

直接法绘制是不计算网络计划的时间参数,直接按草图在时标计划表上绘制的方法。可扫描二维码 3-6 观看教学视频,学习直接法绘制时标网络计划。

3-6

直接法绘制时标网络计划可按下列步骤进行:

(1) 将起点节点定位在时标计划表的起始刻度线上。

(2) 按工作持续时间在时标计划表上绘制起点节点的外向箭线。

(3) 其他工作的开始节点必须在所有紧前工作都绘出后,定位在这些紧前工作最早完成时间最大值的时间刻度上;若某些工作的箭线长度不足以到达该节点,则用波形线补足;箭头画在波形线与节点连接处。

(4) 从左至右依次确定其他节点位置,直至网络计划终点节点,绘图完成。

例 3-7 将图 3-41 所示的无时标网络计划用直接法绘制,并按最早时间绘制成时标网络图。

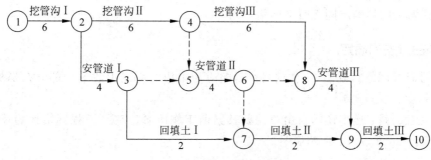

图 3-41 某双代号网络计划

解 用直接绘制法绘制步骤如下：

(1) 将起点节点①定位在图 3-42 所示的时标计划表的起始刻度线上。

(2) 绘制①节点的外向箭线 1—2。

(3) 自左至右依次确定其余各节点的位置，如②、③、④、⑥、⑩节点之前只有一条内向箭线，则在其内向箭线绘制完成后即可在其末端将上述节点绘出；⑤、⑦、⑧、⑨节点则必须等其前面的两条内向箭线都绘制完成后，才能定位在这些内向箭线中最晚完成的时刻处；有的箭线未达节点位置，用波形线补足。

绘制完成的时标网络计划如图 3-42 所示。

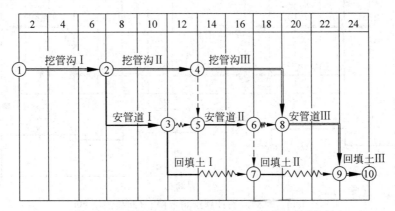

图 3-42　时标网络计划绘制示例二(直接法绘制)

3.4.4　双代号时标网络计划时间参数的确定

1. 最早时间的确定

(1) 按最早时间绘制的双代号时标网络计划，每条箭线箭尾节点中心所对应的时标值，即为工作的最早开始时间。

(2) 当箭线不存在波形线时，箭头节点中心所对应的时标值为工作的最早完成时间；当箭线存在波形线时，箭线实线部分的右端点所对应的时标值为工作的最早完成时间。

2. 双代号时标网络计划工期的确定

(1) 双代号时标网络计划的计算工期应为计算坐标体系中终点节点与起点节点所在位置的时标值之差。

(2) 计划工期的确定同无时标网络计划。

3. 自由时差的确定

双代号时标网络计划中，工作的自由时差应为工作的箭线中波形线部分在坐标轴上的水平投影长度。

需要注意的是：虚工作的自由时差归其紧前工作所有(依据《工程网络计划技术规程》(JGJ/T 121—2015)第 53 页的说明)。

4. 总时差的计算

双代号时标网络计划中,工作的总时差应自右向左逐个进行计算。

(1) 以终点节点($j=n$)为箭头节点的工作,总时差应按下式计算:

$$TF_{i-n} = T_p - EF_{i-n} \tag{3-46}$$

(2) 其他工作的总时差应为:

$$TF_{i-j} = \min\{TF_{j-k} + FF_{i-j}\} = \min\{TF_{j-k}\} + FF_{i-j} \tag{3-47}$$

式中:TF_{j-k}——工作 $i-j$ 的紧后工作 $j-k$ 的总时差。

5. 工作最迟时间的计算

双代号时标网络计划中,工作的最迟开始时间和最迟完成时间应按下列公式计算:

$$LS_{i-j} = ES_{i-j} + TF_{i-j} \tag{3-48}$$

$$LF_{i-j} = EF_{i-j} + TF_{i-j} \tag{3-49}$$

6. 关键工作和关键线路的确定

双代号时标网络计划中,自起点节点至终点节点不出现波形线的线路应确定为关键线路。关键线路上的工作即为关键工作。

例 3-8 确定图 3-40 所示时标网络计划中各项工作的时间参数,找出关键线路。

解 (1) 确定最早时间

通过观察,图 3-40 中各项工作的最早开始时间和最早完成时间,分别为:

$ES_{1-2} = 0d$, $EF_{1-2} = 2d$
$ES_{2-3} = 2d$, $EF_{2-3} = 6d$
$ES_{2-4} = 2d$, $EF_{2-4} = 7d$
$ES_{2-5} = 2d$, $EF_{2-5} = 5d$
$ES_{3-4} = 6d$, $EF_{3-4} = 6d$
$ES_{3-5} = 6d$, $EF_{3-5} = 6d$
$ES_{3-6} = 6d$, $EF_{3-6} = 8d$
$ES_{4-7} = 7d$, $EF_{4-7} = 11d$
$ES_{5-6} = 6d$, $EF_{5-6} = 10d$
$ES_{6-7} = 10d$, $EF_{6-7} = 13d$
$ES_{7-8} = 13d$, $EF_{7-8} = 16d$

(2) 确定工期

① 计算工期:$T_c = (16-0)d = 16d$

② 计划工期:本例题网络计划未规定要求工期,则计划工期等于计算工期

$$T_p = T_c = 16d$$

(3) 确定自由时差

通过观察,图 3-40 中各项工作的自由时差分别为:

$$FF_{2-5} = 1d, \quad FF_{3-4} = 1d, \quad FF_{3-6} = 2d, \quad FF_{4-7} = 2d$$

其他工作的自由时差均为零。

(4) 计算总时差

按式(3-46)和式(3-47)计算图 3-40 中各项工作的总时差,分别为:

$TF_{7-8} = T_p - EF_{7-8} = (16-16)d = 0d$

$TF_{6-7} = TF_{7-8} + FF_{6-7} = (0+0)d = 0d$

$TF_{4-7} = TF_{7-8} + FF_{4-7} = (0+2)d = 2d$

$TF_{5-6} = TF_{6-7} + FF_{5-6} = (0+0)d = 0d$

$TF_{3-6} = TF_{6-7} + FF_{3-6} = (0+2)d = 2d$

$TF_{3-5} = TF_{5-6} + FF_{3-5} = (0+0)d = 0d$

$TF_{2-5} = TF_{5-6} + FF_{2-5} = (0+1)d = 1d$

$TF_{3-4} = TF_{4-7} + FF_{3-4} = (2+1)d = 3d$

$TF_{2-4} = TF_{4-7} + FF_{2-4} = (2+0)d = 2d$

$TF_{2-3} = \min\{TF_{3-4}, TF_{3-5}, TF_{3-6}\} + FF_{2-3} = \min\{3d, 0d, 2d\} + 0d = 0d + 0d = 0d$

$TF_{1-2} = \min\{TF_{2-3}, TF_{2-4}, TF_{2-5}\} + FF_{1-2} = \min\{0d, 2d, 1d\} + 0d = 0d + 0d = 0d$

(5) 计算最迟时间

按式(3-48)和式(3-49)计算图 3-40 中各项工作的最迟开始时间和最迟完成时间,分别为:

$LS_{1-2} = ES_{1-2} + TF_{1-2} = (0+0)d = 0d$, $\quad LF_{1-2} = EF_{1-2} + TF_{1-2} = (2+0)d = 2d$

$LS_{2-3} = ES_{2-3} + TF_{2-3} = (2+0)d = 2d$, $\quad LF_{2-3} = EF_{2-3} + TF_{2-3} = (6+0)d = 6d$

$LS_{2-4} = ES_{2-4} + TF_{2-4} = (2+2)d = 4d$, $\quad LF_{2-4} = EF_{2-4} + TF_{2-4} = (7+2)d = 9d$

$LS_{2-5} = ES_{2-5} + TF_{2-5} = (2+1)d = 3d$, $\quad LF_{2-5} = EF_{2-5} + TF_{2-5} = (5+1)d = 6d$

$LS_{3-4} = ES_{3-4} + TF_{3-4} = (6+3)d = 9d$, $\quad LF_{3-4} = EF_{3-4} + TF_{3-4} = (6+3)d = 9d$

$LS_{3-5} = ES_{3-5} + TF_{3-5} = (6+0)d = 6d$, $\quad LF_{3-5} = EF_{3-5} + TF_{3-5} = (6+0)d = 6d$

$LS_{3-6} = ES_{3-6} + TF_{3-6} = (6+2)d = 8d$, $\quad LF_{3-6} = EF_{3-6} + TF_{3-6} = (8+2)d = 10d$

$LS_{4-7} = ES_{4-7} + TF_{4-7} = (7+2)d = 9d$, $\quad LF_{4-7} = EF_{4-7} + TF_{4-7} = (11+2)d = 13d$

$LS_{5-6} = ES_{5-6} + TF_{5-6} = (6+0)d = 6d$, $\quad LF_{5-6} = EF_{5-6} + TF_{5-6} = (10+0)d = 10d$

$LS_{6-7} = ES_{6-7} + TF_{6-7} = (10+0)d = 10d$, $\quad LF_{6-7} = EF_{6-7} + TF_{6-7} = (13+0)d = 13d$

$LS_{7-8} = ES_{7-8} + TF_{7-8} = (13+0)d = 13d$, $\quad LF_{7-8} = EF_{7-8} + TF_{7-8} = (16+0)d = 16d$

(6) 确定关键工作和关键线路

关键线路为 1→2→3→5→6→7→8,并在图 3-40 中用双箭线标出。

关键工作为 1—2,2—3,3—5,5—6,6—7,7—8。

3.5 单代号搭接网络计划

3.5.1 单代号搭接网络计划基本概念

单代号搭接网络计划是前后工作之间可能有多种时距关系的肯定型网络计划(图 3-43)。它是综合单代号网络与搭接施工的原理,使二者有机结合起来应用的一种网络计划表示方法。单代号搭接网络图的绘制应符合《工程网络计划技术规程》(JGJ/T 121—2015)的规定,应以时距表示搭接关系。

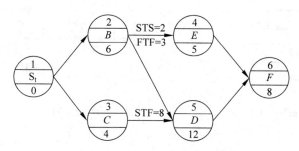

图 3-43　单代号搭接网络计划

在建设工程实践中,搭接关系是大量存在的,要求控制进度的计划图形能够表达和处理好这种关系。但在前几节所介绍的网络计划中,却只能表示两项工作首尾相接的关系,即一项工作只有在其所有紧前工作完成之后才能开始。遇到搭接关系,必须将前一项工作进行分段处理(图 3-7(d)),以符合前面工作不完成、后面工作不能开始的逻辑要求,这就使得网络计划变得较为复杂,使绘制、调整、计算都不方便。针对这一问题,各国陆续出现了许多表示搭接关系的网络计划,统称为"搭接网络计划法",其共同特点是,当前一项工作开始一段时间能为其紧后工作提供一定的开始条件,紧后工作就可以插入进行,将前后工作搭接起来,就大大简化了网络计划,但也带来了计算工作的复杂化,应借助计算机进行计算。

3.5.2　相邻工作的各种搭接关系

相邻两工作之间的搭接关系主要有完成到开始、开始到开始、完成到完成、开始到完成及混合搭接等 5 种搭接关系,分别介绍如下。

1. 完成到开始的关系(FTS)

两项工作间的相互关系是通过前项工作的完成到后项工作的开始之间的时距 FTS 来表达,如图 3-44 所示。

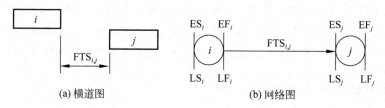

(a) 横道图　　　　　　　(b) 网络图

图 3-44　完成到开始的关系(FTS)

例如,屋面工程中,要等水泥砂浆找平层干燥后才能铺贴卷材防水层,找平层与防水层之间的等待时间就是时距 FTS。再如,修堤坝时,必须等土堤自然沉降后才能修护坡,筑土堤与修护坡之间的等待时间也是时距 FTS。

2. 开始到开始的关系(STS)

前后两项工作关系用其相继开始的时距 STS 来表达,即前项工作开始后,要经过 STS 后,后项工作才能开始,如图 3-45 所示。

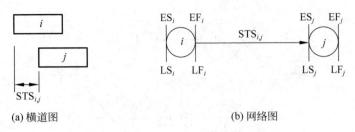

图 3-45 开始到开始的关系(STS)

例如,钢筋混凝土楼板施工时,只有先支设好模板后才能绑扎钢筋,开始支模与开始绑扎钢筋的间隔时间就是时距 STS。再如在道路工程中,当路基铺设工作开始一段时间为路面浇筑工作创造一定条件之后,路面浇筑工作即可开始,路基铺设工作的开始时间与路面浇筑工作的开始时间之间的差值就是时距 STS。

3. 完成到完成的关系(FTF)

两项工作之间的关系用前后工作相继完成的时距 FTF 来表达,即前项工作完成后,经过 FTF 时间后,后项工作才能完成,如图 3-46 所示。

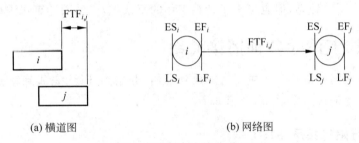

图 3-46 完成到完成的关系(FTF)

例如,道路工程中,如果路基铺设工作的进展速度小于路面浇筑工作的进展速度,须考虑为路面浇筑工作留有充分的工作面;否则,路面浇筑工作将会因没有工作面而无法进行。路基铺设工作的完成时间与路面浇筑工作的完成时间之间的差值就是时距 FTF。再如,墙体砌筑工作的完成时间与墙体抹灰工作的完成时间之间的差值也是时距 FTF。

4. 开始到完成的关系(STF)

两项工作之间的关系用前项工作开始到后项工作完成之间的时距 STF 来表达,即前项工作开始一段时间 STF 后,后项工作才能完成,如图 3-47 所示。

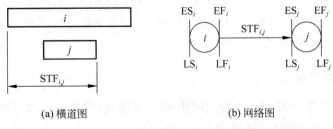

图 3-47 开始到完成的关系(STF)

例如,深基坑施工中,基坑降水开始一段时间后才能挖土,做基础,施工地下结构,地下工程完成后才能进行肥槽回填土,基坑降水的开始时间与基坑肥槽回填土的完成时间之间的差值就是时距 STF。

5. 混合搭接关系

当两项工作之间同时存在上述 4 种关系中的 2 种关系时,这种具有双重约束的工作关系就是混合搭接关系。例如,工作 i 和工作 j 之间可能同时存在时距 STS 和时距 FTF,或同时存在时距 STF 和时距 FTS 等,如图 3-48 所示。

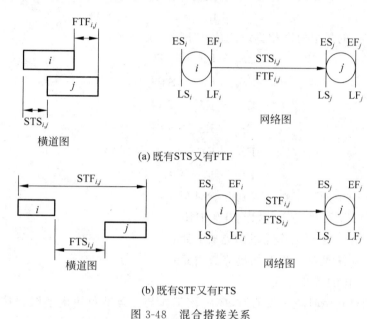

图 3-48 混合搭接关系

3.5.3 搭接网络计划的时间参数计算

单代号搭接网络计划的时间参数的计算内容主要包括:工作最早时间的计算、计算工期的确定、计划工期的确定、时间间隔的计算、工作总时差的计算、工作自由时差的计算、工作最迟时间的计算、关键工作和关键线路的确定。

时间参数的标注形式如图 3-49 所示。

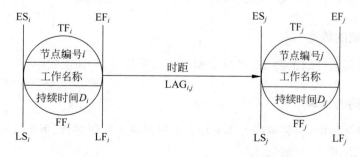

图 3-49 单代号搭接网络计划时间参数标注形式

单代号搭接网络计划时间参数计算,应在确定工作持续时间和工作之间的时距之后进行。其计算方法和计算步骤如下所述:

1. 工作最早时间的计算

(1) 计算工作最早时间应从起点节点开始依次进行,只有紧前工作计算完毕,才能计算本工作。

(2) 计算工作最早时间应按下列步骤进行:

① 凡与起点节点相连的工作,最早开始时间应按下式计算:

$$ES_i = 0 \tag{3-50}$$

② 其他工作 j 的最早时间根据时距应按下列公式计算:

$$ES_j = EF_i + FTS_{i,j} \tag{3-51}$$

$$ES_j = ES_i + STS_{i,j} \tag{3-52}$$

$$EF_j = EF_i + FTF_{i,j} \tag{3-53}$$

$$EF_j = ES_i + STF_{i,j} \tag{3-54}$$

$$ES_j = EF_j - D_j \tag{3-55}$$

$$EF_j = ES_j + D_j \tag{3-56}$$

式中:$FTS_{i,j}$——i、j 两项工作完成到开始时距;

$STS_{i,j}$——i、j 两项工作开始到开始时距;

$FTF_{i,j}$——i、j 两项工作完成到完成时距;

$STF_{i,j}$——i、j 两项工作开始到完成时距;

D_j——j 工作的持续时间。

③ 当出现最早开始时间为负值时,应将该工作与起点节点用虚箭线连接,并取其时距(STS)为零。

④ 当有两种以上的时距(或者有两项或两项以上紧前工作)时,应按不同情况分别计算其最早时间,并取最大值。

⑤ 当中间工作的最早完成时间大于终点节点的最早完成时间时,应将该工作与终点节点用虚箭线连接,并取其时距(FTF)为零。

2. 计算工期的确定

搭接网络计划的计算工期 T_c 应为终点节点的最早完成时间。

3. 计划工期的确定

搭接网络计划的计划工期 T_p 的确定同双代号网络计划,即由式(3-6)、式(3-7)确定。

4. 间隔时间的计算

在搭接网络计划中,相邻两项工作 i 和 j 之间在满足时距之外,可能还有多余的间隔时间 $LAG_{i,j}$ 存在,如图 3-50 所示。

间隔时间因搭接关系不同而其计算不同,可按下列公式计算:

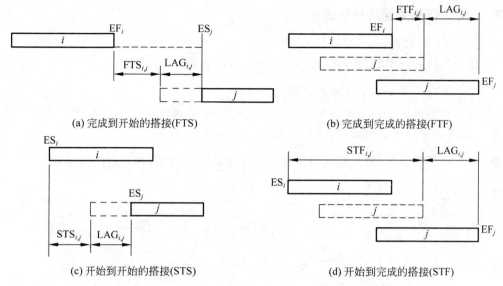

图 3-50 搭接网络图的 $LAG_{i,j}$ 表达示例

$$LAG_{i,j} = ES_j - EF_i - FTS_{i,j} \tag{3-57}$$

$$LAG_{i,j} = ES_j - ES_i - STS_{i,j} \tag{3-58}$$

$$LAG_{i,j} = EF_j - EF_i - FTF_{i,j} \tag{3-59}$$

$$LAG_{i,j} = EF_j - ES_i - STF_{i,j} \tag{3-60}$$

当相邻两项工作之间存在两种时距及以上的搭接关系时,应分别计算出间隔时间并取最小值。

5. 工作总时差的计算

搭接网络计划工作 i 的总时差 TF_i 的计算同第 3.3 节单代号网络计划,即按式(3-36)、式(3-37)计算。

但在计算出总时差后,需要根据式(3-40)判别工作 i 的最迟完成时间 LF_i 是否超出计划工期 T_p,如若 LF_i 大于 T_p,应将工作 i 与终点节点 n 用虚箭线连接,并取其时距为 $FTF_{i,n}=0$,然后重新计算工作 i 的总时差。

6. 工作自由时差的计算

搭接网络计划工作 i 的自由时差 FF_i 的计算同第 3.3 节单代号网络计划,即按式(3-38)、式(3-39)计算。

7. 工作最迟时间的计算

(1) 搭接网络计划工作 i 的最迟完成时间 LF_i 的计算同第 3.3 节单代号网络计划,即按式(3-40)计算。

(2) 搭接网络计划工作 i 的最迟开始时间 LS_i 的计算同第 3.3 节单代号网络计划,即按式(3-41)计算。

8. 关键工作和关键线路的确定

确定方法同第 3.3 节单代号网络计划。

《工程网络计划技术规程》(JGJ/T 121—2015)规定如下：

5.5.1 总时差最小的工作应确定为关键工作。

5.5.2 自始至终全部由关键工作组成且关键工作间的间隔时间为零的线路或总持续时间最长的线路确定为关键线路，并宜用粗线、双线或彩色线标注。

例 3-9 计算图 3-51 所示单代号搭接网络计划的时间参数，并找出关键线路。

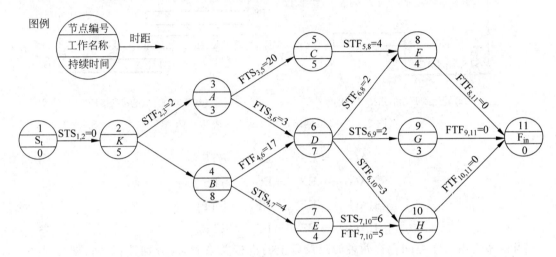

图 3-51 某单代号搭接网络计划

解 （1）工作最早时间的计算

按照式(3-50)～式(3-56)，从起点节点开始依次计算各工作的最早时间：

虚拟的起点节点：$ES_1=0$，$EF_1=ES_1+D_1=(0+0)d=0d$

K 工作：$ES_2=ES_1+STS_{1,2}=(0+0)d=0d$，$EF_2=ES_2+D_2=(0+5)d=5d$

A 工作：$EF_3=ES_2+STF_{2,3}=(0+2)d=2d$，$ES_3=EF_3-D_3=(2-3)d=-1d$

因按时距计算 ES_3 为负值，故应将 A 工作与起点节点连接，确定时距 $STS=0$。则 A 工作就出现有两项紧前工作，则计算 ES 值应取最大值，故

$$ES_3=\max\{0d,-1d\}=0,EF_3=ES_3+D_3=(0+3)d=3d$$

B 工作：$ES_4=EF_2=5d$，$EF_4=ES_4+D_4=(5+8)d=13d$

C 工作：$ES_5=EF_3+FTS_{3,5}=(3+20)d=23d$，$EF_5=ES_5+D_5=(23+5)d=28d$

D 工作：$ES_6=EF_3+FTS_{3,6}=(3+3)d=6d$

$EF_6=EF_4+FTF_{4,6}=(13+17)d=30d$，$ES_6=EF_6-D_6=(30-7)d=23d$

故 $ES_6=\max\{6d,23d\}=23d$，$EF_6=ES_6+D_6=(23+7)d=30d$

E 工作：$ES_7=ES_4+STS_{4,7}=(5+4)d=9d$，$EF_7=ES_7+D_7=(9+4)d=13d$

F 工作：$EF_8=ES_5+STF_{5,8}=(23+4)d=27d$

$EF_8=ES_6+STF_{6,8}=(23+2)d=25d$

故 $EF_8=\max\{27d,25d\}=27d$，$ES_8=EF_8-D_8=(27-4)d=23d$

G 工作：$ES_9 = ES_6 + STS_{6,9} = (23+2)d = 25d, EF_9 = ES_9 + D_9 = (25+3)d = 28d$

H 工作：$EF_{10} = ES_6 + STF_{6,10} = (23+3)d = 26d$

$ES_{10} = ES_7 + STS_{7,10} = (9+6)d = 15d, EF_{10} = ES_{10} + D_{10} = (15+6)d = 21d$

$EF_{10} = EF_7 + FTF_{7,10} = (13+5)d = 18d$

故 $EF_{10} = \max\{26d, 21d, 18d\} = 26d, ES_{10} = EF_{10} - D_{10} = (26-6)d = 20d$

根据图 3-51 的终点有 F、G、H 三个工作，$EF_8 = 27d, EF_9 = 28d, EF_{10} = 26d$，中间工作 D 的最早完成时间值最大 $EF_6 = 30d$，但未与终点节点相连，故必须将 6 节点与终点节点用虚箭线连接，其时距确定为 FTF=0，故虚拟终点节点的 $ES_{11} = EF_{11} = EF_6 = 30d$。

把以上计算结果标注在图 3-52 所示网络图中。

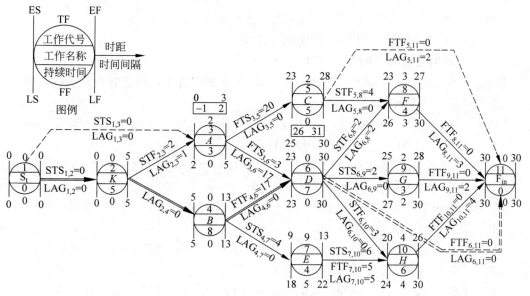

图 3-52 单代号搭接网络计划时间参数计算

(2) 计算工期的确定

$$T_c = EF_{11} = 30d$$

(3) 计划工期的确定

由于本例题未规定要求工期，故 $T_p = T_c = 30d$

(4) 间隔时间的计算

按照式(3-57)~式(3-60)，计算本例中各工作之间的间隔时间：

$LAG_{1,2} = ES_2 - ES_1 - STS_{1,2} = (0-0-0)d = 0d$

$LAG_{1,3} = ES_3 - ES_1 - STS_{1,3} = (0-0-0)d = 0d$

$LAG_{2,3} = EF_3 - ES_2 - STF_{2,3} = (3-0-2)d = 1d$

$LAG_{2,4} = ES_4 - EF_2 = (5-5)d = 0d$

$LAG_{3,5} = ES_5 - EF_3 - FTS_{3,5} = (23-3-20)d = 0d$

$LAG_{3,6} = ES_6 - EF_3 - FTS_{3,6} = (23-3-3)d = 17d$

$LAG_{4,6} = EF_6 - EF_4 - FTF_{4,6} = (30-13-17)d = 0d$

$LAG_{4,7} = ES_7 - ES_4 - STS_{4,7} = (9-5-4)d = 0d$

$$LAG_{5,8} = EF_8 - ES_5 - STF_{5,8} = (27-23-4)d = 0d$$
$$LAG_{6,8} = EF_8 - ES_6 - STF_{6,8} = (27-23-2)d = 2d$$
$$LAG_{6,9} = ES_9 - ES_6 - STS_{6,9} = (25-23-2)d = 0d$$
$$LAG_{6,10} = EF_{10} - ES_6 - STF_{6,10} = (26-23-3)d = 0d$$
$$LAG_{6,11} = EF_{11} - EF_6 - FTF_{6,11} = (30-30-0)d = 0d$$
$$LAG_{7,10} = \min\{ES_{10} - ES_7 - STS_{7,10}, EF_{10} - EF_7 - FTF_{7,10}\}$$
$$= \min\{20d - 9d - 6d, 26d - 13d - 5d\}$$
$$= 5d$$
$$LAG_{8,11} = EF_{11} - EF_8 - FTF_{8,11} = (30-27-0)d = 3d$$
$$LAG_{9,11} = EF_{11} - EF_9 - FTF_{9,11} = (30-28-0)d = 2d$$
$$LAG_{10,11} = EF_{11} - EF_{10} - FTF_{10,11} = (30-26-0)d = 4d$$

把以上计算结果标注在图 3-52 所示网络图中。

(5) 工作总时差和最迟时间的计算

按式(3-36)、式(3-37)、式(3-40)、式(3-41)计算本例中各工作的总时差和最迟时间：

$$TF_{11} = T_p - EF_{11} = (30-30)d = 0d$$
$$LF_{11} = EF_{11} + TF_{11} = (30+0)d = 30d, \quad LS_{11} = ES_{11} + TF_{11} = (30+0)d = 30d$$
$$TF_{10} = TF_{11} + LAG_{10,11} = (0+4)d = 4d$$
$$LF_{10} = EF_{10} + TF_{10} = (26+4)d = 30d, \quad LS_{10} = ES_{10} + TF_{10} = (20+4)d = 24d$$
$$TF_9 = TF_{11} + LAG_{9,11} = (0+2)d = 2d$$
$$LF_9 = EF_9 + TF_9 = (28+2)d = 30d, \quad LS_9 = ES_9 + TF_9 = (25+2)d = 27d$$
$$TF_8 = TF_{11} + LAG_{8,11} = (0+3)d = 3d$$
$$LF_8 = EF_8 + TF_8 = (27+3)d = 30d, \quad LS_8 = ES_8 + TF_8 = (23+3)d = 26d$$
$$TF_7 = TF_{10} + LAG_{7,10} = (4+5)d = 9d$$
$$LF_7 = EF_7 + TF_7 = (13+9)d = 22d, \quad LS_7 = ES_7 + TF_7 = (9+9)d = 18d$$
$$TF_6 = \min\{TF_8 + LAG_{6,8}, TF_9 + LAG_{6,9}, TF_{10} + LAG_{6,10}, TF_{11} + LAG_{6,11}\}$$
$$= \min\{3d+2d, 2d+0d, 4d+0d, 0d+0d\}$$
$$= 0d$$
$$LF_6 = EF_6 + TF_6 = (30+0)d = 30d, \quad LS_6 = ES_6 + TF_6 = (23+0)d = 23d$$
$$TF_5 = TF_8 + LAG_{5,8} = (3+0)d = 3d$$
$$LF_5 = EF_5 + TF_5 = (28+3)d = 31d > T_p = 30d，这是不符合逻辑的，应将 5 节点与终点$$
节点用虚箭线连接起来，确定时距为 FTF=0。则有：

$$LAG_{5,11} = EF_{11} - EF_5 - FTF_{5,11} = 30d - 28d - 0d = 2d$$
$$TF_5 = \min\{TF_8 + LAG_{5,8}, TF_{11} + LAG_{5,11}\} = \min\{3d+0d, 0d+2d\} = 2d$$
$$LF_5 = EF_5 + TF_5 = (28+2)d = 30d, \quad LS_5 = ES_5 + TF_5 = (23+2)d = 25d$$
$$TF_4 = \min\{TF_6 + LAG_{4,6}, TF_7 + LAG_{4,7}\} = \min\{0d+0d, 9d+0d\} = 0d$$
$$LF_4 = EF_4 + TF_4 = 13d + 0d = 13d, \quad LS_4 = ES_4 + TF_4 = (5+0)d = 5d$$
$$TF_3 = \min\{TF_5 + LAG_{3,5}, TF_6 + LAG_{3,6}\} = \min\{2d+0d, 0d+17d\} = 2d$$
$$LF_3 = EF_3 + TF_3 = (3+2)d = 5d, \quad LS_3 = ES_3 + TF_3 = (0+2)d = 2d$$
$$TF_2 = \min\{TF_3 + LAG_{2,3}, TF_4 + LAG_{2,4}\} = \min\{2d+1d, 0d+0d\} = 0d$$

$LF_2 = EF_2 + TF_2 = (5+0)d = 5d,$ $\qquad LS_2 = ES_2 + TF_2 = (0+0)d = 0d$

$TF_1 = \min\{TF_2 + LAG_{1,2}, TF_3 + LAG_{1,3}\} = \min\{0d+0d, 2d+0d\} = 0d$

$LF_1 = EF_1 + TF_1 = (0+0)d = 0d,$ $\qquad LS_1 = ES_1 + TF_1 = (0+0)d = 0d$

把以上计算结果标注在图 3-52 所示网络图中。

(6) 工作自由时差的计算

按式(3-38)、式(3-39)计算本例中各工作的自由时差：

$FF_{11} = T_p - EF_{11} = (30-30)d = 0d$

$FF_{10} = LAG_{10,11} = 4d,$ $\qquad FF_9 = LAG_{9,11} = 2d$

$FF_8 = LAG_{8,11} = 3d,$ $\qquad FF_7 = LAG_{7,10} = 5d$

$FF_6 = \min\{LAG_{6,8}, LAG_{6,9}, LAG_{6,10}, LAG_{6,11}\} = \min\{2d, 0d, 0d, 0d\} = 0d$

$FF_5 = \min\{LAG_{5,8}, LAG_{5,11}\} = \min\{0d, 2d\} = 0d$

$FF_4 = \min\{LAG_{4,6}, LAG_{4,7}\} = \min\{0d, 0d\} = 0d$

$FF_3 = \min\{LAG_{3,5}, LAG_{3,6}\} = \min\{0d, 17d\} = 0d$

$FF_2 = \min\{LAG_{2,3}, LAG_{2,4}\} = \min\{1d, 0d\} = 0d$

$FF_1 = \min\{LAG_{1,2}, LAG_{1,3}\} = \min\{0d, 0d\} = 0d$

把以上计算结果标注在图 3-52 所示网络图中。

(7) 关键工作和关键线路的确定

关键线路为：1→2→4→6→11，并用双箭线标出关键线路。

关键工作是 S_t、K、B、D、F_{in}，其总时差均为零。

3.6 网络计划优化

经过调查研究、分析、计算等步骤可以确定网络计划的初始方案,但此初始方案只是一种可行方案,不一定是比较合理或最优的方案。要使计划如期实施,获得更佳的经济效果,就需要对初始网络计划进一步优化。

网络计划优化,应在满足既定约束条件下,按选定目标(包括工期目标、费用目标和资源目标),通过不断检查,调整初始方案,从而寻求最优网络计划方案的过程。

网络计划优化的内容包括工期优化、工期-费用优化和资源优化。

《工程网络计划技术规程》(JGJ/T 121—2015)：

6.1.1 网络计划的优化目标应包括工期目标、费用目标和资源目标。优化目标应按计划项目的需要和条件选定。

6.1.2 网络计划的优化应按选定目标,在满足既定约束条件下,通过不断改进网络计划,寻求满意方案。

6.1.3 编制完成的网络计划应满足预定的目标要求,否则应做出调整。当经多次修改方案和调整计划均不能达到预定目标时,对预定目标应重新审定。

6.1.4 网络计划的优化不得影响工程的质量和安全。

6.2.1 当计算工期超过要求工期时,可通过压缩关键工作的持续时间来满足工期要求。

6.2.3 选择缩短持续时间的关键工作,应优先考虑有作业空间、充足备用资源和增加费用最小的工作。

3.6.1 工期优化

工期优化是指在给定约束条件下,按合同工期目标,通过延长或缩短计算工期以达到合同工期的要求。

工期优化的条件是:各种资源(包括劳动力、材料、机械等)充足,只考虑时间问题。

一般情况下,计算工期小于要求工期时,施工单位有能力完成计划,且对工程无不利影响,一般无须调整,否则应对计划进行优化调整,需将关键工作持续时间延长(通常采用减少劳动力等资源需用量的方法),重新计算各工作的时间参数,反复进行,直至满足工期目标。

这里主要介绍当计算工期大于要求工期时,如何调整计划,缩短工期,以满足工期目标。

1. 工期优化步骤

(1) 计算并找出初始网络计划的关键线路、关键工作及计算工期。
(2) 计算按要求工期应缩短的时间 ΔT:

$$\Delta T = T_c - T_r \tag{3-61}$$

(3) 确定各关键工作能够缩短的持续时间。
(4) 在关键线路上,按下列因素选择应优先压缩其持续时间的关键工作:
① 缩短持续时间后对质量和安全影响不大的工作;
② 有作业空间、有充足备用资源的工作;
③ 缩短持续时间所需增加费用最少的工作;
④ 选择为多条关键线路共有的关键工作。
(5) 缩短应优先压缩的关键工作的持续时间,并重新计算网络计划的计算工期。
(6) 当计算工期仍超过要求工期时,重复以上步骤,直到满足工期要求或工期已不能再缩短为止。
(7) 当所有关键工作的持续时间都已达到最短持续时间而工期仍不能满足要求时,应对计划的原技术、组织方案进行调整,如通过利用已有作业面或施工段实现工作的合理穿插、平行及立体交叉作业,从而缩短工期。
(8) 如果仍不能达到工期要求,则应对要求工期重新审定,必要时可提出改变要求工期。

2. 压缩网络计划工期时应注意的问题

(1) 在压缩网络计划工期的过程中,当出现多条关键线路时,必须将各条关键线路的持续时间同时缩短同一数值,否则不能达到缩短工期的目的。
(2) 在压缩关键工作的持续时间时,不能将关键工作缩短成非关键工作。
(3) 在压缩关键工作的持续时间时,必须注意由于关键线路长度的缩短,非关键线路有可能成为关键线路,因此有时只有同时缩短非关键线路上有关工作的持续时间,才能达到缩短工期的要求。

例 3-10 已知双代号网络计划如图 3-53 所示,图中箭线下方括号外数字为正常持续时间,括号内数字为最短持续时间;箭线上方括号内数字为考虑各种因素后的优选系数,优选系数越小越应优先选择,若同时缩短多个关键工作,则多个关键工作的优选系数之和(称为组合优选系数)最小者亦应优先选择。假定要求工期为 100d,试进行工期优化。

解 (1)用标号法求出在正常持续时间下的关键线路及计算工期,如图 3-54 所示。

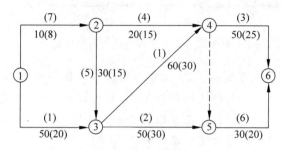

图 3-53 初始网络计划

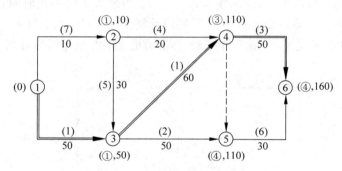

图 3-54 找出关键线路及工期

(2)应缩短的时间为:
$$\Delta T = T_c - T_r = (160 - 100)d = 60d$$

(3)应优先压缩关键线路中优选系数最小的工作 1—3 和工作 3—4,并将其压缩至最短持续时间。用标号法找出关键线路,如图 3-55 所示。此时,工作 1—3 压缩至非关键工作,故须将其松弛,使之成为关键工作,如图 3-56 所示。

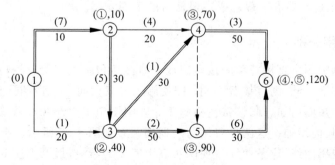

图 3-55 第 1 次调整后的网络计划

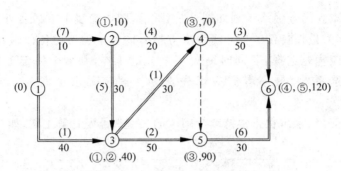

图 3-56 第 2 次调整后的网络计划

(4) 由于计算工期仍大于要求工期,故需继续压缩。如图 3-56 所示,有 4 个压缩方案:
① 压缩工作 1—2、1—3,组合优选系数为 7+1=8;
② 压缩工作 2—3、1—3,组合优选系数为 5+1=6;
③ 压缩工作 3—5、4—6,组合优选系数为 2+3=5;
④ 压缩工作 4—6、5—6,组合优选系数为 3+6=9。

决定压缩优选系数最小者,即工作 3—5、4—6。用最短工作持续时间置换工作 3—5 正常持续时间,工作 4—6 缩短 20d,重新计算网络计划工期,如图 3-57 所示。

工期达到 100d,满足要求工期,图 3-57 便是满足工期要求的网络计划。

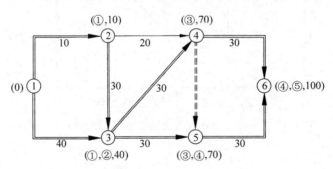

图 3-57 优化后的网络计划

3.6.2 工期-费用优化

工期-费用优化是指寻求工程总成本最低时的工期安排。

1. 工期与费用关系

工程施工的总费用由直接费和间接费组成。直接费包括人工费、材料费、机械使用费及措施费等。施工方案不同,则直接费不同;即使施工方案相同,工期不同,直接费也不同,直接费一般随工期缩短而增加。间接费包括施工企业组织施工生产和经营管理所需的全部费用,一般随工期延长而增加。这两种费用与工期的关系如图 3-58 所示。把两种费用曲线叠加起来就形成总费用曲线,这条曲线呈现两头高中间低的特点,最低点所对应的工期 T_0,即为成本最低的最佳工期,称之为最优工期。

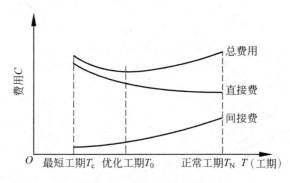

图 3-58　工期-费用曲线

一项工程的直接费用由各工作的直接费用累加而成,而工作持续时间不同,费用也不同。关键工作的持续时间决定了工程的工期,因此进度计划将因关键工作采用不同的持续时间而形成许多费用不同的方案。费用优化的任务是要找到总费用最低的方案。

根据各工作的性质不同,工作持续时间与费用关系有两种类型,一种是连续型变化关系,另一种是非连续型变化关系。

(1) 连续型变化关系

有些工作的直接费用随持续时间的变化而连续变化,这种关系被称为连续型变化关系,如图 3-59 所示。多数人工施工方案属于这种情况,为计算方便,在优化中常用直线来取代曲线。通常把工作持续时间每缩短单位时间而增加的直接费称为直接费用率。直接费用率按如下公式计算:

$$\Delta C'_{i-j} = \frac{\mathrm{CC}_{i-j} - \mathrm{CN}_{i-j}}{\mathrm{DN}_{i-j} - \mathrm{DC}_{i-j}} \tag{3-62}$$

式中:$\Delta C'_{i-j}$——工作 $i—j$ 的直接费用率;

CC_{i-j}——工作 $i—j$ 的持续时间缩短为最短持续时间后,完成该工作所需的直接费用;

CN_{i-j}——在正常条件下,完成工作 $i—j$ 所需的直接费用;

DN_{i-j}——工作 $i—j$ 的正常持续时间;

DC_{i-j}——工作 $i—j$ 的最短持续时间。

(2) 非连续型变化关系

直接费用和工作持续时间不连续的变化关系称为非连续型变化关系,如图 3-60 所示,图中几个离散的点每一个点对应一个方案,多数机械化施工属于这种情况。

例如,某土方开挖工程,采用 3 种不同的开挖机械,其费用和持续时间见表 3-6。因此,在确定施工方案时,根据工期要求,只能在表 3-6 中的 3 种不同机械中选择,在图中也就是只能取其中 3 点中的 1 点。

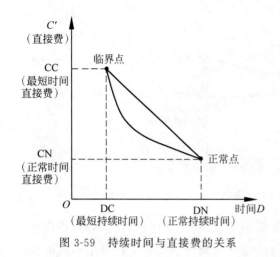

图 3-59 持续时间与直接费的关系

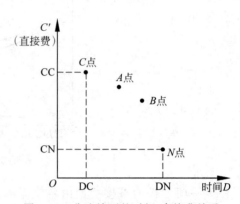

图 3-60 非连续型的时间-直接费关系

表 3-6 时间及费用表

机械类型	A	B	C
持续时间/d	8	12	15
费用/万元	7200	6100	4800

2. 工期-费用优化的步骤

（1）按工作的正常持续时间计算工期，找出关键工作及关键线路。

（2）计算各项工作的直接费用率。

（3）在网络计划中找出直接费用率（或组合费用率）最低的一项关键工作或一组关键工作，作为缩短持续时间的对象。

（4）缩短找出的一项关键工作或一组关键工作的持续时间，其缩短值必须符合不能压缩成非关键工作和缩短后其持续时间不小于最短持续时间的原则。

（5）计算相应增加的直接费用。

（6）考虑工期变化带来的间接费及其他损益，在此基础上计算工程总费用。

（7）重复步骤（3）～（6），一直计算到工程总费用最低为止。

（8）对于选定的一个工作或一组工作，比较其直接费用率或组合直接费用率与间接费用率的大小。直接费用率或组合直接费用率如果小于间接费用率则继续压缩，如果大于间接费用率则此前小于间接费用率的方案即为最优方案。

3. 工期-费用优化实例

例 3-11 已知网络计划如图 3-61 所示，图中箭线上方括号外数字为工作的正常费用，括号内数字为最短时间的费用（以千元为单位），箭线下方括号外数字为工作的正常持续时间，括号内数字为最短的持续时间（以 d 为单位）。试对其进行工期-费用优化（已知间接费用率为 120 元/d）。

解 （1）简化网络图

简化网络图的目的是在缩短工期过程中，删去那些不能变成关键工作的非关键工作，使网络图及其计算简化。

首先按持续时间计算,找出关键线路及关键工作,如图 3-62 所示。关键线路为 1—3—4—6,关键工作为 1—3、3—4、4—6。用最短的持续时间置换那些关键工作的正常持续时间,重新计算,找出关键线路及关键工作。重复本步骤,直至不能增加新的关键线路为止。

经计算,图 3-62 中的工作 2—4 不能转变为关键工作,故删去,重新整理成新的网络计划,如图 3-63 所示。

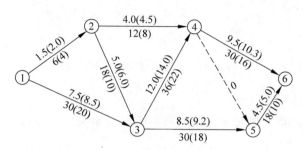

图 3-61 初始网络计划

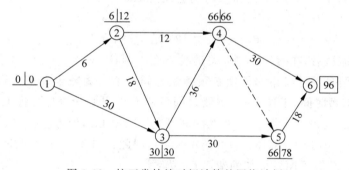

图 3-62 按正常持续时间计算的网络计划

(2) 计算各工作费用率

$$\Delta C'_{1-2} = \frac{CC_{1-2} - CN_{1-2}}{DN_{1-2} - DC_{1-2}} = \left(\frac{2000 - 1500}{6 - 4}\right) 元/d = 250 元/d$$

其他工作费用率同理均按式(3-62)计算,将计算结果标注在图 3-63 中的箭线上方(以元/d 为单位)。

(3) 找出关键线路上工作费用率最低的关键工作

在图 3-64 中,关键线路为 1—3—4—6,工作费用率最低的关键工作是 4—6。

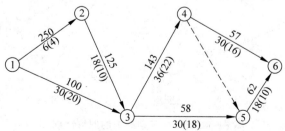

图 3-63 新的网络计划

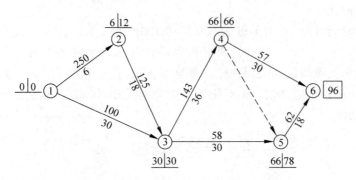

图 3-64　按新的网络计划确定关键线路

(4) 缩短工作的持续时间

缩短工作持续时间的原则是原关键线路不能变为非关键线路,且工作缩短后的持续时间不小于最短持续时间。

已知关键工作 4—6 的持续时间可缩短 14d,由于工作 5—6 的总时差只有 12d,因此,第一次缩短只能是 12d,工作 4—6 的持续时间应改为 18d,见图 3-65。计算第一次缩短工期后增加费用 C_1 为:

$$C_1 = (57 \times 12) \text{元} = 684 \text{元}$$

通过第一次缩短后,在图 3-65 中,关键线路变成两条,即 1—3—4—6 和 1—3—4—5—6。若继续缩短,两条关键线路的长度必须缩短为同一值。为减少计算次数,关键工作 1—3、4—6、5—6 都缩短时间,工作 4—6 持续时间只能允许再缩短 2d,故将工作 4—6 和 5—6 的持续时间同时缩短 2d。工作 1—3 持续时间可允许缩短 10d,但考虑工作 1—2 和 2—3 的总时差有 6d((12−0−6)d=6d 或 (30−18−6)d=6d),因此工作 1—3 持续时间缩短 6d,共计缩短 8d,计算第二次缩短工期后增加的费用 C_2 为:

$$C_2 = C_1 + 100 \text{元}/\text{d} \times 6\text{d} + (57 \text{元}/\text{d} + 62 \text{元}/\text{d}) \times 2\text{d} = (684 + 600 + 238) \text{元} = 1522 \text{元}$$

如图 3-66 所示,工作 4—6 不能再压缩,工作费用率用 ∞ 表示,关键工作 3—4 的持续时间缩短 6d,因工作 3—5 的总时差为 6d((60−30−24)d=6d),计算第三次缩短工期后,增加的费用 C_3 为:

$$C_3 = C_2 + 143 \text{元}/\text{d} \times 6\text{d} = (1522 + 858) \text{元} = 2380 \text{元}$$

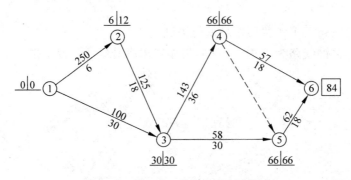

图 3-65　第一次工期缩短的网络计划

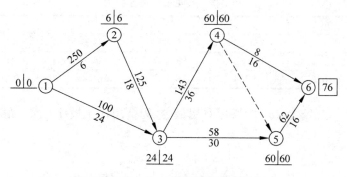

图 3-66 第二次工期缩短的网络计划

如图 3-67 所示,因为工作 3—4 最短的持续时间为 22d,所以工作 3—4 和 3—5 的持续时间可同时缩短 8d,则第四次缩短工期后增加的费用 C_4 为:

$$C_4 = C_3 + (143 元/d + 58 元/d) \times 8d = (2380 + 201 \times 8) 元 = 3988 元$$

如图 3-68 所示,关键线路有 4 条,只能在关键工作 1—2、1—3、2—3 中选择,只有缩短工作 1—3 和 2—3 持续时间 4d。工作 1—3 的持续时间已达到最短,不能再缩短,经过五次缩短工期,不能再减少了,第五次缩短工期后共增加费用 C_5 为:

$$C_5 = C_4 + (125 元/d + 100 元/d) \times 4d = (3988 + 900) 元 = 4888 元$$

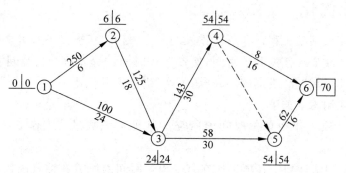

图 3-67 第三次工期缩短的网络计划

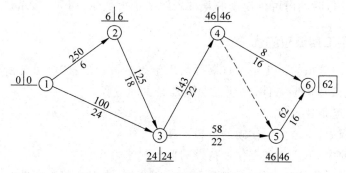

图 3-68 第四次工期缩短的网络计划

考虑不同工期增加直接费用及间接费用的影响,见表 3-7,选择其中费用最低的工期作为优化的最佳方案。

表 3-7 不同工期组合费用   元

不同工期/d	96	84	76	70	62	58
增加直接费用	0	684	1522	2380	3988	4888
间接费用	11 520	10 080	9120	8400	7440	6960
合计费用	11 520	10 764	10 642	10 780	11 428	11 848

从表 3-7 中看，工期为 76d 时增加费用最少，为费用优化最佳方案，如图 3-69 所示。

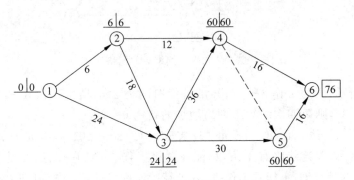

图 3-69 费用最低的网络计划

3.6.3 资源优化

资源是指为完成某项工程任务所需投入的人力、材料、机械设备和资金等的统称。资源优化的目的是通过改变工作的开始时间，使资源按时间的分布符合优化目标。网络计划宜按"资源有限，工期最短"和"工期固定，资源均衡"进行资源优化。

资源优化中常用术语如下：

资源强度：一项工作在单位时间内所需的某种资源数量。工作 i—j 的资源强度用 r_{i-j} 表示。

资源需用量：网络计划中各项工作在某一单位时间内所需某种资源数量之和。第 t 天资源需用量用 R_t 表示。

资源限量：单位时间内可供使用的某种资源的最大数量，用 R_a 表示。

1. 资源有限-工期最短的优化

资源有限-工期最短的优化是当日资源需用量超过资源限量时，通过移动工作削去资源需求高峰，以满足资源限制条件，并使工期拖延最少的过程。

1) 优化的前提条件

(1) 优化过程中，不改变工作间的逻辑关系。

(2) 优化过程中，不改变各工作的持续时间。

(3) 除规定可中断的工作外，一般不允许中断工作，应保持其连续性。

(4) 假定网络计划中各项工作的资源强度为常数，即资源均衡，而且是合理的。

2) 优化步骤

(1) 计算网络计划各个时段的资源需用量。

(2) 从计划开始日期起,逐个检查各个时段资源需用量 R_t 是否超过资源限量 R_a,当计划工期内各个时段的资源需用量均能满足资源限量的要求,即 $R_t \leqslant R_a$ 时,网络计划优化即完成。若发现 $R_t > R_a$,则必须对计划进行调整。

(3) 分析超过资源限量的时段,按式(3-63)计算工期增量,确定新的安排顺序。顺序安排的选择标准是工期延长时间最短。

如果在资源超限时段有两项平行作业的工作 $i-j$ 和工作 $m-n$,为降低资源需用量,现将工作 $i-j$ 安排在工作 $m-n$ 之后进行,如图 3-70 所示,则工期延长值为:

$$\Delta T_{m-n,i-j} = \mathrm{EF}_{m-n} + D_{i-j} - \mathrm{LF}_{i-j} = \mathrm{EF}_{m-n} - (\mathrm{LF}_{i-j} - D_{i-j}) = \mathrm{EF}_{m-n} - \mathrm{LS}_{i-j}$$

即:

$$\Delta T_{m-n,i-j} = \mathrm{EF}_{m-n} - \mathrm{LS}_{i-j} \tag{3-63}$$

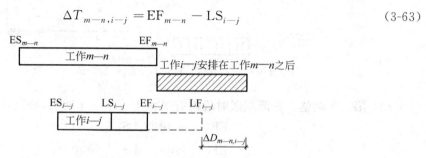

图 3-70 工作 $i-j$ 与工作 $m-n$ 的排序

如果在该时段内有几项工作平行作业,对平行作业的工作进行两两排序,即可得出若干个 $\Delta T_{m-n,i-j}$,选择其中最小的 $\Delta T_{m-n,i-j}$,将相应的工作 $i-j$ 安排在工作 $m-n$ 之后进行,既可降低该时段的资源需用量,又使网络计划的工期延长最短。

$$\Delta T_{m'-n',i'-j'} = \min\{\Delta T_{m-n,i-j}\} \tag{3-64}$$

式中:$\Delta T_{m-n,i-j}$——在超过资源限量的时段中,工作 $i-j$ 安排在工作 $m-n$ 之后进行,工期所延长的时间;

$\Delta T_{m'-n',i'-j'}$——在各种安排顺序中,工期延长最小值。

(4) 绘制调整后的网络计划,重复以上步骤,直到满足要求。

例 3-12 已知网络计划如图 3-71 所示。图中箭线上方为工作资源强度,箭线下方为持续时间,若资源限量为 $R_a = 12$,试对其进行资源有限-工期最短的优化。

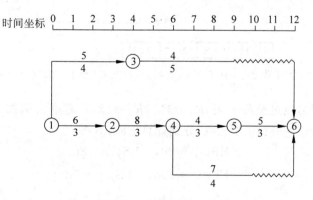

图 3-71 初始网络计划

解 (1) 计算每日资源需用量,如图 3-72 所示。至第 4 天,$R_4=13>R_a=12$,故需进行调整。

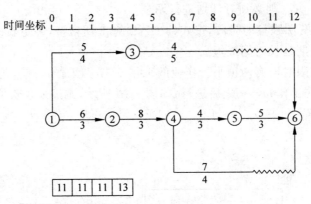

图 3-72 计算 R_t 至第 4 天 $R_4=13>R_a=12$ 为止

(2) 第一次调整。资源超限时段内有工作 1—3、2—4 两项,分别计算 EF、LS 得:

$$EF_{1-3}=4d, \quad LS_{1-3}=3d$$
$$EF_{2-4}=6d, \quad LS_{2-4}=3d$$

方案一:工作 1—3 移 2—4 后

$$\Delta T_{2-4,1-3}=EF_{2-4}-LS_{1-3}=(6-3)d=3d$$

方案二:工作 2—4 移 1—3 后

$$\Delta T_{1-3,2-4}=EF_{1-3}-LS_{2-4}=(4-3)d=1d$$

(3) 决定先考虑工期增加量较小的第二方案,绘出其网络计划,如图 3-73 所示。

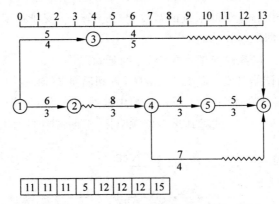

图 3-73 将工作 2—4 移于 1—3 之后,并检查 R_t 至第 8 天 $R_8=15>R_a=12$

(4) 计算资源需用量至第 8 天,$R_8=15>R_a=12$,故需进行第二次调整。资源超限时段内的工作有 3—6、4—5、4—6 三项,分别计算 EF、LS 得:

$$EF_{3-6}=9d, \quad LS_{3-6}=8d$$
$$EF_{4-5}=10d, \quad LS_{4-5}=7d$$
$$EF_{4-6}=11d, \quad LS_{4-6}=9d$$

根据式(3-64),确定 $\Delta T_{m-n,i-j}$ 最小值,只需找到 $\min\{EF_{m-n}\}$ 和 $\max\{LS_{i-j}\}$,即为

最佳方案。由上面计算结果可知，$\min\{EF_{m-n}\}$ 为工作 3—6，$\max\{LS_{i-j}\}$ 为工作 4—6，则选择工作 4—6 安排在工作 3—6 之后进行，工期增加最少：

$$\Delta T_{3-6,4-6} = EF_{3-6} - LS_{4-6} = (9-9)d = 0d$$

此时工期没有增加，仍为 13d，再计算每天资源需用量，均能满足要求，图 3-74 所示的网络计划即为优化后网络计划。

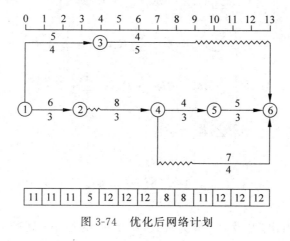

图 3-74 优化后网络计划

2. 工期固定-资源均衡的优化

工期固定-资源均衡的优化是在保持工期不变的条件下，调整计划安排，使资源需用量尽可能均衡的过程。尽量避免出现资源需求的高峰和低谷，从而有利于工地建设的组织与管理。

工期固定-资源均衡的优化方法有多种，如方差值最小法、极差值最小法、削高峰法等，这里仅介绍方差值最小的优化方法。

1) 资源均衡的指标

（1）不均衡系数 K

$$K = \frac{R_{\max}}{R_{\mathrm{m}}} \tag{3-65}$$

式中：$R_{\max}$——最大的资源需用量；

R_{m}——资源需用量的平均值。

$$R_{\mathrm{m}} = \frac{1}{T}(R_1 + R_2 + R_3 + \cdots + R_t) = \frac{1}{T}\sum_{t=1}^{T} R_t \tag{3-66}$$

K 值越接近于 1，资源均衡性越好，K 一般要求不大于 2，$K < 1.5$ 最好。

（2）方差值 σ^2

方差值 σ^2 为每天计划需用量与每天平均需用量之差的平方和的平均值，即：

$$\sigma^2 = \frac{1}{T}\sum_{t=1}^{T}(R_t - R_{\mathrm{m}})^2 \tag{3-67}$$

σ^2 值越小，资源均衡性越好。

2) 方差值最小法优化的基本原理

利用网络计划初始方案，计算网络计划的自由时差，通过调整非关键工作的开始时间，改变日资源需用量,达到削峰填谷降低方差的目的,从而达到资源均衡的目的。

将式(3-67)展开:

$$\sigma^2 = \frac{1}{T}\sum_{t=1}^{T}(R_t - R_m)^2$$

$$= \frac{1}{T}\sum_{t=1}^{T}(R_t^2 - 2R_tR_m + R_m^2)$$

$$= \frac{1}{T}\sum_{t=1}^{T}R_t^2 - 2\frac{1}{T}\sum_{t=1}^{T}R_tR_m + \frac{1}{T}\sum_{t=1}^{T}R_m^2$$

$$= \frac{1}{T}\sum_{t=1}^{T}R_t^2 - 2R_m \cdot R_m + \frac{1}{T} \cdot T \cdot R_m^2$$

$$= \frac{1}{T}\sum_{t=1}^{T}R_t^2 - R_m^2$$

则:

$$\sigma^2 = \frac{1}{T}\sum_{t=1}^{T}R_t^2 - R_m^2 \tag{3-68}$$

由式(3-68)可以看出,T 及 R_m 皆为常数,欲使 σ^2 为最小,只需 $\sum_{t=1}^{T}R_t^2$ 为最小值,即下式最小

$$W = \sum_{t=1}^{T}R_t^2 = R_1^2 + R_2^2 + \cdots + R_T^2$$

假设工作 i,j 第 m 天开始,第 n 天结束,日资源需用量为 $r_{i,j}$。将工作 i,j 右移 1d,则该计划第 m 天的资源需用量 R_m 将减少 $r_{i,j}$,第 $n+1$ 天资源需用量 R_{n+1} 将增加 $r_{i,j}$。这时,W 值的变化量(与移动前的差值)为:

$$\Delta W = [(R_m - r_{i,j})^2 + (R_{n+1} + r_{i,j})^2] - [R_m^2 + R_{n+1}^2]$$

$$= 2r_{i,j}(R_{n+1} - R_m + r_{i,j})$$

显然,$\Delta W < 0$ 时,表示 σ^2 减小,即:

$$R_{n+1} + r_{i,j} \leqslant R_m \tag{3-69}$$

则调整有效,工作 i,j 可向右移动 1d。

若 $\Delta W > 0$ 时,表示 σ^2 增加,不能向右移 1d,此时,还要考虑右移多天(在总时差允许的范围内),计算各天 ΔW 的累计值 $\sum \Delta W$,如果 $\sum \Delta W \leqslant 0$,即:

$$(R_{n+1} + r_{i,j}) + (R_{n+2} + r_{i,j}) + \cdots \leqslant R_m + R_{m+1} + \cdots \tag{3-70}$$

则将工作右移至该天。

3) 优化步骤

(1) 按最早时间绘制时标网络计划,标明关键线路,判别非关键工作的时差。

(2) 计算日资源需用量,绘制资源动态曲线。

(3) 调整顺序。

调整宜自网络计划终点节点开始,按工作的完成节点的编号值从大到小顺序进行调整。对有同一个完成节点的多项工作,则先调整开始时间较迟的工作。每次右移 1d,判定其有效性,直至不能右移为止。如此进行直到起点节点,第一次调整结束。

(4) 按上述方法进行第二次、第三次调整,直至所有工作的位置都不能再右移为止。

例 3-13 已知某网络计划如图 3-75 所示,箭线上方数字为资源强度,箭线下方数字为持续时间,试对该网络计划进行工期固定-资源均衡的优化。

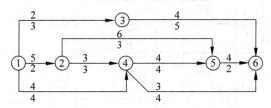

图 3-75 初始网络计划

解 1) 绘制网络计划时标图

计算日资源需用量,绘制资源需用量动态曲线,如图 3-76 所示。

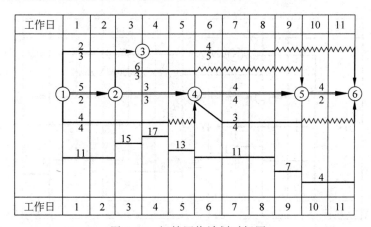

图 3-76 初始网络计划时标图

2) 对初始网络计划调整

(1) 从终点节点开始,逆着箭线进行。以终点节点 6 为完成节点的工作有 3—6、4—6、5—6,而工作 5—6 为关键工作,因而调整工作 3—6、4—6,又因工作 4—6 的开始时间较工作 3—6 为迟,先调整工作 4—6。

将工作 4—6 右移 1d,则 $R_{10}+r_{4,6}=4+3=7<R_6=11$,可右移;

将工作 4—6 再右移 1d,则 $R_{11}+r_{4,6}=4+3=7<R_7=11$,可右移;

故工作 4—6 可右移 2d,工作 4—6 调整后的时标图如图 3-77 所示。

(2) 调整工作 3—6。

将工作 3—6 右移 1d,则 $R_9+r_{3,6}=7+4=11<R_4=17$,可右移;

将工作 3—6 再右移 1d,则 $R_{10}+r_{3,6}=7+4=11<R_5=13$,可右移;

将工作 3—6 再右移 1d,则 $R_{11}+r_{3,6}=7+4=11>R_6=8$,不可右移;

故工作 3—6 可右移 2d,工作 3—6 调整后的时标图如图 3-78 所示。

(3) 以节点 5 为完成节点的工作有 2—5、4—5,而工作 4—5 为关键工作,只能调整工作 2—5。

将工作 2—5 右移 1d,则 $R_6+r_{2,5}=8+6=14<R_3=15$,可右移;

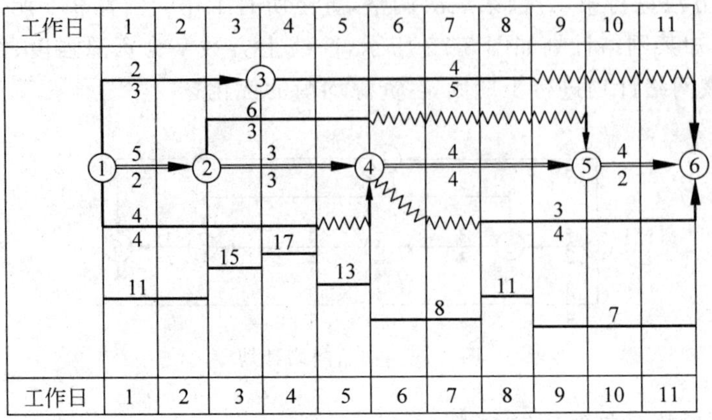

图 3-77 工作 4—6 调整后的时标图

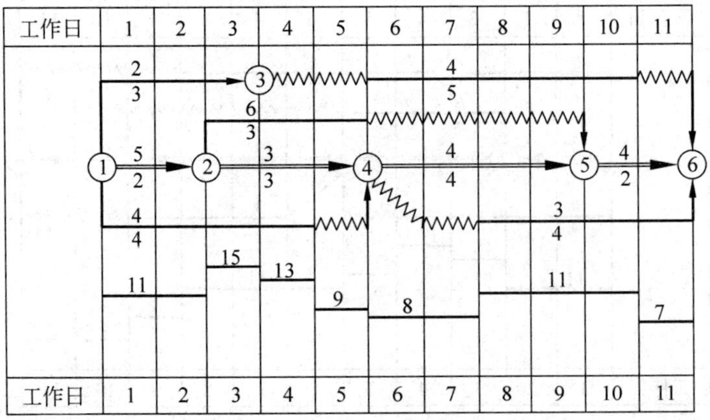

图 3-78 工作 3—6 调整后的时标图

将工作 2—5 再右移 1d,则 $R_7+r_{2,5}=8+6=14>R_4=13$,不可右移;
将工作 2—5 再右移 1d,则 $R_8+r_{2,5}=11+6=17>R_5=9$,不可右移;
将工作 2—5 再右移 1d,则 $R_9+r_{2,5}=11+6=17>R_6=8+6=14$,不可右移;
故工作 2—5 可右移 1d,工作 2—5 调整后的时标图如图 3-79 所示。

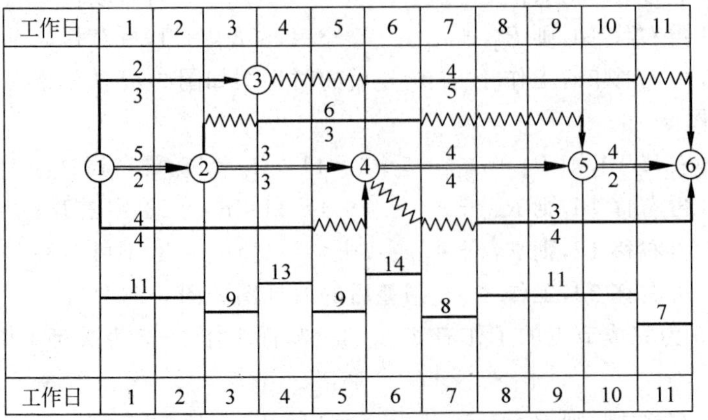

图 3-79 工作 2—5 调整后的时标图

(4) 以节点 4 为完成节点的工作有 1—4、2—4,而工作 2—4 为关键工作,只能调整工作 1—4。

将工作 1—4 右移 1d,则 $R_5 + r_{1,4} = 9 + 4 = 13 > R_1 = 11$,不可右移;

故工作 1—4 不可右移。

(5) 分别对以节点 3、2 为完成节点的工作进行调整,可以看出,都不能右移,则第一遍调整完毕。

(6) 同理进行第二遍调整。

工作 3—6 可右移 1d,其他工作均不可再移动,故优化完毕,如图 3-80 所示。

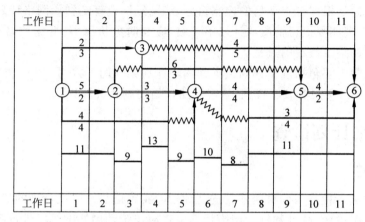

图 3-80 优化后的网络计划

3) 比较优化前后网络计划的不均衡系数

(1) 计算初始网络计划的不均衡系数:

$$R_m = \frac{11 \times 5 + 15 + 17 + 13 + 7 + 4 \times 2}{11} = 10.45$$

$$K = \frac{R_{max}}{R_m} = \frac{17}{10.45} = 1.63 > 1.5$$

(2) 计算优化后网络计划的不均衡系数:

$$R_m = \frac{11 \times 6 + 9 \times 2 + 13 + 10 + 8}{11} = 10.45$$

$$K = \frac{R_{max}}{R_m} = \frac{13}{10.45} = 1.24 < 1.5$$

(3) 不均衡系数降低率为:

$$\frac{1.63 - 1.24}{1.63} \times 100\% = 23.93\%$$

4) 比较优化前后的方差值

(1) 根据图 3-76,初始方案的方差值由式(3-68)得:

$$\sigma^2 = \frac{1}{11}(11^2 \times 5 + 15^2 + 17^2 + 13^2 + 7^2 + 4^2 \times 2) - 10.45^2 = 15.25$$

(2) 根据图 3-80,优化方案的方差值由式(3-68)得:

$$\sigma^2 = \frac{1}{11}(11^2 \times 6 + 9^2 \times 2 + 13^2 + 10^2 + 8^2) - 10.45^2 = 1.80$$

(3) 方差降低率为：

$$\frac{15.25 - 1.80}{15.25} \times 100\% = 88.20\%$$

3.7 网络计划控制

网络计划控制是根据工程项目的控制目标,编制经济合理的初始网络计划,并检查项目的执行情况,若发现实际执行情况与计划不一致,应及时分析原因,并采取必要的措施对初始网络计划进行调整或修正的过程。

网络计划控制主要包括网络计划检查和网络计划调整两个方面。

3-7

可扫描二维码 3-7 观看教学视频,学习网路计划控制相关知识。

3.7.1 网络计划检查

1. 一般规定

对网络计划进行检查与调整应依据进度计划的实施记录。进度计划的实施记录包括实际进度图、表,情况说明,统计数据。网络计划检查应按统计周期的规定进行定期检查,还应根据需要进行不定期检查。定期检查周期的长短应根据计划工期的长短和管理的需要由项目经理决定,一般可按天、周、旬、月、季、年等为周期。

当网络计划检查结果与计划发生偏差时,应采取相应措施进行纠偏,使计划得以实现。采取措施仍不能纠偏时,应对网络计划进行调整。调整后应形成新的网络计划,并按新计划执行。

《工程网络计划技术规程》(JGJ/T 121—2015):

7.2.2 网络计划的检查宜包括下列主要内容:

1. 关键工作进度;
2. 非关键工作进度及尚可利用的时差;
3. 关键线路的变化。

7.2.3 对网络计划执行情况的检查结果,应进行下列分析判断:

1. 计划进度与实际进度严重不符时,应对网络计划进行调整;
2. 对时标网络计划,利用已画出的实际进度前锋线,分析计划执行情况及其变化趋势,对未来的进度作出预测判断,找出偏离计划目标的原因。

2. 网络计划的检查方法

网络计划的检查通常采用比较法,即将实际进度与计划进度进行比较。常用的比较方法包括 S 曲线、香蕉曲线、前锋线和列表比较法,这里主要介绍前锋线比较法。

前锋线是指在时标网络计划图上,将检查时刻各项工作的实际进度所达到的前锋点连接而成的折线。前锋线比较法是通过绘制某检查时刻工程项目实际进度前锋线,用前锋线与工作箭线交点位置来判定工程项目实际进度与计划进度的偏差,进而判定该偏差对后续工作及总工期影响程度的一种方法。它主要适用于时标网络计划,前锋线可用特别线型标画,不同检查时刻绘制的相邻前锋线可采用点画线或不同颜色标画。

采用前锋线比较法进行实际进度与计划进度的比较,其步骤如下:

1)绘制时标网络计划图

工程项目实际进度前锋线是在时标网络计划图上标示,为清楚起见,可在时标网络计划图的上方和下方各设一时间坐标。

2)绘制实际进度前锋线

从时标网络计划图上方时间坐标的检查日期开始绘制,依次连接相邻工作的实际进展位置点,最后与时标网络计划图下方坐标的检查日期相连。

一般假设工程项目中各项工作均为匀速进展,根据实际进度检查时刻该工作已完任务量占其计划完成总任务量的比例,在工作箭线上从左至右按相同的比例标定其实际进展位置点。

3)进行实际进度与计划进度的比较

对某项工作来说,其实际进度与计划进度之间的关系可能存在以下三种情况:

(1)工作实际进展位置点落在检查日期的左侧,表明该工作实际进度拖后,拖后的时间为二者之差;

(2)工作实际进展位置点与检查日期重合,表明该工作实际进度与计划进度一致;

(3)工作实际进展位置点落在检查日期的右侧,表明该工作实际进度超前,超前的时间为二者之差。

值得注意的是,以上比较是针对匀速进展的工作。对于非匀速进展的工作,比较方法较复杂,不再赘述。

3.7.2 网络计划调整

在工程项目施工过程中,实际进度与计划进度之间往往会出现偏差。有了偏差,就必须认真分析偏差产生的原因及其对后续工作和总工期的影响,必要时要采取合理、有效的进度计划调整措施,以确保进度总目标的实现。网络计划的调整程序如图 3-81 所示。

图 3-81 网络计划调整程序

1. 分析进度偏差产生的原因

通过比较,发现进度偏差时,必须深入现场进行调查,分析产生进度偏差的原因。影响工程项目进度的问题主要包括:

(1)工程决策阶段可研报告不可靠;

(2)工程建设相关单位之间缺少协调和信息沟通;

(3)物资、设备供应出现问题;

(4)资金不能及时到位;

(5) 设计变更;
(6) 施工阶段现场条件、周围环境的变化;
(7) 对各种风险因素估计不足;
(8) 施工单位自身管理水平低等。

2. 分析进度偏差对后续工作及总工期的影响

通过实际进度与计划进度的比较确定进度偏差后,还可根据工作的自由时差和总时差预测该进度偏差对后续工作及项目总工期的影响,进一步分析和预测工程项目整体进度状况。分析步骤如下:

(1) 分析出现进度偏差的工作是否为关键工作

如果出现进度偏差的工作为关键工作,则无论其偏差有多大,都将对后续工作和总工期产生影响,必须采取相应的调整措施;如果出现偏差的工作是非关键工作,则需要根据进度偏差值与总时差和自由时差的关系作进一步分析。

(2) 分析进度偏差是否超过总时差

如果工作的进度偏差大于该工作的总时差,则此进度偏差必将影响其后续工作和总工期,必须采取相应的调整措施;如果工作的进度偏差未超过该工作的总时差,则此进度偏差不影响总工期。至于对后续工作的影响程度,还需要根据偏差值与其自由时差的关系作进一步分析。

(3) 分析进度偏差是否超过自由时差

如果工作的进度偏差大于该工作的自由时差,则此进度偏差将对其后续工作产生影响,此时应根据后续工作的限制条件确定调整方法;如果工作的进度偏差未超过该工作的自由时差,则此进度偏差不影响后续工作,原进度计划可以不作调整。

通过进度偏差的分析,进度控制人员可以根据进度偏差的影响程度,制定相应的纠偏措施进行调整,以获得符合实际进度情况和计划目标的新进度计划。

3. 确定后续工作和总工期的限制条件

当出现的进度偏差影响后续工作或总工期而需要采取进度调整措施时,应当首先确定可调整进度的范围,主要指关键节点、后续工作的限制条件以及总工期允许变化的范围。这些限制条件往往与合同条件及相关政策有关,如合同规定的工期条件,材料供应方式,工程结算方式及相关政策、法律、规范改变等,需要认真分析后确定。

4. 网络计划调整

1) 网络计划调整的内容
(1) 调整关键线路;
(2) 利用时差调整非关键工作的开始时间、完成时间或工作持续时间;
(3) 增减工作项目;
(4) 调整逻辑关系;
(5) 重新估计某些工作的持续时间;
(6) 调整资源投入。

2) 网络计划调整的方法
(1) 调整关键线路

① 实际进度比计划进度提前,当不需要提前工期时,应选择资源占用量大或直接费用率高的后续关键工作,适当延长其持续时间,以降低其资源强度或费用;当需要提前工期时,应将计划的未完成部分作为一个新计划,重新计算时间参数并确定关键工作,按新计划实施。

② 实际进度比计划进度延误,当工期允许延长时,应将计划的未完成部分作为一个新计划,重新计算时间参数并确定关键工作,按新计划实施;当工期不允许延长时,应在未完成的关键工作中,选择资源强度小或直接费用率低的,缩短其持续时间,并把计划的未完成部分作为一个新计划,按工期优化方法进行调整。

(2) 利用时差调整非关键工作的开始时间、完成时间或工作持续时间

非关键工作的调整应在其时差范围内进行,每次调整后应计算时间参数,判断调整对计划的影响。进行调整可采用下列方法:

① 将工作在最早开始时间与最迟完成时间范围内移动;
② 延长工作持续时间;
③ 缩短工作持续时间。

(3) 增减工作项目

增减工作项目时,应对局部逻辑关系进行调整,并重新计算时间参数,判断对原网络计划的影响。当对工期有影响时,应采取措施,保证计划工期不变。

(4) 调整逻辑关系

当改变施工方法或组织方法时,应调整逻辑关系,并应避免影响原定计划工期和其他工作。

(5) 重新估计某些工作的持续时间

当发现某些工作的原持续时间有误或实现条件不充分时,应重新估算其持续时间,并应重新计算时间参数。

(6) 调整资源投入

当资源供应发生异常时,应采用资源优化方法对计划进行调整或采取应急措施,使其对工期影响最小。

5. 施工进度控制的措施

施工进度控制采取的主要措施有组织措施、技术措施、合同措施、经济措施和信息管理措施等。

1) 组织措施
(1) 健全项目管理组织体系,专人负责施工进度控制工作;
(2) 增加工作面,组织更多的施工队伍;
(3) 增加每天的施工时间(如采用三班制等);
(4) 增加劳动力和施工机械的数量。

2) 技术措施
(1) 改进施工工艺和施工技术,缩短工艺技术间歇时间;

(2) 采用更先进的施工方法,以减少施工过程的数量(如将现浇框架方案改为预制装配方案);

(3) 采用更先进的施工机械。

3) 合同措施

与各分包单位所签订施工合同的分包合同工期必须与施工计划进度中相应的工期目标协调一致。

4) 经济措施

(1) 实行包干奖励;

(2) 提高奖金数额;

(3) 对所采取的技术措施给予相应的经济补偿。

5) 信息管理措施

不断收集工程实际进度的有关资料和信息,进行整理统计,与计划进度比较,定期向建设单位提供比较报告。

6) 其他配套措施

(1) 改善外部配合条件;

(2) 改善劳动条件;

(3) 实施强有力的调度等。

一般来说,不管采取哪种措施,都会增加费用。因此,在调整施工进度计划时,应利用费用优化的原理选择费用增加量最小的关键工作作为压缩对象。

6. 工程项目进度控制总结

项目部应在进度计划完成后,及时进行工程进度控制总结,为进度控制提供反馈信息。主要包括:

(1) 合同工期目标和计划工期目标完成情况;

(2) 工程项目进度控制中存在的问题及原因分析;

(3) 科学的工程进度计划方法的应用情况;

(4) 工程项目进度控制经验;

(5) 工程项目进度控制的改进意见。

例 3-14 某工程项目的施工进度计划如图 3-82 所示,图中箭线上方括号内数字为各工作的直接费用率(万元/周),箭线下方为工作的正常持续时间和最短的持续时间(以周为单位)。该计划执行到第 6 周末时进行检查,A、B、C、D 工作均已完成,E 工作完成了 1 周,F 工作完成了 3 周。

(1) 试绘制实际进度前锋线。

(2) 如果后续工作按计划进行,试分析 D、E、F 三项工作对后续工作和总工期的影响。

(3) 如果工期允许拖延,试绘制检查之后的时标网络计划。

(4) 如果工期不允许拖延,应如何选择赶工对象?该网络计划应如何赶工?并计算由于赶工所需增加的费用。

(5) 试绘制调整之后的时标网络计划。

解 (1) 实际进度前锋线如图 3-83 所示。

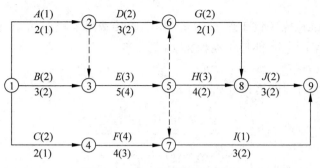

图 3-82　某工程项目网络计划

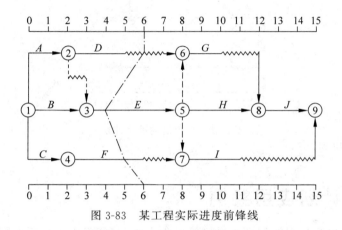

图 3-83　某工程实际进度前锋线

（2）从图 3-83 中可以看出，工作 D 实际进度正常，既不影响后续工作，也不影响总工期；工作 E 实际进度拖后 2 周，由于是关键工作，故将使总工期延长 2 周，并使后续工作 G、H、I、J 的开始时间推迟 2 周；工作 F 实际进度拖后 1 周，由于其总时差为 6 周，自由时差为 2 周，故工作 F 既不影响后续工作，也不影响总工期。

（3）如果工期允许拖延，检查之后的时标网络计划如图 3-84 所示。

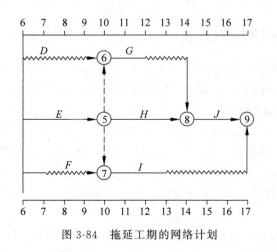

图 3-84　拖延工期的网络计划

（4）如果工期不允许拖延，选择赶工对象的原则为：选择有压缩潜力的、增加赶工费用最少的关键工作。

该网络计划只能压缩关键工作 H、J,工作 J 直接费用率较小,但由于其只能压缩1周,故工作 H 也需压缩1周,才能使工期保持15周不变。

赶工增加费用(3+2)万元=5万元。

(5) 调整之后的时标网络计划如图 3-85 所示。

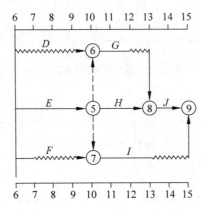

图 3-85 调整后的网络计划

3.8 网络计划应用实例

实际工程中,网络计划的编制体系应视工程大小、繁简程度而有所不同。对于小型或简单的建设工程来说,可以只编制一个控制型的单位工程施工进度网络计划,无须分若干等级。而对于大中型建设工程来说,为了有效控制工程进度,有必要编制多级网络计划系统,即建设项目施工总进度网络计划、单项工程施工进度网络计划、单位工程施工进度网络计划、分部工程施工进度网络计划等,从而做到系统控制,既能考虑局部,又能保证整体。

3.8.1 分部工程网络计划

在编制分部工程网络计划时,要在单位工程对该分部工程限定的进度目标时间范围内,既考虑各施工过程之间的工艺关系,又考虑其组织关系,尽可能组织主导施工过程流水施工,并且还应注意网络图的构图。

例 3-15 某写字楼工程,地下1层,地上5层,建筑面积 $5900m^2$,建筑物总高度为 $20.9m$。主体为现浇钢筋混凝土框架-剪力墙结构,基础采用现浇钢筋混凝土筏板基础(简称筏基),基础厚 $600mm$,基底标高为 $-5.300m$,基础下做 $1.0m$ 厚的三七灰土垫层处理地基。根据水文、地质勘察报告,该工程需要基坑降水和支护,通过方案比较,确定采用深井井点降水和土钉墙支护。

土建工程主要分为地基与基础、主体结构、屋面工程和装饰装修4个分部工程。

1) 地基与基础工程

本工程地基与基础工程施工主要包括深井井点降水、机械挖土、土钉墙支护、三七灰土地基处理、筏板基础垫层、筏板基础绑筋、筏板基础支模、浇筑筏板基础混凝土、地下工程防水、回填土等。分3个施工段组织流水施工,其中井点降水不分段。基础工程施工网络计划如图3-86所示。

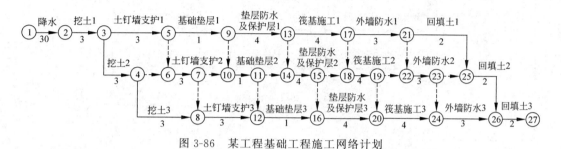

图3-86 某工程基础工程施工网络计划

2) 主体结构

本工程主体结构施工主要包括绑扎柱墙钢筋,支柱墙模板,浇筑柱墙混凝土,支梁板模板,绑扎梁板钢筋,浇筑梁板混凝土,分3个施工段组织流水施工。其标准层施工网络计划如图3-87所示。

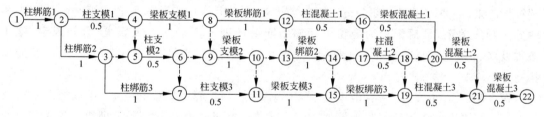

图3-87 某工程主体工程标准层施工网络计划

3) 屋面工程

本工程屋面工程施工主要包括保温层、找平层、防水层、保护层,不划分流水段,组织依次施工。屋面工程施工网络计划如图3-88所示。

图3-88 某工程屋面工程施工网络计划

4) 装饰工程

本工程装饰工程施工主要包括室外装饰和室内装饰,室内装饰又包括楼地面工程、内墙抹灰、吊顶、门窗工程、涂料工程,每层为一个施工段(包括地下室)。为便于绘图,把二次结构的砌筑工程安排在内装饰工程中。装饰工程施工网络计划如图3-89所示。

例 3-16 某办公楼工程,地下1层,地上12层,建筑面积 16 300m²,建筑物总高 41.3m。主体为现浇钢筋混凝土框架结构,基础采用筏板基础,分3个施工段组织流水施工,其主体工程施工网络计划如图3-90所示。

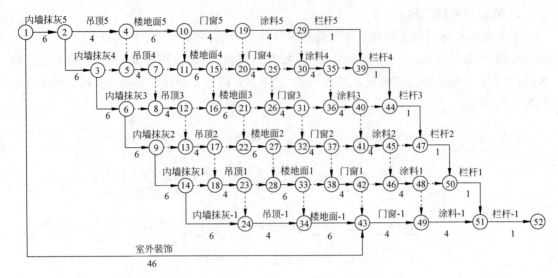

图 3-89 某工程装饰工程施工网络计划

3.8.2 单位工程网络计划

在编制单位工程网络计划时,要按照施工程序,将各分部工程的网络计划最大限度地合理搭接起来,一般需考虑相邻分部工程的前者最后一个分项工程与后者的第一个分项工程的施工顺序关系,最后汇总为单位工程初始网络计划。再根据上级要求、合同规定、施工条件及经济效益等,进行工期、费用、资源优化,最后绘制正式网络计划,上报审批后执行。

例 3-17 某办公楼工程,地下 1 层,地上 12 层,建筑面积 11 900m²,建筑物总高度为 52.6m。主体为现浇钢筋混凝土框架-剪力墙结构,填充墙为加气混凝土砌块。基础采用筏板基础,基底标高为 −5.600m,地下水位 −15m,故施工期间不需要降水。根据地质勘察报告及周围场地情况,该工程不能放坡开挖,需要进行基坑支护,通过方案比较,确定采用钢筋混凝土悬臂桩支护。该工程装饰内容:地下室地面为地砖地面。楼面为大理石楼面;内墙基层抹灰,涂料面层,局部贴面砖;顶棚为刮腻子,刷涂料面层,少部分房间为轻钢龙骨吊顶;外墙为贴面砖,南立面中部为玻璃幕墙。底层外墙干挂大理石;屋面防水为三元乙丙橡胶卷材+SBS改性沥青卷材防水(2道设防)。

该工程计划从 2024 年 8 月 15 日开工,至 2025 年 8 月 19 日完工,计划工期 370d。为加快施工进度,缩短工期,在主体结构施工至 4 层时,在地下室开始插入填充墙砌筑,2~12 层均砌完后再进行底层的填充墙砌筑;在填充墙砌筑至第 4 层时,在第 2 层开始室内装修,依次做完 3~12 层的室内装修后再做底层及地下室室内装修。填充墙砌筑工程均完成后再进行外装修(从上向下进行),安装工程配合土建施工。

该单位工程控制性非时标网络计划如图 3-91 所示。
该单位工程控制性时标网络计划如图 3-92 所示。

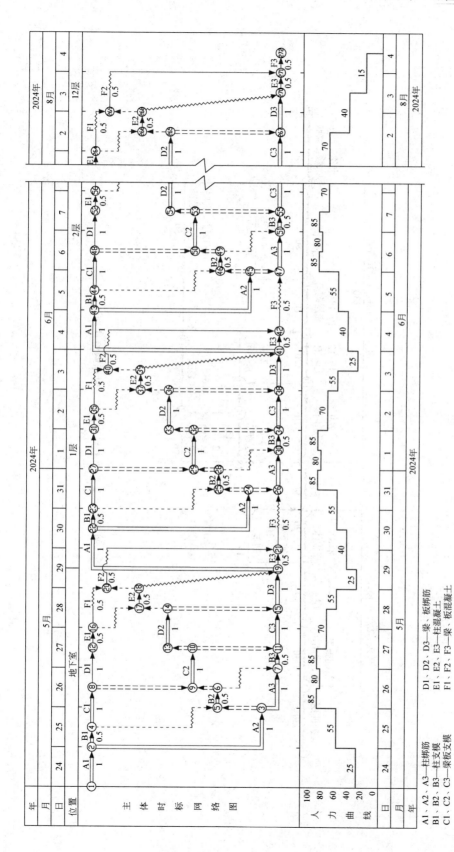

图 3-90 某工程主体工程施工网络计划

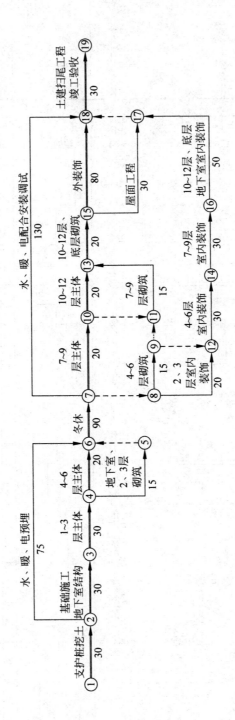

图 3-91 某单位工程控制性非时标网络计划

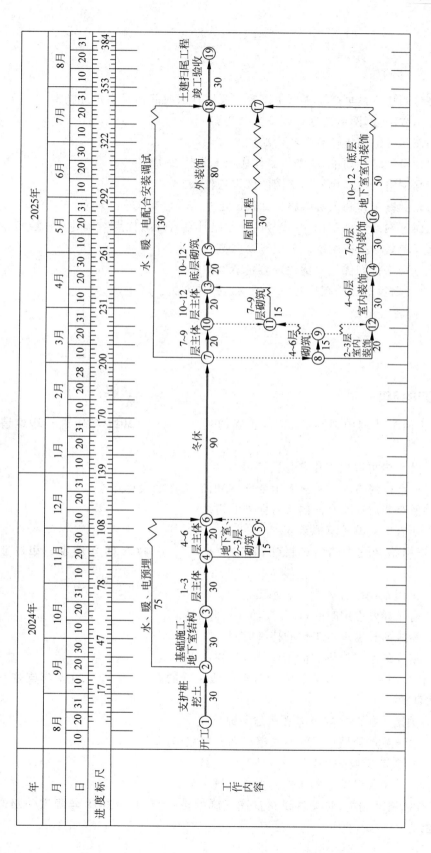

图 3-92 某单位工程控制性时标网络计划

思考题

1. 网络计划技术最早产生于哪个国家？我国什么时间由谁引进此技术？
2. 按表示方法分，网络计划可以分为哪几类？
3. 网络图与横道图比较有哪些优缺点？
4. 在双代号网络计划中，虚工作如何表示？有什么作用？
5. 单代号网络图与双代号网络图的区别是什么？
6. 什么是关键工作和关键线路？如何确定？
7. 与无时标网络计划相比，双代号时标网络计划有什么优点？有哪几种绘制方法？
8. 什么是单代号搭接网络计划？有哪些搭接关系？
9. 什么是网络计划优化？优化内容包括哪些？
10. 网络计划检查方法有哪些？常用的是哪种方法？

习题

1. 单项选择题

（1）关于网络计划中节点的说法，正确的是（　　）。（**2021 年国家一级建造师考试真题**）

A. 节点内可以用工作名称代替编号
B. 节点在网络计划中只表示事件，即前后工作的交接点
C. 所有节点均既有向内又有向外的箭线
D. 所有节点编号不能重复

（2）关于网络计划中箭线的说法，正确的是（　　）。（**2021 年国家一级建造师考试真题**）

A. 箭线在网络计划中只表示工作
B. 箭线都要占用时间，多数要消耗资源
C. 箭线的长度表示工作的持续时间
D. 箭线的水平投影方向不能从右往左

（3）双代号网络计划中，关于关键节点说法正确的是（　　）。（**2019 年国家一级造价工程师考试真题**）

A. 关键工作两端的节点必然是关键节点
B. 关键节点的最早时间与最迟时间必然相等
C. 关键节点组成的线路必然是关键线路
D. 两端是关键节点的工作必然是关键工作

（4）工程网络计划中，对关键线路描述正确的是（　　）。（**2018 年国家一级造价工程师考试真题**）

A. 双代号网络计划中由关键节点组成
B. 单代号网络计划中时间间隔均为零
C. 双代号时标网络计划中无虚工作
D. 单代号网络计划中由关键工作组成

(5) 某工作有两个紧前工作,最早完成时间分别是第 2 天和第 4 天,该工作持续时间是 5d,则其最早完成时间是第( )天。(**2021 年国家一级建造师考试真题**)
A. 9 B. 6 C. 7 D. 11

(6) 某单代号网络计划如图 3-93 所示(时间单位:d),计算工期是( )d。(**2021 年国家一级建造师考试真题**)
A. 8 B. 13 C. 10 D. 12

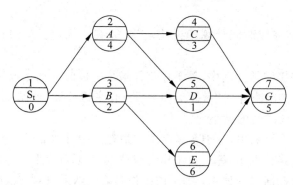

图 3-93 某工程单代号网络计划

(7) 已知某工作的最早开始时间为第 15 天,最早完成时间为第 19 天,最迟完成时间为第 22 天,紧后工作的最早开始时间为第 20 天,该工作的最迟开始时间和自由时差分别为( )。(**2021 年国家一级造价工程师考试真题**)
A. 第 18 天;1d B. 第 18 天;3d C. 第 19 天;1d D. 第 19 天;3d

(8) 某工程双代号网络计划如图 3-94 所示,其中关键线路有( )条。(**2016 年国家一级造价工程师考试真题**)
A. 1 B. 2 C. 3 D. 4

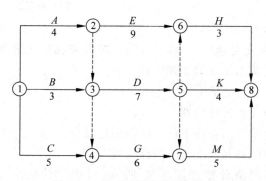

图 3-94 某工程双代号网络计划

(9) 某工程单代号网络计划中,工作 E 的最早完成时间和最迟完成时间分别是第 6 天和第 8 天,紧后工作 F 的最早开始时间和最迟开始时间分别是第 7 天和第 10 天,工作 E 和

F 之间的间隔时间是（　　）d。（**2021 年监理工程师考试真题**）

  A. 1　　　　　　B. 2　　　　　　C. 3　　　　　　D. 4

（10）工程网络计划中，某工作的总时差和自由时差均为 2 周。计划实施过程中经检查发现，该工作实际进度拖后 1 周，则该工作实际进度偏差对后续工作及总工期的影响是（　　）。（**2021 年监理工程师考试真题**）

  A. 对后续工作及总工期均有影响

  B. 对后续工作及总工期均无影响

  C. 影响后续工作，但不影响总工期

  D. 影响总工期，但不影响后续工作

2．多项选择题

（1）关于工作最迟完成时间计算的说法，正确的有（　　）。（**2021 年国家一级建造师考试真题**）

  A. 单代号搭接网络计划中，等于该工作最早完成时间加上该工作的总时差

  B. 单代号搭接网络计划中，等于各紧后工作最迟开始（或结束）时间减相应时距加该工作持续时间的最小值

  C. 双代号网络计划中，等于各紧后工作最迟开始时间的最小值

  D. 双代号网络计划中，等于该工作完成节点的最迟时间

  E. 双代号时标网络计划中，等于该工作实箭线结束点对应的时间坐标

（2）当工程项目网络计划的计算工期不能满足要求工期时，需压缩关键工作的持续时间，此时可选的关键工作有（　　）。（**2021 年国家一级造价工程师考试真题**）

  A. 持续时间长的工作　　　　　　　　B. 紧后工作较多的工作

  C. 对质量和安全影响不大的工作　　　D. 所需增加的费用最少的工作

  E. 有充足备用资源的工作

（3）下列工程项目目标控制方法中，可用来控制工程造价和工程进度的方法有（　　）。（**2019 年国家一级造价工程师考试真题**）

  A. 香蕉曲线法　　　　　　　　　　　B. 目标管理法

  C. S 曲线法　　　　　　　　　　　　D. 责任矩阵法

  E. 因果分析图法

（4）工程网络计划优化是指（　　）的过程。（**2019 年国家一级造价工程师考试真题**）

  A. 寻求工程总成本最低时工期安排

  B. 使计算工期满足要求工期

  C. 按要求工期寻求最低成本

  D. 在工期保持不变的条件下使资源需用量最少

  E. 在满足资源限制条件下使工期延长最少

（5）某单代号搭接网络计划如图 3-95 所示（时间单位：d），其时间参数正确的有（　　）。（**2021 年国家一级建造师考试真题**）

  A. $TF_C=1d$　　　B. $FF_B=2d$　　　C. $LS_D=8d$

  D. $LS_E=5d$　　　E. $LF_C=5d$

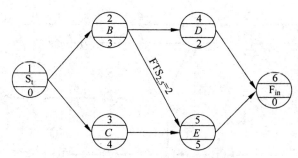

图 3-95 某单代号搭接网络计划

(6) 某工程网络计划中,工作 N 的自由时差为 5d,计划执行过程中检查发现,工作 N 的工作时间延后了 3d,其他工作均正常,此时( )。(**2017 年国家一级建造师考试真题**)

　　A. 工作 N 的总时差不变,自由时差减少 3d
　　B. 总工期不会延长
　　C. 工作 N 的总时差减少 3d
　　D. 工作 N 的最早完成时间推迟 3d
　　E. 工作 N 将会影响紧后工作

(7) 某双代号时标网络计划如图 3-96 所示(时间单位:d),工作总时差正确的有( )。(**2021 年国家一级建造师考试真题**)

　　A. $TF_{A_1}=0d$　　B. $TF_{A_2}=1d$　　C. $TF_{A_3}=2d$
　　D. $TF_{C_1}=2d$　　E. $TF_{B_3}=1d$

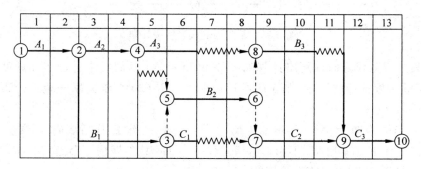

图 3-96 某工程双代号时标网络计划

(8) 某工程进度计划执行到第 6、第 9 月底绘制的实际进度前锋线如图 3-97 所示,正确的信息有( )。(**2021 年监理工程师考试真题**)

　　A. 工作 F 在第 6 月底检查时拖后 1 个月,不影响总工期
　　B. 工作 G 在第 6 月底检查时正常,不影响总工期
　　C. 工作 H 在第 6 月底检查时拖后 1 个月,不影响总工期
　　D. 工作 I 在第 9 月底检查时拖后 1 个月,不影响总工期
　　E. 工作 K 在第 9 月底检查时拖后 2 个月,影响总工期 1 个月

(9) 某工程双代号网络计划如图 3-98 所示,说法正确的有( )。(**2021 年监理工程师考试真题**)

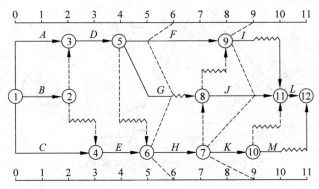

图 3-97 某工程实际进度前锋线(时间单位：月)

A. 工作 1—3 的总时差等于自由时差
B. 工作 1—4 的总时差等于自由时差
C. 工作 2—5 的自由时差为零
D. 工作 5—7 为关键工作
E. 工作 6—7 为关键工作

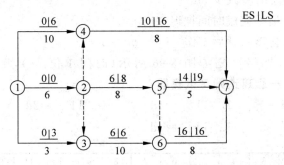

图 3-98 某工程双代号网络计划

(10) 某工程双代号时标网络计划如图 3-99 所示，第 8 周周末进行实际进度检查的结果如图中实际进度前锋线所示，则正确结论有（ ）。（**2017 年国家一级造价工程师考试真题**）

A. 工作 D 拖后 2 周，不影响工期
B. 工作 E 拖后 3 周，不影响工期
C. 工作 F 拖后 2 周，不影响紧后工作
D. 总工期预计会延长 2 周
E. 工作 H 的进度不会受影响

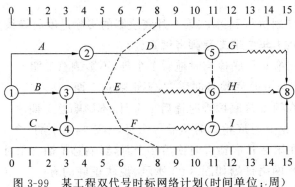

图 3-99 某工程双代号时标网络计划(时间单位：周)

3. 找错题

试指出图 3-100 所示网络图的错误，指明错误原因。

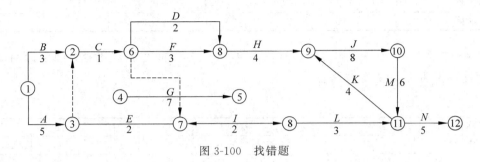

图 3-100 找错题

4. 网络图绘制

（1）根据表 3-8 中各工作之间的逻辑关系，分别绘制双代号和单代号网络图。

表 3-8

工作名称	A	B	C	D	E	G
紧前工作	—	—	—	B	B	C、D
紧后工作	—	D、E	G	G	—	—
工作持续时间	10	5	3	3	4	6

（2）根据表 3-9 中各工作之间的逻辑关系，分别绘制双代号和单代号网络图。

表 3-9

工作名称	A	B	C	D	E	F	G	H	I	J	K	L	M
紧前工作	—	A	A	A	B	C	B、C、D	F、G	E	E、G	I、J	H、I、J	K、L
工作持续时间	3	5	4	6	4	2	7	5	3	10	8	3	6

5. 计算题

（1）根据表 3-10 中各工作之间的逻辑关系，绘制双代号网络图，并进行时间参数的计算，标出关键线路。

表 3-10

工作名称	A	B	C	D	E	F	G	H
紧前工作	—	A	A	A	B	B、C、D	D	E、F、G
紧后工作	B、C、D	E、F	F	F、G	H	H	H	—
工作持续时间	3	2	1	4	2	3	2	1

（2）根据表 3-11 中各工作之间的逻辑关系，绘制单代号网络图，并进行时间参数的计算，标出关键线路。

表 3-11

工作名称	A	B	C	D	E	F	G
紧前工作	—	A	A	C、B	B	C	D、E、F
紧后工作	C、B	D、E	D、F	G	G	G	—
持续时间	3	4	5	9	2	6	8

（3）根据表 3-12 中各工作之间的逻辑关系，按最早时间绘制双代号时间坐标网络图，并确定计算工期，找出关键线路。

表 3-12

工作名称	A	B	C	D	E	G	H	I	J
紧前工作	—	—	—	A	A、B、C	C	D、E	E	E、G
持续时间	3	4	4	6	3	4	4	4	6

案例分析题

1. 案例 1（2022 年国家一级建造师考试真题改）：某新建办公楼工程，地下 1 层，地上 18 层，建筑面积 2.1 万 m^2。钢筋混凝土核心筒，外框采用钢结构。

总承包项目部在工程施工准备阶段，根据合同要求编制了工程施工进度网络计划，如图 3-101 所示。在进度计划审查时，监理工程师提出在工作 A 和工作 E 中含有特殊施工技术，涉及知识产权保护，须由同一专业单位按先后顺序依次完成。项目部对原进度计划进行调整，以满足工作 A 与工作 E 先后施工的逻辑关系。

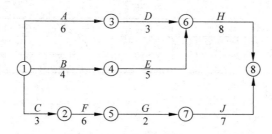

图 3-101 某工程施工进度计划网络图（时间单位：月）

（1）画出调整后的工程网络计划图。并写出关键线路（以工作表示：如 A—B—C）。调整后的总工期是多少个月？

（2）网络图的逻辑关系包括什么？网络图中虚工作的作用是什么？

2. 案例 2（2021 年国家一级建造师考试真题改）：某工程项目，地上 15～18 层，地下 2 层，钢筋混凝土剪力墙结构，总建筑面积 57 000 m^2。施工单位中标后成立项目部组织施工。项目部计划施工组织方式采用流水施工，编制的项目双代号网络计划如图 3-102 所示。

项目部在工程施工到 8 月底时，对施工进度进行检查，工程进展状态如图 3-102 中前锋线所示。工程部门根据检查分析情况，调整措施后重新绘制从第 9 月开始到工程结束的双代号网络计划，部分内容如图 3-103 所示。

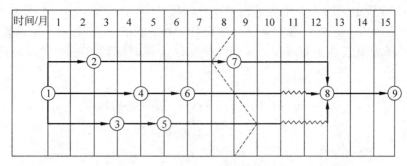

图 3-102 项目双代号网络计划(一)

(1) 根据图 3-102 中进度前锋线,分析 8 月底工程的实际进展情况。
(2) 绘制正确的从第 9 月开始到工程结束的双代号网络计划图。

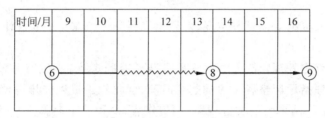

图 3-103 项目双代号网络计划(二)

3. **案例 3（2019 年国家一级建造师考试真题改）**：某新建办公楼工程,地下 2 层,地上 20 层,框架剪力墙结构,建筑高度 87m。建设单位通过公开招标选定了施工总承包单位并签订了工程施工合同,基坑深 7.6m,基础底板施工计划网络图如图 3-104 所示。

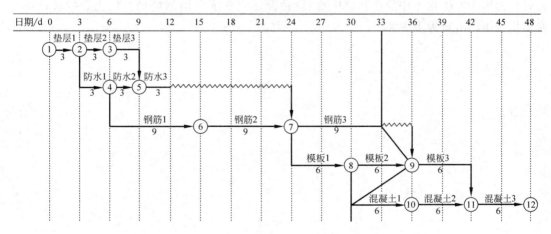

图 3-104 基础底板施工计划网络图

项目部在施工至第 33 天时,对施工进度进行检查,实际施工进度如网络图中实际进度前锋线所示,对进度有延误的工作采取了改进措施。

(1) 进度计划监测检查方法还有哪些?
(2) 写出第 33 天的实际进度检查结果。

4. **案例 4**：雄安新区某工业厂房工程,施工单位项目技术负责人编制了相应施工进度安排,如图 3-105 所示。因为本工程采用某项专利技术,其中工序 B、F、K 必须使用某特种设备,且需按"B—F—K"先后顺次施工。该设备在当地仅有 1 台,租赁价格昂贵,租赁时长计算从进场开始直至设备退场为止,且场内停置等待的时间均按正常作业时间计取租赁费用。

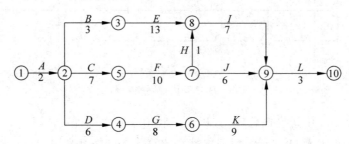

图 3-105　某工程施工进度计划网络图(时间单位:周)

项目技术负责人根据上述特殊情况,对网络图进行了调整,并重新计算项目总工期,报项目经理审批。

项目经理二次审查发现:各工序均按最早开始时间考虑,导致特种设备存在场内停置等待时间。项目经理指示调整各工序的起止时间,优化施工进度安排以节约设备租赁成本。

(1) 写出图 3-105 网络图的关键线路(用工作表示)和总工期。

(2) 项目技术负责人还应补充哪些施工进度计划的组成内容?

(3) 根据特种设备使用的特殊情况,重新绘制调整后的施工进度计划网络图,调整后的网络图总工期是多少?

(4) 根据重新绘制的网络图,如各工序均按最早开始时间考虑,特种设备计取租赁费用的时长为多少?优化工序的起止时间后,特种设备应在第几周初进场?优化后特种设备计取租赁费用的时长为多少?

第4章 施工组织总设计

重点掌握内容：施工组织总设计的内容，施工总平面图的设计内容、步骤。

了解内容：总体施工部署内容，施工总进度计划的编制步骤，暂设工程包括内容，工地临时用水及临时用电的计算。

4.1 概述

施工组织总设计是以若干单位工程组成的群体工程或特大型项目为主要对象编制的施工组织设计，对整个项目的施工过程起统筹规划、重点控制的作用。

施工组织总设计应由项目负责人主持编制，由总承包单位技术负责人负责审批。

4.1.1 施工组织总设计的作用

(1) 为建设单位编制工程建设计划提供依据；
(2) 为确定设计方案的施工可行性和经济合理性提供依据；
(3) 为建设项目或建筑群体工程施工阶段做出全面的战略部署；
(4) 为施工企业编制项目管理规划或单位工程施工组织设计提供依据；
(5) 为做好施工准备工作提供依据；
(6) 为组织工地施工业务提供科学方案和实施步骤；
(7) 为组织施工力量、技术条件和物资的供应提供依据。

4.1.2 施工组织总设计的内容

施工组织总设计的内容视工程性质、规模、建筑结构的特点、施工的复杂程度、工期要求及施工条件的不同而有所不同，通常包括下列内容：

(1) 编制依据；
(2) 工程概况；
(3) 总体施工部署；
(4) 施工总进度计划；
(5) 总体施工准备与主要资源配置计划；
(6) 主要施工方法；

(7) 施工总平面图布置。

4.1.3 施工组织总设计的编制依据

编制施工组织总设计一般以下列资料为依据：

(1) 与工程建设有关的法律、法规和文件。

(2) 国家现行有关标准和技术经济指标。

(3) 工程所在地区行政主管部门的批准文件，建设单位对施工的要求，包括国家批准的基本建设计划、地区主管部门的批件；建设单位对施工的质量、工期要求等。

(4) 工程施工合同或招标投标文件，包括已签订的工程承包合同、工程材料和设备的订货指标、引进材料和设备供货合同等。

(5) 工程设计文件，包括已批准的建设项目初步设计、扩大初步设计或技术设计的有关图纸、设计说明书、建设地区区域平面图、建筑总平面图、建筑竖向设计、总概算或修正概算等。

(6) 工程施工范围内的现场条件，工程地质及水文地质、气象等自然条件。

(7) 与工程有关的资源供应情况，包括可能为建设项目服务的建筑安装企业、预制加工企业的人力、设备、技术和管理水平；建筑材料、构配件的来源和供应情况；交通运输情况、能源、水、电供应情况；当地政治、经济、商业和文化教育水平和设施情况等。

(8) 施工企业的生产能力、机具设备状况、技术水平等。

(9) 类似工程的施工组织总设计和参考资料。

4.1.4 施工组织总设计的编制程序

施工组织总设计的编制程序如图 4-1 所示。

4.1.5 工程概况

工程概况是对整个建设项目的总说明和总分析，是对拟建建设项目或建筑群所作的一个简单扼要、突出重点的文字介绍，应包括项目主要情况和项目主要施工条件等。

1. 项目主要情况

(1) 项目名称、性质、地理位置和建设规模。项目性质可分为工业和民用两大类，建设规模可包括项目的占地总面积、总建筑面积、总投资额、分期分批建设范围等。

(2) 项目的建设、勘察、设计和监理等相关单位的情况。

(3) 项目设计概况，包括项目的建筑面积、建筑高度、建筑层数、结构形式、设计使用年限、抗震等级、建筑抗震设防烈度、建筑结构及装饰用料、安装工程和机电设备的配置等情况。

(4) 项目承包范围及主要分包工程范围；

(5) 施工合同或招标文件对项目施工的重点要求；

(6) 其他应说明的情况。

2. 项目主要施工条件

(1) 项目建设地点气象状况。

(2) 项目施工区域地形和工程水文地质状况。
(3) 项目施工区域地上、地下管线及相邻地上、地下建（构）筑物情况。
(4) 与项目施工有关的道路、河流等状况。
(5) 当地建筑材料、设备供应和交通运输等服务能力状况。
(6) 当地供电、供水、供热和通信能力状况。
(7) 其他与施工有关的主要因素。

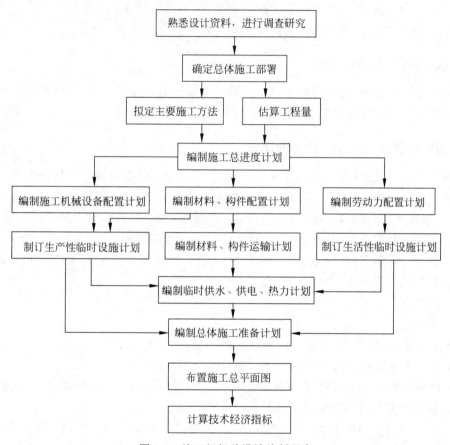

图 4-1　施工组织总设计编制程序

4.2　总体施工部署与主要施工方法

4.2.1　总体施工部署

总体施工部署是在充分了解工程情况、施工条件和建设要求的基础上，对整个建设项目从全局上做出的统筹规划和全面安排，它主要解决影响建设项目全局的重大问题，直接影响建设项目的进度、质量和成本三大目标。总体施工部署是施工组织总设计的核心，也是编制施工总进度计划、施工总平面图以及各种供应计划的基础。

《建筑施工组织设计规范》（GB/T 50502—2009）：

4.2.1 施工组织总设计应对项目总体施工做出下列宏观部署：
  1 确定项目施工总目标，包括进度、质量、安全、环境和成本等目标；
  2 根据项目施工总目标的要求，确定项目分阶段（期）交付的计划；
  3 确定项目分阶段（期）施工的合理顺序及空间组织。
4.2.2 对于项目施工的重点和难点应进行简要分析。
4.2.3 总承包单位应明确项目管理组织机构形式，并宜采用框图的形式表示。
4.2.4 对于项目施工中开发和使用的新技术、新工艺应做出部署。
4.2.5 对主要分包项目施工单位的资质和能力应提出明确要求。

1. 确定项目施工总目标

根据施工合同要求、政府行政主管部门的要求及企业管理目标要求，制定项目实施的工期、质量、安全目标和文明施工、消防、环境保护等方面的管理目标。

2. 确定项目分阶段（期）交付的计划

根据项目施工总目标的要求，在保证工期要求的前提下，将建设项目划分为若干个相对独立的投产或交付使用的交工系统，实行分期分批建设，既能使各单项或单位工程项目迅速建成，尽早投入使用，又可以在全局上实现施工的连续性和均衡性，减少暂设工程量，降低工程成本。至于分几期施工，各期工程包含哪些项目，应当根据业主要求、生产工艺特点、工程规模大小和施工难易程度、资金、技术资源情况，由建设单位与施工单位共同研究确定。按照各工程项目的重要程序，应优先安排的工程项目如下：

（1）按生产工艺要求，须先期投入生产或起主导作用的工程项目；
（2）工程量大、施工难度大、工期长的项目；
（3）运输系统、动力系统，如厂区内外道路、铁路和变电站等；
（4）生产上需先期使用的机修、车床、办公楼及部分家属宿舍等；
（5）供施工使用的工程项目，如采砂（石）场、木材加工厂、各种构件加工厂、混凝土搅拌站等施工辅助企业及其他为施工服务的临时设施。

对于建设项目中工程量小、施工难度不大、周期较短而又不急于使用的辅助项目，可以考虑与主体工程配合，作为平衡项目穿插在主体工程的施工中进行。对小型企业或大型企业的某一系统，由于工期较短或生产工艺要求，可不必分期分批建设；亦可先建生产厂房，然后边生产边施工。对于大中型的住宅小区，一般也应按年度分批建设，而且除建设住宅楼外，还应建设幼儿园、学校、商场、超市、门诊和其他公共设施，以便交付后能及早产生经济效益和社会效益。

3. 确定项目分阶段（期）施工的合理顺序及空间组织

根据项目分期分批交付计划，合理地确定各单位工程的施工开展顺序和开、竣工日期。建立工程的指挥系统，划分各施工单位的工程任务和施工区段，明确主攻项目和辅助项目的相互关系，明确土建施工、结构安装、设备安装等各项工作的相互配合等。确定综合化和专业化的施工组织，保证先后投产或交付使用的系统都能够正常运行。

4.2.2 主要施工方法

施工组织总设计应对项目涉及的单位(子单位)工程和主要分部(分项)工程所采用的施工方法进行简要说明。对脚手架工程、起重吊装工程、临时用水用电工程、季节性施工等专项工程所采用的施工方法应进行简要说明。

拟定主要工程项目的施工方法,目的是进行技术和资源的准备工作,同时也为了施工进程的顺利开展和现场的合理布置。主要分部(分项)工程是指工程量大、施工难度大、占用工期长,对工程质量、进度起关键作用的工程。在确定主要工程施工方法时,应结合建设项目的特点和当地施工习惯,兼顾技术工艺的先进性和经济上的合理性,尽可能采用先进合理、切实可行的专业化、机械化施工方法。

施工组织总设计中的主要施工方法与单位工程施工组织设计中主要施工方案要求的内容和深度是不同的,前者只需原则性地提出采用何种施工方法,如哪些构件采用现浇,哪些构件采用预制,是现场就地预制,还是在构件预制厂加工生产,构件吊装时采用什么机械;准备采用什么新工艺、新技术等,即对涉及全局性的一些问题拟订施工方法。

4.3 施工总进度计划

施工总进度计划是为实现项目设定的工期总目标,按照项目总体施工部署要求,对各项施工过程的施工顺序、起止时间和相互衔接关系所做的统筹策划和安排。它是以建设项目或群体工程为对象,对全工地的所有工程施工活动提出的时间安排表。

整个建设项目或建筑群施工的内容较多,施工工期较长,所以施工总进度计划项目综合性、控制性强,作业性较弱。其作用在于确定各个施工项目及其主要工种工程、准备工作和全工地性工程的施工期限、开工和竣工日期,确定人力资源、材料、成品、半成品、施工机械的需要量和调配方案,为确定现场临时设施、水、电、交通的需要数量和需要时间提供依据。因此,正确地编制施工总进度计划是保证各项目以及整个建设工程按期交付使用、充分发挥投资效益、降低建筑工程成本的重要条件。

4.3.1 施工总进度计划的编制原则

(1) 合理安排各单位工程的施工顺序,保证在劳动力、物资以及资源消耗量最少的情况下,按规定工期完成施工任务。

(2) 把配套建设作为安排总进度的指导思想,充分发挥投资效益。在工业建设项目的内部,要处理好生产车间和辅助车间之间、原料与成品之间、动力设施和加工部门之间、生产性建筑和非生产性建筑之间的先后顺序,有意识地做好协调配套,形成完整的生产系统;在外部则有水源、电源、市政、交通、原料供应、"三废"处理等项目需要统筹安排。民用建筑也要解决好供水、供电、供暖、通信、市政、交通等工程,才能交付使用。

(3) 区分各项工程的轻重缓急,分批开工,分批竣工,把工艺调试在前的、占用工期较长的、工程难度较大的项目排在前面,反之排在后面。所有单位工程,都要考虑土建、安装的交叉作业,组织流水施工,以加快进度,缩短工期。

(4) 采取合理的施工组织方法,如可确定一些调剂项目,如办公楼、宿舍、附属或辅助车间等穿插其中,以达到既能保证重点,又能实现连续、均衡施工的目的。

(5) 节约施工费用,在年度投资额分配上应尽可能将投资额少的工程项目安排在最初年度内施工;投资额大的工程项目安排在最后年度内施工,以减少投资贷款的利息。

(6) 充分考虑当地气候条件,尽可能减少冬雨季施工的附加费用。例如,大规模土方和深基础施工应避开雨季,现浇混凝土结构应避开冬季,高空作业应避开风季等。

(7) 总进度计划的安排还应遵守技术法规、标准,符合安全、文明施工的要求,并应尽可能做到各种资源的平衡。

4.3.2 施工总进度计划的编制步骤

施工总进度计划应按照项目总体施工部署的安排进行编制,施工总进度计划可采用网络图或横道图表示,并附必要说明。

1. 列出工程项目一览表,计算工程量

施工总进度计划主要起控制总工期的作用,因此项目划分不宜过细,可按照确定的主要工程项目的开展顺序排列,一些附属项目、辅助工程及临时设施可以合并列出。

在工程项目一览表的基础上,计算各主要项目的实物工程量。计算工程量可按照初步(或扩大初步)设计图纸并根据各种定额手册进行计算。常用的定额资料有万元、10 万元投资工程量的劳动力及材料消耗扩大指标、概算指标或扩大结构定额等;在缺少上述几种定额手册的情况下,可采用标准设计或类似工程的资料,按比例估算工程量。

除房屋外,还必须计算主要的、全工地性工程的工程量,如场地平整、铁路、道路和地下管线的长度等,这些都可以根据建筑总平面图来计算。

将按照上述方法计算的工程量填入统一的工程量汇总表中,见表 4-1。

表 4-1 工程项目工程量汇总

工程项目分类	工程项目名称	结构类型	建筑面积	幢数	概算投资	主要实物工程量							
						场地平整	土方工程	桩基工程	…	砖石工程	钢筋混凝土工程	…	装饰工程	…
			1000m²	个	万元	1000m²	1000m³	1000m³		1000m³	1000m³		1000m³	
全工地性工程														
主体项目														
辅助项目														
永久住宅														
临时建筑														
合计														

2. 确定各单位工程的施工期限

单位工程的施工期限应根据建筑类型、结构特征、体积大小和现场地形、地质、环境条件以及施工单位的具体条件(施工技术与施工管理水平、机械化程度、劳动力水平和材料供应等)因素加以确定。此外,也可参考有关的工期定额来确定各单位工程的施工期限。

3. 确定各单位工程的开工、竣工时间和相互搭接关系

根据施工部署及单位工程施工期限,可以安排各单位工程的开、竣工时间和相互搭接关系。

4. 编制施工总进度计划

施工总进度计划可以用里程碑表、工作量表、横道图和网络图表示。由于施工总进度计划只是起控制性作用,而且施工条件复杂,因此项目划分不必过细。当用横道图表示施工总进度计划时,项目的排列可按施工总体方案所确定的工程展开程序排列横道图。还应表达出各施工项目开、竣工时间及其施工持续时间,见表 4-2。采用横道图表示的某高层住宅小区工程的施工总进度计划如图 4-2 所示。

表 4-2 施工总进度计划

序号	工程项目名称	结构类型	工程量	建筑面积/m²	总工日/工日	施工进度计划		
						××年	××年	××年

采用时间坐标网络图表示施工总进度计划,不仅比横道图更加直观明了,而且还可以表达出各施工项目之间的逻辑关系。同时,由于网络图可以应用电子计算机计算和输出,更便于对进度计划进行调整、优化、统计资源数量,输出图表等。采用网络图表示的某科技园科创分园项目一期工程的施工总进度计划如图 4-3 所示,该图所对应的横道图可扫描二维码 4-1 查看。

4-1

5. 施工总进度计划的调整和修正

施工总进度计划编制完后,尚需检查各单位工程的施工时间和施工顺序是否合理,总工期是否满足规定的要求,劳动力、材料及设备需要量是否出现较大的不均衡现象等。

利用资源需要量动态曲线分析项目资源需求量是否均衡,若曲线上存在较大的高峰或低谷,则表明在该时间里各种资源的需求量变化较大,需要调整和修正一些单位工程的施工速度或开竣工时间,增加或缩短某些分项工程(或施工项目)的施工持续时间,在施工允许情况下,还可以改变施工方法和施工组织,以便消除高峰或低谷,使各个时期的资源需求量尽量达到均衡。

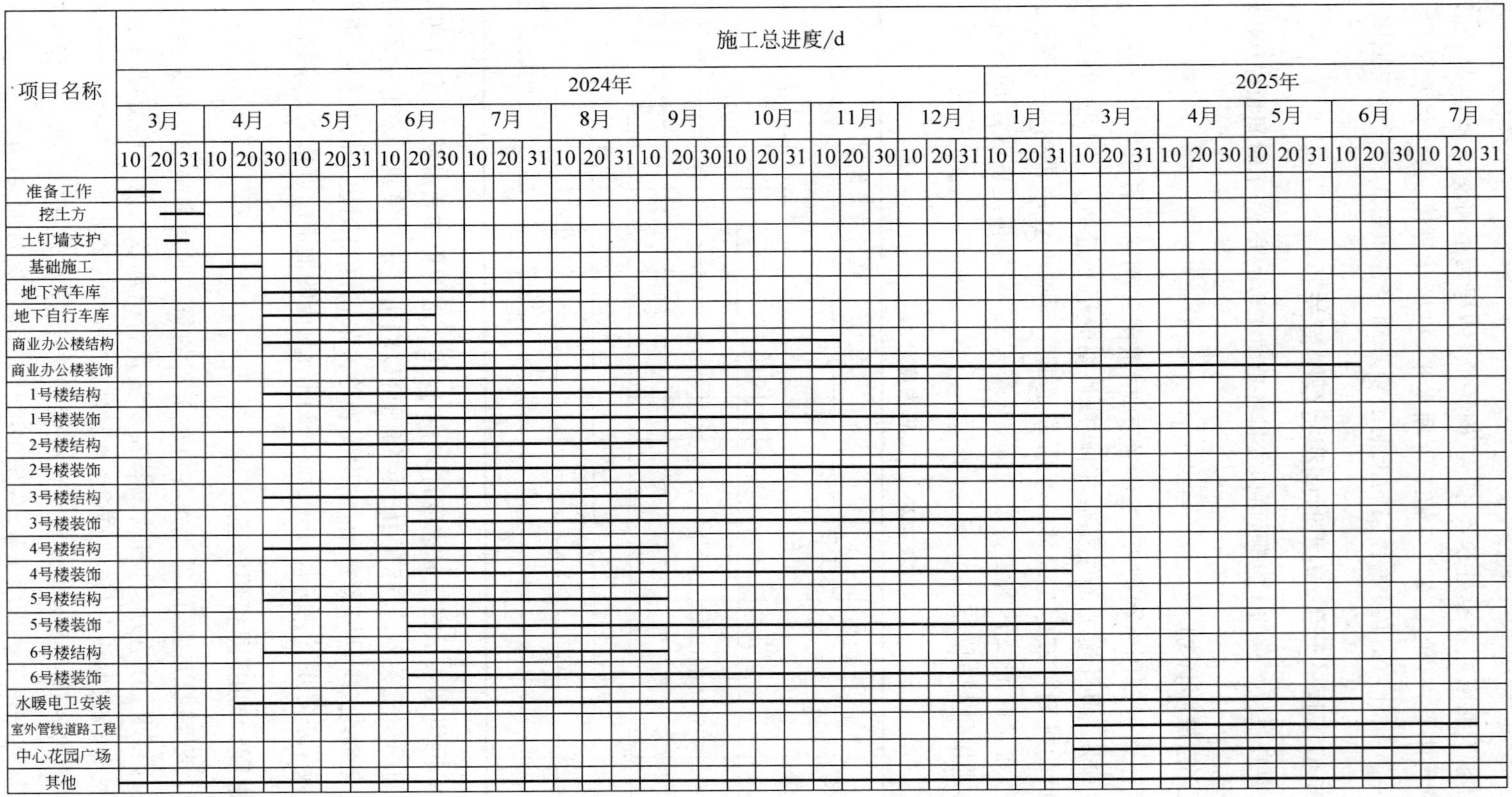

图 4-2　某高层住宅小区工程的施工总进度计划

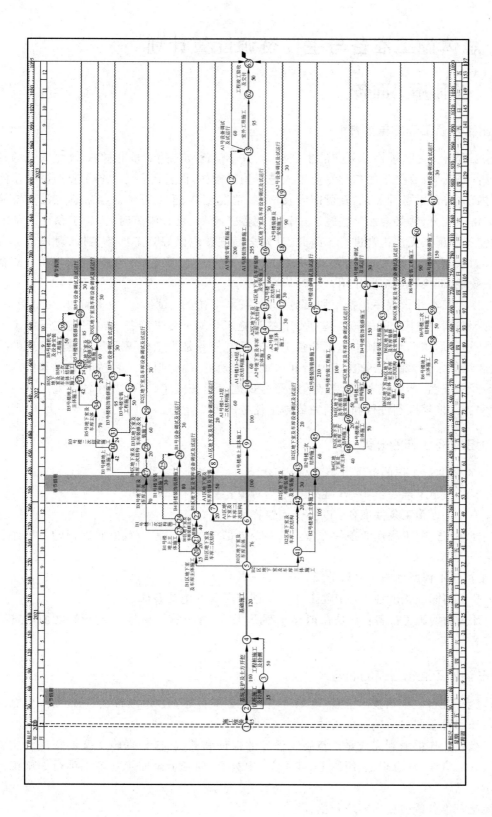

图 4-3 某科技园科创分园项目一期工程施工总进度计划

4.4 总体施工准备与主要资源配置计划

4.4.1 总体施工准备

1. 施工准备工作的重要性

土木工程施工是一项错综复杂的生产活动,它不但需要耗用大量的材料、动用大批的机具设备、组织安排成百上千的各类专业工人进行施工操作,而且还要处理各种复杂的技术问题,协调内部、外部的各种关系,真可谓涉及面广、情况复杂、千头万绪。如果事先没有统筹安排或准备不充分,势必会使某些施工过程出现停工待料、延长施工时间、施工秩序混乱的情况,致使工程施工无法正常进行。因此,事先全面细致地做好施工准备工作,对调动各方面的积极因素,合理组织人力、物力,加快施工进度,提高工程质量,节约资金和材料,提高企业的经济效益,都将起到重要作用。

工程项目基本建设程序包括策划、勘察、设计、采购、施工、试运行、竣工验收、交付使用、考核评价等阶段,施工阶段的施工程序是:签订施工合同→施工准备→组织施工→竣工验收,交付使用→回访保修。其中施工准备工作的基本任务是为拟建工程施工建立必要的技术、物资和组织条件,统筹安排施工力量和布置施工现场,确保拟建工程按时开工和持续施工。实践经验证明,严格遵守施工程序,按照客观规律组织施工,及时做好各项施工准备工作,是工程施工能够顺利进行和圆满完成施工任务的重要保证。

2. 施工准备工作的分类

1) 按施工准备工作的范围分类

(1) 全场性施工准备:以一个建筑工地为对象;

(2) 单位工程施工条件准备:以一个建筑物为对象;

(3) 分部(分项)工程作业条件准备:以一个分部或分项工程为对象而进行的各项作业条件的准备工作。

2) 按拟建工程所处施工阶段分类

(1) 开工前的施工准备:为工程正式开工创造必要的施工条件;

(2) 开工后的施工准备:它是在拟建工程开工后,每个施工阶段正式开始之前所进行的施工准备。

3. 总体施工准备工作的内容

总体施工准备应包括技术准备、现场准备和资金准备等。技术准备、现场准备和资金准备应满足项目分阶段(期)施工的需要。

施工准备工作的顺利完成是建筑施工任务的保证和前提,应根据施工开展程序和主要工程项目施工方法,从思想上、组织上、技术上、物资上、现场上全面规划施工项目的施工准备工作。

总体施工准备的主要内容应包括:

(1) 明确施工准备工作的规划,如土地征用、居民迁移、障碍物清除等。

(2) 安排好场内外运输,施工用主干道,水、电、气来源及其引入方案。

(3) 编制场地平整和全场性排水、防洪方案。

(4) 安排好生产和生活基地建设。包括商品混凝土搅拌站、钢筋、木材加工厂、金属结构制作加工厂、机修厂等。

(5) 安排建筑材料、成品、半成品的货源和运输、储存方式;重要建筑机械和机具的申请和订货生产等。

(6) 安排现场区域内的测量工作,设置永久性测量标志,为定位放线做好准备。

(7) 编制新结构、新工艺、新技术、新材料的试制试验计划和职工技术培训计划。

(8) 冬、雨季施工所需的特殊准备工作。

4. 施工准备工作计划

为落实各项施工准备工作,加强检查和监督,必须根据各项施工准备的内容、时间和人员,编制出施工准备工作计划,见表 4-3。

表 4-3 施工准备工作计划

序号	施工准备工作名称	简要内容	要求	负责单位	负责人	配合单位	起止时间		备注
							月 日	月 日	
1									
2									
⋮									

由于各项施工准备工作不是分离的、孤立的,而是互相补充、互相配合的,为了提高施工准备工作的质量,加快施工准备工作的速度,除了用表 4-3 编制施工准备工作计划外,还可采用编制施工准备工作网络计划的方法,以明确各项准备工作之间的逻辑关系,找出关键线路,并在网络计划图上进行施工准备工期的调整,尽量缩短准备工作的时间,使各项工作有领导、有组织、有计划和分期分批地进行。

5. 对施工准备工作的要求

1) 施工准备工作要有明确分工

(1) 建设单位应做好主要专用设备、特殊材料等的订货,建设征地,申请建筑许可证,拆除障碍物,接通场外的施工道路、水源、电源等项工作。

(2) 设计单位主要是进行施工图设计及设计概算等相关工作。

(3) 施工单位主要是分析整个建设项目的施工部署,做好调查研究,收集有关资料,编制好施工组织设计,并做好相应的施工准备工作。

2) 施工准备工作应分阶段、有计划地进行

施工准备工作应分阶段、有组织、有计划、有步骤地进行。施工准备工作不仅要在开工之前集中进行,而且要贯穿整个施工过程的始终。随着工程施工的不断进展,各分部分项工程的施工准备工作都要连续不断地分阶段、有组织、有计划、有步骤地进行。为了保证施工

准备工作按时完成,应按照施工进度计划的要求,编制好施工准备工作计划,并随工程的进展,按时组织落实。

3) 施工准备工作要有严格的保证措施

主要保证措施有:

(1) 施工准备工作责任制度。

(2) 施工准备工作检查制度。

(3) 坚持基建程序,严格执行开工报告制度。

4) 施工准备工作中应做好四个结合

(1) 施工与设计结合。接到施工任务后,施工单位应尽早与设计单位联系,着重了解工程的总体规划、平面布局、结构型式、构件种类、新材料新技术等的应用和出图的顺序,以便使出图顺序与单位工程的开工顺序及施工准备工作顺序协调一致。

(2) 室内准备工作与室外准备工作结合。室内准备主要指内业的技术资料准备工作;室外准备主要指调查研究、收集资料和施工现场准备、物资准备等外业工作。室内准备对室外准备起到指导作用,而室外准备则为室内准备提供依据或具体落实室内准备的有关要求,室内准备工作与室外准备工作要协调进行。

(3) 土建工程准备与专业工程准备结合。工程施工过程中,土建工程与专业工程是相互配合进行的。土建施工单位做施工准备工作时,应督促和协助专业工程施工单位做好施工准备工作。

(4) 前期施工准备与后期施工准备结合。

5) 开工前,对施工准备工作进行全面检查

单位工程的施工准备工作基本完成后,要对施工准备工作进行全面检查,具备了开工条件后,应及时向上级有关部门报送开工报告,经批准后即可开工。单位工程应具备的开工条件如下:

(1) 施工图纸已经会审,并有会审纪要。

(2) 施工组织设计已经审核批准,并进行了交底工作。

(3) 施工图预算和施工预算已经编制和审定。

(4) 施工合同已经签订,施工执照已经办好。

(5) 现场障碍物已经拆除或迁移完毕,场内的"四通一平"工作基本完成,能够满足施工要求。

(6) 永久或半永久性的平面测量控制网的坐标点和标高测量控制网的水准点均已建立,建筑物、构筑物的定位放线工作已基本完成,能满足施工的需要。

(7) 施工现场的各种临时设施已按设计要求搭设,基本能够满足使用要求。

(8) 工程施工所用的材料、构配件、制品和机械设备已订购落实,并已陆续进场,能够保证开工和连续施工的要求;先期使用的施工机具已按施工组织设计的要求安装完毕,并进行了试运转,能保证正常使用。

(9) 施工队伍已经落实,已经过或正在进行必要的进场教育和各项技术交底工作,已调进现场或随时准备进场。

(10) 现场安全施工守则已经制定,安全宣传牌已经设置,安全消防设施已经具备。

4.4.2 主要资源配置计划

主要资源配置计划应包括劳动力配置计划和物资配置计划等。

1. 劳动力配置计划

劳动力配置计划是保证工程项目施工进度的重要因素之一,也是确定施工现场大型生产和生活福利临时设施规模、施工企业劳动力调配及组织劳动力进场的依据。应包括下列内容:

(1) 确定各施工阶段(期)的总用工量;

(2) 根据施工总进度计划确定各施工阶段(期)的劳动力配置计划。

编制劳动力配置计划时,首先根据工程量汇总表中列出的各主要工种的实物工程量,查套劳动定额或相关资料,即可求得各单位工程主要工种的劳动量(工日数);再根据施工总进度计划中各单位工程不同工种的开始时间和持续时间,得到某单位工程在某段时间里的平均劳动力数及该工种劳动力进场时间。按同样方法可计算出各单位工程的主要工种在各时期的平均工人数。将总进度计划表中各单位工程同工种的人数叠加,即可列出主要工种劳动力需要量计划表。为方便统计,也可以按不同施工阶段编制劳动力配置计划,见表4-4、表4-5、表4-6。

表4-4 基础工程施工时劳动力投入计划

单项工程	工 种							
	木工	钢筋工	混凝土工	架子工	砌筑工	…	其他辅助工	合计
1号楼								
2号楼								
⋮								
总计								

表4-5 主体结构施工时劳动力投入计划

单项工程	工 种							
	木工	钢筋工	混凝土工	架子工	砌筑工	…	其他辅助工	合计
1号楼								
2号楼								
⋮								
总计								

表4-6 装饰装修阶段劳动力投入计划

单项工程	工 种							
	木工	泥工	油漆工	架子工	现场电工	…	其他辅助工	合计
1号楼								
2号楼								
⋮								
总计								

2. 物资配置计划

(1) 根据施工总进度计划确定主要工程材料和设备的配置计划。

工程材料、构件、半成品的需要量和供应计划是实现项目工期总目标的重要因素，是施工单位组织材料和预制品加工、订货的依据，是材料供应部门和有关加工厂准备所需的材料、构件、半成品并及时供应的依据，也是确定施工现场大型施工临时设施中材料、构件、半成品的堆放场地和仓库面积的依据之一。因此，在施工总进度计划编好后，还应编制材料、构件、半成品的需要量计划。

根据各工种工程量汇总表所列各建筑物的工程量套定额，通过计算得出各建筑物的建筑材料、构件和半成品的需要量。然后根据施工总进度计划表，大致算出某些建筑材料在某一时间内（某季度或某月）的需要量，从而编制出建筑材料、构件和半成品的配置计划，如表4-7所示。

表 4-7　现场主要工程材料、构件、半成品的配置计划

序号	材料、构件、半成品名称	规格	单位	数量	进场时间
1	反铲挖掘机				
2	塔式起重机				
…					

(2) 根据总体施工部署和施工总进度计划确定主要施工周转材料和施工机具的配置计划。

施工机具配置计划是组织机具供应、计算配电线路及选择变压器和确定停放场地面积、进行场地布置的依据。主要施工机械，如挖土机、起重机械等的需要量计划，应根据总体施工部署和主要施工方法、施工总进度计划、主要工种工程量，套机械产量定额确定；辅助机械可以按经验确定；运输机械的需要量根据运输量计算。主要施工机械、设备配置计划，如表4-8所示。

表 4-8　现场主要施工机械、设备配置计划

序号	机械或设备名称	型号规格	数量	额定功率/kW	进场时间	退场时间
1	反铲挖掘机					
2	塔式起重机					
…						

4.5　暂设工程

为满足工程项目施工需要，在工程正式开工之前，应按照工程项目施工准备工作计划，本着有利施工、方便生活、勤俭节约和安全使用的原则，统筹规划，合理布局，及时完成施工现场的暂设工程，为工程项目的顺利实施创造良好的施工环境。

暂设工程一般包括：工地加工厂、工地仓库、工地运输、办公及生活福利设施、工地临时供水、工地临时供电等。

4.5.1 工地加工厂

1. 加工厂的类型和结构

工地加工厂类型主要有：钢筋混凝土构件加工厂、木材加工厂、模板加工车间、粗（细）木加工车间、钢筋加工厂、金属结构构件加工厂和机械修理厂等，对于公路、桥梁路面工程还需有沥青混凝土加工厂。

工地加工厂的结构形式应根据使用情况和当地条件而定，一般宜采用拆装式活动房屋。

2. 加工厂面积的确定

加工厂的建筑面积主要取决于设备尺寸、工艺过程及设计、加工量、安全防火等因素，对于钢筋混凝土构件预制厂、锯木车间、模板加工车间、粗（细）木加工车间、钢筋加工车间等建筑面积，可按式（4-1）计算，也可以参考表 4-9 确定，其他施工现场生产性临时设施所需面积可以参考表 4-10、表 4-11。

$$F=\frac{QK}{TS\alpha} \tag{4-1}$$

式中：F——加工厂所需的建筑面积，m^2；

Q——加工总量，t、m^3、kg 等，可根据材料加工品需要量计划确定；

K——不均衡系数，一般取 1.3～1.5；

T——加工总工期，月；

S——每平方米场地月平均加工量定额；

α——场地或建筑面积利用系数，取 0.6～0.7。

表 4-9 临时加工厂所需面积参考指标

序号	加工厂名称	年产量 单位	年产量 数量	单位产量所需建筑面积	占地总面积 /m^2	备注
1	混凝土搅拌站	m^3	3200	0.022m^2/m^3	按砂石堆场考虑	400L 搅拌机 2 台
		m^3	4800	0.021m^2/m^3		400L 搅拌机 3 台
		m^3	6400	0.020m^2/m^3		400L 搅拌机 4 台
2	临时性混凝土预制厂	m^3	1000	0.25m^2/m^3	2000	生产屋面板和中小型梁柱板等，配有蒸养设施
		m^3	2000	0.20m^2/m^3	3000	
		m^3	3000	0.15m^2/m^3	4000	
		m^3	5000	0.125m^2/m^3	<6000	
3	木材加工厂	m^3	15 000	0.0244m^2/m^3	1800～3600	进行原木、木方加工
		m^3	24 000	0.0199m^2/m^3	2200～4800	
		m^3	30 000	0.0181m^2/m^3	3000～5500	
4	粗木加工厂	m^3	5000～10 000	0.12～0.10m^2/m^3	1350～2500	加工模板及支撑、木方等
		m^3	15 000	0.09m^2/m^3	3750	
		m^3	20 000	0.08m^2/m^3	4800	

续表

序号	加工厂名称	年产量 单位	年产量 数量	单位产量所需建筑面积	占地总面积 /m²	备注
5	钢筋加工厂	t	200	0.35m²/t	280~560	钢筋下料、加工、成型、焊接
		t	500	0.25m²/t	380~750	
		t	1000	0.20m²/t	400~800	
		t	2000	0.15m²/t	450~900	
6	现场钢筋调直或冷拉场地	所需场地				3~5t电动卷扬机1台 均包括材料及成品堆场
	拉直场	(70~80)m×(3~4)m				
	卷扬机棚	15~20m²				
	冷拉场	(40~60)m×(3~4)m				
	时效场	(30~40)m×(6~8)m				
7	钢筋对焊场地	所需场地				包括材料及成品堆放,寒冷地区应适当增加
	对焊场地	(30~40)m×(3~4)m				
	对焊棚	15~24m²				
8	钢筋冷加工场地	所需场地/(m²/台)				钢筋拉拔、冷轧、剪断、弯曲等,按一批加工数量计算
	拉拔、冷轧机	40~50				
	剪断机	30~50				
	弯曲机 φ12以下	50~60				
	弯曲机 φ40以下	60~70				

表4-10 现场作业棚所需面积参考指标

序号	名称	单位	面积
1	木工作业棚	m²/人	2
2	钢筋作业棚	m²/人	3
3	混凝土或灰浆搅拌棚	m²/台	10
4	移动式空压机棚	m²/台	18~30
5	固定式空压机棚	m²/台	9~15
6	卷扬机棚	m²/台	6~12
7	汽车修理棚	m²	80
8	汽车保养棚	m²	40

表4-11 临时生产房屋所需面积参考指标

序号	名称	单位	面积
1	电工房	m²	15
2	焊工房	m²	20~40
3	白铁工房	m²	20
4	油漆工房	m²	20
5	烘炉房	m²	30~40
6	水泵房	m²/台	3~8
7	发电机房	m²/台	10~20
8	钻机房	m²/台	4

续表

序号	名　称	单　位	面　积
9	通风机房	m²/台	5
10	充电机房	m²/台	8
11	立式锅炉房	m²/台	5～10
12	机、钳工修理房	m²	20
13	电锯房(1台小圆锯)	m²	40
14	电锯房(1台34～36in圆锯)	m²	80
15	材料库及油库	m²	80
16	汽车或拖拉机库	m²/辆	20～25

注：1in=2.54cm。

4.5.2　工地仓库

1. 仓库的类型和结构

1) 仓库的类型

建筑工程所用仓库按其用途分为以下几种：

(1) 转运仓库：设在火车站、码头附近，用来转运货物。

(2) 中心仓库：用来储存整个工程项目工地、地域性施工企业所需的材料。

(3) 现场仓库(包括堆场)：专为某项工程服务的仓库，一般建在现场。

(4) 加工厂仓库：为加工厂储存原材料、已加工的半成品、构件等。

2) 仓库的结构形式

(1) 露天仓库：用于堆放不因自然条件而受影响的材料，如砂、石、混凝土构件等。

(2) 库房：用于堆放易受自然条件影响而发生性能、质量变化的材料，如金属材料、水泥、贵重的建筑材料、五金材料、易燃、易碎品等。

2. 工地物资储备量的确定

工地物资储备既要保证施工的连续性，又要避免材料的大量积压，进而造成仓库面积过大而增加投资。储备量的大小要根据工程的具体情况而定，场地小，运输方便的可少储存；对于运输不便的、受季节影响的材料可多储存。

1) 全现场(建筑群)的材料储备量

主要用于备料计划，一般按年(季)组织储备，按式(4-2)计算：

$$q_1 = K_1 Q_1 \tag{4-2}$$

式中：q_1——材料总储备量。

　　　K_1——储备系数，对型钢、木材、砂、石以及用量小、不经常使用的材料取0.3～0.4；对水泥、砖、瓦、块石、管材、暖气片、玻璃、油漆、卷材、沥青取0.2～0.3；特殊条件下宜根据具体情况确定。

　　　Q_1——该项材料最高年(季)需要量。

2) 单位工程材料储备量

单位工程材料储备量应保证工程连续施工的需要,同时应与全现场材料储备量综合考虑,其储备量按式(4-3)计算:

$$q_2 = \frac{nQ_2}{T}K_2 \tag{4-3}$$

式中:q_2——单位工程材料储备量;

n——储备天数,按表 4-12 取用;

Q_2——计划期内需用的材料数量;

T——需用该项材料的施工天数,且不大于 n;

K_2——材料消耗量不均匀系数(日最大消耗量/平均消耗量)。

表 4-12 计算仓库面积的有关系数

序号	材料名称	储备天数 n/d	每平方米储存量 P	堆置高度/m	仓库面积利用系数 K_3	仓库类型、保管方法
1	工字钢、槽钢	40~50	0.8~0.9t	0.5	0.32~0.54	露天、堆垛
2	扁钢、角钢	40~50	1.2~1.8t	1.2	0.45	露天、堆垛
3	钢筋(直筋)	40~50	1.8~2.4t	1.2	0.11	露天、堆垛
4	钢筋(盘筋)	40~50	0.8~1.2t	1.0	0.11	棚或库约占 20%
5	钢管 ϕ200 以上	40~50	0.5~0.6t	1.2	0.11	露天、堆垛
6	钢管 ϕ200 以下	40~50	0.7~1.0t	2.0	0.11	露天、堆垛
7	薄、中厚钢板	40~50	4.0~4.5t	1.0	0.57	仓库或棚、堆垛
8	钢丝绳	40~50	0.7t	1.0	0.11	仓库、堆垛
9	电线、电缆	40~50	0.3t	2.0	0.35~0.40	仓库或棚、堆垛
10	木材、原木	40~50	0.8~0.9m³	2.0	0.40~0.50	露天、堆垛
11	成材	30~40	0.7m³	3.0	0.40~0.50	露天、堆垛
12	胶合板模板	20~30	200~300 张	1.5	0.40~0.50	仓库、堆垛
13	钢门窗	10~20	0.65t	2	0.40~0.50	棚
14	水泥	30~40	1.3~1.5t	1.5	0.45~0.60	仓库、堆垛
15	砖	10~30	0.7~0.8 千块	1.5	0.6	露天、堆垛
16	混凝土砌块	10~30	1.4m³	1.5	0.7	露天、堆垛
17	轻质混凝土制品	3~7	1.1m³	2	0.7	露天、堆垛
18	玻璃	20~30	6~10 箱	0.8	0.45~0.60	仓库、堆垛
19	防水卷材	20~30	15~24 卷	2.0	0.35~0.45	仓库、堆垛
20	沥青	20~30	0.8t	1.2	0.50~0.60	露天、堆垛
21	油脂	20~30	0.45~0.8t	1.2	0.35~0.40	仓库、料架
22	五金	20~30	1.0t	2.2	0.35~0.40	仓库、料架
23	水暖零件	20~30	0.7t	1.4	0.35~0.40	仓库、料架
24	水、电及卫生设备	20~30	0.35t	1.0	0.32~0.54	库、棚各占约 1/4
25	多种劳保用品		250 件	2	0.40~0.50	仓库、料架

3. 各种仓库面积的确定

确定某一种建筑材料的仓库面积,与该建筑材料需要储备的天数、材料的需要量以及仓库的存储定额有关。在得到材料的储备量后,便可根据该材料的存储定额采用式(4-4)计算该材料所需用的仓库面积:

$$F = \frac{q}{PK_3} \tag{4-4}$$

式中:F——仓库需要面积,m^2;

q——材料储备量,用于全现场时为 q_1,用于单位工程时为 q_2;

P——每平方米仓库面积上材料储存量,见表 4-12;

K_3——仓库面积利用系数,见表 4-12。

4.5.3 工地运输

1. 确定运输方式

工地的运输方式有铁路运输、公路运输、水路运输等。在选择运输方式时,应考虑各种影响因素,如运量的大小、运距的长短、货物的性质、路况及运输条件、自然条件等。另外,还应考虑经济条件,如装卸、运输费用。

一般情况下,尽量利用已有的永久性道路。当货运量大,且距国家铁路较近时,宜铁路运输;当地势复杂,且附近又没有铁路时,考虑汽车运输;货运量不大,运距较近时,宜采用汽车运输或特种运输;有水运条件的可采用水运。

2. 确定运输量

工程项目所需的所有材料、设备及其他物资,均需要从工地以外的地方运来,其运输总量应按工程的实际需要量来确定,同时还应考虑每日工程项目对物资的需求确定单日的最大运量。其日货运量按式(4-5)计算:

$$q = \frac{\sum(QL)}{T}K \tag{4-5}$$

式中:q——日货运量,t·km;

Q——某种货物的需要总量;

L——某种货物从发货地到储存地的距离,km;

T——工程项目施工总工日;

K——运输工作不均衡系数,铁路运输取 1.5,汽车运输取 1.2。

3. 确定运输工具数量

运输方式确定后,便可以计算运输工具的数量。每一个工作班所需的运输工具数量按式(4-6)计算:

$$n = \frac{q}{cb}K_1 \tag{4-6}$$

式中：n——每一个工作班所需运输工具数量；

c——运输台班的生产率；

b——每日的工作班次；

K_1——运输工具使用不均衡系数，火车可取 1.0，汽车取 1.2～1.6。

4.5.4 办公及生活福利设施

1. 办公及生活福利设施内容

（1）行政管理和辅助生产用房，包括办公室、休息室、警卫室、消防站、汽车库及修理车间等；

（2）居住用房，包括职工宿舍、招待所等；

（3）生活福利用房，包括俱乐部、学校、幼儿园、图书馆、浴室、理发室、开水房、商店、食堂、邮亭、医务所等。

2. 确定办公及生活福利设施的建筑面积

可由式(4-7)确定建筑面积：

$$S = NP \tag{4-7}$$

式中：S——所需建筑面积，m^2；

N——使用人数；

P——建筑面积参考指标，m^2/人，可参照表 4-13 计算。

表 4-13 行政、生活福利临时建筑面积参考指标

序号	临时房屋名称	指标使用方法	参考指标
1	办公室	按使用人数计算	3～4 m^2/人
2	宿舍	按工地实有人数计算	
2.1	单层床	扣除不在工地居住人数	3.5～4.0 m^2/人
2.2	双层床	扣除不在工地居住人数	2.0～2.5 m^2/人
2.3	单层通铺	按高峰年平均职工人数计算	2.5～3.0 m^2/人
3	食堂	按高峰年平均职工人数计算	0.5～0.8 m^2/人
	食堂兼礼堂	按高峰年平均职工人数计算	0.6～0.9 m^2/人
4	医务所	按高峰年平均职工人数计算	0.05～0.07 m^2/人
5	理发室	按高峰年平均职工人数计算	0.01～0.03 m^2/人
6	俱乐部	按高峰年平均职工人数计算	0.1 m^2/人
7	小超市	按高峰年平均职工人数计算	0.03 m^2/人
8	浴室	按高峰年平均职工人数计算	0.07～0.1 m^2/人
9	开水房	按高峰年平均职工人数计算	10～40 m^2
10	工人休息室	按高峰年平均职工人数计算	0.15 m^2/人
11	厕所	按高峰年平均职工人数计算	0.02～0.07 m^2/人

4.5.5 工地临时供水

建筑工地临时用水主要包括 3 种类型：生产用水、生活用水和消防用水。

工地临时供水设计内容主要包括：计算用水量、选择水源、设计配水管网。
可扫描二维码 4-2 观看教学视频，学习工地临时供水相关知识。

4-2

1. 确定用水量

1) 生产用水

包括工程施工用水和施工机械用水。

(1) 施工工程用水量

可按照式(4-8)确定：

$$q_1 = K_1 \sum \frac{Q_1 N_1}{b} \times \frac{K_2}{8 \times 3600} \tag{4-8}$$

式中：q_1——施工工程用水量，L/s；

K_1——未预计的施工用水系数(取 1.05～1.15)；

Q_1——用水高峰日完成的工程量；

N_1——施工用水定额，见表 4-14；

b——每天工作班数；

K_2——现场施工用水不均衡系数，见表 4-15。

(2) 施工机械用水量

可按照式(4-9)确定：

$$q_2 = K_1 \sum Q_2 N_2 \frac{K_3}{8 \times 3600} \tag{4-9}$$

式中：q_2——施工机械用水量，L/s；

Q_2——同一种机械数量，台；

N_2——施工机械用水定额，见表 4-16；

K_3——施工机械用水不均衡系数，见表 4-15。

表 4-14 施工用水(N_1)参考定额

序号	用 水 名 称	单位	耗水量 N_1	备 注
1	混凝土自然养护	L/m³	200～400	
2	混凝土蒸汽养护	L/m³	500～700	
3	冲洗模板	L/m²	5	
4	搅拌机清洗	L/台班	600	实测数据
5	洗砂	L/m³	1000	
6	砌砖工程全部用水	L/m³	150～250	
7	浇砖	L/千块	200～250	
8	浇硅酸盐砌块	L/m³	300～350	
9	抹灰工程全部用水	L/m²	30	
10	抹灰(不包括调制砂浆)	L/m²	4～6	不包括调制用水找平层
11	楼地面抹砂浆	L/m²	190	
12	搅拌砂浆	L/m³	300	

续表

序号	用水名称	单位	耗水量 N_1	备注
13	原土地坪、路基	L/m²	0.2~0.3	
14	上水管道工程	L/m	98	
15	下水管道工程	L/m	1130	
16	工业管道工程	L/m	35	

表 4-15 施工用水不均衡系数

项目	用水名称	系数
K_2	现场施工用水	1.5
	附属生产企业用水	1.25
K_3	施工机械、运输机械	2.00
	动力设备	1.05~1.10
K_4	施工现场生活用水	1.30~1.50
K_5	生活区生活用水	2.00~2.50

表 4-16 施工机械用水(N_2)参考定额

序号	机械名称	单位	耗水量	备注
1	内燃挖土机	L/(m³·台班)	200~300	以斗容量(m³)计
2	内燃起重机	L/(t·台班)	15~18	以起重吨数计
3	蒸汽起重机	L/(t·台班)	300~400	以起重吨数计
4	蒸汽打桩机	L/(t·台班)	1000~1200	以锤重吨数计
5	内燃压路机	L/(t·台班)	12~15	以压路机吨数计
6	蒸汽压路机	L/(t·台班)	100~150	以压路机吨数计
7	蒸汽机车	L/(台·昼夜)	10 000~20 000	
8	内燃机动力装置	L/(kW·台班)	160~400	
9	空气压缩机	L/(m³/min·台班)	40~80	以压缩空气机排气量(m³/min)计
10	拖拉机	L/(台·昼夜)	200~300	
11	汽车	L/(台·昼夜)	400~700	
12	锅炉	L/(t·h)	1050	以小时蒸发量计
13	50型点焊机	L/(台·h)	150~200	实测数据
14	75型点焊机	L/(台·h)	250~300	实测数据
15	对焊机	L/(台·h)	300	
16	冷拔机	L/(台·h)	300	
17	YQ-100型凿岩机	L/(台·min)	8~12	
18	木工场	L/(台·台班)	20~25	
19	锻工场	L/(台·台班)	40~50	

2) 生活用水

包括施工现场生活用水和生活区生活用水。

(1) 施工现场生活用水量

可按照式(4-10)确定：

$$q_3 = \frac{P_1 N_3 K_4}{b \times 8 \times 3600} \tag{4-10}$$

式中：q_3——施工现场生活用水量,L/s；

P_1——施工现场高峰昼夜人数；

N_3——施工现场生活用水定额,视当地气候、工种而定,也可参考表 4-17；

K_4——施工现场生活用水不均衡系数,见表 4-15。

(2) 生活区生活用水量

可按照式(4-11)确定：

$$q_4 = \frac{P_2 N_4 K_5}{24 \times 3600} \tag{4-11}$$

式中：q_4——生活区生活用水量,L/s；

P_2——生活区居住人数；

N_4——生活区昼夜全部生活用水定额,见表 4-17；

K_5——生活区生活用水不均衡系数,见表 4-15。

表 4-17 生活用水量(N_3、N_4)参考定额

序号	机 械 名 称	单 位	耗水量	备 注
1	盥洗、饮用用水	L/(人·日)	25~40	
2	食堂	L/(人·次)	10~20	
3	淋浴带大池	L/(人·次)	50~60	淋浴人数按出勤人数的30%计
4	洗衣房(干衣)	L/kg	40~60	
5	理发室	L/(人·次)	10~25	
6	施工现场生活用水 N_3	L/人	20~60	
7	生活区全部生活用水 N_4	L/人	100~120	

3) 消防用水

临时消防用水量 q_5 应为临时室外消防用水量与临时室内消防用水量之和。临时室外消防用水量应按临时用房用水量和在建工程的临时室外消防用水量的较大者确定,施工现场火灾次数可按同时发生 1 次确定。临时用房建筑面积之和大于 1000m² 或在建工程单体体积大于 10 000m³ 时,应设置临时室外消防给水系统。当施工现场处于市政消火栓 150m 保护范围内,且市政消火栓的数量满足室外消防用水量要求时,可不设置临时室外消防给水系统。临时用房的临时室外消防用水量不应小于表 4-18 的规定。在建工程的临时室外消防用水量不应小于表 4-19 的规定。

表 4-18 临时用房的临时室外消防用水量

临时用房建筑面积之和	火灾延续时间/h	消火栓用水量/(L/s)	每支水枪最小流量/(L/s)
1000m² ＜ 面积 ≤ 5000m²	1	10	5
面积 ＞ 5000m²	1	15	5

表 4-19 在建工程的临时室外消防用水量

在建工程(单体)体积	火灾延续时间/h	消火栓用水量/(L/s)	每支水枪最小流量/(L/s)
10 000m³ ＜ 体积 ≤ 30 000m³	1	15	5
体积 ＞ 30 000m³	2	20	5

建筑高度大于24m或单体体积超过30 000m³的在建工程,应设置临时室内消防给水系统。在建工程的临时室内消防用水量不应小于表4-20的规定。

表 4-20 在建工程的临时室内消防用水量

建筑高度,在建工程体积(单体)	火灾延续时间/h	消火栓用水量/(L/s)	每支水枪最小流量/(L/s)
24m ＜ 建筑高度 ≤ 50m 或 30 000m³ ＜ 体积 ≤ 50 000m³	1	10	5
建筑高度 ＞ 50m 或体积 ＞ 50 000m³	1	15	5

4) 确定总用水量

由于生产用水、生活用水和消防用水不同时使用,故在确定总用水量 Q 时,不能简单相加,一般可分为以下三种情况:

(1) 当 $q_1+q_2+q_3+q_4 \leq q_5$ 时,可按照式(4-12)确定:

$$Q = 0.5 \times (q_1 + q_2 + q_3 + q_4) + q_5 \tag{4-12}$$

(2) 当 $q_1+q_2+q_3+q_4 > q_5$ 时,可按照式(4-13)确定:

$$Q = q_1 + q_2 + q_3 + q_4 \tag{4-13}$$

(3) 当工地面积小于 50 000m²(即 5hm²),且 $q_1+q_2+q_3+q_4 < q_5$ 时,可按照式(4-14)确定:

$$Q = q_5 \tag{4-14}$$

最后计算出的总用水量还应增加10%,以补偿管网的漏水损失。

2. 选择水源

建筑工地临时供水水源,一般利用现场附近居民区现有的供水管道供水,只有当工地附近没有现成的供水管道或现有给水管道无法使用以及给水管道供水量难以满足使用要求时,才使用天然水源(如江河、水库、泉水、井水等)供水。

3. 设计配水管网

配水管网布置的原则是在保证连续供水和满足施工使用要求的情况下,管道铺设尽可能短。

(1) 确定供水系统

一般工程项目的施工用水尽可能利用拟建项目的永久性供水系统,没有永久性供水系统,才修建临时供水系统。临时供水系统由取水设施、净水设施、储水构筑物、输水管道和配水管线等组成。如果已有供水系统,可直接从供水源接输水管道。

取水设施一般由进水装置(取水口)、进水管和水泵组成,所选用的水泵应具有足够的抽水能力和扬程。在临时供水时,如水泵不能连续抽水,则需设置储水构筑物(如蓄水池、水塔或水箱)。其容量以每小时消防用水决定,但不得少于 $10\sim20m^3$(参考《建筑施工手册》第5版内容)。

(2) 确定供水管径

根据工地总用水量,按式(4-15)计算干管管径:

$$D = \sqrt{\frac{4Q \times 1000}{\pi v}} \tag{4-15}$$

式中:D——配水管直径,mm;

Q——施工现场总用水量,L/s;

v——管网中的水流速度,m/s,临时水管经济流速范围可参照表4-21;一般生活及施工用水取 1.5m/s,消防用水取 2.5m/s。

表 4-21 临时水管经济流速

序号	管 径	流速 v/(m/s)	
		正常时间	消防时间
1	$D<100mm$	0.5~1.2	—
2	$D=100\sim300mm$	1.0~1.6	2.5~3.0
3	生产消防管道 $D>0.3m$	1.5~1.7	2.5
4	生产用水管道 $D>0.3m$	1.5~2.5	3.0

(3) 选择管道材料

根据计算得到的管径可选择临时给水管道材料,目前使用的管道主要有三大类。第一类是金属管,如镀锌钢管、内搪塑料的热镀铸铁管、钢管、不锈钢管、球墨铸铁管等。第二类是塑复金属管,如塑复钢管、铝塑复合管等。第三类是塑料管,如 PE(聚乙烯)管、PP-R(无规共聚聚丙烯,又叫三丙聚丙烯)管、PVC-U(硬聚氯乙烯)管等。工地常用 PE 管及 PP-R 的规格、尺寸见表 4-22、表 4-23,可供选用参考。

表 4-22 给水用 PE 管规格、尺寸

公称外径 DN/mm	公称壁厚 e_n/mm					
	管类型					
	S4	S5	S6.3	S8	S10	S12.5
	PE80级公称压力/MPa					
	1.6	1.25	1.0	0.8	0.6	0.5
	PE100级公称压力/MPa					
	2.0	1.6	1.25	1.0	0.8	0.6
40	4.5	3.7	3.0	2.4	2.3	—
50	5.6	4.6	3.7	3.0	2.4	2.3
63	7.1	5.8	4.7	3.8	3.0	2.5
75	8.4	6.8	5.6	4.5	3.6	2.9
90	10.1	8.2	6.7	5.4	4.3	3.5

续表

公称外径 DN/mm	公称壁厚 e_n/mm					
	管类型					
	S4	S5	S6.3	S8	S10	S12.5
	PE80 级公称压力/MPa					
	1.6	1.25	1.0	0.8	0.6	0.5
	PE100 级公称压力/MPa					
	2.0	1.6	1.25	1.0	0.8	0.6
110	12.3	10.0	8.1	6.6	5.3	4.2
125	14.0	11.4	9.2	7.4	6.0	4.8
140	15.7	12.7	10.3	8.3	6.7	5.4
160	17.9	14.6	11.8	9.5	7.7	6.2
180	20.1	16.4	13.3	10.7	8.6	6.9
200	22.4	18.2	14.7	11.9	9.6	7.7
225	25.2	20.5	16.6	13.4	10.8	8.6
250	27.9	22.7	18.4	14.8	11.9	9.6
280	31.3	25.4	20.6	16.6	13.4	10.7

表 4-23 冷热水用 PP-R 管规格、尺寸

公称外径 DN/mm	公称壁厚 e_n/mm					
	管类型					
	S6.3	S5	S4	S3.2	S2.5	S2
25	2.0	2.3	2.8	3.5	4.2	5.1
32	2.4	2.9	3.6	4.4	5.4	6.5
40	3.0	3.7	4.5	5.5	6.7	8.1
50	3.7	4.6	5.6	6.9	8.3	10.1
63	4.7	5.8	7.1	8.6	10.5	12.7
75	5.6	6.8	8.4	10.3	12.5	15.1
90	6.7	8.2	10.1	12.3	15.0	18.1
110	8.1	10.0	12.3	15.1	18.3	22.1
125	9.2	11.4	14.0	17.1	20.8	25.1
140	10.3	12.7	15.7	19.2	23.3	28.1
160	11.8	14.6	17.9	21.9	26.6	32.1
180	13.3	16.4	20.1	24.6	29.0	36.1
200	14.7	18.2	22.4	27.4	33.2	40.1

例 4-1 某住宅小区在建三期工程，有 20 栋高层住宅，均为钢筋-混凝土剪力墙结构，其中 10 栋为 21 层，10 栋为 24 层；临街有 4 栋商业用房，均为 5 层的框架结构。该三期工程最大建筑高度为 71.3m，单体最大体积为 71 827m^3。由于各栋楼开始时间不一样，施工高峰期基础工程、主体结构、砌筑工程及装饰工程同时进行。根据施工总进度计划，已知施工现场用水高峰期，日最大浇筑混凝土 1850m^3，砌筑砌块 450m^3，抹灰 1420m^2。施工现场高峰昼夜人数为 2150 人，生活区居住人数为 1210 人。临时用房的建筑面积之和为 4550m^2。已知施工现场处于市政消火栓 150m 保护范围以外，试计算用水量和管径，选择管道材料，并进行管路布置。

解 1) 计算用水量和管径
(1) 工程施工用水量计算

本工程采用商品混凝土,仅考虑养护用水,查表4-14中N_1,混凝土自然养护取$250L/m^3$,砌筑取$200L/m^3$,抹灰取$30L/m^2$;取$K_1=1.1$;查表4-15,取$K_2=1.5$;工作班数取$b=1.2$。将上述数值代入式(4-8)得:

$$q_1 = K_1 \sum \frac{Q_1 N_1}{b} \times \frac{K_2}{8 \times 3600}$$

$$= \left(1.1 \times \frac{(1850 \times 250 + 450 \times 200 + 1420 \times 30)}{1.2} \times \frac{1.5}{8 \times 3600}\right) L/s = 28.41 L/s$$

(2) 施工机械用水量计算

不考虑施工机械用水,故$q_2 = 0 L/s$。

(3) 施工现场生活用水量计算

查表4-17,取$N_3 = 60 L/人$;查表4-15,取$K_4 = 1.4$;$b=1.2$。代入式(4-10)得:

$$q_3 = \frac{P_1 N_3 K_4}{b \times 8 \times 3600} = \left(\frac{2150 \times 60 \times 1.4}{1.2 \times 8 \times 3600}\right) L/s = 5.23 L/s$$

(4) 生活区生活用水量计算

查表4-17,取$N_4 = 110 L/人$;查表4-15,取$K_5 = 2.0$,代入式(4-11)得:

$$q_4 = \frac{P_2 N_4 K_5}{24 \times 3600} = \left(\frac{1210 \times 110 \times 2}{24 \times 3600}\right) L/s = 3.08 L/s$$

(5) 消防用水量计算

① 临时室外消防用水量

本例施工现场临时用房建筑面积之和为$4550m^2 > 1000m^2$,且施工现场处于市政消火栓150m保护范围以外,故应设置临时室外消防给水系统,查表4-18,取$10L/s$;本例在建工程单体最大体积为$71~827m^3 > 30~000m^3$,查表4-19,取$20L/s$;取两者较大者,故临时室外消防用水量取$20L/s$。

② 临时室内消防用水量

本例在建住宅小区最大建筑高度为$71.3m > 50m$,单体最大体积为$71~827m^3 > 50~000m^3$,查表4-20,取$15L/s$。

故本例消防用水量$q_5 = (20+15)L/s = 35L/s$。

(6) 总用水量计算

∵ $q_1 + q_2 + q_3 + q_4 = (28.41 + 0 + 5.23 + 3.08)L/s = 36.72L/s > q_5 = 35L/s$

∴ $Q = q_1 + q_2 + q_3 + q_4 = 36.72 L/s$

考虑漏水损失,则$Q = (1.1 \times 36.72)L/s = 40.39 L/s$

(7) 管径计算

① 总管管径

查表4-21,取$v = 2.5 m/s$,代入式(4-15)得:

$$D = \sqrt{\frac{4Q \times 1000}{\pi v}} = \sqrt{\frac{4 \times 40.39 \times 1000}{3.14 \times 2.5}} mm = 143.46 mm$$

② 生产用水管径

取 $v=1.6\text{m/s}$

$$D=\sqrt{\frac{4Q\times1000}{\pi v}}=\sqrt{\frac{4\times(1.1\times28.41)\times1000}{3.14\times1.6}}\text{mm}=157.74\text{mm}$$

③ 施工现场生活用水给水管管径

取 $v=1.2\text{m/s}$

$$D=\sqrt{\frac{4Q\times1000}{\pi v}}=\sqrt{\frac{4\times(1.1\times5.23)\times1000}{3.14\times1.2}}\text{mm}=78.15\text{mm}$$

④ 生活区生活用水给水管管径

取 $v=1.2\text{m/s}$

$$D=\sqrt{\frac{4Q\times1000}{\pi v}}=\sqrt{\frac{4\times(1.1\times3.08)\times1000}{3.14\times1.2}}\text{mm}=59.97\text{mm}$$

2）选择管道材料

本工程临时消防管道采用热镀锌钢管,主管最大管径选取 DN150,主楼消防立管管径为 DN100,总包办公室附近的消防管路取 DN65,每层消防支管取 DN25。

生产用水管路采用 PE80 管,查表 4-22,主管最大管径选取 DN160,分管选取 DN140、DN63、DN50,采用热熔对焊。

施工现场生活用水给水管主管采用 DN90 的 PE80 管,支管采用 DN75/50/25 的 PP-R 管;生活区生活用水给水管主管采用 DN63 的 PE80 管,支管采用 DN50/40/25 的 PP-R 管。

3）管路布置

本工程现场临时用水主要由消防用水、施工用水和生活用水组成。

（1）消防用水管路布置

本项目所用水源为施工现场东面市政管网,将东侧市政水引进自备消防水箱,经过多级增压泵加压后注入消防环网。消防管道采用 DN150/100/65/25 热镀锌钢管,采用沟槽连接,沿场区围墙内侧及路边做环网,埋地敷设,部分路段计划采用支架安装。

本项目消防控制重点为办公区、库房、易燃材料堆放场地以及集中动火点。消防干管沿建筑物周边埋地敷设,立管的具体位置应按照位置明显、易于取用的原则设置,并设置明显标志。室外灭火系统采用灭火器和消火栓相结合的方式,在现场设置消防架和灭火器箱,室外设 40 套消火栓。消火栓配备警示标志,夜间设置警示灯。在建筑内部每层设 1 套 DN65 室内消火栓箱,地下室每层设置 2 套消火栓。每个楼层消火栓处设置消火栓箱,配置相应数量的 25m 水龙带,19mm 水枪喷嘴,以备使用;重要防火部位放置 2 具干粉灭火器。

（2）施工用水管路布置

施工用水主要是供混凝土养护、二次结构墙体砌筑、装修、施工机械清洗、清扫等。现场生产用水由消防环网供给,供水方式为垂直并联,经增压设备增压后输送至各个用水点。

（3）生活用水管路布置

生活区生活用水主要为管理人员和施工人员日常生活用水,项目区、劳务区食堂及开水间等食用水采用专用封闭管道引入市政供水,以保证饮用水质安全。

4）管道埋地敷设

室外给水管道一般在外表面做加强防腐后埋地敷设,覆土深度应根据土壤冰冻深度、车辆荷载、管道材质及管道交叉等因素确定。管顶最小覆土深度不得小于土壤冰冻线以下0.15m，行车道下的管线覆土深度不宜小于0.7m。各种管线应尽量避开堆放场和建筑物、设施进行敷设，横穿道路时加钢套管进行保护。各供水阀门做好标识，禁止浪费及随意流淌。

4.5.6 工地临时供电

建筑工地临时供电包括：计算工地总用电量，选择电源，确定变压器，确定配电导线截面面积及布置配电线路。

1. 工地总用电量计算

建筑工地用电量包括动力用电和照明用电两种，根据施工总进度计划，以整个施工期中的最大用电负荷时段（即施工高峰期同时用电量）作为计算负荷。可按式(4-16)计算总用电量。

$$P = \phi \left(K_1 \frac{\sum P_1}{\cos\varphi} + K_2 \sum P_2 + K_3 \sum P_3 + K_4 \sum P_4 \right) \quad (4\text{-}16)$$

一般建筑工地现场多采用一班制，少数采用两班制，因此综合考虑动力用电约占总用电量的90%，室内外照明用电约占10%，则式(4-16)可简化为：

$$P_{计} = 1.1 \left(K_1 \frac{\sum P_1}{\cos\varphi} + K_2 \sum P_2 + 0.1P \right) = 1.24 \left(K_1 \frac{\sum P_1}{\cos\varphi} + K_2 \sum P_2 \right) \quad (4\text{-}17)$$

式中：$P_{计}$——供电设备总需要容量(kV·A)；

ϕ——未预计施工用电系数(1.05～1.1)；

P_1——电动机额定功率，kW；

P_2——电焊机额定容量，kV·A；

P_3——室内照明设备额定用电量，kW；

P_4——室外照明设备额定用电量，kW；

$\cos\varphi$——电动机的平均功率因数，施工现场最高为0.75～0.78，一般为0.65～0.75；

K_1、K_2、K_3、K_4——用电设备同时使用系数，见表4-24。

表4-24 用电设备同时使用系数(K)

用电名称	数量	K	数值	备注
电动机	3～10台	K_1	0.7	如施工中需用电热时应将其用电量计算进去。为使计算接近实际，式中各项用电根据不同性质分别计算
电动机	11～30台	K_1	0.6	
电动机	30台以上	K_1	0.5	
加工厂动力设备			0.5	
电焊机	3～10台	K_2	0.6	
电焊机	10台以上	K_2	0.5	
室内照明		K_3	0.8	
室外照明		K_4	1.0	

各种机械设备以及室外照明用电可参考有关定额。

2. 选择电源

选择临时供电电源,通常有如下几种方案:

(1) 完全由工地附近的电力系统供电,包括在全面开工之前把永久性供电外线工程做好,设置变电站;

(2) 工地附近的电力系统能供应一部分,工地尚需增设临时电站以补充不足;

(3) 利用附近的高压电网,申请临时加设配电变压器;

(4) 工地处于新开发地区,没有电力系统时,完全由自备临时发电站供给。

采取何种方案,应根据工程实际,须满足施工高峰期最高用电负荷,并考虑输电设施的经济合理性,经过分析比较后确定。

最经济的方案是,将附近的高压电,经设在工地的变压器降压后,引入工地,但事前必须将施工中需要的用电量向供电部门申请批准。

3. 确定变压器

变压器容量可由式(4-18)计算:

$$P_变 = KP_计 \tag{4-18}$$

式中:$P_变$——变压器容量,kV·A;

K——功率损失系数,取 1.05。

根据计算所得容量,即可查有关资料选择变压器的型号和额定容量。

4. 确定配电导线截面面积

配电导线要正常工作,必须具有足够的力学强度(防止受拉或机械性损伤而折断),还必须耐受因电流通过所产生的温升,并且使得电压损失在允许范围内,因此,选择配电导线截面面积,必须满足机械强度、允许电流和允许电压降三方面的要求。通常先根据负荷电流的大小选择导线截面,然后再以机械强度和允许电压降进行复核。这里不再赘述,可参考《建筑施工手册》《简明施工计算手册》等有关资料。

5. 布置配电线路

配电线路的布置方案有枝状、环状和混合式三种,主要根据用户的位置和要求、永久性供电线路的形状而定。一般 3~10kV 的高压线路宜采用环状,380V/220V 的低压线路可用枝状。可扫描二维码 4-3 学习某实际工程的施工现场临时用电用水组织设计。

4-3

例 4-2 某高层住宅小区建筑施工工地,主要施工机械设备如表 4-25 所示,试估算该工地用电总量,并选择配电变压器。

表 4-25 施工阶段主要机械设备

序号	机具名称	型号	数量	总功率
1	塔式起重机	TC6015	5	375kW
2	施工电梯	T143	6	66kW

续表

序号	机具名称	型号	数量	总功率
3	干混砂浆储料罐	HX-18AG	2	8kW
4	混凝土输送泵	HBT90	6	660kW
5	钢筋调直机	JJM-5	2	6kW
6	钢筋弯曲机	GJ1-45	4	12kW
7	钢筋切断机	QJ40-1	4	16kW
8	交流电焊机	BX3-120	8	204kV·A
9	空压机	SA-5150W	2	15kW
10	圆盘锯		4	16kW
11	木工房机床		2	3kW
12	振动棒		16	24kW
13	套丝机		6	24kW
14	施工用碘钨灯		20	20kW
15	蒸箱		5	60kW
16	电冰箱		6	0.4kW
17	电开水器		5	60kW
18	其他照明			160kW

解 施工现场所用全部电动机总功率：

$$\sum P_1 = (375+66+8+660+6+12+16+15+16+3+24+24+60+0.4+60)\text{kW}$$
$$= 1345.4\text{kW}$$

电焊机的容量：

$$\sum P_2 = 204\text{kV}\cdot\text{A}$$

查表4-24，取 $K_1=0.5$，$K_2=0.6$，并取 $\cos\varphi=0.75$，取式(4-17)可得：

$$P_{\text{计}} = 1.24\left(K_1\frac{\sum P_1}{\cos\varphi} + K_2\sum P_2\right)$$

$$= 1.24\times\left(0.5\times\frac{1345.4}{0.75} + 0.6\times 204\right)\text{kW}$$

$$= 1263.97\text{kV}\cdot\text{A}$$

∴该工地总用电量为 $1263.97\text{kV}\cdot\text{A}$。

变压器功率按式(4-18)计算可得：

取功率损失系数 $K=1.05$，

$$P_{\text{变}} = KP_{\text{计}} = 1.05\times 1263.97\text{kV}\cdot\text{A} = 1327.17\text{kV}\cdot\text{A}$$

甲方提供3个 $500\text{kV}\cdot\text{A}$ 变压器，能满足施工用电需求。

4.6 施工总平面图

施工总平面图是拟建项目在施工现场的总布置图。它是按照施工部署、施工方案和施工总进度计划及资源配置计划的要求,将施工现场的交通道路、材料仓库、附属生产或加工企业、临时建筑和临时水、电管线等合理规划和布置,并以图纸的形式表达出来,从而正确处理全工地施工期间所需各项设施与永久建筑以及拟建工程之间的空间关系,对指导现场进行有组织、有计划的文明施工具有重大意义。

4.6.1 施工总平面图的设计依据

施工总平面图的设计,应力求真实地反映施工现场情况,以期达到便于对施工现场控制和经济合理的目的,为此,掌握以下资料是十分必要的。

(1) 各种设计资料,包括建筑总平面图、地形地貌图、区域规划图及建筑项目范围内有关的一切已有和拟建的各种设施位置;
(2) 建设地区的自然条件和技术经济条件;
(3) 建设项目的建筑概况、施工部署、施工总进度计划;
(4) 各种建筑材料、构件、半成品、施工机械及运输工具需要量一览表;
(5) 各构件加工厂、仓库及其他临时设施的数量和外廓尺寸;
(6) 工地内部的储放场地和运输线路规划;
(7) 现场管理及安全用电等方面的有关文件、规范、规程等;
(8) 其他施工组织设计参考资料。

4.6.2 施工总平面图的设计原则

(1) 在保证顺利施工的前提下,尽量使平面布置紧凑合理,不占或少占农田,不挤占道路。
(2) 合理布置各种仓库、机械、加工厂位置,减少场内运输距离,尽可能避免二次搬运,减少运输费用,保证运输方便、通畅。
(3) 施工区域的划分和场地的临时占用,应符合总体施工部署和施工流程要求,尽量减少各专业工种和各分包单位之间的干扰。
(4) 充分利用各种既有建筑物、构筑物和既有设施为施工服务,降低临时设施的建造费用。临时建筑尽量采用可拆移式结构。
(5) 各种临时设施的布置应有利于生产和方便生活,办公区、生活区和生产区宜分离设置,并应采取相应的隔离措施。
(6) 应符合节能、环保、安全、消防、防洪及劳动保护等要求。
(7) 符合国家有关的规程和规范,遵守当地主管部门和建设单位关于施工现场安全文明施工的相关规定。

4.6.3 施工总平面图的设计内容

《建筑施工组织设计规范》(GB/T 50502—2009)第 4.6.3 条规定,施工总平面布置图应包括下列内容:

(1) 项目施工用地范围内的地形状况;

(2) 全部拟建的建(构)筑物和其他基础设施的位置;

(3) 项目施工用地范围内的加工设施、运输设施、存储设施、供电设施、供水供热设施、排水排污设施、临时施工道路和办公、生活用房等;

(4) 施工现场必备的安全、消防、保卫和环境保护等设施;

(5) 相邻的地上、地下既有建(构)筑物及相关环境。

由于大型工程的建设工期较长,随着工程的不断进展,施工现场布置也将不断发生变化。因此,需要按照不同阶段分别绘制若干张施工总平面图,以满足不同时期施工需要。

4.6.4 施工总平面图的设计步骤

施工总平面图的设计步骤为:引入场外交通道路→布置仓库与材料堆场→布置加工厂和混凝土搅拌站→布置场内部运输道路→布置临时设施→布置临时水、电管网和其他动力设施→布置消防、保安及文明施工设施→绘制正式施工总平面图。

可扫描二维码 4-4 观看教学视频,学习施工总平面图的设计步骤。

4-4

1. 引入场外交通道路

设计全工地性施工总平面图时,首先应从考虑大宗材料、成品、半成品、设备等进入工地的运输方式入手。当大批材料由铁路运入时,要解决铁路的引入问题。当工地靠近水路,大批材料由水路运入时,可将场内主要仓库和加工厂布置在码头附近。当大批材料是由公路运入时,由于汽车线路可以灵活布置,一般先将仓库、加工厂等生产性临时设施布置在最经济合理处,然后再引入场外交通道路。

2. 布置仓库与材料堆场

通常考虑将仓库与材料堆场设置在运输方便、位置适中、运距较短并且安全防火的地方,并应根据不同材料、设备和运输方式来设置。

(1) 当采用铁路运输时,仓库通常沿铁路线布置,并且应留有足够的装卸前线。如果没有足够的装卸前线,必须在附近设置转运仓库。布置铁路沿线仓库时,应将仓库设置在靠近工地一侧,以免内部运输跨越铁路。同时仓库不宜设置在弯道处或坡道上。

(2) 当采用水路运输时,一般应在码头附近设置转运仓库,以缩短船只在码头上的停留时间。

(3) 当采用公路运输时,仓库的布置较灵活。一般中心仓库布置在工地中央或靠近使用的地方,也可以布置在靠近外部交通连接处,同时也要考虑给单个建筑物施工时留有余地。砂、石、水泥、石灰、木材等仓库或堆场,应考虑取用方便,宜布置在搅拌站、预制构件场和木材加工厂附近。对于砖、瓦、砌块和预制构件等直接使用的材料,应该直接布置在施工对象附近,以免二次搬运。工具库应布置在加工区与施工区之间交通便利处,零星、小件、专用工具库可分设于各施工区段。车库、机械站应布置在现场入口处。油料、氧气、电石、炸药库应布置在边远、人少的安全地点,易燃、有毒材料库要设于拟建工程的下风方向。

(4) 对工业建筑工地,尚需考虑主要设备的仓库或堆场,一般笨重设备应尽可能放在车间附近,其他设备仓库可布置在外围或其他空地上。

3. 布置加工厂和混凝土搅拌站

各种加工厂布置,应以方便使用、安全防火、运输费用少、不影响建筑安装工程施工的正常进行为原则,并根据将来的扩充计划,预留一定的空地。最好将加工厂集中布置在工地边缘,且与相应的仓库或材料堆场布置在同一区域,这样既便于管理和简化供应工作,又能降低铺设道路、动力管网及给水管道等费用。

(1) 钢筋加工厂可集中或分散布置,对于需冷加工、对焊、点焊的钢筋骨架和大片钢筋网,宜集中布置在中心加工厂;对于小型加工、小批量生产和利用简单机具就能成型的钢筋加工,采用就近的钢筋加工棚进行。钢筋宜布置在地势较高处或架空布置,避免雨季积水污染、锈蚀钢筋。

(2) 当锯材、标准模板等加工量很大时,木材加工应集中布置在木材加工厂为好;非标准件的加工与模板修理工作等,可分散在工地临时设置的木工加工棚进行加工。锯木、成材、粗木加工车间、细木加工车间和成品堆场要按工艺流程布置,且宜设置在土建施工区边缘的下风向位置。

(3) 砂浆搅拌站多采用分散就近布置。一般工程项目多使用商品混凝土,只要及时做好订货联系即可。对大型工程项目,或零星混凝土工程,或因为某种原因(如交通不便)不能使用商业混凝土的项目,工地有时也设置混凝土搅拌站。当运输条件较好时,以采用集中布置较好;当运输条件较差时,则以分散布置在使用地点或塔式起重机等附近为宜。

(4) 预制构件加工厂尽量利用建设地区永久性加工厂。只有其生产能力不能满足工程需要或运输困难时,才考虑在建设场地中空闲地带设置临时预制构件加工厂。

(5) 产生有害气体和污染空气的临时加工场,如沥青熬制、生石灰熟化、石棉加工场等应位于下风处。

4. 布置场内运输道路

工地内部运输道路应根据各加工厂、仓库及各施工对象的相对位置来布置,并研究货物周转运行图,以明确各段道路上的运输负担,从而区分主要道路和次要道路。规划道路时要特别注意满足运输车辆的安全行驶,在任何情况下,不致形成交通断绝或阻塞。规划时,还应考虑充分利用拟建的永久性道路系统,提前修整路基及简易路面,作为施工所需的临时道路。

道路应有足够的宽度和转弯半径,现场内道路干线应采用环形布置,主要道路宜采用双车道,次要道路可为单车道(其末端要设置回车场地)。临时道路的路面结构也应根据运输情况、运输工具和使用条件的不同,采用不同结构。一般场外与省、市公路相连的干线,宜建成混凝土路面;场区内的干线,宜采用级配碎石路面;场内支线一般为砂石路。当结构不同时,最好也能在施工总平面图中用不同的符号标明。

5. 布置临时设施

对于各种生活与行政管理用房应尽量利用建设单位的生活基地或现场附近的其他永久性建筑,不足部分另行修建临时建筑物。临时建筑物的设计,应遵循经济、适用、装拆方便的原则,并根据当地的气候条件、工期长短确定其建筑与结构形式。

一般全工地性行政管理用房宜设在全工地入口处,以便对外联系,也可设在工地中部,便于全工地管理。工人用的福利设施应设置在工人较集中的地方或工人必经之路。生活基地应设在场外,距工地 500~1000m 为宜,并避免设在低洼潮湿、有烟尘和有害健康的地方。食堂宜设在生活区,也可布置在工地与生活区之间。

6. 布置临时水、电管网及其他动力设施

应尽量利用已有的和提前修建的永久线路,若必须设置临时线路时,应取最短线路。当有可以利用的水源、电源时,可将其先接入工地,再沿主要干道布置干管、主线,然后与各用水、用电处接通。管网一般沿道路布置,供电线路应避免与其他管道设在同一侧,主要供水、供电管线采用环状,孤立点可用枝状。场外管线的布置应尽可能避免穿过农田,场内水管及供电管线宜采用暗埋敷设,并应有保护措施。

1) 临时用水

(1) 高层建筑施工时,应设置水塔或加压泵,以满足水压要求。

(2) 临时水池、水塔应设在用水中心和地势较高处。

(3) 供水管网应尽量短,布置时应避开拟建工程的位置。

(4) 过冬的临时水管须埋在冰冻线以下,或采取保温措施。

(5) 施工场地必须有畅通的排水系统,场地排水坡度应不小于 3‰,并沿道路边设立排水管(沟)等,其纵坡不小于 2‰,过路处须设涵管。在山地建设时还须考虑防洪设施;在市区施工时应该设置污水沉淀池,以保证排水达到排放标准。

2) 临时用电

(1) 临时总变电站应设在高压线进入工地处,避免高压线穿过工地。

(2) 临时自备发电设备应在现场中心,或靠近主要用电区域。

(3) 管线穿过道路处均要套钢管,如一般电线套用 $\phi 50 \sim 80mm$ 钢管,电缆套用 $\phi 100mm$ 钢管,并埋入地下至少 0.7m 深。

《施工现场临时用电安全技术规范》(JGJ 46—2005):

7.2.3 电缆线路应采用埋地或架空敷设,严禁沿地面明设,并应避免机械损伤和介质腐蚀。埋地电缆路径应设方位标志。

7.2.5 电缆直接埋地敷设的深度不应小于 0.7m,并应在电缆紧邻上、下、左、右侧均匀敷设不小于 50mm 厚的细砂,然后覆盖砖或混凝土板等硬质保护层。

7.2.6 埋地电缆在穿越建筑物、构筑物、道路、易受机械损伤、介质腐蚀场所及引出地面从 2.0m 高到地下 0.2m 处,必须加设防护套管,防护套管内径不应小于电缆外径的 1.5 倍。

7.2.7 埋地电缆与其附近外电电缆和管沟的平行间距不得小于2m,交叉间距不得小于1m。

7.2.8 埋地电缆的接头应设在地面上的接线盒内,接线盒应能防水、防尘防机械损伤,并应远离易燃、易爆、易腐蚀场所。

7.2.9 架空电缆应沿电杆、支架或墙壁敷设,并采用绝缘子固定,绑扎线必须采用绝缘线,固定点间距应保证电缆能承受自重所带来的荷载,敷设高度应符合本规范第7.1节架空线路敷设高度的要求,但沿墙壁敷设时最大弧垂距地不得小于2.0m。架空电缆严禁沿脚手架、树木或其他设施敷设。

7.2.10 在建工程内的电缆线路必须采用电缆埋地引入,严禁穿越脚手架引入。电缆垂直敷设应充分利用在建工程的竖井、垂直孔洞等,并宜靠近用电负荷中心,固定点每楼层不得少于一处。电缆水平敷设宜沿墙或门口刚性固定,最大弧垂距地不得小于2.0m。

装饰装修工程或其他特殊阶段,应补充编制单项施工用电方案。电源线可沿墙角、地面敷设,但应采取防机械损伤和电火措施。

7. 布置消防、保卫及文明施工设施

(1) 按照防火要求,工地应该在易燃建(构)筑物附近设立消防站,并必须有畅通的出入口和消防车道(应在布置运输道路时同时考虑),其宽度不得小于4m。施工现场临时室外消防给水系统的给水管网宜布置成环状,消防给水干管的管径应根据施工现场临时消防用水量和干管内水流计算速度计算确定,且不应小于DN100。室外消火栓应沿在建工程、临时用房和可燃材料堆场及其加工场均匀布置,与在建工程、临时用房和可燃材料堆场及其加工场的外边线的距离不应小于5m。消火栓的间距不应大于120m,最大保护半径不应大于150m。建筑高度大于24m或单体体积超过30 000m^3的在建工程,应设置临时室内消防给水系统。

(2) 在工地出入口处设立保安门岗,必要时可以在工地四周设立若干瞭望台。实行人员车辆出入登记和门卫交接班制度,严禁无关人员进入施工现场,工作人员进入施工现场应佩戴工作卡。

(3) 施工现场应设置吸烟处,作业区内禁止随意吸烟。施工现场大门处应设置车辆冲洗设施,保持出场车辆清洁。施工现场的垃圾应堆放在指定场所,分类集中管理,按照废弃物有关规定处理。温暖季节,施工现场应进行绿化。

应当指出,上述各设计步骤不是截然分开,各自孤立进行的,而是需要全面分析,综合考虑,正确处理各项设计内容间的相互联系和相互制约关系,进行多方案比较,反复修正,最后才能得出合理可行的方案。

《建设工程施工现场消防安全技术规范》(GB 50720—2011):

5.3.10 在建工程临时室内消防竖管的设置应符合下列规定:

1 消防竖管的设置位置应便于消防人员操作,其数量不应少于2根,当结构封顶时,应将消防竖管设置成环状。

2 消防竖管的管径应根据在建工程临时消防用水量、竖管内水流计算速度计算确

定,且不应小于DN100。

5.3.11 设置室内消防给水系统的在建工程,应设置消防水泵接合器。消防水泵接合器应设置在室外便于消防车取水部位,与室外消火栓或消防水池取水口的距离宜为15～40m。

5.3.13 在建工程结构施工完毕的每层楼梯处应设置消防水枪、水带及软管,且每个设置点不应少于2套。

5.3.14 高度超过100m的在建工程,应在适当楼层增设临时中转水池及加压水泵。中转水池的有效容积不应少于$10m^3$,上、下两个中转水池的高差不宜超过100m。

5.3.16 当外部消防水源不能满足施工现场的临时消防用水量要求时,应在施工现场设置临时储水池。临时储水池宜设置在便于消防车取水部位,其有效容积不应小于施工现场火灾延续时间内一次灭火的全部消防用水量。

5.3.17 施工现场临时消防给水系统应与施工现场生产、生活给水系统合并设置,但应设置将生产、生活用水转为消防用水的应急阀门。应急阀门不应超过2个,且应设置在易于操作的场所,并应设置明显标识。

5.3.18 严寒和寒冷地区的现场临时消防给水系统应采取防冻措施。

8. 绘制正式施工总平面图

施工总平面图是施工组织总设计的重要内容,是要归入档案的技术文件之一。因此,要求精心设计,认真绘制。施工总平面布置图的绘制应符合国家相关标准要求并附必要说明,还应根据项目总体施工部署,绘制现场不同施工阶段(期)的总平面布置图。

绘制步骤为:

(1) 确定图幅大小和绘图比例。图幅大小和绘图比例应根据工地大小及布置内容多少确定。图幅一般可选用1号图纸(840mm×594mm)或2号图纸(594mm×420mm),比例一般采用1:1000或1:2000。

(2) 合理规划和设计图面。施工总平面图,除了应反映现场的布置内容外,还要反映周围环境和面貌(如已有建筑物、场外道路等)。绘图时,应合理规划和设计图面,并应留出一定的空余图面绘制指北针、图例及文字说明等。

(3) 绘制建筑总平面图的有关内容。将现场测量的方格网、现场内外已建的房屋、构筑物、道路和拟建工程等,按正确的图例绘制在图面上。

(4) 绘制工地需要的临时设施。根据布置要求及面积计算,将道路、仓库、加工厂和水、电管网等临时设施绘制到图面上。对复杂的工程必要时可采用模型布置。

(5) 形成施工总平面图。在进行各项布置后,经分析比较、调整修改,形成施工总平面图,并作必要的文字说明,标上图例、比例、指北针。

完成的施工总平面图其比例要准确,图例要规范,线条粗细分明,字迹端正,图面整洁、美观。

某高层住宅小区工程的施工总平面图如图4-4所示。

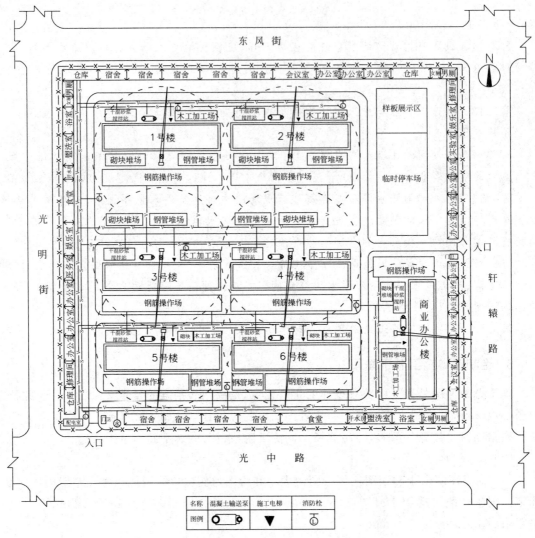

图 4-4 某高层住宅小区工程施工总平面图

4.7 施工组织总设计实例

4-5

本节内容以"京林花园住宅小区 B 标段工程施工组织总设计"为例,为缩短篇幅,将原设计内容进行了精简和适当改动。可扫描二维码 4-5,了解另外一个实际工程项目的施工组织总设计的详细内容。

4.7.1 编制依据

(1) 与工程建设有关的法律、法规、现行有关规范、规程、标准和技术经济指标等(具体名称略)。

(2) 国家、工程所在地区行政主管部门的批准文件等。

(3) 京林花园住宅小区 B 标段工程施工合同。

(4) 工程设计文件，包括施工图纸等。
(5) 工程施工条件，包括水文地质条件、资源供应情况、施工企业的技术水平等。
(6) 类似工程的施工组织总设计和参考资料。

4.7.2 工程概况

本工程为京林花园住宅小区 B 标段工程，主要包括 T1 号、T2 号、B1 号、B2 号住宅楼、L1 号廉租房、G1 号配套公建工程及 D1 号地下车库。

1. 建筑设计概况

该项目建筑设计概况如表 4-26 所示。

表 4-26　京林花园住宅小区 B 标段工程建筑设计概况

总建筑面积	149 632m²	T1	23 088m²	占地面积	21 917.99m²		
		T2	24 856m²				
		B1	29 608m²				
		B2	27 296m²				
		L1	5000m²				
		G1	4198m²				
		D1	35 586m²				
地下面积	47 312m²	T1	2686m²	地上面积	102 320m²	T1	20 402m²
		T2	2686m²			T2	22 170m²
		B1	3174m²			B1	26 434m²
		B2	2496m²			B2	24 800m²
		L1	0m²			L1	5000m²
		G1	1040m²			G1	3158m²
		D1	35 230m²			D1	356m²
建筑用途	住宅、廉租房、地下车库、配套公建			电梯	客梯共 16 部		
层数	地下	T1、T2、B1、B2	3 层	层高	地下	T1、T2	−1 层 3.45m
							−2 层 3.45m
							−3 层 3.9m
		L1	0 层			B1、B2	−1 层 3.6m
							−2 层 3.3m
		G1	1 层				−3 层 3.9m
		D1	2 层			G1	3.6m
	地上	T1	23 层			D1	−1 层 3.6m
		T2	25 层				−2 层 3.9m
		B1	15/29 层		地上	T1、T2、L1	2.80m
		B2	29 层			B1、B2	2.71m
		L1	6 层			G1	4.20m
		G1	4 层			D1	3.3m
		D1	1 层				
建筑总高	T1	65.75m		室内外高差	T1、T2	0.60m	
	T2	71.35m			B1、B2	0.60m	
	B1、B2	79.94m			L1	0.60m	
	L1、G1	17.40m			G1	0.60m	

续表

基底标高	T1、T2	−11.82m	最深基坑标高	T1、T2	−14.92m
	B1、B2	−12.13m		B1、B2	−14.73m
	D1	−12.43m		D1	−13.47m
	L1	−3.10m			

2. 结构设计概况

该项目结构设计概况如表 4-27 所示。

表 4-27 京林花园住宅小区 B 标段工程结构设计概况

结构形式	基础类型	主体结构类型
	L1 号楼为条形基础，其他均为筏板基础	框架-剪力墙
抗震等级	地上部分及地下 1 层为二级；地下 2、3 层为三级	
设防烈度	8 度	抗震设防类别	丙类
设计地震分组	第一组	场地类别	Ⅱ类，无液化
建筑结构防火分类	一类	耐火等级	一级
建筑结构安全等级	二级	地基基础设计等级	二级
使用年限	50 年		
地基土	持力层为⑥层卵石（5 号楼为②层细砂）		
地下水	地下水稳定水位埋深 22.4～23.38m，水位标高 20.62～21.58m。地下水抗浮设计水位标高 31.00m		

3. 现场施工条件

(1) 工程地理位置

京林花园住宅小区位于北京市西城区广安门车站附近，北侧为手帕口南街、西侧为广安门车站西街、东临京九铁路线，南侧为三路居路。本标段位于小区中间，北侧为 A 标段，由中铁建工施工，南侧为 C 标段，由中扶建筑公司施工，B、C 标段中间为拟建红莲南路道路，距建筑物东侧外墙 20m 处用砖砌围墙与京九铁路线分隔围护。

(2) 工程临电的引入

施工现场临电由位于 L1 号楼南侧和 T1 号、T2 号楼东侧中间位置的两台 500kV·A 箱式变压器引入。

(3) 工程临时上水入口、下水出口

上水管线由 T1 号楼东南侧甲方提供的水源引入；下水出口排入场地西南侧原平房区的污水井，再排到广安门车站西街的市政管网。考虑到水的压力，现场内设消防泵房一座，内设两台变频泵（1 台备用），进口管径 DN100，出口管径为 DN100，扬程 100m 的消防水泵。以便满足施工现场临时用水要求。

(4) 办公、生活情况

按照甲方要求，在现场南侧 B、C 标段之间的拟建道路到西侧建筑红线间搭建临时办公区和生活区，临建房南侧留出 12m 宽施工道路。办公用房沿西侧建筑红线内搭设，满足管理人员的办公要求。

工人居住用房在办公区东侧搭建,共 4 栋 3 层,总共能满足高峰期 1300 人的使用要求,生活区由项目部设专人管理。

(5) 施工道路

施工期间有 3 个出入口进入本小区工程,因西侧市政道路上的一座过河桥桥体单薄,重型车辆可能无法通过,进入本标段的施工车辆主要以南入口为主。

(6) 场地硬化

本标段施工现场内除施工道路外,全部用 100mm 厚 C15 素混凝土硬化,并自北向南、自东向西做好排水坡度。

(7) 与周边居民关系

京九铁路线东侧和广安门车站西街的西侧均紧邻居民区,西街东侧与基坑边坡之间有民房及 3 层旅馆未拆迁,且紧邻基坑边坡,施工中会给周边居民带来影响,存在施工扰民和民扰问题。

4.7.3 总体施工部署

1. 施工管理总目标

(1) 工期目标

按照合同工期完成任务。

(2) 质量目标

工程按国家施工质量验收规范分部、分项工程合格率 100%,验收达到"合格";结构工程创北京市结构"长城杯"金杯;工程竣工争创北京市建筑"长城杯"。

(3) 安保、消防工作目标

杜绝重大伤亡事故和重大设备事故,轻伤事故频率控制在 1.5‰ 以内;杜绝火灾和重大刑事案件。

(4) 文明施工目标

创某公司"安全文明样板工地";争创北京市"安全文明样板工地";解决好施工扰民和民扰问题,处理好与周边关系,杜绝群体性事件。

(5) 施工环境目标

在确保质量和工期的前提下,树立现场全员环保意识,最大限度地减少对环境的污染。

(6) 降低成本率及节约三材目标

降低成本率 6%,节约三材 5%。

2. 确定项目分阶段(期)交付的计划

本标段共有 6 个单体工程项目,其中 5 个单体工程基础与地下车库及 A 标段工程地下部分连成一体,综合考虑现场实际情况,有地下室的单体先行开工,无地下室的 6 层 L1 号廉租房待其他单体工程施工到地上结构,地下车库顶板上具备材料堆放和加工条件后及时开工。

在基础施工阶段,优先施工主楼结构,地下车库可在主楼出 ±0.000 后完成结构施工。

在基础和结构施工期间,材料堆放和加工场地须多次调整,前期材料加工及堆放主要布置在 L1 号廉租房处及基坑东侧。因基坑西侧民房和旅馆未拆迁,因此 B2 号楼的材料须由

T2号楼的塔式起重机倒运,为方便和加快施工进度,在 D1 号车库底板施工完后,将 Ⓛ～Ⓡ/⑤～⑨轴间后浇带所围成的部位暂不施工,作为 B2 号楼材料存放和钢筋加工场地。待其他地下车库顶板施工完后,再将 Ⓛ～Ⓡ/⑤～⑨轴间未施工部位完成施工。

地下车库顶板施工完后将材料加工场地移到车库顶板部位,此后 L1 号廉租房开工,地下车库基坑开始回填,回填从基坑肥槽开始逐步向车库顶板中间进行,回填到车库顶板的材料加工堆放场地时,将材料加工堆放场地再移到已回填完部位。

3. 确定项目分阶段(期)施工的合理顺序及空间组织

T1号、T2号、B1号、B2号楼2024年1月中旬完成地下结构出±0.000,2024年11月中旬 T1号、T2号楼结构封顶,12月底 B1号、B2号楼结构封顶。

D1号车库在2024年8月上旬完成地下外墙和顶板防水施工,9月中旬完成肥槽和顶板覆土回填(除与地上结构间的沉降后浇带处)。

L1号廉租房楼2024年8月下旬开工,11月中旬全部封顶。

G1号楼地上结构因使用3号楼的塔式起重机,必须积极组织合理安排,但封顶时间必须在2024年8月中旬完成。

二次结构、地面及水暖机电安装在2024年9月上旬插入;2025年4月底前完成地面垫层、厨房卫生间防水施工,室内耐水腻子完成2遍,基本达到交工条件,5月上中旬进行机电安装,土建收尾。

屋面工程在结构封顶后即刻进行,2个月内完成。

外檐施工在2025年1月初开始,采用电动吊篮,考虑到1月正处于冬施温度最低的时候,外墙保温无法施工,从2月底开始安装吊篮,当吊篮受屋面施工影响时暂停受影响的吊篮,当温度低于5℃时停止外墙保温施工,外墙保温在2025年5月上旬全部完成。

所有栋号的外门窗框安装均在2025年1月15日前完成,外装修均在2025年5月中旬前完成(剩涂料)。

内装修和水电安装在2025年5月中旬完成。室外工程在2025年6月中旬完成。

±0.000以上结构验收分3次进行,即当结构施工到9层左右时对6层以下结构进行验收,T1号、T2号楼结构封顶后组织第2次验收,B1号、B2号楼结构封顶后组织最后一次验收。

在结构验收后及时插入二次结构和机电安装,做到充分利用时间,充满空间,积极创造条件,合理安排内外檐装修和室外地下工程的施工。

4. 项目部组织机构

本工程以标准化管理为基础,以建设目标和共同利益为纽带,全面落实"质量、工期、安全、投资、环保、技术创新"六位一体管理要求,按项目法组织施工,实行项目经理负责制。由公司各部抽调精干人员组成项目部,全面负责组织和实施本工程施工任务,对工程的质量、进度、安全、成本等进行全过程控制。本工程项目管理组织机构如图4-5所示。项目部制定完善的管理制度,明确各级人员的具体任务和工作职责,层层落实,责任到人,具体人员岗位职责略。

5. 项目施工的重点和难点分析

1) 工程特点及施工难点

该小区 B 标段工程特点及施工难点如表4-28所示。

表 4-28　京林花园住宅小区 B 标段工程特点及施工难点

序号	内　　容
1	协调工作难度大，场区内有 3 家施工单位同时施工，南、北入口需要借助其他标段的现场临时道路运输材料，需要相互配合、沟通
2	基坑面积大，地上施工场地小，现场材料堆放困难
3	基坑西侧民房未拆迁，施工材料无法直接到位，需由东侧用塔式起重机多次倒运，且施工现场东侧为京九铁路线，塔式起重机布置及东侧材料吊装受限
4	工程施工工期紧，合同工期为 2022 年 8 月 1 日—2024 年 9 月 25 日，共计 787 日历天，实际开工日期为 2023 年 7 月 8 日。而甲方要求必须在 2025 年 6 月 30 日前竣工交用，共 724 日历天（暂定）
5	工程地处北京三环之内，交通限制对混凝土运输供应存在较大影响
6	施工现场周边居民较多，需重点解决施工扰民和民扰问题
7	3 个标段群塔交叉作业，需要协调配合，安全控制难度大
8	底板连成整体，厚度不统一，后浇带多

2）施工重点及难点针对措施

（1）群塔施工

工程施工共使用 5 台塔式起重机，相邻塔式起重机的覆盖范围均存在重合区域，塔式起重机安装前编制完成《群塔施工方案》，保证各塔式起重机高度相互错开，对信号工和塔式起重机司机做好安全技术交底工作，使其明确塔式起重机重合区域。

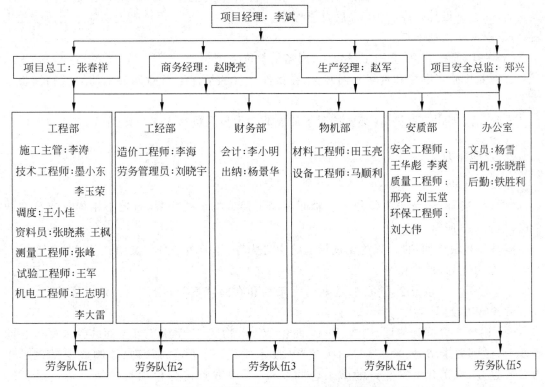

图 4-5　京林花园住宅小区 B 标段项目管理组织机构

项目部设专人负责与其他标段塔式起重机的协调，塔式起重机顶升时各标段要提前相互通知,互相协调,做到既不影响本标段其他栋号施工,又不影响其他标段施工。

项目部与各塔式起重机司机和信号工签订安全管理协议,明确各自的责任范围,要求塔式起重机司机严格遵守塔式起重机安全操作规程。

(2) 解决好商品混凝土供应问题

工程地处北京市三环之内,商品混凝土罐车在 7:00—9:00 及 16:00—20:00 通行困难,而正常的施工时间是每天 6:00—22:00。解决商品混凝土供应问题措施有:①选择两家或三家搅拌站(两家使用一家备用);②选择信誉好、实力强的商品混凝土公司,在车辆非禁行时间能够充足供应;③现场严格控制施工进度,将各部位混凝土浇筑时间进行精确控制,充分利用混凝土罐车能够通行的时间进行混凝土浇筑作业;④做好现场道路的协调,尤其是与其他标段道路的协调。

(3) 解决扰民和民扰问题

项目部专门成立扰民工作小组,主动与现场周边各居委会联系协商噪声扰民问题,争取在工程正式开工前与存在影响的各居委会达成协议,保证工程顺利进展。

(4) 解决底板厚度不统一,后浇带多问题

底板施工前做好《底板大体积混凝土施工方案》,对底板厚度分界线进行标注,并在底板绑筋、支模时派技术质量人员重点盯控、检查和验收,做到一次验收合格率100%,严禁返工。

后浇带采用单独支模,不能影响两侧模板拆除,不能先拆后支,必须等后浇带混凝土浇筑完成,并达到设计强度的100%后方能拆除;地下车库顶板上后浇带处两侧采用砖砌挡土墙,防止雨水流入地下室。

(5) 基坑面积大,地上施工场地小,现场材料堆放困难

合理安排施工顺序和现场平面布置,在条件允许的情况下及时调整钢筋加工和模板堆放场地。

充分利用塔式起重机,在必要情况下加大劳动力投入进行人工二次倒运。

6. 分包策划

1) 任务划分

以①~⑭轴、⑧~⑨轴和⑪~⑥轴间后浇带连成的折线为界,将地下结构分成南北两个区,如图 4-6 所示。

车库顶板覆土回填后,以施工现场道路中心为界,划分劳务分包文明施工场地。

2) 总分包管理

(1) 对劳务分包方企业资质、近期已完工程和在施工程等进行考察、评审优选分包方,签订劳务施工合同。

(2) 以施工合同为依据,生产、技术、质量、安全、物资、文明施工等方面的要求写入合同条款中,做到要求清楚,内容详尽,为生产、技术质量、经营等的管理、控制奠定基础。作为总承包方,根据和甲方签订的施工合同要求,对甲方直接分包项目的施工单位进行统一管理。

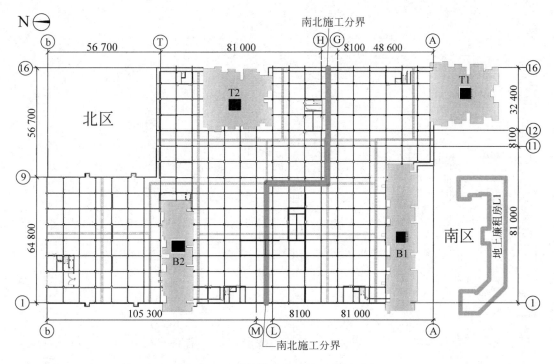

图 4-6　地下结构南北区施工分界示意

4.7.4　施工总进度计划

1. 项目工期安排

京林花园住宅小区 B 标段工程计划开工日期为 2023 年 7 月 8 日,竣工日期为 2025 年 6 月 30 日,总工期为 724 日历天。

施工总进度计划横道图如图 4-7 所示,网络图如图 4-8 所示。

2. 季节性施工安排

本工程跨越两个冬季和两个雨季施工。

2023 年雨季进行地下基础施工,雨季施工注意做好防洪防汛工作,做好场地排水等季节性施工措施。

2023—2024 年冬季进行地下结构施工,2024—2025 年进行地上主体结构、二次结构和室内装修施工,冬期施工做好混凝土的测温和保温防冻工作。

项目部按工程进度和季节变化编制季节性施工方案。

4.7.5　总体施工准备与主要资源配置计划

1. 总体施工准备

1) 技术准备

(1) 组织有关人员审图,熟悉图纸,准备设计交底,将设计图纸中存在的问题解决在开

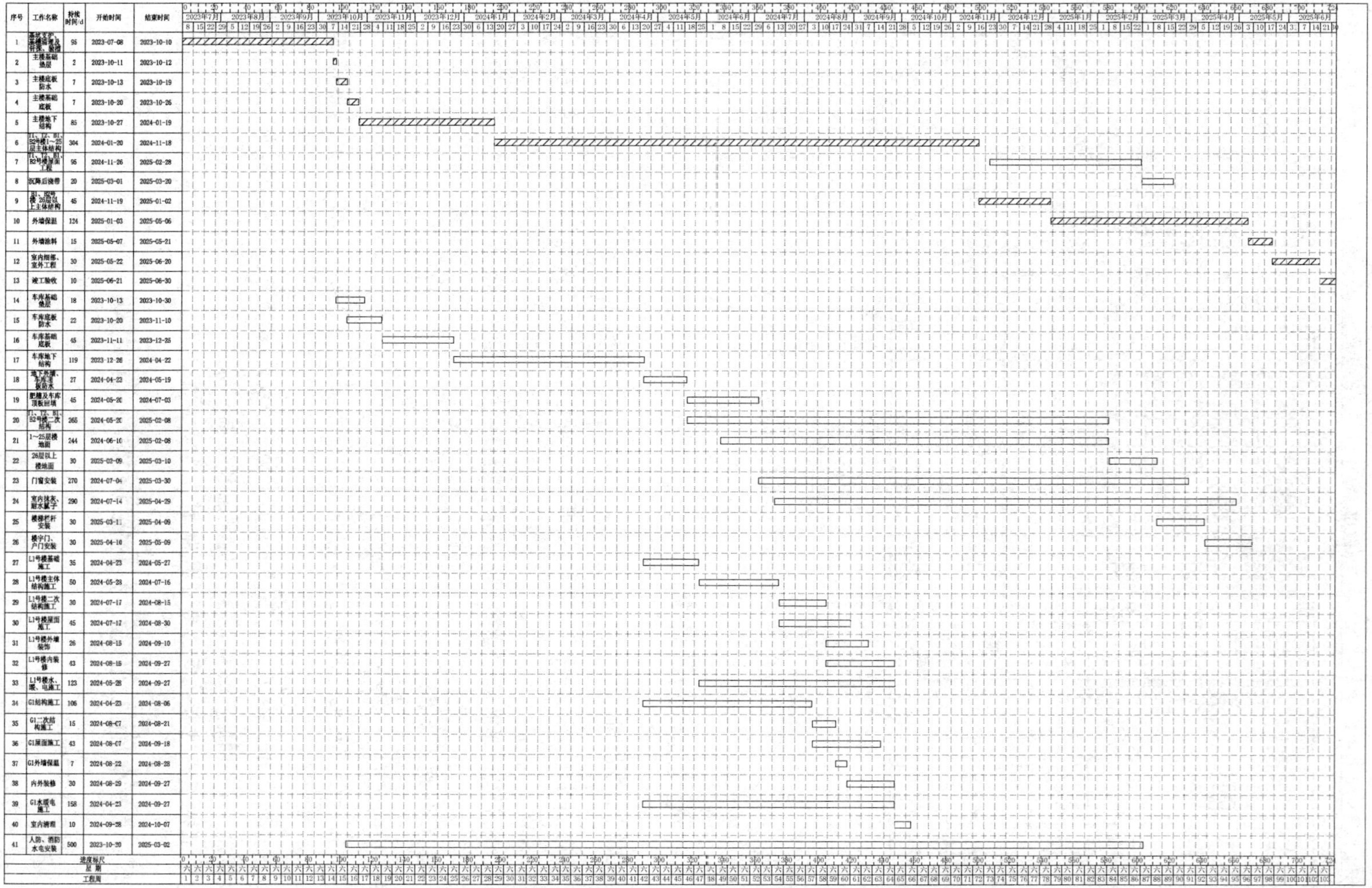

图 4-7 京林花园住宅小区 B 标段施工总进度计划横道图

第 4 章　施工组织总设计

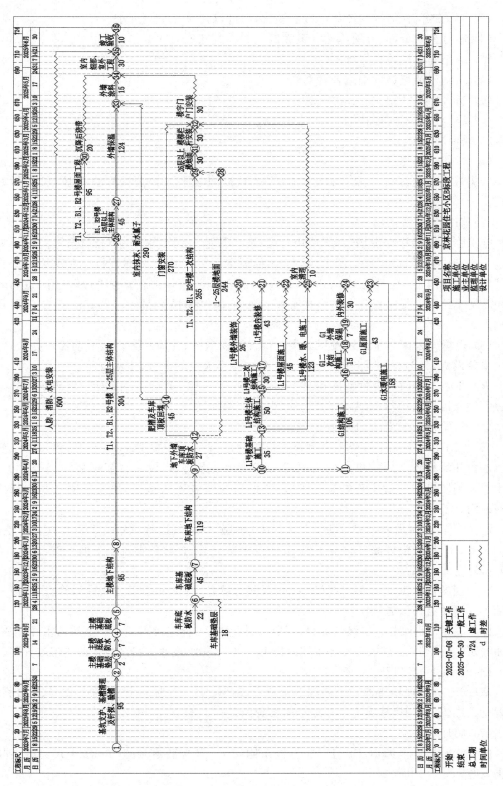

图 4-8　京林花园住宅小区 B 标段施工总进度计划网络图

工前。

(2) 购买本工程需用的图集、规范、规程,保证满足施工使用要求。

(3) 制订主要分部、分项施工方案编制计划及其完成时间。

(4) 编制施工试验工作计划。

(5) 编制现场仪器设备配置计划。

(6) 制订样板计划。

(7) 编制新技术应用计划。

2) 现场准备

(1) 高程引测与定位。

依据规划给定红线坐标点和标高导入点测设现场平面控制网和高程控制网,做好控制桩。

(2) 临时道路及围墙。

施工临时围墙根据现场实际,使用砖墙,墙外按照公司要求刷漆和宣传,大门设计按公司统一要求设置,门口设置一图七牌,与 A 标段分界处采用钢质围挡板。在现场内根据施工需要设置施工道路,路宽 5m,道路面层上标高做至小区的室外地坪,面层用 200mm 厚 C20 混凝土浇筑,大模板存放区、钢筋加工场和其他部位全部用 100mm 厚 C15 混凝土硬化。

(3) 现场办公区和生活区按甲方指定位置设在南侧,为简易彩钢板活动房。办公区、生活区单独设立,并与现场操作区分开,满足全体参建人员的办公、生活要求。

(4) 在施工区内搭设材料库房、钢筋加工棚、木工棚、实验室、水泥库(装修阶段)、水泵房、地泵棚、混凝土搅拌棚(装修阶段)、水电加工棚等设施。

(5) 办理施工手续,解决扰民问题。

(6) 施工用水由 T1 号楼东南侧甲方提供的水源引入 1 根 DN150 干管,接口处安装水表。水表井后设置总阀门井。T1 号楼东侧设一消防泵房,内设 2 台变频泵(1 备 1 用)。给水干管经消防泵房后沿住宅楼及公建房、廉租房的周边环状布置,埋设深度 0.8m,场内共设室外消火栓 8 个。

B1 号、L1 号楼沿外墙各设置 2 根 DN100 消防立管,每层各设置 2 个消火栓,B2 号、T1 号、T2 号、G1 号楼沿外墙各设置 1 根 DN100 消防立管,每层各设置 1 个消火栓。

(7) 施工排水。

施工现场内从南侧由东向西设 D300 双壁波纹管,穿南北施工道路处做检查井,波纹管终端入西侧原有市政管网。

商品混凝土地泵处设二级沉淀池,厕所处设化粪池,食堂设隔油池。生活污水经化粪池、隔油池处理后排出,生产区废水经沉淀后排出。以上污水、废水均排入场地西侧市政管网。

(8) 基坑下人斜道。

基坑开挖后,现场布置 2 个基坑下人斜道,南侧一个,东侧一个,分别为 1 号、2 号斜道,位置见二维码 4-6 中"基础施工现场平面布置图"。

(9) 临时用电。

施工临时用电电源由 T1 号、T2 号楼东侧和 L1 号楼西南侧的 500kV·A 箱式变压器引出电缆。

施工临时用电量计算略。

3）做好人员培训工作

组织有关管理人员、劳务人员进行技术培训，组织各级施工人员学习有关技术规范，操作规程，工艺标准，质量标准及相关新技术、新材料、新工艺，并组织相应的技术培训。

4）制订样板计划

本工程样板计划表略。

5）新技术应用计划

本工程新技术主要有组拼式大模板技术、管线综合布置技术、工程项目管理信息化实施集成应用及基础信息规范分类编码技术等。本工程新技术应用计划表略。

2. 主要资源配置计划

1）劳动力配置计划

根据施工总进度计划、工程量、流水段的划分、装修、水电安装的需要，现场劳动力投入如表4-29所示。施工过程中，根据各阶段施工需要，各工种劳动力分次投入，始终处于动态控制中，且应根据工程实际进度，及时调配劳动力。

表4-29　劳动力组织及需用量计划　　　　　　　　　　　　　　单位：人

日期	2023年				2024年						2025年				
	7	8	9	10~12	1	2~4	5~6	7	8~9	10	11~12	1	2~3	4	5	6
钢筋工	100	300	300	300	280	220	220	220	260	240	220	80	30			
木工	80	210	280	280	240	200	200	200	240	220	200	40	30			
混凝土工	120	120	130	160	180	130	130	130	150	130	130	30	20	20		
电工	30	60	60	60	70	70	70	80	100	100	140	160	150	130	90	30
水暖工	20	50	50	50	60	50	50	60	80	80	120	180	150	130	90	90
架子工	20	90	80	80	80	60	60	60	80	60	50	50	30	30	30	
砌筑工	50	90		50	40	30	30	30	60	60	140	70	50			
抹灰工	40	40				20					90	60	50	50	20	
防水工				120				120	20		80	90	80	60	20	20
油工									20	20	70	400	400	420	420	300
其他工种	50	50	50	50	50	50	50	50	50	50	50	140	140	140	140	140
总人数	510	1010	950	1150	1000	830	830	970	1090	1030	1300	1300	1150	980	810	610

2）主要工程材料配置计划

根据施工总进度计划编制各种材料、构配件及制品的需要量计划，及时做好材料的申请、加工制作、订货、运输、储存、保管等工作，对于水泥、砖、木材、钢筋等大宗材料，可根据施工进度计划分批进场。本工程主要工程材料配置计划如表4-30所示。

表4-30　主要工程材料配置计划

序号	项目名称	单位	数量								进场日期
			T1	T2	B1	B2	L1	G1	D1	合计	
1	钢筋	t	1700	1800	2200	2000	400	300	4500	12 900	2023-06-15
2	加气混凝土砌块	m³	970	1100	970	850	530	1300	—	5720	2024-06-30
3	底板、外墙防水	m²	2900	2350	2900	2750	—	1150	70 700	82 750	2023-06-10
4	屋面保温	m²	900	900	1250	900	1300	1100	—	6350	2024-07-01
5	屋面防水	m²	950	950	1300	950	1350	1150	15 000	21 650	2024-06-15

3) 主要施工机械、设备配置计划

本工程主要施工机械、设备配置计划如表 4-31 所示。

表 4-31 主要施工机械、设备配置计划

序号	设备名称及用途		型号	数量	进场时间
1	垂直运输机械	塔式起重机	TC6015	3	2 台 2023 年 4 月，1 台 2023 年 6 月
		塔式起重机	STT293	1	2023 年 4 月
		塔式起重机	STT153	1	2023 年 4 月
		外用双笼电梯	T143	6	2023 年 7 月
2	混凝土、砂浆施工机械	混凝土输送泵	HBT90	5	2023 年 4 月
		布料机	—	6	2023 年 4 月
		干混砂浆储料罐	HX-18AG	2	2023 年 7 月
3	钢筋加工机械	钢筋切断机	QJ40-1	4	2023 年 4 月
		钢筋弯曲机	GJ1-45	4	2023 年 4 月
		钢筋调直机	JJM-5	2	2023 年 4 月
		交流电焊机	BX3-120	8	2023 年 4 月
		直螺纹套丝机	6	6	2023 年 4 月
4	—	空压机		2	2023 年 4 月
5	木工加工机械	圆盘锯	MJ114	4	2023 年 4 月
	木工房机床	—		2	2023 年 4 月

4) 现场仪器设备配置计划

本工程施工现场主要仪器设备配置计划略。

4.7.6 主要工程项目施工方法

1. 施工流水段划分

1) 基础施工阶段

T1 号、T2 号、B1 号、B2 号楼和 D1 号车库基础底板以Ⓜ～Ⓛ轴、⑧～⑨和Ⓗ～Ⓖ轴间后浇带连成的折线为界分成南北两个区,每个区均以后浇带为界划分施工流水段,北区地下车库共分 11 个施工流水段,南区地下车库共分 6 个施工流水段,如图 4-9 所示。

基础底板 B1 号、B2 号楼按后浇带分别划分为 3 个和 2 个流水段,T1 号、T2 号楼不分流水段。

2) 主体结构施工阶段

B1 号楼 15 层(含)以下和 B2 号楼分为 3 个流水段,B1 号楼 16 层(含)以上分为 2 个流水段;T1 号、T2 号楼各分为 4 个施工流水段。L1 号分为 4 个施工流水段,如图 4-10 所示。

2. 边坡支护

基坑边坡采用桩锚和土钉墙支护。基坑东侧因紧邻铁路,采用上部 1∶0.2 土钉墙＋下部桩锚支护,B2 楼西侧因距原有 3 层建筑(旅馆)较近,采用桩锚支护,其他部位采用土钉墙支护。

3. 土方工程

(1) 土方开挖

基坑挖土由甲方指定施工单位施工,项目部配合,人工清槽。集水坑采用机械开挖,人

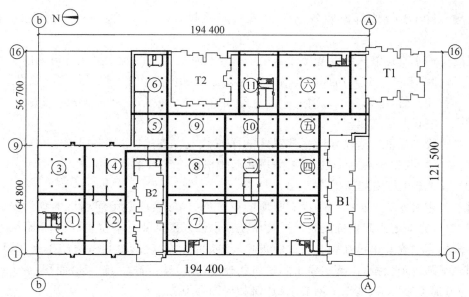

图 4-9 D1 号车库底板施工流水段划分

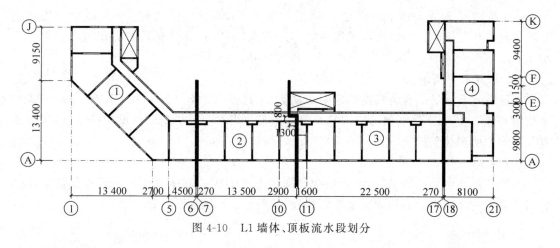

图 4-10 L1 墙体、顶板流水段划分

工修坡,并用塔式起重机将余土吊运出基坑。

因基坑大,场地小,现场不具备存土条件,挖出的土方全部运出场外,回填时外购。

提前与建设、设计、勘察单位和质量监督站沟通,及时验槽。

(2) 土方回填

地下室外墙防水层施工完毕且验收合格后按设计要求范围进行 2∶8 灰土肥槽回填,地上采用机械运土,人工拌和,槽底采用手推车运土,人工铺土,蛙式打夯机夯实,车库顶板上覆土全部由机械铲运碾压密实。

肥槽回填过程要注意对防水层的保护,始终保持防水保护层聚苯板高出回填土作业面 1m 以上。如发现防水层破坏,应及时修复。

4. 垂直运输与吊装工程

(1) 垂直运输与吊装机械选择

本标段共安装 5 台塔式起重机用作结构施工阶段钢筋、模板和小于 1.3t 其他构件的垂直运输。除 G1 号外每栋楼各立 1 台塔式起重机，G1 号主要依靠 B1 号楼的塔式起重机。

混凝土的垂直运输采用混凝土输送泵配合布料杆完成。混凝土输送管道采用 $\phi 125\text{mm}$ 的直管以及 90°和 45°(135°)的弯管来布置，混凝土输送管在布置上尽量使管线长度缩短，尽量少用弯管和软管，以减少压力损失。垂直管线布置在楼板上预留 250mm×250mm 孔洞，并在楼层上搭设井架加以固定。

装修阶段高层垂直运输采用室外双龙电梯，T1、T2、B2、L1 号楼各设立 1 部，B1 号楼设立 2 部，本标段共设 6 部。G1 号楼采用塔式起重机配合卸料平台运输。

(2) 塔式起重机安装及拆除

塔式起重机安装及拆除必须由有资质的单位进行，安装前必须向项目部提供安装及拆除方案，项目部向塔式起重机安装及拆除单位提供涉及图纸及立塔位置、地基承载力数据和相关要求。专业安装单位在编制塔式起重机安装、拆除方案前，必须查看施工现场，详细阅读工程施工图及地质报告，特别要了解建筑物外形尺寸、建筑高度、施工层面积、最大起重物料重量、施工工艺要求、施工工期要求、建筑物周围环境等。

(3) 群塔作业

本标段因与 A 标段地下结构连通，塔式起重机布置及使用要同时考虑与 A 标段塔式起重机作业的相互影响。为解决群塔作业的施工安全，塔式起重机安装高度必须相互错开不小于 5m，塔臂交叉时，高塔不得吊物，同时顶升前必须相互沟通。

(4) 塔式起重机附着

根据塔式起重机的自由高度确定附着次数，本标段 T1 号、T2 号、B1 号、B2 号楼塔式起重机附着各 2 次。L1 号廉租房塔式起重机不附着。塔式起重机附着点设在外墙根部，并事先与设计方协商处理措施。

(5) 卸料平台

高层卸料平台采用钢梁制作，采用钢丝绳与上部结构的墙体或预埋吊环拉接固定。公建房和廉租房卸料平台采用脚手架钢管搭设。平台设计荷载为 15kN。

5. 钢筋工程

(1) 钢筋连接：梁、剪力墙暗柱主筋及所有直径大于或等于 16mm 的钢筋采用滚轧直螺纹连接，所有钢筋接头率不超过该部位钢筋横截面面积的 50%，其余钢筋均采用搭接。

(2) 钢筋翻样：设专职技术员翻样，细部出大样图，翻样严格按设计要求、20G329、22G101、GB 50204—2015 规定执行。料单经审核无误后方可下料，施工过程中随时注意设计变更洽商，掌握施工中结构变化情况。

(3) 钢筋加工：组织加工人员学习规范及标准，详细进行技术及下料原则交底，使工人做到心中有数。

(4) 对有抗震设防要求的结构，其纵向受力钢筋的性能应满足设计要求；当设计无具体要求时，对按一、二、三级抗震等级设计的框架和斜撑构件(含梯段)中的纵向受力钢筋应采用带"E"(Earthquake 首字母，较高抗震性能)钢筋。

(5) 墙体和顶板留洞处应严格按设计要求绑扎加强筋。

6. 模板工程

1) 筏板基础模板

(1) 筏板基础外侧采用砖胎模,用 MU7.5 粉煤灰砖、DMM5 干混砂浆砌筑,砖墙内侧做完防水后抹 20mm 厚 DSM15 干混砂浆保护层。

(2) 集水坑、采光井及电梯井坑部位的模板采用 15mm 厚双面覆膜多层板。

2) 墙模板

(1) 基础及地下室墙体采用 60+10 系列小钢模,穿墙螺栓采用 ϕ16mm 以上对拉螺栓,防水混凝土墙处模板穿墙螺栓加焊止水环,拆模后割断,并剔凿出凹槽,螺栓头刷防锈漆,凹槽用嵌缝材料和聚合物水泥砂浆封堵密实。非防水混凝土墙模板穿墙螺栓外设 PVC 套管,以便螺栓反复周转使用。主次龙骨均采用 ϕ48.3mm×3.6mm 双钢管,扣件脚手架支撑体系。

(2) 地上结构墙体模板采用 86 系列整体式全钢定型大模板。

(3) 门窗套模板采用拆装式钢模板,电梯井模板采用定型大钢模,楼梯踏步采用定型钢模板。

(4) 车库地下墙体模板配置 4 个施工段,主楼地下墙体模板配置不少于 50%,地上部分按 1 个施工段配置。

3) 梁板模板

(1) 顶板模板、楼梯底模、梁模板等均采用 15mm 厚双面覆膜木胶合板模板。梁板支撑系统采用碗扣架支撑体系,不考虑快拆,主龙骨采用 100mm×100mm 木方,次龙骨采用 50mm×100mm 木方。梁底模与侧模交接处采用侧模包底模制作成企口的方法,确保不漏浆。

(2) 地下车库梁板模板全部配置,主楼顶板模板配置 3 层。阳台连续支撑 4 层,顶板连续支顶 3 层。

(3) 跨度大于 4m 的房间要起拱,起拱高度为房间跨度的 2‰,悬挑构件起拱高度为 3‰ 且不小于 20mm。起拱从周圈(板边不起拱)向板跨中逐渐增大,起拱后模板表面应是平滑曲线,不允许出现模板面因起拱而错台。

4) 柱模板

柱模板采用 15mm 厚双面覆膜木胶合板模板,50mm×100mm 木方做次龙骨,ϕ48.3mm×3.6mm 双钢管做柱箍。

5) 后浇带模板及支撑

采用单独支撑体系,不得二次支模。

7. 混凝土工程

(1) 按照施工规范要求墙板节点处混凝土采用快易收口网分隔,先浇筑高强度等级的节点混凝土,再连续浇筑板混凝土。

(2) 随时抽检搅拌站后台计量、原材料等,确保供应质量;签订供货合同时,向搅拌站书面提供"混凝土供货技术协议",提供具体供应时间、强度等级、所需车辆及其间隔时间,特殊要求如抗渗剂、坍落度、水泥及预防混凝土碱骨料反应所需提供资料等。混凝土须采用低碱活性骨料配置,并控制混凝土含碱量不超过 $3kg/m^3$。

(3) 地下结构混凝土采用汽车泵、HBT90 输送泵和布料机共同浇筑,地上结构混凝土采用HBT90输送泵和布料机浇筑,每栋楼各配置1组混凝土输送泵和布料机,共6组。

(4) 混凝土施工缝的留置及处理。

① 墙、柱水平施工缝设置于板或梁底面。

② 墙体竖向施工缝留设:地下墙体竖向施工缝留设在剪力墙长三分之一部位,且加止水钢板,地上部分位于门窗洞口三分之一处。

③ 楼板施工缝留设:楼板施工缝留设位置按水平结构施工流水段划分图留设。

④ 混凝土施工缝剔凿前必须先弹线,并用云石机切割。

(5) 混凝土质量控制。进场后对每辆车进行混凝土坍落度抽验,质量不满足要求的一律退场。现场严禁加水,如气温过高与搅拌站协商由搅拌站加入适量减水剂。

8. 后浇带

(1) 为便于后浇带回灌前进行防水和肥槽回填施工,地下室外墙后浇带外侧砌筑240mm厚粉煤灰砖墙,顶板后浇带两侧砌筑200mm高240mm厚砖墙,以防雨水流入地下室。

(2) 顶板后浇带采用木胶合板模板分隔上下层钢筋,根据上、下层钢筋直径、间距,下层保护层厚度留小孔,模板背面钉木方,夹在上、下层之间留置。底板和墙体后浇带用快易收口网加短钢筋分隔。

(3) 为防止垃圾、杂物、污水污染钢筋,后浇带顶面覆盖盖板保护。

(4) 楼板处的混凝土后浇带支顶不得拆除,应在后浇带混凝土浇筑达到设计强度100%后方可拆除。

(5) 后浇带两侧分别由两个施工队施工时,两队分别负责各自施工区域的分项施工。两区顶板模板以后浇带中心线为界各成体系,先施工方将后浇缝模板支出,后续施工方须注意校核前者的定位轴线和楼层控制标高,确保两区协调统一。

9. 二次结构工程

在框架、剪力墙、框剪工程中的一些非承重砌体、构造柱、过梁、止水反梁、女儿墙、压顶、填充墙、隔墙、后浇带等在装饰前需要完成的部分,称为二次结构。

(1) 后砌填充墙材料采用加气混凝土砌块,填充墙与剪力墙混凝土结构每隔600mm用$2\phi6$拉接筋拉接,且混凝土墙面刷建筑胶,砂浆填满混凝土与砖墙接缝。

(2) 隔墙顶部与楼板连接处需斜砌专用砌块,要求逐块敲紧砌实,砂浆饱满。后砌填充墙下部砌3皮粉煤灰砖。

(3) 后砌隔墙在每层门洞上皮、外墙窗口上皮按设计要求设置通长钢筋混凝土现浇带。

(4) 构造柱、抱框设置:隔墙转角、丁字节点、十字节点及长度超过标准层高2倍时,按设计要求设置到顶构造柱。

(5) 因施工现场禁止使用袋装水泥,禁止现场搅拌砂浆和混凝土,为满足现场砌筑砂浆的使用,现场设置两个干混砂浆储料罐,考虑到立罐时,车库顶板回填土无法回填,为方便使用,立罐位置设置在B1号楼南侧和T2号楼东侧。

10. 脚手架工程

地下部分采用双排钢管脚手架,待出±0.000后施工完地下外墙防水时拆除,施工到首层墙体时,肥槽部位采用架空架子,利用距-1层顶板300mm的外墙预留洞搭设,其他部位及2层以上结构采用爬架施工。爬架使用前,应组织进行专项方案论证。具体施工过程中,应根据现场具体情况,及时调整确定具体施工方案。

L1号、G1号采用双排钢管脚手架,柱钢筋绑扎采用"井"字形扣件钢管脚手架,墙体钢筋绑扎采用可移动的人字架。结构施工阶段周转材料的倒运利用卸料平台,高层装修阶段采用电动吊篮施工。

对西侧未拆迁民房部分的防护采用钢管架子+双层防护棚+水平及竖向安全密目网防护,防护范围:宽度从楼座外墙向外6m,长度从北向南沿未拆迁民房全长设置。

11. 防水工程

1) 基础底板和地下室外墙

本工程地下室防水采取刚柔结合方案,即基础底板、地下室外墙及地下车库顶板抗渗等级P8混凝土刚性防水与聚酯胎Ⅱ型SBS改性沥青防水卷材4mm+3mm厚柔性防水相结合方案。后浇带处采用止水钢板,其他施工缝采用遇水膨胀橡胶止水条。防水卷材分两阶段粘贴完成,第1阶段外防内贴底板及导向墙,导向墙高出底板厚不小于300mm;第2阶段外防外贴地下室外墙和车库顶板。

2) 屋面防水

屋面防水采用聚酯胎Ⅱ型SBS改性沥青防水卷材3mm+3mm做法,防水施工时基层必须干燥。

3) 厨房、卫生间防水

(1) 本工程室内防水材料均采用1.5mm厚单组分聚氨酯涂膜防水,涂膜应至少分3遍,应待先涂的涂层干燥成膜后方可涂后一遍涂料,不得一次涂成,最后一遍涂完后在墙面上撒干净砂粒以便拉毛施工。防水层在门口处的处理:防水层做过门口300mm,同时门口的侧立面做至300mm高。

(2) 防水找平层连接地漏、管根、出水口等处要收头圆滑。涂刷防水层的基层表面要干燥、平整、牢固,不得有空鼓、开裂及起砂等缺陷。

(3) 突出地面的管根、地漏、排水口、阴阳角等细部要先做附加层增补处理。附加层宽度不小于300mm。

(4) 防水层完成后,进行24h蓄水试验合格后应及时做好防水保护层。未做保护层前,不得穿带钉鞋进入。保护层完工后进行二次蓄水试验。

4.7.7 施工总平面图布置

1. 本标段施工现场总平面布置图

主体结构阶段施工现场总平面布置图如图4-11所示,基础及装饰装修阶段施工现场总平面布置图可扫描二维码4-6、4-7查看。

2. 塔式起重机布置

本标段共布置5台塔式起重机,塔式起重机布置时满足以下要求:

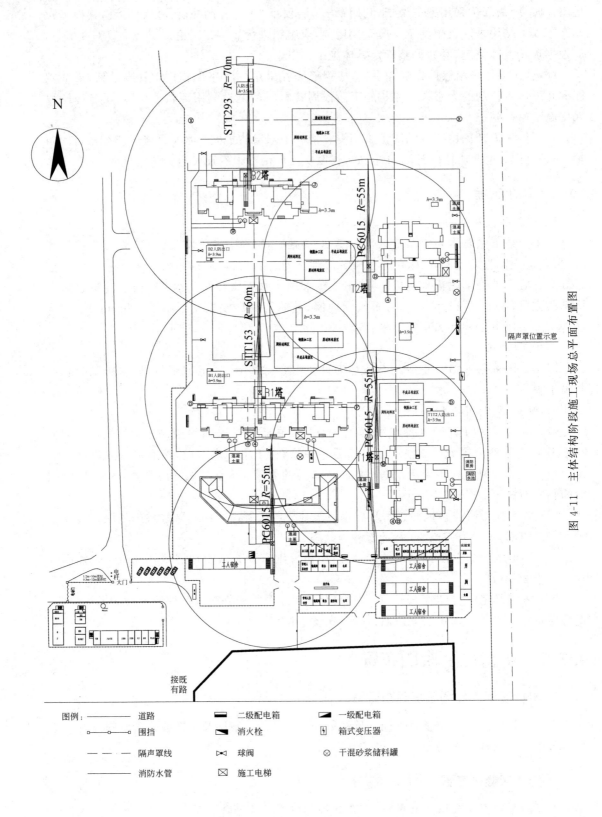

图 4-11 主体结构阶段施工现场总平面布置图

(1) 满足东侧京九铁路线安全距离要求;
(2) 满足群塔作业的安全前提下尽量减少相互影响的要求;
(3) 尽量满足全覆盖减少盲区的要求;
(4) 满足吊次、吊重的要求;
(5) 尽量布置在底板之外,布置在底板内的尽量避让次梁(严禁断主梁),避免影响结构施工。

思考题

1. 什么叫施工组织总设计?由谁主持编制?
2. 试述施工组织总设计的编制依据和编制程序。
3. 工地物资储备量如何确定?
4. 试述施工总进度计划的编制步骤。
5. 建筑工地临时用水主要包括哪些类型?如何确定用水量?
6. 建筑工地临时供电组织包括哪些内容?工地总用电量如何确定?
7. 试述施工总平面图的设计依据和设计原则。
8. 施工总平面图设计的内容有哪些?
9. 试述施工总平面图的设计步骤和要求。
10. 布置临时水、电管网时应注意哪些问题?

习题

1. 单项选择题

(1) 根据《建筑施工组织设计规范》,施工组织设计有三个层次是指(   )。(2016 年国家一级造价工程师考试真题)

  A. 施工组织总设计、单位工程施工组织设计和施工方案
  B. 施工组织总设计、单位工程施工组织设计和施工进度计划
  C. 施工组织设计、施工进度计划和施工方案
  D. 指导性施工组织设计、实时性施工组织设计和施工方案

(2) 根据《建筑施工组织设计规范》,施工组织总设计应由(   )主持编制。(2015 年国家一级造价工程师考试真题)

  A. 总承包单位技术负责人　　　　B. 施工项目负责人
  C. 总承包单位法定代表人　　　　D. 施工项目技术负责人

(3) 施工组织总设计是以(   )为编制对象。

  A. 单位工程　　　B. 分部工程　　　C. 分项工程　　　D. 群体工程

(4) (   )是施工组织总设计的核心。

  A. 总体施工准备　　　　　　　　B. 施工方法

C. 总体施工部署 D. 施工总进度计划

(5) 施工总平面图的设计步骤,首先是( )。
A. 布置垂直运输机械 B. 引入场外交通道路
C. 布置仓库与材料堆场 D. 布置临时设施

2. 多项选择题

(1) 施工总进度计划是施工组织总设计的主要组成部分,编制施工总进度计划的主要工作有( )。**(2021年国家一级造价工程师考试真题)**
A. 确定总体施工准备条件
B. 计算工程量
C. 确定各单位工程和施工期限
D. 确定各单位工程的开竣工时间和相互搭接关系
E. 确定主要施工方法

(2) 根据《建筑施工组织设计规范》,( )是施工组织总设计的内容。
A. 安全管理计划   B. 总体施工部署   C. 施工总进度计划
D. 总体施工准备   E. 施工总平面图布置

(3) 施工现场的暂设工程包括( )。
A. 工地加工厂   B. 工地仓库   C. 小区永久道路
D. 办公及福利设施   E. 工地临时供水

(4) 建筑工地临时用水主要包括( )。
A. 雨水   B. 生产用水   C. 生活用水
D. 居民饮用水   E. 消防用水

(5) 分期施工的工程,应优先安排的工程项目是( )。
A. 须先期投入生产的工程项目
B. 工程量大、施工难度大、工期长的项目
C. 运输系统、动力系统
D. 医院
E. 供施工使用的工程项目

案例分析题

某新建住宅群体工程,包含10栋装配式高层住宅,5栋现浇框架小高层公寓,1栋社区活动中心及地下车库,总建筑面积31.5万 m²。开发商通过邀请招标确定甲公司为总承包施工单位。**(2020年国家一级建造师真题)**

开工前,项目部综合工程设计、合同条件、现场场地分区移交、陆续开工等因素编制本工程施工组织总设计,其中施工进度总计划在项目经理领导下编制,编制过程中,项目经理发现该计划编制说明中仅有编制的依据,未体现计划编制应考虑的其他要素,要求编制人员补充。

社区活动中心开工后,由项目技术负责人组织专业工程师根据施工进度总计划编制社

区活动中心施工进度计划,内部评审中项目经理提出 C、G、J 工作由于特殊工艺共同租赁一台施工机具,在工作 B、E 按计划完成的前提下,考虑该机具租赁费用较高,尽量连续施工,要求对进度计划进行调整。经调整,最终形成既满足工期要求又经济可行的进度计划。社区活动中心调整后的部分施工进度计划如图 4-12 所示。

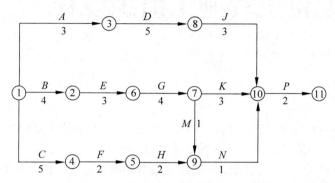

图 4-12 社区活动中心施工进度计划(部分)

公司对项目部进行月度生产检查时发现,因连续小雨影响,D 工作实际进度较计划进度滞后 2d,要求项目部在分析原因的基础上制定进度事后控制措施。

本工程完成全部结构施工内容后,在主体结构验收前,项目部制定了结构实体检验专项方案,委托具有相应资质的检测单位在监理单位见证下对涉及混凝土结构安全的有代表性部位进行钢筋保护层厚度等检测,检测项目全部合格。

(1) 指出背景资料中施工进度计划编制中的不妥之处。施工进度总计划编制说明还包含哪些内容?

(2) 列出图 4-12 调整后有变化的逻辑关系(以工作节点表示,如:①—②或②—③)。计算调整后的总工期,列出关键线路(以工作名称表示,如:A—D)。

(3) 按照施工进度事后控制要求,社区活动中心应采取的措施有哪些?

(4) 主体结构混凝土子分部包含哪些分项工程?结构实体检验还应包含哪些检测项目?

第5章 单位工程施工组织设计

重点掌握内容：单位工程施工组织设计的内容，施工方案的主要内容，单位工程施工进度计划的编制步骤，单位工程施工平面图的设计内容及设计步骤。

了解内容：单位工程施工组织设计的编制依据和编制程序，施工部署内容，施工准备与资源配置计划内容，各分部分项工程施工顺序，施工机械选择，工地临时用水及临时用电的计算，主要施工管理计划的内容。

5.1 概述

单位工程施工组织设计是以单位(子单位)工程为主要对象编制的施工组织设计，对单位(子单位)工程的施工过程起到指导和制约作用。

单位工程施工组织设计是在施工组织总设计和施工单位总的施工部署指导下，确定具体施工方案，合理安排人力、物力、资金等资源，是编制作业计划和进行现场布置的重要依据，也是规划和指导拟建工程从施工准备到竣工验收全过程施工活动的技术经济文件。

施工组织设计工作应贯穿建设项目实施阶段的全过程，在工程招标阶段，施工企业技术部门要精心编制施工组织设计大纲(标前设计)，即根据工程的具体特点、建设要求、施工条件和本单位的管理水平，制定初步施工方案，安排施工进度计划，规划施工平面图，确定建筑材料等的物资供应，并拟定了各类技术组织措施和安全生产与质量保证措施。在工程中标、签订工程承包合同后，项目技术负责人还需对施工组织设计大纲进行深入详细的研究，形成具体指导施工活动的施工组织设计文件(标后设计)。

5.1.1 单位工程施工组织设计的作用

单位工程施工组织设计是施工单位编制季度、月度、旬施工作业计划的依据；也是施工单位编制分部(分项)工程施工方案及劳动力、材料、机械设备等供应计划的主要依据。单位工程施工组织设计编制的是否合理，对施工企业参加投标而能否中标和取得良好的经济效益起着关键作用；同时对落实施工准备，保证施工有组织、有计划、有秩序地进行，实现优质、低耗、快速的施工目标均起着重要作用。

5.1.2 单位工程施工组织设计的任务

(1) 贯彻落实施工组织总设计对该单位工程的规划精神。

(2) 明确项目施工主要目标、空间组织及施工组织安排等。

(3) 选择施工方法、施工机械,确定施工顺序。

(4) 编制施工进度计划,确定各分部、分项工程间的时间关系,保证工期目标的实现。

(5) 确定各种物资、劳动力、机械的需要量计划,为施工准备、调度安排及布置现场提供依据。

(6) 合理布置施工现场,充分利用空间,减少运输和暂设费用,保证施工顺利、安全地进行。

(7) 编制实现工期、质量、安全、文明施工、环保和降低成本目标的施工管理计划,为施工管理提出技术和组织方面的指导性意见。

5.1.3 单位工程施工组织设计的编制依据

单位工程施工组织设计的编制应根据工程规模和复杂程度,主要依据以下几方面内容:

(1) 与工程建设有关的法律、法规和文件,包括国家现行有关方针、政策等。

(2) 国家现行有关标准和技术经济指标,包括国家现行实施的施工及验收规范、规程、标准及定额等。

(3) 工程所在地区行政主管部门的批准文件,建设单位对施工的要求。如上级主管单位对本工程的范围和内容的批文;建设单位提出的开、竣工日期;某些特殊施工技术的要求等。

(4) 工程施工合同或招标投标文件。包括工程承包范围和内容,特别是施工合同中有关工期、施工技术条件、工程质量标准要求,对施工方案的选择和进度计划的安排有重要影响的条款;施工合同中规定的工程造价,工程价款的支付、结算方式及交工验收办法等。

(5) 工程设计文件。包括经过会审的全部施工图纸,会审记录和标准图等有关设计资料。

(6) 工程施工范围内的现场条件、建设地区的地形、地貌、工程地质及水文地质、气象等自然条件,包括工程地质勘察报告、地形图和工程测量控制网等。

(7) 与工程有关的资源供应情况。例如,业主提供的临时房屋、水压、供水量、电压、供电量能否满足施工的要求;又如原材料、劳动力、施工设备和机具、预制构件等的市场供应和来源情况。

(8) 施工企业的生产能力、机具设备状况、技术水平等。

(9) 建设场地的征购、拆迁等情况,施工许可证等前期工作完成情况。

(10) 承包单位年度施工计划对本工程开竣工的时间安排;施工企业年度生产计划对该工程规定的有关指标,如设备安装对土建的要求;与其他项目的穿插施工的要求。

(11) 工程预算、报价文件及有关定额。应有详细的分部分项工程量,必要时应有分层、分段或分部位的工程量,工程使用的预算定额及施工定额。

(12) 工程施工协作单位的情况。例如,工程施工协作单位的资质、技术力量、设备进场安装时间等。

(13) 类似工程的施工经验总结和参考资料。

(14) 施工组织总设计(如有)。

5.1.4 单位工程施工组织设计的内容

根据工程性质、规模、技术复杂难易程度不同,单位工程施工组织设计编制内容的深度和广度也不尽相同。一般应包括下列内容:

(1) 编制依据；
(2) 工程概况；
(3) 施工部署；
(4) 主要施工方案；
(5) 单位工程施工进度计划；
(6) 施工准备与资源配置计划；
(7) 单位工程施工平面图；
(8) 主要施工管理计划。

5.1.5 单位工程施工组织设计的编制程序

单位工程施工组织设计的编制程序如图 5-1 所示。

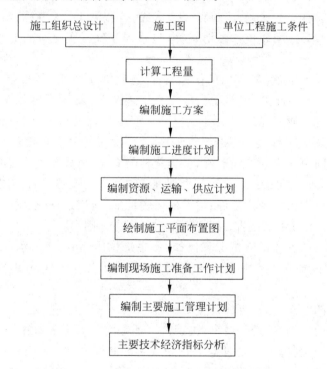

图 5-1 单位工程施工组织设计的编制程序

5.2 工程概况

工程概况应包括工程主要情况、各专业设计简介和工程施工条件等，对于规模不大、较简单的工程，也可采用表格的形式对工程概况进行说明。

5.2.1 工程主要情况

工程主要情况应包括下列内容：
(1) 工程名称、性质和地理位置；

(2) 工程的建设、勘察、设计、监理和总承包等相关单位的情况;
(3) 工程承包范围和分包工程范围;
(4) 施工合同、招标文件或总承包单位对工程施工的重点要求;
(5) 其他应说明的情况。

5.2.2　各专业设计简介

各专业设计简介应包括下列内容:
(1) 建筑设计简介应依据建设单位提供的建筑设计文件进行描述,包括建筑规模、建筑功能、建筑特点、建筑耐火、防水及节能要求等,并应简单描述工程的主要装修做法;
(2) 结构设计简介应依据建设单位提供的结构设计文件进行描述,包括结构形式、地基基础形式、结构安全等级、抗震设防类别、主要结构构件类型及要求等;
(3) 机电及设备安装专业设计简介应依据建设单位提供的各相关专业设计文件进行描述,包括给水、排水及采暖系统、通风与空调系统、电气系统、智能化系统、电梯等各个专业系统的做法要求。

5.2.3　工程施工条件

工程施工条件应包括下列内容:
(1) 工程建设地点气象状况。包括气温、雨、雪、风和雷电等气象变化情况以及冬、雨期时间和冻结深度等。
(2) 工程施工区域地形和工程水文地质状况。包括地形变化和绝对标高,地质构造、土的性质和类别、地基土的承载力,河流流量和水质、最高洪水和枯水期水位,地下水位的高低变化,含水层的厚度、流向和水质等。
(3) 工程施工区域地上、地下管线及相邻的地上、地下建(构)筑物情况。包括工程项目施工区域地上、地下管线,煤气管道,高压线路等分布情况,如需要迁移,必须上报主管部门审批。工程施工是否影响相邻的地上、地下建(构)筑物,以便采取一定的措施,将影响因素降至最低。
(4) 与项目施工有关的道路、河流等状况。项目施工是否对附近道路、河流产生不良影响,必要时,应采取有效措施避免不良效果产生。
(5) 当地建筑材料、设备供应和交通运输等服务能力状况。项目施工所在地建筑材料、构配件生产、机械设备、劳动力等供应及价格情况;当地铁路、公路、港口等交通运输服务能力状况。
(6) 当地供电、供水、供热和通信能力状况。包括工程项目所在地市政设施配套情况;业主可提供的临时设施、协作条件等。按照施工需求,描述相关资源提供能力及解决方案。
(7) 其他与施工有关的主要因素。包括有关建设项目的决议、合同和协议;土地征用范围、数量和居民搬迁、场地清理情况等。

5.3　施工部署

施工部署是对项目实施过程做出的统筹规划和全面安排,包括确定施工管理目标、建立项目管理组织机构、施工组织安排、工程施工的重点和难点分析等。

5.3.1 确定施工管理目标

工程施工目标应根据施工合同、招标文件以及本单位对工程管理目标的要求确定,包括工期、质量、安全、文明施工、环境管理和降低成本等目标。各项目标应满足施工组织总设计中确定的总体目标。

1. 工期目标

工期目标应以施工合同或施工组织总设计要求为依据制定,并确定各主要施工阶段(如各分部工程完成节点)的工期控制目标。

2. 质量目标

质量目标应按合同约定要求为依据,制定出总目标和分解目标。

质量总目标通常有:确保市优、省优,争创国优。例如,中国建设工程鲁班奖(国家优质工程奖)、安济杯(河北省优质工程奖)、长城杯(北京市优质工程奖)等。

质量分解目标指各分部分项工程拟达到的质量等级(优良、合格)。

3. 安全目标

安全目标应按政府主管部门和企业要求以及合同约定,制定事故等级、伤亡率、事故频率的限制目标。

4. 文明施工目标

文明施工目标应根据本单位对工程管理目标的要求确定,要确保施工现场内外整洁,道路通畅,无污染源,物料堆放有序,施工人员仪容整洁,讲文明、讲正气。争创市文明工地,争创省安全文明样板工地。

5. 环境管理目标

环境管理目标应根据本单位对工程管理目标的要求确定,并满足施工组织总设计中确定的总体目标要求。严格遵守国家有关环保各项要求,减少现场环境污染。

6. 降低成本目标

降低成本目标应根据本单位对工程管理目标的要求确定。

5.3.2 建立项目管理组织机构

1. 组建项目管理班子

项目部组织机构应根据工程的规模、复杂程度、专业特点、施工企业类型、人员素质、管理水平等因素,按照合理分工与协作,因事设岗、因岗选人的原则,组建精干高效的项目管理班子。

项目部应明确项目管理组织机构形式,并宜采用框图的形式表示。某工程项目部建立的项目组织机构形式如图 5-2 所示。

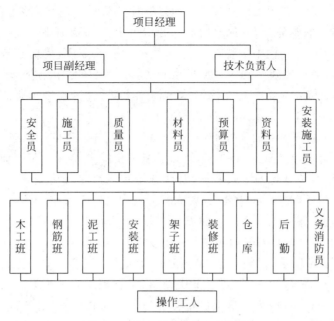

图 5-2 某工程项目部组织机构

2. 明确各管理人员的岗位职责

项目部管理结构内部的岗位职务和职责分工必须明确,权责必须一致,并形成规章制度,可以表格的形式列出,如表 5-1 所示。

表 5-1 项目部主要管理人员岗位职责

序号	姓名	职务	岗 位 职 责

3. 制定施工管理工作程序、制度和考核标准

为提高施工管理工作效率,项目部必须制定施工管理工作程序、规章制度和相应考核标准。考核标准应奖罚明确,要能够调动各岗位人员的积极性,起到赶后进强先进的作用。

5.3.3 施工组织安排

施工组织安排主要包括确定施工开展程序,划分施工段,确定流水施工的组织方式,确定施工起点流向,确定施工顺序。

1. 确定施工开展程序

1) 一般建筑的施工开展程序

一般建筑按照常规施工方法时的施工程序,应遵循"先地下后地上,先主体后围护,先结构后装饰,先土建后设备安装"的原则来确定。

(1) 先地下后地上：在地上工程施工之前，尽量把管道、线路等地下设施和土方工程、基础工程全部完成或基本完成，以免对地上部分产生干扰，带来不便。

(2) 先主体后围护：结构中主体与围护的关系。一般来说，多层建筑主体结构与围护结构以少搭接为宜，而高层建筑则应尽量搭接施工，以便有效地节约时间。

(3) 先结构后装饰：主要指先进行主体结构施工，后进行装饰工程施工。就一般情况而言，有时为了节约时间，也可以部分搭接施工。

(4) 先土建后设备安装：处理好土建与水、暖、电、卫等设备安装的施工顺序。

上述施工程序并不是一成不变的，随着我国施工技术的发展以及企业经营管理水平的提高，特别是随着建筑工业化的不断发展，有些施工程序也将发生变化。例如，采用逆作法施工的工程就存在地下、地上同时施工，大大缩短了工期；又如大板结构房屋中的大板施工，已由工地生产逐渐转向工厂生产，这时结构与装饰可在工厂内同时完成。

2) 工业厂房土建与设备的先后顺序与相互关系

(1) 先土建后设备安装（封闭式施工）：工业建筑的土建与设备安装的施工顺序与厂房的性质有关，如精密工业厂房，一般要求土建、装饰工程完工之后安装工艺设备。重型工业厂房则有可能先安装设备，后建厂房或设备安装与土建同时进行，这样的厂房设备一般体积很大，若厂房建好以后，设备无法进入和安装，如重型机械厂房、发电厂的主厂房等。

"封闭式"施工方案，指在主体结构施工完成之后，再进行设备基础的施工。这种方案的优点是厂房基础施工和构件预制的工作面较宽敞，便于布置起重机开行路线，可加快主体结构的施工进度；设备基础在室内施工，不受气候的影响，可提前安装厂房内的桥式起重机为设备基础施工服务。其主要缺点是设备基础的土方工程施工条件较差，不利于采用机械化施工；不能提前为设备安装提供条件，因而工期较长；出现某些重复性工作，例如厂房内部回填土的重复挖填和临时运输道路的重复铺设等。

(2) 先设备安装后土建（开敞式施工）：该方案的优缺点与"封闭式"施工方案正好相反。确定单层工业厂房的施工方案时，应根据具体情况进行分析。一般而言，当设备基础较浅或其底部标高不低于柱基且不靠近柱基时，宜采用"封闭式"施工方案；而当设备基础体积较大、埋置较深，采用"封闭式"施工对主体结构的稳定性有影响时，则应采用"开敞式"施工方案。对某些大而深的设备基础，若采用特殊的施工方法（如沉井），仍可采用"封闭式"。当土建工程为设备安装创造了条件，同时又采取防止设备被砂浆、垃圾等污染物损坏的措施时，主体结构与设备安装工程可以同时进行。

当然，设备与土建也可以同时施工。

2. 划分施工段

施工流水段应结合工程具体情况分阶段进行划分，房屋建筑工程的土建工程施工阶段划分一般包括地基与基础工程、主体结构工程、屋面工程和装饰装修工程四个阶段。

施工段划分的原则详见本书第2章，这里主要介绍一般住宅工程的施工段划分方法。

(1) 地基与基础工程：少分段或不分段，便于不均匀地基的统一处理。当结构平面较大时，可以考虑2～3个单元为一段。

(2) 主体结构工程：2～3个单元为一段，小面积的栋号平面内不分段，可以进行栋号间的流水；

(3) 屋面工程：一般不分段，也可在高低层或伸缩缝处分段；

(4) 装饰装修工程：外装饰以层分段或每层再分 2~3 段；内装饰每单元为 1 段或每层分 2~3 段。

3. 确定流水施工的组织方式

建筑物（或构筑物）在组织流水施工时，应根据工程特点、性质和施工条件组织等节奏、异节奏和无节奏流水施工方式。

若流水组中各施工过程的流水节拍大致相等，或者各主要施工过程流水节拍相等，在施工工艺允许的情况下，尽量组织等节奏专业流水施工，以达到缩短工期的目的。

若流水组中各施工过程的流水节拍存在整数倍关系（或者存在公约数），在施工条件和劳动力允许的情况下，可以组织等步距异节奏流水施工（即加快成倍节拍流水）。

若不符合上述两种情况，则可以组织无节奏流水施工，这是常见的一种组织流水施工的方法。

首先将拟建工程对象划分为若干个分部工程（或流水组），各分部工程组织独立的流水施工，然后将各分部工程流水按施工组织和工艺关系搭接起来，组成单位工程的流水施工。

4. 确定施工起点流向

单位工程施工流向是指施工活动在空间上的展开与进程。单层建筑需确定平面上的流向，多层建筑除确定平面上的流向外，还需确定立面上的流向。也就是说，多层建筑施工项目在平面上和竖向上各划分为若干施工段，施工流向就是确定各施工段施工的先后顺序。

确定施工起点流向应考虑的因素：

(1) 建设单位生产和使用的要求：先投产、先使用，先施工、先交工。首先施工影响后续生产工艺试车投产的部位。这样可以提前发挥基本建设投资的效果。

(2) 从施工技术考虑，应对技术复杂、工程量大、工期长的部位先施工。一般技术复杂、施工进度较慢，工期较长的区段和部位应先施工。

(3) 根据施工条件，现场环境情况，对条件具备的（如材料、图纸、设备供应等）先行施工。工程现场条件和施工方案，施工场地的大小，道路布置和施工方案中采用的施工方法和机械也是确定施工起点和流向的主要因素。如土方工程边开挖边余土外运，则施工起点应由离道路远的部位开始，按由远及近的方向进展。

(4) 从沉降等因素考虑，应先高后低，先深后浅进行施工。如屋面防水层施工应按先高后低的方向施工，同一屋面则由檐口到屋脊方向施工。基础有深浅之分时，应按先深后浅的顺序进行施工。

(5) 考虑分部分项工程的特点及其相互关系。分部分项工程不同，相互关系不同，其施工流向也不相同。例如，多高层建筑的室内装饰工程除平面上的起点和流向以外，在竖向上还要决定其流向，而竖向的流向确定更显得重要。根据装饰工程的工期、质量、安全、使用要求以及施工条件，其施工起点流向一般分为：自上而下、自下而上以及自中而下再自上而中三种。

① 室内装饰工程自上而下的施工起点流向，通常是指主体结构工程封顶，做好屋面防水层后，从顶层开始，逐层往下进行。其施工流向如图 5-3 所示，有水平向下和垂直向下两

种情况,通常采用如图 5-3(a)所示水平向下的流向较多。此种起点流向的优点是:主体结构完成后,有一定的沉降时间,能保证装饰工程的质量;做好屋面防水层后,可防止在雨季施工时因雨水渗漏而影响装饰工程的质量。并且,自上而下的流水施工,各工序之间交叉少,便于组织安全施工,方便从上往下清理垃圾。其缺点是不能与主体施工搭接,因而工期较长。

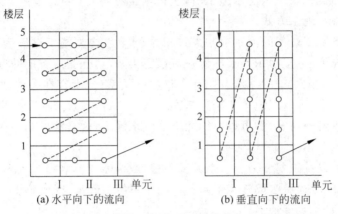

(a) 水平向下的流向　　　　(b) 垂直向下的流向

图 5-3　室内装饰工程自上而下的施工起点流向

② 室内装饰工程自下而上的起点流向,是指当主体结构工程施工到 3 层以上时,装饰工程从一层开始,逐层向上进行,其施工流向如图 5-4 所示,有水平向上和垂直向上两种情况。此种起点流向的优点是可以和主体结构工程进行交叉施工,使工期缩短。缺点是工序之间交叉多,需要预防影响装饰工程质量的雨水和施工用水渗漏问题。

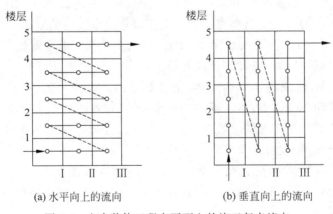

(a) 水平向上的流向　　　　(b) 垂直向上的流向

图 5-4　室内装饰工程自下而上的施工起点流向

③ 自中而下再自上而中的起点流向,综合了上述两者的优缺点,适用于高层建筑的装饰工程,如图 5-5 所示。

5. 确定分部分项工程的施工顺序

确定分部分项工程的施工顺序,其目的是更好地按照施工的客观规律组织施工,使各施工过程的工作队紧密配合,进行平行、搭接、穿插施工。合理的施工顺序,可以解决各工种之

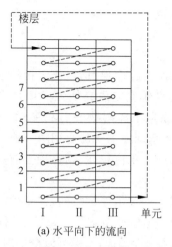 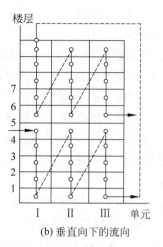

(a) 水平向下的流向 　　　　　(b) 垂直向下的流向

图 5-5　室内装饰工程自中而下再自上而中的起点流向

间在时间上的搭接,充分利用施工空间,保证质量和安全生产,缩短工期,减少成本。

确定各施工过程的施工顺序,应符合工序逻辑关系,与所选用的施工方法和施工机械协调一致,同时还要考虑施工组织、施工质量、安全技术要求,以及当地气候条件等因素。

1) 确定施工顺序的原则

(1) 必须符合施工工艺的要求。建筑物在建造过程中,各分部分项工程之间存在一定的工艺顺序关系,它随着建筑物结构和构造的不同而变化,应在分析建筑物各分部分项工程之间的工艺关系的基础上确定施工顺序。例如,基础工程未做完,其上部结构就不能进行,垫层须在土方开挖后才能施工;采用砌体结构时,下层的墙体砌筑完成后方能施工上层楼面;但在框架结构工程中,墙体作为围护或隔断,则可安排在框架施工全部或部分完成后进行。

(2) 必须与施工方法协调一致。例如,在装配式单层工业厂房施工中,如采用分件吊装法,则施工顺序是先吊装柱、再吊装梁、最后吊装各个节间的屋架及屋面板等;如采用综合吊装法,则施工顺序为一个节间全部构件吊装完成后,再依次吊装下一个节间,直至构件吊装完。

(3) 必须考虑施工组织的要求。例如,有地下室的高层建筑,其地下室地面工程可以安排在地下室顶板施工前进行,也可以安排在地下室顶板施工后进行。从施工组织方面考虑,前者施工较方便,上部空间宽敞,可以利用吊装机械直接将地面施工用的材料运送到地下室;而后者,地面材料运输和施工,比较困难。

(4) 必须考虑施工质量的要求。在安排施工顺序时,要以保证和提高工程质量为前提,影响工程质量时,应重新安排施工顺序或采取必要的技术措施。例如,屋面防水层施工,必须等找平层干燥后才能进行,否则将影响防水工程的质量,特别是柔性防水层的施工。

(5) 必须考虑当地的气候条件。例如,在冬期和雨期施工到来之前,应尽量先做基础工程、室外工程、门窗玻璃工程,为地上和室内工程施工创造条件。又如,桥梁的基础工程最好安排在汛期之前完成。这样有利于改善工人的劳动环境,有利于保证工程质量。

(6) 必须考虑安全施工的要求。在立体交叉、平行搭接施工时,一定要注意安全问题。例如,在主体结构施工时,水、暖、煤、卫、电的安装与构件、模板、钢筋等的吊装和安装不能在同一个工作面上,必要时采取一定的安全保护措施。

2)房屋建筑的施工顺序

(1)地下工程的施工顺序(±0.000以下)

地下工程一般指设计标高(±0.000)以下的所有工序项目,这些工程的施工应先考虑地下障碍物、洞穴、软土地基的处理等,然后再按流水作业完成其他工序项目施工任务。在一般的浅基础施工顺序为:测量放线→挖土→清除地下障碍物→打钎验槽→软弱地基处理(需要时)→基础垫层→砖胎模→平面防水工程→基础施工→房心回填→地下室施工→立面防水工程→肥槽回填。如果基础开挖深度较大、地下水位较高,则在挖土前尚应进行边坡支护及基坑降水工作。

由于混凝土基础需要养护,故应考虑其所需要的技术停歇时间,当基础混凝土强度达到拆模强度后方可进行拆模,在此期间,要为尽快回填土创造条件。如果采用的是预制桩基,为缩短工期,可以在准备阶段提前打桩,其打桩、挖土和基础工程可以分别组织流水施工。

地下工程的施工要注意深浅基础的施工先后顺序,注意结构基础与设备基础的施工先后顺序,注意排水问题。

(2)基础工程施工顺序

对于钢筋混凝土结构工程,其基础形式有钢筋混凝土独立基础、桩基础、筏板基础、箱形基础等,不同的基础施工顺序不同。

① 钢筋混凝土独立基础的施工顺序一般为:测量放线→开挖基坑→验槽→支设基础垫层模板→浇筑基础垫层混凝土→绑扎独立基础(基础梁)钢筋→绑扎框架柱(或墙体)插筋→支设独立基础(基础梁)模板→浇筑独立基础(基础梁)混凝土→养护→拆模→回填土。

② 桩基础的施工顺序为:测量放线定桩位→桩机就位→打预制桩(或灌注桩施工)→挖土→凿桩头→检测→垫层→绑扎承台(承台梁)钢筋→绑扎框架柱(或墙体)插筋→支设承台(承台梁)模板→浇筑承台(承台梁)混凝土→养护→拆模→回填土。

A. 预制桩施工顺序:

测量放线定桩位→桩机就位→吊桩→打桩→接桩→截桩。

B. 泥浆护壁钻孔灌注桩施工顺序:

测量放线定桩位→埋设护筒→桩机就位→泥浆护壁钻孔→清孔→吊放钢筋骨架→水下浇筑混凝土成桩。

C. 人工挖孔灌注桩施工顺序:

测量放线定桩位→人工开挖第一段土方→支设护壁模板→在模板顶放置操作平台→浇筑护壁混凝土→拆除护壁模板继续下一段的施工→……→排除孔底积水→验孔→吊放钢筋笼→浇筑桩身混凝土成桩。

③ 筏板基础的施工顺序一般为:测量放线→开挖基坑→验槽→支设基础垫层模板→浇筑基础垫层混凝土→砖胎模→平面防水层施工→防水保护层施工→绑扎筏板基础(基础梁)钢筋→绑扎框架柱(或墙体)插筋→支设基础(基础梁)模板→浇筑筏板基础(基础梁)混凝土→养护→拆模→回填土。

④ 箱形基础的施工顺序一般为:测量放线→开挖基坑→验槽→支设基础垫层模板→浇筑基础垫层混凝土→砖胎模→平面防水层施工→防水保护层施工→箱基底板钢筋、模板及混凝土施工→箱墙钢筋、模板、混凝土施工→箱顶钢筋、模板、混凝土施工→回填土。

(3) 主体结构工程施工顺序

钢筋混凝土主体结构主要分为两大类构件,竖向构件(如墙柱等)和水平构件(如梁板等),总的施工顺序为"先竖向后水平"。

① 全现浇钢筋混凝土框架结构工程的施工顺序为:绑扎柱钢筋→支设柱模→支设梁底模板→绑扎梁钢筋→支设梁侧模板→支设板模板→绑扎板钢筋→浇筑柱混凝土→浇筑梁、板混凝土。或为:绑扎柱钢筋→支设柱模→支设梁板模板→绑扎梁板钢筋→浇筑柱混凝土→浇筑梁、板混凝土。

② 全现浇剪力墙主体结构工程的施工顺序为:墙模采用大模板时,绑扎墙体钢筋→支设墙体模板→浇筑墙体混凝土→拆墙体模板→支设楼板模板→绑扎楼板钢筋→浇筑楼板混凝土;墙模采用散支散拆的胶合板模板或铝模时,绑扎墙体钢筋→支设墙体模板→支设楼板模板→绑扎楼板钢筋→浇筑墙体混凝土→浇筑楼板混凝土。

③ 装配式框架结构主体工程的施工顺序为:柱、梁、板等构件工厂内预制→预制构件运输到现场→安装预制柱(吊装→校正→定位→焊接)→搭设支撑排架→安装预制梁(吊装→校正→主筋焊接)→梁柱节点核心区处理→安装预制楼板、阳台板、空调板、楼梯→绑扎叠合板现浇层钢筋(水电暗管预埋)→钢筋隐蔽验收→浇筑叠合板现浇层混凝土→养护→拆除脚手架排架结构→灌浆施工(本层主体结构施工完毕,按上述工序继续施工下层结构)。

④ 装配式剪力墙结构主体工程的施工顺序为:PC构件工厂内预制→PC构件运输到现场→预制墙板逐块吊装、校正、固定→现浇剪力墙钢筋绑扎(水电暗管预埋)→支设剪力墙模板→搭设支撑排架→浇筑剪力墙混凝土→安装预制楼板、阳台板、空调板、楼梯→绑扎叠合板现浇层钢筋(水电暗管预埋)→钢筋隐蔽验收→浇筑叠合板现浇层混凝土→养护→拆除脚手架排架结构→灌浆施工(本层主体结构施工完毕,按上述工序继续施工下层结构)。

(4) 装饰工程的施工顺序

装饰工程的施工分为室内装饰和室外装饰。室内装饰包括楼地面工程、墙面抹灰,门窗框、扇安装,天棚、墙面刷涂料;卫生间、楼梯间装饰等,其中楼地面工程和内墙抹灰是主导工程。室外装饰包括外墙抹灰、勒脚、散水、台阶、明沟、水落管等的施工。装饰工程没有一定严格的顺序。

① 主体结构工程与装饰工程的施工顺序关系有两种情况。

A. 主体结构工程完成之后进行装饰工程施工。

此种施工顺序的优点是:主体工程完成后,有一定的沉降时间,做好屋面防水后,可防止水的渗漏,能保证装饰工程质量;缺点是工期长。

B. 装饰工程安排在主体结构施工之中进行。

对高层建筑,在主体结构施工期间即进行装饰工程施工,装饰工程与主体施工交叉进行,可以缩短工期,其缺点是工序交叉多,需采取防止成品破坏的措施。一般应先做上层地面,然后再做下层顶棚、墙面涂料,以避免上层施工用水的渗漏而影响装饰工程质量。

② 室内与室外装饰工程的先后顺序关系。

室内与室外装饰工程的先后顺序与施工条件和气候条件有关。可以先室外后室内,也可以先室内后室外或室外室内同时进行平行施工。但当采用单排脚手架砌墙时,由于脚手架连墙件的架眼需要填补,至少在同一层须做完室外墙面粉刷后再做内墙粉刷。

③ 顶棚、墙面与楼地面工程的顺序关系。

在同一层内，一般施工顺序是：楼地面找平层→墙面抹灰→楼地面面层→顶棚、墙面刮腻子→顶棚、墙面刷涂料。

另外，为了保证和提高施工质量，楼梯间的抹灰和踏步面层通常在其他抹灰工作完工以后，自上而下进行，刷涂料必须待顶棚、墙面抹灰干燥后方可进行。

④ 室内精装饰工程的施工顺序。

室内精装饰工程的施工顺序一般为：砌隔墙→安装门窗框→窗台、踢脚抹灰→楼地面找平层→墙面抹灰→墙面贴砖→楼地面铺砖→楼梯间及踏步抹灰→安装门窗扇→木装饰→顶棚、墙面刮腻子→顶棚、墙面刷涂料→刷木制品油漆→铺装木地板→检查整修。

⑤ 室外装饰工程的施工顺序。

室外装饰工程各工序的施工顺序一般为：外墙保温（如为结构保温一体化设计，则无此过程）→外墙抹灰→外墙涂料（干挂饰面板）→外墙勒脚→台阶→散水。

(5) 屋面工程施工顺序

屋面工程目前大多数采用卷材防水屋面，其施工顺序主要按照屋面构造的层次，由下向上逐层施工。一般在女儿墙、通风口及水箱等屋面设施做好后，依次施工隔气层（一般无此过程），铺设保温层，施工找坡层，抹找平层；必须等找平层干燥后再做突出屋面设施的根部、排气道或分格缝等细部的加强层，然后进行卷材防水层施工，最后做保护层。

卷材屋面防水层的施工顺序是：铺设保温层→施工找坡层→抹找平层→涂刷基层处理剂→节点增强处理→防水卷材施工→做防水卷材保护层。

屋面工程在主体结构完成后开始，并应尽快完成（如为雨季，则可根据实际条件推迟完成），为顺利进行室内装饰工程创造条件。屋面工程可以和粗装修工程平行施工，相互影响不大。

(6) 砌筑工程与主体结构工程的顺序关系

多层框架结构房屋建筑，一般在主体结构工程结束后，再进行填充墙的砌筑。高层框架或剪力墙结构工程，为了缩短工期，可组织平行、搭接、立体交叉流水施工，即当主体结构施工完几层后，待拆除楼板和梁的模板，清理了楼面，即可安排下面楼层的墙体砌筑。图 5-6 所示为某 5 层现浇钢筋混凝土框架结构办公楼施工顺序示意。

(7) 水、电、暖、卫、燃等专业工程与土建工程施工的关系

水、电、暖、卫、燃等专业工程需与土建工程中有关分部分项工程交叉施工，且应紧密配合。

① 在基础工程施工时，应将上下水管沟和暖气管沟的垫层、墙体做好后再回填土，不具备条件时应预留位置。

② 在主体结构施工时，应在施工墙体和现浇钢筋混凝土楼板的同时，预留上下水、燃气、暖气立管的孔洞及配电箱等设备的孔洞，预埋电线管、接线盒及其他预埋件。

③ 在装饰装修施工前，应完成各种管道、水暖卫生的预埋件、设备箱体的安装等，应敷设好电气照明的墙内暗管、接线盒及电线管的穿线。

④ 室外上下水及暖气、燃气等管道工程可安排在基础工程之前或主体结构完工之后进行。

(8) 道路工程施工顺序

① 路基施工顺序：施工准备→相关试验→清理场地→碾压原地面→填筑材料→洒水→

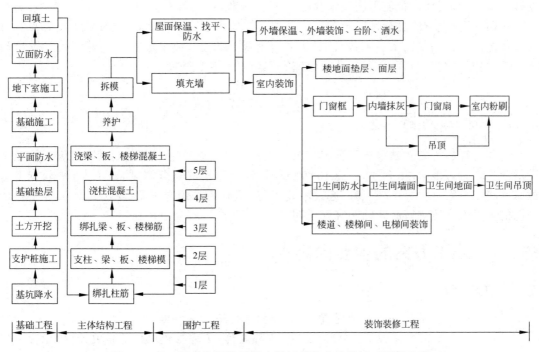

图 5-6 某 5 层现浇钢筋混凝土框架结构办公楼施工顺序示意

整平→压实→检测各项技术指标→填筑上一层材料。

② 路面底基层施工顺序：施工准备→材料及各种相关试验→路基验收→铺试验路段→检查各种指标→确定松铺厚度→压实工艺→配料、闷料→上料→摊铺→补水→拌和→整平→碾压→检查各项指标→养护→进行下一段施工。

③ 路面基层施工顺序：施工准备→材料及相关试验→验收路基→试拌→铺试验段→确定松铺厚度和压实工艺→检查各项指标→配料、上料→厂拌→运输→摊铺→碾压→检验技术指标→养护→进行下一段施工。

④ 沥青混凝土面层施工顺序：准备工作→各种材料及相关试验→试摊、摊铺试验段→确定压实系数、压实工艺等→清扫底基层→配料上料→拌和→运输→摊铺→碾压→养护。

5.3.4 工程施工的重点和难点分析

对工程施工的重点部位、关键环节，对施工过程中会遇到的施工技术问题、质量控制难点以及可能影响工程进度、安全和文明施工的不利因素进行分析，以便突出重点、抓住关键。对工程量大、施工技术复杂或对工程质量起关键作用的分部（分项）工程，如超高层建筑厚大筏板基础的混凝土温度裂缝防控、高支模施工中的安全控制、深基坑工程止水帷幕渗漏问题等，在选择施工方案、组织资源供应和技术力量配备，以及在施工准备工作上采取有效措施，使解决关键问题的措施落实于施工之前，从而保证施工顺利进行，提高施工企业的经济效益和管理水平。

工程的重点和难点，对于不同工程和不同企业具有一定的相对性。不同类型的建筑物、不同条件下的工程施工，均有其不同的施工特点。某些重点、难点工程的施工方法可能已通过有关专家论证，成为企业工法或企业施工工艺标准，企业可直接引用。实际工作中，工程规模不同、工程地质的复杂性以及工程建设的具体要求不同，施工组织设计的重点和难点也会存在差异。在编制施工组织设计时，要从工程实际出发，突出反映工程施工的关键控制点，并给出充分有效的解决措施，从而保障工程施工的顺利开展。

5.4 施工方案

合理选择施工方案是单位工程施工组织设计的核心。单位工程应按照《建筑工程施工质量验收统一标准》(GB 50300—2013)中分部、分项工程的划分原则，对主要分部、分项工程制定施工方案。对脚手架工程、起重吊装工程、临时用水用电工程、季节性施工等工程所采用的施工方案应进行必要的验算和说明。

5.4.1 施工方案的主要内容

1. 工程概况

工程概况应包括工程主要情况、设计简介和工程施工条件等。

(1) 工程主要情况应包括：分部(分项)工程名称，工程参建单位的相关情况，工程的施工范围，施工合同、招标文件或总承包单位对工程施工的重点要求等。

(2) 设计简介应主要介绍施工范围内的工程设计内容和相关要求。

(3) 工程施工条件应重点说明与分部(分项)工程相关的内容。

2. 施工安排

(1) 明确工程施工目标，包括进度、质量、安全、环境和成本等目标，各项目标应满足施工合同、招标文件和总承包单位对工程施工的要求。

(2) 合理确定工程施工顺序，合理划分流水施工段。

(3) 针对工程的重点和难点，进行施工安排并简述主要管理和技术措施。

(4) 确定工程管理组织机构及岗位职责，并应符合总承包单位的要求。

3. 施工进度计划

(1) 分部(分项)工程施工进度计划应按照施工安排，结合总承包单位的施工进度计划进行编制。

(2) 施工进度计划可采用网络图或横道图表示，并附必要说明。

4. 施工准备与资源配置计划

1) 施工准备内容

(1) 技术准备：包括施工所需技术资料的准备、图纸深化和技术交底的要求、试验检验和测试工作计划、样板制作计划以及与相关单位的技术交接计划等；

(2) 现场准备：包括生产、生活等临时设施的准备以及与相关单位进行现场交接的计划等；

(3) 资金准备：编制资金使用计划等。

2) 资源配置计划内容

(1) 劳动力配置计划：确定工程用工量并编制专业工种劳动力计划表；

(2) 物资配置计划：包括工程材料和设备配置计划、周转材料和施工机具配置计划以及计量、测量和检验仪器配置计划等。

5. 施工方法及工艺要求

(1) 明确分部(分项)工程施工方法并进行必要的技术核算，对主要分项工程(工序)明确施工工艺要求。

(2) 对易发生质量通病、易出现安全问题、施工难度大、技术含量高的分项工程(工序)等应做出重点说明。

(3) 对开发和使用的新技术、新工艺以及采用的新材料、新设备应通过必要的试验或论证并制订计划。

(4) 对季节性施工应提出具体要求。

5.4.2 施工方法和施工机械的选择

正确选择施工方法和施工机械是编制施工方案的关键。选择施工方法和施工机械，必须本着先进、合理、经济、安全的原则，以达到提高工程质量、降低工程成本、提高劳动生产率和加快工程进度、确保安全的预期效果。

施工方法和施工机械的选择主要应根据工程建筑结构特点、质量要求、工期长短、资源供应条件、现场施工条件、施工单位的技术装备水平和管理水平等因素综合考虑。

1. 选择施工方法和施工机械的基本要求

(1) 以主要分部分项工程为主。

(2) 考虑建设单位对工期、质量和造价的要求。

(3) 符合施工组织总设计的要求。

(4) 满足施工工艺及技术要求。

(5) 满足先进、合理、可行、经济和安全的要求。

(6) 能够提高工业化、机械化程度。

2. 施工方法选择

施工方法是针对拟建工程的主要分部、分项工程而言的，其内容应简明扼要，重点突出。应着重研究那些影响施工全局的重要分部、分项工程，凡新技术、新工艺和对拟建工程起关键作用的项目，以及在操作上还不够熟练的项目，应详细而具体地拟定该项目的操作过程、工艺流程、施工方法、质量要求以及保证质量和安全的技术组织措施等。

一般情况下，土木工程主要分部、分项工程的施工方法包括：

(1) 施工测量放线

说明测量工作的总要求；说明建筑物平面位置的测定方法，首层及各层轴线的定位、放线方法及轴线控制要求；说明建筑物垂直度控制的方法，包括外围垂直度和内部每层垂直度的控制方法，并说明确保控制质量的措施；说明沉降观测的方法、步骤和要求。

操作人员必须按照操作程序、操作规程进行操作，经常进行仪器检查验证，配合好各工序的穿插和检查验收工作。

(2) 基坑工程

计算土方量,选择挖土方法及土方施工机械;确定施工起点流向、放坡坡度和边坡支护方法;选择基坑降水方法(如果需要)和地表水排除方法,确定排水沟渠、集水井、井点的布置及所需设备的型号、数量;确定土方回填压实的方法及机具。

(3) 地基与基础工程

地基处理的方法及相应的材料机具设备;浅基础中垫层、钢筋混凝土基础施工的技术要求;深基础中预制桩的沉桩方法及技术要求,灌注桩的成孔方法及技术要求;地下工程防水方法及相关技术措施等。

(4) 钢筋混凝土主体结构工程

① 模板工程:确定模板类型和支模方法,并分别列出采用的项目、部位、数量,进行模板设计及验算,绘制模板支设图。推广"工具式模板"和"早拆模板体系",提高周转利用率。采取分段流水工艺,减少模板一次投入量。

② 钢筋工程:选择钢筋的加工、运输及连接安装方法,明确相应机具设备型号、数量;对梁柱节点钢筋密集区的处理方法,应力集中处的加筋处理;高强钢筋、预应力钢筋张拉与锚固等。

③ 混凝土工程:确定混凝土浇筑顺序、施工缝位置、分层高度、工作班制、浇捣方法、养护制度、质量评定及相应机械工具的型号、数量。

在选择施工方法时,应特别注意大体积混凝土、特殊条件下混凝土、高强度混凝土的施工问题和冬期施工中的技术方法;注重模板工具化、早拆化;钢筋加工中的联动化、机械化;混凝土运输及泵送注意事项等。

(5) 砌筑工程

砌筑砂浆的拌制和使用要求;砌体的组砌方法和质量要求;皮数杆的控制要求;砌体与钢筋混凝土构造柱、梁、圈梁、楼板、阳台、楼梯等构件的连接要求;配筋砌体工程的施工要求等。

(6) 装配式结构安装工程

确定结构安装方法及吊装顺序,选择起重机械及开行路线;确定构件运输、装卸、堆放办法以及所需的机具设备型号、数量和对运输道路的要求。

(7) 屋面工程

确定屋面各层材料及其质量要求;注意屋面各个分项工程的施工操作要求,特别是各种节点部位及各种接缝的密封防水施工。

(8) 装饰装修工程

① 明确装修工程施工的时间、施工顺序和成品保护等具体要求;尽量安排结构、装修及安装工程穿插施工,缩短工期。

② 较高级的室内装修应先做样板间,通过设计、业主、监理等单位联合认定后,再全面开展工作。

③ 对于民用建筑须提出室内装饰环境污染控制办法。

④ 室外装修工程应明确脚手架设置,饰面材料应有防止渗水、坠落及金属材料防锈蚀的措施。

⑤ 确定分项工程的施工方法和要求,提出所需的机具设备的型号、数量。

⑥ 提出各种装饰装修材料的品种、规格、外观、尺寸、质量等要求。
⑦ 确定装修材料逐层配套堆放的数量和平面位置,提出材料储存要求。
⑧ 保证装饰工程施工防火安全的方法。例如,材料的防火处理、施工现场防火、电器防火、消防设施的保护。

(9) 脚手架工程

① 明确内外脚手架的用料、搭设、使用、拆除方法及安全措施,落地式外墙脚手架应有防止脚手架不均匀下沉的措施。高层建筑可采用工字钢悬挑脚手架,应分段搭设,一般每段不超过20m,且应沿架高与主体结构拉接固定。

② 应明确特殊部位(如施工现场的主要出入口处)脚手架的搭设方案。

③ 室内施工脚手架宜采用轻型的工具式脚手架,装拆方便省工、成本低。高度较高、跨度较大的厂房屋顶的顶棚喷刷工程宜采用移动式脚手架,既省工又不影响其他工程。

④ 脚手架工程还需确定安全网挂设方法、"四口五临边"防护方案。

(10) 垂直运输设施

① 确定垂直运输量,有标准层的需确定标准层运输量。

② 选择垂直运输方式及其机械型号、数量、布置、安全装置、服务范围、穿插班次,明确垂直运输设施使用中的注意事项。

(11) 特殊项目

采用"四新"(新技术、新工艺、新结构、新材料)的项目及高耸、大跨、重型构件、水下、深基、软弱地基、冬期施工等项目,均应编制专项施工方案,阐明施工关键技术,进行技术交底,加强技术管理。内容应包括:施工方法,工艺流程,平立剖面图,施工进度,劳动组织,材料、构件、机械设备需要量,技术要求及安全、质量措施等。

对于大型土石方、打桩、构件吊装等项目,一般均需单独提出施工方法和技术组织措施。

3. 施工机械选择

正确选择施工机械是加快工程进度、保证施工安全、提高工程质量、降低工程成本的重要保证,在选择机械类型、型号和数量时应按照经济适用、高效稳定、安全可靠、合理可行的原则,并着重考虑以下几个方面:

(1) 工程特点

根据工程的平面分布、占地面积、长度、宽度、高度、结构形式等来确定机械设备选型。拟建建筑高度较低且场地允许时可以采用汽车式起重机或履带式起重机吊运,拟建建筑高度较高时则应采用塔式起重机;施工场地较开阔,可以选用普通附着式塔式起重机;施工场地狭小可采用动臂式塔式起重机,必要时可将其安置于建筑物核心筒内部。装配式建筑施工还需验算最大起吊构件重量,以确定起重机械型号。大的建筑群需要配备多台垂直运输机械,以满足覆盖要求。

(2) 工程量

工程量大而集中时,应选用专用大型机械设备;工程量小而分散时,宜做到一机多用或选用移动灵活的中小型机械设备。

(3) 工期要求

施工机械设备的数量应根据工期和机械设备的生产能力,通过计算来确定,避免能力不足或窝工。工期要求较紧,对单层或多层项目可采用增加汽车式起重机的方式,对于高层建筑则需要增加配备数量。

(4) 建设项目的施工条件

要充分考虑施工现场的道路条件、周边环境与建筑物条件、现场平面布置条件等,合理布置垂直运输机械的位置及机械开行路线,清除一切妨碍机械施工的障碍物,合理布置材料、构件等的堆放位置,为机械施工创造工作面;合理安排施工顺序,并给机械设备留出维修时间。

(5) 经济效益

5-1

5-2

尽量使机械能在相邻工程项目上综合流水,多次使用,减少拆、装、运次数;各种辅助机械或运输工具应与主导机械的生产能力协调配套,避免停多用少,提高经济效益。充分发挥现有机械能力,不能满足需要时则应通过经济分析决定购置还是租赁新型机械。

可扫描二维码 5-1 观看教学视频,学习施工机械选择注意事项。扫描二维码 5-2 观看视频,了解我国几种大型施工机械设备。

5.4.3　施工方案的技术经济评价

对施工方案进行技术经济评价是选择最优施工方案的重要途径。因为任何一个分部分项工程,一般都会有几个可行的施工方案,而施工方案的技术经济评价的目的就是在它们之间进行优选,选出一个工期短、质量好、材料省、劳动力安排合理、成本低的最优方案。

施工方案的技术经济评价涉及的因素多而复杂,一般只需对一些主要分部分项工程的施工方案进行技术经济比较,当然有时也需对一些重大工程项目的总体施工方案进行全面技术经济评价。常用的施工方案技术经济分析方法有定性分析和定量分析两种。

1. 定性分析

定性分析是结合施工实际经验,对几个方案的优缺点进行分析和比较,从中确定最优方案。该方法比较简单,但主观随意性大。通常主要从以下几个指标来评价:

(1) 工人在施工操作上的难易程度和安全可靠性;

(2) 保证质量措施的可靠性;

(3) 为后续工程创造有利施工条件的可能性;

(4) 利用现有或取得施工机械设备的可能性;

(5) 为现场文明施工创造有利条件的可能性;

(6) 施工方案对冬(雨)期施工的适应性。

例 5-1　某商业大厦地上 25 层,地下 3 层,结构形式为框架-核心筒,基础为筏板/灌注桩。基坑最大开挖深度为 14.35m,根据工程地质勘察资料可知地下水位为 −25.03m。自上而下各土层分述如下:

① 杂填土:层厚 0.50～2.70m,层底标高 34.84～37.57m。

② 素填土:层厚 0.40～1.80m,层底标高 33.94～36.83m。

③ 粉质黏土:层厚 9.60～10.80m,层底标高 26.12～27.53m。

该工程地处郊区,周边环境较好,基坑附近无建筑物和构筑物,地下没有管线布置。试选择该工程基坑支护方式。

解　根据以上资料,初步选用土钉墙、钻孔灌注桩和地下连续墙 3 种挡土结构,采用定性分析方法,利用表 5-2 对 3 种挡土结构进行比较。

表 5-2 3 种挡土结构方案比较

挡土结构形式	优 点	缺 点	经济性
单一土钉墙	1. 设备简单,操作方便,施工所需场地小,施工干扰少; 2. 材料用量和工程量小,造价低; 3. 土体位移小,采用信息化施工可确保工程和施工安全	1. 应具有较好的工程及水文地质条件; 2. 适用于深度小于 13m 的基坑	造价较低
钻孔灌注桩	1. 可根据基坑深度,调整桩径等参数; 2. 对地层地质条件、基坑深浅等条件适应性好; 3. 结构刚度好,对地面沉降控制好	1. 成孔需专门设备; 2. 施工工艺较复杂	造价适中
地下连续墙	1. 整体性好,稳定性强,可作为永久性结构; 2. 刚度大,地面沉降小; 3. 围护结构可止水,漏水点少,渗漏易处理	1. 需要专门的成槽设备; 2. 需要足够的施工场地; 3. 对城市环境污染大	造价较高

经对比,土钉墙支护设备简单,操作方便,造价低,主要适用于深度小于 13m 的基坑,而本工程基坑最大开挖深度为 14.35m,故不能选择单一土钉墙支护方式。地下连续墙整体稳定性强,刚度大,但造价较高。所以结合此工程周边环境,选用造价适中,结构刚度好的钻孔灌注桩作为本工程基坑施工的挡土结构。还需进一步选择撑锚结构,利用表 5-3,对工程中常用的两种撑锚结构方案进行比较。

表 5-3 常用的两种撑锚结构方案比较

比较内容	水平钢支撑	土层锚杆
施工工艺	在深基坑支护中,挖掘机操作需避让钢支撑。待基坑施工完基础开始施工结构时,需要向基坑内运输工程材料,在吊装过程中,钢支撑有着很大的限制与不便。钢支撑安装工人需要经过专业的培训才可以上岗,危险系数较大	挖掘机操作不需要避让锚索,基坑内施工基础和地下结构工程,都不会受到锚索影响。但锚索需要一定的地下空间,这对于市政工程是一个非常局限的条件,并不是在任何地方都可以用锚索支护
施工工期	钢支撑施工时土方将不能同时进行开挖,工期长	锚索在到达设计标高以后,可以多台同时作业,这期间土方还可以继续施工,不影响工程进度。但浆液龄期需要大概 4d,土方开挖需要给张拉锚索留出工作面
体系效果	从监控量测的数值反映和对比,体系效果比较理想,桩体的侧向位移在 3cm 以内	从监控量测的数值对比可知,体系效果比较理想,桩体的侧向位移在 3cm 以内

经过比较,并根据该工程地质条件、基坑开挖深度及周边环境的特点分析,充分考虑影响边坡稳定性安全的不利因素,同时兼顾经济、高效原则,最终确定该工程基坑支护方案采用"旋挖钻孔灌注桩+土层锚杆支护"的方式。

2. 定量分析

施工方案的定量分析是通过计算施工方案若干相同的、主要的技术经济指标,进行综合分析比较,选择出各项指标较好的施工方案。这种方法比较客观,但指标的确定和计算比较复杂。

1) 多指标分析评价法

多指标分析评价法是对各个方案的工期指标、实物量指标和价值指标等一系列单个的技术经济指标进行计算对比、从中选优的方法。施工方案的技术经济评价指标体系如图 5-7 所示。

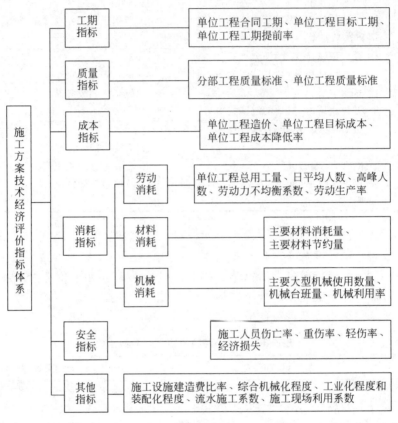

图 5-7 施工方案的技术经济评价指标体系

主要的评价指标有以下几种:

(1) 工期指标:当要求工程尽快完成以便尽早投入生产或使用时,选择施工方案就要在确保工程质量、安全和成本较低的条件下,优先考虑缩短工期,在钢筋混凝土工程主体施工时,往往采用增加模板的套数来缩短主体工程的施工工期。

(2) 机械化程度指标:在考虑施工方案时应尽量提高施工机械化程度,降低工人的劳动强度。积极扩大机械化施工的范围,把机械化施工程度作为衡量施工方案优劣的重要指标。

$$施工机械化程度 = \frac{机械完成的实物工程量}{全部实物工程量} \times 100\%$$

(3) 主要材料消耗指标:反映若干施工方案的主要材料节约情况。

(4) 降低成本指标。可以综合反映不同施工方案的经济效果,一般可以降低成本额和降低成本率,常采用降低成本率的方法,即:

$$\gamma_c = \frac{C_0 - C}{C_0} \tag{5-1}$$

式中:γ_c——降低成本率;

C_0——预算成本；
C——计划成本。

(5)投资额指标。拟定的施工方案需要增加新的投资时,如购买新的施工机械或设备,则需要增加投资额指标进行比较,其中以投资额指标低的方案为好。

2)综合指标分析法

综合指标分析法是用一个综合指标作为评价方案优劣的标准。综合指标是以多指标为基础,将各指标值按照一定的计算方法进行综合后得到的。

综合指标的计算方法有多种,常用的计算方法是:首先根据多指标中各个指标在评价中重要性的相对程度,分别定出它们的"权值"(W_i),最重要者"权值"最大;再用同一指标依据其在各方案中的优劣程度定出其相应的"指数"(C_{ij}),指标越优其"指数"就越大。设有 m 个方案和 n 种指标,则第 j 方案的综合指标值为:

$$A_j = \sum_{i=1}^{n} C_{ij} W_i \tag{5-2}$$

式中:$j = 1, 2, 3, \cdots, m$。

综合指标 A_j 值最大者为最优方案。综合指标提供了方案综合效果的定量值,为最后决策提供了科学依据。但是,由于权值 W_i 和指数 C_{ij} 的确定涉及因素较多,特别是受人的认识程度的影响很大,有时亦会掩盖某些不利因素。尤其当不同方案的综合指标相近时,应以单指标为主,把单指标与多指标分析结合起来进行方案评价,并应考虑社会影响、技术进步和环境因素等实际条件,实事求是地选择较优方案。

例 5-2 某施工企业承包一写字楼工程,该写字楼为框架结构,地下2层,地上10层。试根据材料类别,选择该工程脚手架。

解 结合当前国内市场情况,初步选定3种不同材料的脚手架,分别为方案1自购扣件式钢管脚手架,方案2为外租碗扣式钢管脚手架,方案3为外租盘扣式钢管脚手架。表5-4为采用给分定量法对3种脚手架方案的比较。

表 5-4 3 种脚手架方案比较

指标体系	评分等级	评分标准	脚手架类别		
			方案1	方案2	方案3
前期资金投入,占用	多	5	5	10	10
	无	10			
摊销成本费用	费用较高	5	15	10	5
	费用适中	10			
	费用较低	15			
安全稳定	稳定性好	15	10	5	15
	一般	10			
	稳定性差	5			
工期进度	较快	10	5	10	10
	较慢	5			
通用性	好	10	10	5	5
	差	5			
方案总分			45	40	45

通过表 5-4 的比较,方案 1 自购扣件式钢管脚手架和方案 3 外租盘扣式钢管脚手架得分相等,均为 45 分,方案 2 外租碗扣式钢管脚手架得分较低,为 40 分,主要是因为其安全稳定性差,实际工程中发生过架塌人亡的安全事故,所以不考虑。对方案 1 和方案 3 进行进一步分析,考虑到扣件式钢管脚手架为我国最常用的形式,通用性较强,也比较安全稳定,摊销成本费用最低,而盘扣式脚手架的规格都是固定的,不能像钢管一样可以随意使用。的确在某些项目上,用钢管扣件会比盘扣式脚手架施工更方便,且租赁盘扣式钢管脚手架的费用很高。因此,经过综合考虑,最终确定选用方案 1 即自购扣件式钢管脚手架方案。

5.5 单位工程施工进度计划

单位工程施工进度计划是在确定了施工方案的基础上,根据项目设定的工期目标和各种资源供应条件,按照施工过程的合理施工顺序及组织施工的原则,用图表的形式(横道图或网络图),对一个工程从开始施工到工程全部竣工的各项施工过程的施工顺序、起止时间和相互衔接关系所作的统筹策划和安排。

施工进度计划是施工部署在时间上的体现,反映了施工顺序和各个阶段工程进展情况,应均衡协调、科学安排。单位工程施工进度计划应按照施工部署的安排进行编制,在此基础上方可编制月度、季度计划及各项资源需要量计划。

5.5.1 单位工程施工进度计划的作用及分类

1. 施工进度计划的作用

(1) 控制单位工程的施工进度,保证在规定工期内完成符合质量要求的工程任务;
(2) 确定单位工程的各个施工过程的施工顺序、施工持续时间及相互衔接、平行搭接和协作配合关系;
(3) 为编制季度、月度生产作业计划提供依据;
(4) 是编制各项资源需用量计划和施工准备工作计划的依据。

2. 施工进度计划的分类

单位工程施工进度计划根据施工项目划分的粗细程度,可分为控制性与实施性(也称为指导性)施工进度计划两类。

(1) 控制性施工进度计划

按分部工程来划分施工项目,控制各分部工程的施工时间及其相互搭接配合关系。它主要适用于工程结构较复杂、规模较大、工期较长而需跨年度施工的工程(如体育场、火车站等公共建筑以及大型工业厂房等),还适用于工程规模不大或结构不复杂但各种资源(劳动力、机械、材料等)不落实的情况,以及建筑结构、建筑规模等可能变化的情况。

(2) 实施性施工进度计划

当各分部工程的施工条件基本落实后,在施工之前还应编制各分部工程的实施性施工进度计划。实施性施工进度计划按分项工程或施工过程来划分施工项目,具体确定各分项工程或施工过程的施工时间及其相互搭接配合关系,它适用于施工任务具体而明确、施工条件基本落实、各种资源供应正常、施工工期不太长的工程。

5.5.2 单位工程施工进度计划的编制依据

(1) 经过审批的建筑总平面图、单位工程全套施工图、地质地形图、工艺设计图、设备及其基础图,采用的各种标准图等技术资料;
(2) 施工组织总设计对本单位工程的有关规定;
(3) 施工工期要求及开、竣工日期;
(4) 施工条件、资源供应条件及分包单位情况等;
(5) 主要分部(分项)工程的施工方案;
(6) 施工定额;
(7) 其他有关要求和资料,如工程施工合同、岩土工程勘察报告等。

5.5.3 单位工程施工进度计划的编制程序

单位工程施工进度计划的编制程序如图 5-8 所示。

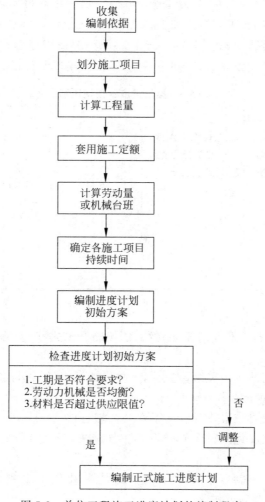

图 5-8 单位工程施工进度计划的编制程序

5.5.4 施工进度计划的表示方法

施工进度计划一般用图表来表示,并附必要说明;通常有两种形式的图表:横道图和网络图。

一般工程画横道图即可,对工程规模较大、工序比较复杂的工程宜采用网络图表示,通过对各类时间参数的计算,找出关键线路,选择最优施工方案。

(1) 横道图

用横道图表示的施工进度计划如表 5-5 所示。从表 5-5 中可以看出,它由左、右两部分组成。左边部分列出分部(分项)工程名称、相应的劳动量或机械台班量、每天工作班制、每班工人数或机械台数及工作持续时间等;右边部分是从规定的开工之日起到竣工之日止的进度指示图表,用横道表示各分部(分项)工程的起止时间和相互间的搭接配合关系,有时在其下面汇总每天的资源需要量,绘出资源需要量的动态曲线,其中的方格根据需要可以是一格表示一天或表示若干天。

由于横道图的绘制比较简单,使用直观,小型工程常用横道图表示施工进度计划。但是,当工程项目分项较多时,工序搭接和工种搭配关系较复杂时,横道图就难以体现主要矛盾,尤其是在执行计划过程中,某个项目由于某种原因提前或拖后,对其他项目所产生的影响难以分清,不能及时抓主要矛盾,合理组织生产,而网络图则可以克服其缺点。

表 5-5 施工进度计划横道图

序号	施工过程		劳动量或机械台班量/(工日或台班)	工作班数	每班工人数或机械台数/(人或台)	工作持续时间/d	××年											
							3月						4月						…
	分部工程名称	分项工程名称					5	10	15	20	25	31	5	10	15	20	25	30
1																		
2																		
3																		
…																		

(2) 网络图

网络图能够表示出各工序间的相互制约、依赖的逻辑关系,关键线路等。

绘图注意事项如下:

① 根据各工序之间的逻辑关系,先绘制无时标的网络计划图,经调整修改后,最好再绘制成时标网络计划,以便于使用和检查。

② 对较复杂的工程可先安排各分部工程的计划,再组合成单位工程的进度计划。

③ 安排分部工程进度计划时应先确定其主导施工过程,并以它为主导,尽量组织有节奏流水。

④ 施工进度计划图编制后要找出关键线路,计算出工期,并判别其是否满足工期目标要求,如不满足,应进行调整或优化。

⑤ 优化完成后再绘制出正式的单位工程施工进度计划网络图,如图 5-9 所示。

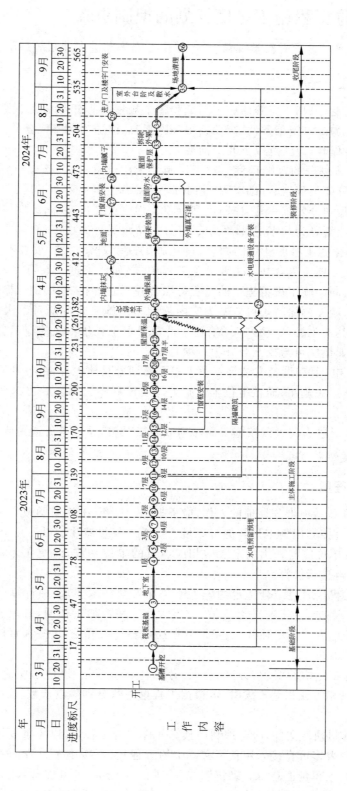

图 5-9 某单位工程施工进度计划网络图

5.5.5 单位工程施工进度计划的编制步骤

可扫描二维码5-3观看教学视频,学习单位工程施工进度计划的编制步骤和方法。

1. 划分施工过程

编制施工进度计划时,应按照施工图纸和施工顺序将拟建单位工程划分为若干个施工过程,并结合施工方法、施工条件、劳动组织等因素,加以适当调整或合并。

划分施工过程时,应注意以下几个问题:

(1) 施工过程划分的粗细程度。对于控制性施工进度计划,施工过程可以划分得粗一些,通常只列出分部工程,如基础工程、主体工程、屋面工程和装饰工程。而对实施性施工进度计划,施工过程划分要细一些,应明确到分项工程或更具体,以满足指导施工作业的要求。例如,屋面工程应划分为找平层、隔气层、保温层、防水层等分项工程。

(2) 适当简化施工进度计划的内容,避免施工过程划分过细,重点不突出。因此,可考虑将某些穿插性分项工程合并到主要分项工程中去,如门窗框安装可并入砌筑工程。对于在同一时间内由同一施工班组施工的过程可以合并,如室内装修中的天棚刮腻子、墙面刮腻子、天棚刷涂料、墙面刷涂料等可合并为室内粉刷一个施工过程。对于次要的、零星的分项工程可合并为"其他工程"一项列入;有些虽然重要但工程量不大的施工过程也可与相邻的施工过程合并,如垫层可与挖土合并为一项。

(3) 水、暖、电、卫和设备安装等专业工程不必细分具体内容,由各专业施工队自行编制进度计划并负责组织施工,而在单位工程施工进度计划中只要反映出这些工程与土建工程的配合关系即可。

(4) 所有施工过程应大致按施工顺序列成表格,编排序号避免遗漏或重复,其名称可参考现行的施工定额手册上的项目名称。

2. 计算工程量

工程量计算是一项十分烦琐的工作,应根据施工图纸、有关计算规则及相应的施工方法进行计算,也可直接套用施工预算的工程量。计算工程量应注意以下几个问题:

(1) 工程量单位应与采用的定额中相应项目的单位一致,以便在计算资源需用量时直接套用定额,不再进行换算。

(2) 计算工程量时应结合选定的施工方法和安全技术要求,使计算所得工程量与施工实际情况符合。例如,挖土时是否放坡,坡度大小;是否加工作面,其尺寸取多少;是否使用支撑加固;开挖方式是单独开挖、条形开挖还是整片大开挖,这些都直接影响到土方工程量的计算。

(3) 结合施工组织的要求,分区、分段、分层计算工程量,以便组织流水作业。若每层、每段上的工程量相等或相差不大时,可根据工程量总数分别除以层数、段数,可得每层、每段上的工程量。

(4) 如已编制预算文件,应合理利用预算文件中的工程量,以免重复计算。施工进度计划中的施工项目大多可直接采用预算文件中的工程量,可按施工过程的划分情况将预算文件中有关项目的工程量汇总,如"砌筑墙体"一项的工程量,可首先分析它包括哪些部位,然后将所有墙体,包括地下、地上、内墙、外墙、卫生间、阳台等所有墙体,按不同材料分别加以汇总求得。施工进度计划中有些施工项目与预算文件中的项目完全不同或局部有出入时(如计量单位、计算规则、采用定额不同等),则应根据施工中的实际情况加以修改、调整或重新计算。

3. 套用施工定额

根据所划分的施工过程和施工方法,套用施工定额,可以计算劳动量和机械台班量。

施工定额有两种形式,即时间定额和产量定额,二者互为倒数关系。时间定额是指某种专业、某种技术等级的工人小组或个人在合理的技术组织条件下,完成单位合格建筑产品所必需的工作时间,一般用符号 H 表示,它的单位有:工日/m^3、工日/m^2、工日/m、工日/t 等。因为时间定额是以劳动工日数为单位,便于综合计算,故在劳动量统计中应用比较普遍。产量定额是指在合理的技术组织条件下,某种专业、某种技术等级的工人小组或个人在单位时间内所能完成合格建筑产品的数量,一般用符号 S_i 表示,它的单位有 m^3/工日、m^2/工日、m/工日、t/工日等。因为产量定额是由建筑产品的数量来表示,具有形象化的特点,故在分配施工任务时用得比较普遍。

套用国家或地方颁发的定额,必须注意结合本单位工人的技术等级、实际施工操作水平、施工机械情况和施工现场条件等因素,确定定额的实际水平,使计算出来的劳动量、机械台班量符合实际需要,为准确编制施工进度计划打下基础。

有些采用新技术、新材料、新工艺或特殊施工方法的项目,施工定额中尚未编入。这时可参考类似项目的定额、经验资料或按实际情况确定。

4. 计算劳动量或机械台班量

计算公式如下:

$$P = \frac{Q}{S} \tag{5-3}$$

或

$$P = QH \tag{5-4}$$

式中:P——完成某施工过程所需劳动量或机械台班量,工日或台班;

Q——该施工过程的工程量,m^3、m^2、t 等;

S——计划采用的产量定额,m^3/工日、m^2/工日、t/工日或 m^3/台班、m^2/台班、t/台班;

H——计划采用的时间定额,工日/m^3、工日/m^2、工日/t 或台班/m^3、台班/m^2、台班/t。

例 5-3 某机关办公楼工程,地上 6 层,地下 1 层,框架结构,填充墙采用加气混凝土砌块砌筑,砌筑工程量为 690.86m^3,经查定额得其产量定额为 0.717m^3/工日,计算完成该工程填充墙砌筑所需的劳动量。

解

$$P = \frac{Q}{S} = \frac{690.86 m^3}{0.717 m^3 / 工日} = 963.54 \ 工日$$

例 5-4 某工程基坑开挖土方量为 7242.39m^3,该工程场地土类别为三类土,挖土采用 PC270 型反铲挖土机,其斗容量为 1.5m^3,经查定额得其时间定额为 2.490 台班/(1000m^3),计算挖土机完成该工程土方开挖所需的机械台班量。

解

$$P = QH = 7242.39 m^3 \times \frac{2.490 \ 台班}{1000 m^3} = 18.03 \ 台班$$

当某一施工过程由两个或两个以上不同分项工程合并而成时,其总劳动量应按下式计算:

$$P_{总} = \sum_{i=1}^{n} P_i = P_1 + P_2 + \cdots + P_n \tag{5-5}$$

例 5-5 某钢筋混凝土基础工程,其支设模板、绑扎钢筋、浇筑混凝土 3 个施工过程的工程量分别为 1380.36m^2、52.195t、977.93m^3,经查定额得其时间定额分别为 12.892 工日/(100m^2)、5.211 工日/t、1.042 工日/(10m^3),试计算完成钢筋混凝土基础所需劳动量。

解

$$\begin{aligned}P_{基础} &= P_{模} + P_{筋} + P_{混} \\ &= 1380.36m^2 \times 12.892(工日/(100m^2)) + 52.195t \times 5.211 \text{工日}/t + \\ &\quad 977.93m^3 \times 1.042(工日/(10m^3)) \\ &= 551.84 \text{ 工日}\end{aligned}$$

当某一施工过程是由同一工种、但不同做法、不同材料的若干个分项工程合并组成时,应先按式(5-6)计算其综合产量定额,再求其劳动量。

$$\overline{S} = \frac{\sum_{i=1}^{n} Q_i}{\sum_{i=1}^{n} P_i} = \frac{Q_1 + Q_2 + \cdots + Q_n}{P_1 + P_2 + \cdots + P_n} = \frac{Q_1 + Q_2 + \cdots + Q_n}{\dfrac{Q_1}{S_1} + \dfrac{Q_2}{S_2} + \cdots + \dfrac{Q_n}{S_n}} \tag{5-6}$$

$$\overline{H} = \frac{1}{\overline{S}} \tag{5-7}$$

式中:$\overline{S}$——某施工过程的综合产量定额,m^3/工日、m^2/工日、t/工日 或 m^3/台班、m^2/台班、t/台班;

$\overline{H}$——某施工过程的综合时间定额,工日/m^3、工日/m^2、工日/t 或 台班/m^3、台班/m^2、台班/t;

$\sum_{i=1}^{n} Q_i$——总工程量,m^3、m^2、m、t 等;

$\sum_{i=1}^{n} P_i$——总劳动量,工日或台班;

$Q_1, Q_2, \cdots, Q_n$——同一施工过程的各分项工程的工程量;

$S_1, S_2, \cdots, S_n$——与 $Q_1, Q_2, \cdots, Q_n$ 相应的产量定额。

例 5-6 某商业大厦工程,其外墙面装饰有玻璃幕墙、干挂大理石、真石漆 3 种做法,其工程量分别是 1300.54m^2、1500.76m^2、2780.35m^2;采用的产量定额分别是 1.32m^2/工日、2.08m^2/工日、9.47m^2/工日。计算 3 种装饰做法的综合产量定额及该商业大厦外墙面装饰所需的劳动量。

解

$$\overline{S} = \frac{Q_1 + Q_2 + Q_3}{\dfrac{Q_1}{S_1} + \dfrac{Q_2}{S_2} + \dfrac{Q_3}{S_3}} = \frac{(1300.54 + 1500.76 + 2780.35)m^2}{\left(\dfrac{1300.54}{1.32} + \dfrac{1500.76}{2.08} + \dfrac{2780.35}{9.47}\right)\dfrac{m^2}{(m^2/工日)}} = 2.79m^2/\text{工日}$$

$$P_{外墙装饰} = \frac{\sum_{i=1}^{3} Q_i}{\overline{S}} = \frac{1300.54m^2 + 1500.76m^2 + 2780.35m^2}{2.79m^2/\text{工日}} = 2000.59 \text{ 工日}$$

5. 确定施工过程的持续时间

施工过程持续时间的确定方法有三种：定额计算法、倒排进度法、经验估算法（又称三时估算法，详见第 2 章，此处略）。

(1) 定额计算法

定额计算法是根据施工过程需要的劳动量以及配备的劳动人数或机械台数，确定施工过程的持续时间，其计算公式如下：

$$t = \frac{P}{nb} \tag{5-8}$$

式中：t——完成某施工过程的持续时间，d；
P——该施工过程所需的劳动量，工日或台班；
n——每个工作班投入该施工过程的工人数（或机械台数）；
b——每天工作班数。

从上述公式可知，要计算确定某施工过程持续时间，除已确定的 P 外，还必须先确定 n 及 b 数值。

在实际工作中，除了考虑必须能获得或能配备的施工人数（特别是技术工人人数）或施工机械台数之外，还必须结合施工现场的具体条件、最小工作面与最小劳动组合人数的要求以及机械施工的工作面大小、机械效率、机械必要的停歇维修与保养时间等因素综合考虑，才能计算确定出符合实际可能和要求的施工人数及施工机械台数 n。

每天工作班数 b 的确定：当工期允许、劳动力和施工机械周转使用不紧迫、施工工艺上无连续施工要求时，通常采用一班制施工，在建筑业中往往采用 1.25 班制即 10h。当工期较紧或为了提高施工机械的使用率及加快机械的周转使用，或工艺上要求连续施工时，某些施工过程可考虑两班甚至三班制施工。但采用多班制施工，必然增加有关设施及费用，因此，须慎重研究确定。

例 5-7 例 5-3 某机关办公楼砌筑加气混凝土砌块墙，需要劳动量为 963.54 工日，采用一班制工作，每班出勤人数为 22 人（其中瓦工 10 人，普工 12 人），试计算完成该砌筑工程的施工持续时间。

解

$$t = \frac{P}{nb} = \left(\frac{963.54}{22}\right) \text{d} \approx 44\text{d}$$

(2) 倒排进度法

倒排进度法是根据施工的工期要求，先确定施工过程的持续时间及工作班制，再确定施工人数或机械台数，计算公式如下：

$$n = \frac{P}{tb} \tag{5-9}$$

如果按上述公式计算出来的结果，超过了本部门现有的人数或机械台数，则要求有关部门进行平衡、调度及支持；或从技术上、组织上采取措施，如组织平行立体交叉流水施工，提高混凝土早期强度及采用多班组、多班制的施工等。

例 5-8 某公路工程铺路面所需劳动量为 550 工日，要求在 20d 内完成，采用一班制施工，试求每班工人数。

解

$$n = \frac{P}{tb} = \left(\frac{550}{20}\right) \text{人} = 27.5 \text{人}$$

取 $n = 28$ 人。

6. 初排施工进度

确定各施工过程的持续时间之后,即可编制施工进度计划的初始方案。一般步骤是:根据施工部署中的各主要施工阶段的工期控制目标及施工项目的具体情况(施工力量、材料的供应等)进一步安排各分部分项工程的开始、完成时间和相互衔接关系。先安排主导施工过程的施工进度,然后再安排其余施工过程,且应尽可能配合主导施工过程并最大限度地搭接,形成施工进度计划的初步方案。对于具有相同结构特征的建筑物或主要工种要安排流水施工,尽量使主要工种的工人基本上连续、均衡地施工,减少劳动力调度的困难,尽量使技术物资的消耗在全工程上均衡,做到基础、结构、安装、装修、试生产等在时间、数量上的比例合理。

对于工业项目施工以主厂房设施的施工时间为主线,穿插其他配套建筑物的施工时间;为了保证施工速度,道路、水电、通信等施工准备工作应先期完成;为了减少临时设施,能为施工服务的永久性项目应尽早开工。每个施工过程的施工起止时间应根据施工工艺顺序及组织顺序确定,总的原则是应使每个施工过程尽可能早地投入施工。

7. 施工进度计划的检查与调整

施工进度计划的初始方案编完后,需进行若干次的检查与平衡调整工作。

1) 施工进度计划的检查内容

(1) 整体进度是否满足工期要求;持续时间、起止时间是否合理。

(2) 工艺顺序是否合理;主导施工过程是否连续施工,其余分项工作与主导工作之间的平行、搭接是否合理;是否考虑了技术与组织上的停歇时间;有立体交叉或平行搭接关系的工作是否满足施工工艺、质量标准和安全生产的要求。

(3) 各主要资源的需求关系是否与供给协调;资源供应是否均衡,有无劳动力、材料、机械使用过分集中或冲突现象。

2) 施工进度计划的调整方法

(1) 延长或缩短某些施工过程的持续时间。

(2) 将某些分部分项工程适当提前或后延。

(3) 适当增加资源投入,必要时组织多班作业。

(4) 改进施工工艺,采用先进的施工方法等。

调整施工进度计划时应注意,当修改或调整某一项工作可能影响若干项,故其他工作也需调整,直至达到符合要求、比较合理的施工进度计划。

土木工程施工是一个复杂的生产过程,受到周围客观条件影响的因素很多,因此在编制施工进度计划时,应尽可能地分析施工条件,对可能出现的困难要有预见性,使计划既符合客观实际,又留有适当余地,以免计划安排不合理而使实际难以执行。总的要求是:在合理的工期下尽可能地使施工过程连续施工,这样便于资源的合理安排。

5-4

某居民小区 21 号住宅楼施工进度横道图如图 5-10 所示,其对应的网络图可扫描二维码 5-4 查看。此住宅楼为 11 层剪力墙结构,基础为平板式筏板,仅在四周砌筑砖胎模,中间不需要支设模板。

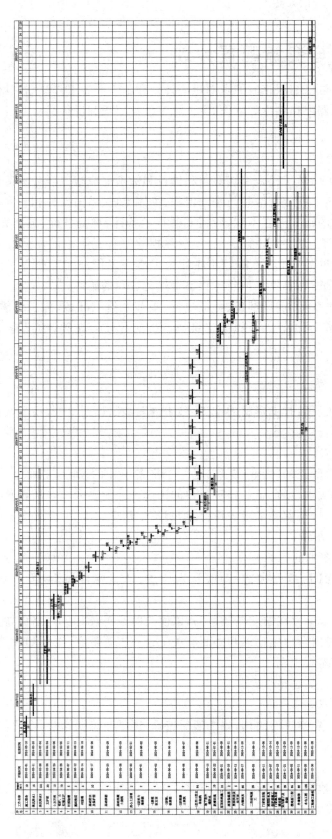

图 5-10 某居民小区 21 号住宅楼施工进度计划横道图（见文后插页）

5.6 施工准备与资源配置计划

根据施工进度计划,可以编制相应的资源供应计划和施工准备工作计划,以便按计划要求组织运输、加工、订货、调配和供应等工作,保证施工按计划顺利进行。

5.6.1 施工准备

做好各项施工准备工作是工程施工能够顺利进行和圆满完成施工任务的重要保证和前提。一般民用建筑工程施工可分为地基与基础工程、主体工程、屋面工程和装饰装修工程等施工阶段,每个施工阶段的施工内容不同,所需要的技术条件、物资条件、施工方法、组织措施要求及现场平面布置等方面也不同,所以,不仅在拟建工程开工之前要做好施工准备工作,而且在每个施工阶段开始前,均要做好相应的施工准备工作。施工准备工作必须有计划、有步骤、分期、分阶段进行,要贯穿拟建工程整个建造过程的始终。

5-5

施工准备应包括技术准备、现场准备、资金准备、季节性施工准备、施工组织准备、对外工作准备和施工准备工作计划等。可扫描二维码 5-5 观看教学视频,学习施工准备相关知识。

1. 技术准备

技术准备应包括施工所需技术资料的准备、施工方案编制计划、试验检验及设备调试工作计划、样板制作计划等。

1) 技术资料准备

技术资料准备即通常所说的"内业"工作,是施工准备工作的核心,是确保工程质量、工期、施工安全和降低工程成本、增加企业经济效益的关键。其主要内容包括熟悉与会审施工图纸、调查研究与收集资料、编制施工组织设计、编制施工预算文件。

(1) 熟悉与会审施工图纸

① 熟悉与会审施工图纸的目的

A. 充分了解设计意图、结构构造特点、技术要求、质量标准,以免发生施工指导性错误。

B. 及时发现施工图纸中存在的差错或遗漏,以便及时改正,确保工程顺利施工。

C. 结合具体情况,提出合理化建议和协商有关配合施工等事宜,以便确保工程质量、施工安全,降低工程成本和缩短工期。

② 熟悉施工图纸的重点内容和要求

A. 熟悉施工图纸要求。

先粗后细,先小后大,先建筑后结构,先一般后特殊,图纸与说明结合,土建与安装结合,图纸要求与实际情况结合。

B. 重点内容。

a. 基础部分,应核对建筑、结构、设备施工图纸中有关基础留洞的位置尺寸、标高,地下室的排水方向,变形缝及人防出口的做法,防水体系的包圈和收头要求等是否一致和符合规定。

b. 主体结构部分，主要掌握各层所用砂浆、混凝土的强度等级，墙、柱与轴线的关系，梁、柱配筋及节点做法，悬挑结构的锚固要求，楼梯间的构造做法等，核对设备图和土建图上洞口的尺寸与位置关系是否准确一致。

c. 屋面及装修部分，主要掌握屋面防水节点做法，内外墙和地面等所用材料及做法，核对结构施工时为装修施工设置的预埋件、预留洞的位置、尺寸和数量是否正确。

在熟悉图纸时，对发现的问题应在图纸相应位置做出标记，并做好记录，以便在图纸会审时提出意见，协商解决。

③ 施工图纸会审及重点内容

施工图纸会审一般由建设单位组织，设计单位、施工单位参加。会审时，首先由设计单位进行图纸交底，主要设计人员应向与会者说明拟建工程的设计依据、意图和功能要求，并对特殊结构、新材料、新工艺和新技术的选用和设计进行说明；然后施工单位根据熟悉审查图纸时的记录和对设计意图的理解，对施工图纸提出问题、疑问和建议；最后在三方统一认识的基础上，对所探讨的问题逐一做好协商记录，形成"图纸会审纪要"，由建设单位正式行文，参加会议的单位共同会签、盖章，作为与施工图纸同时使用的技术文件和指导施工的依据，并列入工程预算和工程技术档案。

施工图纸会审的重点内容如下：

A. 审查拟建工程的地点、建筑总平面图是否符合国家或当地政府的规划，是否与规划部门批准的工程项目规模形式、平面立面图一致，在设计功能和使用要求上是否符合卫生、防火及美化城市等方面的要求。

B. 审查施工图纸与说明书在内容上是否一致，施工图纸是否完整、齐全，各种施工图纸之间或各组成部分之间是否有矛盾和差错，图纸上的尺寸、标高、坐标是否准确、一致。

C. 审查地上与地下工程、土建与安装工程、结构与装修工程等施工图之间是否有矛盾或施工中是否会发生干扰，地基处理、基础设计是否与拟建工程所在地的水文、地质条件等符合。

D. 当拟建工程采用特殊的施工方法和特定的技术措施，或工程复杂、施工难度大时，应审查本单位在技术上、装备条件上或特殊材料、构配件的加工订货上有无困难，能否满足工程质量、施工安全和工期的要求；采取某些方法和措施后，是否能满足设计要求。

E. 明确建设期限、分期分批投产或交付使用的顺序、时间；明确建设、设计和施工单位之间的协作、配合关系；明确建设单位所能提供的各种施工条件及完成的时间，建设单位提供的材料和设备的种类、规格、数量及到货日期等。

F. 对设计和施工提出的合理化建议是否被采纳或部分采纳；施工图纸中不明确或有疑问之处，设计单位是否解释清楚等。

(2) 调查研究与收集资料

我国地域辽阔，各地区的自然条件、技术经济条件和社会状况等各不相同，因此必须做好调查研究，了解当地的实际情况，熟悉当地条件，掌握第一手资料作为编制施工组织设计的依据。其主要内容包括对建设单位与设计单位的调查、自然条件调查分析及技术经济条件调查分析。

① 对建设单位与设计单位的调查

向建设单位与设计单位调查的项目如表 5-6 所示。

表 5-6 向建设单位与设计单位调查的项目

序号	调查单位	调查内容	调查目的
1	建设单位	1. 建设项目设计任务书、有关文件； 2. 建设项目性质、规模、生产能力； 3. 生产工艺流程、主要工艺设备名称及来源、供应时间分批和全部到货时间； 4. 建设期限、开工时间、交工先后顺序、竣工投产时间； 5. 总概算投资、年度建设计划； 6. 施工准备工作的内容、安排、工作进度表	1. 施工依据； 2. 项目建设部署； 3. 制定主要工程施工方案； 4. 规划施工总进度； 5. 安排年度施工计划； 6. 规划施工总平面； 7. 确定占地范围
2	设计单位	1. 建设项目总平面规划； 2. 工程地质勘察资料； 3. 水文勘察资料； 4. 项目建筑规模、建筑、结构、装修概况、总建筑面积、占地面积； 5. 单项（单位）工程个数； 6. 设计进度安排； 7. 生产工艺设计、特点； 8. 地形测量图	1. 规划施工总平面图； 2. 规划生产施工区、生活区； 3. 安排大型临建工程； 4. 规划施工总进度； 5. 计算平整场地土石方量； 6. 确定地基、基础的施工方案

② 自然条件调查分析

自然条件调查分析包括对建设地区的气象资料、工程地形地质、工程水文地质、周围民宅的坚固程度及其居民的健康状况等项调查。为制定施工方案、各项技术组织措施、冬（雨）期施工措施，进行施工平面规划布置等提供依据；为编制现场"四通一平"计划提供依据，如地上建筑物的拆除，高压电线路的搬迁，地下构筑物的拆除和各种管线的搬迁等项工作；为了减少施工公害，如打桩工程在打桩前，对居民的危房和居民中的心脏病患者采取保护性措施。自然条件调查的项目如表 5-7 所示。

表 5-7 自然条件调查的项目

序号	项目	调查内容	调查目的
1		气象资料	
(1)	气温	1. 全年各月平均温度； 2. 最高温度、月份，最低温度、月份； 3. 冬天、夏季室外计算温度； 4. 霜、冻、冰雹期； 5. 小于 $-3℃$、$0℃$、$5℃$ 的天数，起止日期	1. 防暑降温； 2. 全年正常施工天数； 3. 冬（雨）期施工措施； 4. 估计混凝土、砂浆强度增长
(2)	降雨	1. 雨季起止时间； 2. 全年降水量、日最大降水量； 3. 全年雷暴天数、时间； 4. 全年各月平均降水量	1. 雨期施工措施； 2. 现场排水、防洪； 3. 防雷； 4. 雨天天数估计
(3)	风	1. 主导风向及频率（风玫瑰图）； 2. 大于或等于 8 级风的全年天数、时间	1. 布置临时设施； 2. 高空作业及吊装措施

续表

序号	项目	调查内容	调查目的
2		工程地质、地形	
(1)	地形	1. 区域地形图； 2. 工程位置地形图； 3. 工程建设地区的城市规划； 4. 控制桩、水准点的位置； 5. 地形、地质的特征； 6. 勘察文件、资料等	1. 选择施工用地； 2. 合理布置施工总平面图； 3. 计算现场平整土方量； 4. 障碍物及数量； 5. 拆迁和清理施工现场
(2)	地质	1. 钻孔布置图； 2. 地质剖面图（各层土的特征、厚度）； 3. 土质稳定性：滑坡、流沙、冲沟； 4. 地基土强度的结论,各项物理力学指标：天然含水量、孔隙比、渗透性、压缩性指标、塑性指数、地基承载力； 5. 软弱土、膨胀土、湿陷性黄土分布情况,最大冻结深度； 6. 防空洞、枯井、土坑、古墓、洞穴,地基土破坏情况； 7. 地下沟渠管网、地下构筑物	1. 土方施工方法的选择； 2. 地基处理方法； 3. 基础、地下结构施工措施； 4. 障碍物拆除计划； 5. 基坑开挖方案设计
(3)	地震	抗震设防烈度的大小	对地基、结构影响,施工注意事项
3		工程水文地质	
(1)	地下水	1. 最高、最低水位及时间； 2. 流向、流速、流量； 3. 水质分析； 4. 抽水试验、测定水量	1. 土方施工、基础施工方案的选择； 2. 降低地下水位方法、措施； 3. 判定侵蚀性质及施工注意事项； 4. 使用、饮用地下水的可能性
(2)	地面水 (地面河流)	1. 邻近的江河、湖泊及距离； 2. 洪水、平水、枯水时期,其水位、流量、流速、航道深度,通航可能性； 3. 水质分析	1. 临时给水； 2. 航运组织； 3. 水工工程
(3)	周围环境 及障碍物	1. 施工区域现有建筑物、构筑物、沟渠、水流、树木、土堆、高压输变电线路等； 2. 邻近建筑坚固程度及其中人员工作、生活、健康状况	1. 及时拆迁、拆除； 2. 保护工作； 3. 合理布置施工平面； 4. 合理安排施工进度

③ 技术经济条件调查分析

包括地方建筑生产企业、地方资源交通运输,水、电及其他能源,主要设备、三大材料和特殊材料以及它们的生产能力等项调查。调查的项目见表 5-8～表 5-14。

表 5-8 地方建筑材料及构件生产企业情况调查内容

序号	企业名称	产品名称	规格质量	单位	生产能力	供应能力	生产方式	出厂价格	运距	运输方式	单位运价	备注

注：1. 名称按照构件厂、木工厂、金属结构厂、商品混凝土厂、砂石厂、建筑设备厂、砖、瓦、石灰厂等填列；
    2. 资料来源为当地计划、经济、建筑主管部门；
    3. 调查明细是落实物资供应。

表 5-9 地方资源情况调查内容

序号	材料名称	产地	储存量	质量	开采（生产）量	开采费	出厂价	运距	运费	供应可能性

注：1. 材料名称栏按照块石、碎石、砾石、砂、工业废料（包括冶金矿渣、炉渣、电站粉煤灰）填列；
    2. 调查目的是落实地方物资准备工作。

表 5-10 地区交通运输条件调查内容

序号	项目	调查内容
1	铁路	1. 邻近铁路专用线、车站至工地的距离及沿途运输条件； 2. 站场卸货路线长度、起重能力和储存能力； 3. 装载单个货物的最大尺寸、重量的限制； 4. 运费、装卸费和装卸力量
2	公路	1. 主要材料产地至工地的公路等级，路面构造宽度及完好情况，允许最大载重量； 2. 途经桥涵等级，允许最大载重量； 3. 当地专业机构及附近村镇能提供的装卸、运输能力，汽车、畜力、人力车的数量及运输效率，运费、装载费； 4. 当地有无汽车修配厂，修配能力和至工地距离、路况； 5. 沿途架空电线高度
3	航运	1. 货源、工地至邻近河流、码头渡口的距离，道路情况； 2. 洪水、平水、枯水期和封冻期通航的最大船只及吨位，取得船只的可能性； 3. 码头装卸能力，最大起重量，增设码头的可能性； 4. 渡口的渡船能力，同时可载汽车、马车数，每日次数，能为施工提供的能力； 5. 运费、渡口费、装卸费

注：调查目的是选择施工运输方式及拟订施工运输计划。

表 5-11 给排水、供电与通信、供气条件调查内容

序号	项目	调查内容
1	给排水	1. 与当地现有水源连接的可能性，可供水量，接管地点、管径、管材、埋深、水压、水质、水费，至工地距离，地形地物情况； 2. 临时供水源：利用江河、湖水的可能性，水源、水量、水质，取水方式，至工地距离，地形地物情况，临时水井位置、深度、出水量、水质； 3. 利用永久排水设施的可能性，施工排水去向、距离、坡度，有无洪水影响，现有防洪设施，排洪能力

续表

序号	项目	调查内容
2	供电与通信	1. 电源位置,引入的可能,允许供电容量、电压、导线截面、距离、电费、接线地点,至工地距离,地形地物情况; 2. 建设单位、施工单位自有发电、变电设备的规格型号、台数、能力、燃料、资料及可能性; 3. 利用邻近电信设备的可能性,电话、电报局至工地距离,增设电话设备和计算机等自动化办公设备和线路的可能性
3	供气	1. 蒸汽来源,可供能力、数量,接管地点、管径、埋深,至工地距离,地形地物情况,供气价格,供气的正常性; 2. 建设单位、施工单位自有锅炉型号、台数、能力、所需燃料、用水水质、投资费用; 3. 当地单位、建设单位提供压缩空气、氧气的能力,至工地的距离

注:1. 资料来源为当地城建、供电局、水厂等单位及建设单位;
   2. 调查目的是选择给排水、供电与通信、供气方式,做出经济比较。

表 5-12 三材、大宗材料、特殊材料及主要设备调查内容

序号	项目	调查内容	调查目的
1	三材	本省或本地区钢材、木材、水泥生产情况,质量、品种、规格、强度等级、供应能力等	1. 确定临时设施和堆放场地; 2. 确定木材加工计划; 3. 确定水泥储存方式
2	大宗材料	本省或本地区砂、石、砌块供应情况、规格、等级、数量等	制订材料供应计划和堆放场地
3	特殊材料	1. 需要品种、规格、数量(如膜结构膜材); 2. 试制、加工和供应情况; 3. 进口材料和新材料	1. 制订供应计划; 2. 确定存储方式; 3. 签订加工和供应合同; 4. 签订外贸合同
4	主要设备	1. 主要工艺设备的名称、规格、数量和供货单位; 2. 分批和全部到货时间	1. 确定临时设施和堆放场地; 2. 拟定防雨措施

表 5-13 建设地区社会劳动力和生活设施的调查内容

序号	项目	调查内容	调查目的
1	社会劳动力	1. 少数民族地区的风俗习惯; 2. 当地能提供的劳动力人数、技术水平、工资费用和来源; 3. 上述人员的生活安排	1. 拟订劳动力计划; 2. 安排临时设施
2	房屋设施	1. 必须在工地居住的单身人数和户数; 2. 能作为施工用的现有房屋栋数、每栋面积、结构特征、总面积、位置、水、暖、电、卫、设备状况; 3. 上述建筑物的适宜用途,用作宿舍、食堂、办公室的可能性	1. 确定现有房屋为施工服务的可能性; 2. 安排临时设施
3	周围环境	1. 主副食品供应、日用品供应、文化教育、消防治安等机构能为施工提供的支援能力; 2. 邻近医疗单位至工地的距离,就医情况; 3. 当地公共汽车、邮电服务情况; 4. 周围是否存在有害气体,污染情况,有无地方病	安排职工生活基地,解除后顾之忧

表 5-14 参加施工的各单位能力调查内容

序号	项目	调查内容
1	工人	1. 工人数量、分工种人数,能投入本工程施工的人数; 2. 专业分工及一专多能的情况,工人队组形式; 3. 定额完成情况、工人技术水平、技术等级构成
2	管理人员	1. 管理人员总数,所占比例; 2. 其中技术人员数,专业情况,技术职称,其他人员数
3	施工机械	1. 机械名称、型号、能力、数量、新旧程度、完好率,能投入本工程施工的情况; 2. 总装备程度; 3. 分配、新购情况
4	施工经验	1. 历年曾施工的主要工程项目、规模、结构、工期; 2. 习惯施工方法,采用过的先进施工方法,构件加工、生产能力、质量; 3. 工程质量合格情况,科研、革新成果
5	经济指标	1. 劳动生产率、年完成能力; 2. 质量、安全、降低成本能力; 3. 机械化程度; 4. 工业化程度,机械、设备的完好率,利用率

注:1. 资料来源为参加施工的各单位;
  2. 调查目的是明确施工力量,技术素质,规划施工任务分配、安排。

(3) 编制施工组织设计

施工组织设计是规划和指导拟建工程从施工准备到竣工验收的施工全过程中各项活动的技术、经济和组织的综合性文件。施工总承包单位经过投标、中标承接施工任务后,即开始编制施工组织设计,这是拟建工程开工前最重要的施工准备工作之一。施工准备工作计划则是施工组织设计的重要内容之一。

(4) 编制施工预算文件

施工预算是在施工图预算的控制下,按照施工图、拟定的施工方法和建筑工程施工定额,计算出各工种工程的人工、材料和机械台班的使用量及其费用,作为施工单位内部承包施工任务时进行结算的依据,同时也是编制施工作业计划、签发施工任务单、限额领料、基层进行经济核算的依据,还是考核施工企业用工状况,进行施工图预算与施工预算的"两算"对比的依据。

2) 施工方案编制计划

主要分部(分项)工程在施工前应单独编制施工方案,施工方案可根据工程进展情况,分阶段编制完成;对需要编制的主要施工方案应制订编制计划。

3) 试验检验及设备调试工作计划

试验检验及设备调试工作计划应根据现行规范、标准中的有关要求及工程规模、进度等实际情况制订。

4) 样板制作计划

样板制作计划应根据施工合同或招标文件的要求并结合工程特点制订。

2. 现场准备

施工现场是参加建筑施工的全体人员为优质、安全、低成本和高速度完成施工任务而进行工作的活动空间；施工现场准备工作是为拟建工程施工创造有利的施工条件和物质保证的基础，其主要内容包括以下几方面。

(1) 做好施工现场的围挡与封闭管理工作

为方便施工，并保证工地周边行人安全，应采用符合当地市容管理要求的围护结构将施工区域围起来，实行封闭管理。施工现场进出口应设置大门，设置门卫值班室，配备门卫值守人员；施工人员进入施工现场应佩戴工作卡。施工现场出入口应标有企业名称或标识，并应设置车辆冲洗设施。

《建筑施工安全检查标准》(JGJ 59—2011)：

3.2.2 文明施工检查评定保证项目应包括：现场围挡、封闭管理、施工场地、材料管理、现场办公与住宿、现场防火。一般项目应包括：综合治理、公示标牌、生活设施、社区服务。

《建设工程施工现场环境与卫生标准》(JGJ 146—2013)：

3.0.8 施工现场应实行封闭管理，并应采用硬质围挡。市区主要路段的施工现场围挡高度不应低于2.5m，一般路段围挡高度不应低于1.8m。围挡应牢固、稳定、整洁。距离交通路口20m范围内占据道路施工设置的围挡，其0.8m以上部分应采用通透性围挡，并应采取交通疏导和警示措施。

(2) 拆除障碍物

拆除施工范围内的一切地上、地下施工障碍物，通常是由建设单位来完成，但有时也委托施工单位完成。拆除障碍物时，必须事先找全有关资料，摸清底细；资料不全时，应采取相应防范措施，以防发生事故。架空线路、地下自来水管道、污水管道、燃气管道、电力与通信电缆等的拆除，必须与有关部门取得联系，并办好相关手续后方可进行。最好由有关部门自行拆除或承包给专业施工单位拆除。现场内的树木应报园林部门批准后方可砍伐。拆除房屋时必须在水源、电源、气源等截断后方可进行。

(3) 做好施工场地的控制网测量与放线工作

按照设计单位提供的建筑总平面图和城市规划部门给定的建筑红线桩或控制轴线桩及标准水准点进行测量放线，在施工现场范围内建立平面控制网、标高控制网，并对其桩位进行保护；同时还要测定出建筑物、构筑物的定位轴线、其他轴线及开挖线等，并对其桩位进行保护。

测量放线是确定拟建工程的平面位置和标高的关键环节，施测中必须认真负责，确保精度，杜绝差错。为此，施测前应对测量仪器、钢尺等进行检验校正；同时对规划部门给定的红线桩或控制轴线桩和水准点进行校核，如发现问题，应提请建设单位迅速处理。建筑物在施工场地中的平面位置是依据设计图中建筑物的控制轴线与建筑红线间的距离测定的，控制轴线桩测定后应提交有关部门和建设单位进行验线，以便确保定位的准确性。沿建筑红线的建筑物控制轴线测定后，还应由规划部门进行验线，以防建筑物压红线或超出红线。

(4) 搞好"四通一平"

"四通"包括在工程用地范围内，接通施工用水、用电、道路、通信(电话、网络等)；"一平"是指平整场地。

(5) 搭设临时设施

施工现场所需的各种生产、办公、生活、福利等临时设施,均应报请规划、市政、消防、交通、环保等有关部门审查批准,并按施工平面图中确定的位置、尺寸搭设,不得乱搭乱建。

(6) 安装调试施工机具,做好建筑材料、构配件等的存放工作

按照施工机具的需要量及供应计划,组织施工机具进场,并安置在施工平面图规定的地点或库棚内。固定的机具就位后,应做好搭棚、接电源水源、保养和调试工作;所有施工机具都必须在正式使用前进行检查和试运转,以确保正常使用。

按照建筑材料、构配件和制品的需要及供应计划,分期分批地组织进场,并按施工平面图规定的位置和存放方式存放。

(7) 设置消防、保安设施和机构

按照施工组织设计的要求和施工平面图确定的位置设置消防设施和施工安全设施,建立消防、保安等组织机构,制定有关的规章制度和消防、保安措施。

3. 资金准备

工程施工资金准备方案的制定与管理是工程项目顺利进行的关键,一个合理的资金准备方案,不仅能够确保工程项目按照计划有序进行,还能有效防范和控制资金风险,确保工程项目能够按时、按质、按量完成。

1) 资金使用计划

项目部应根据施工进度计划编制资金使用计划。

(1) 做好费用预算

首先要做好的是对整个工程施工过程中所需的各项费用进行合理预算。这一步骤非常重要,因为只有做好预算,才能对资金支出进行有效控制,确保不会出现超支情况。费用预算需要综合考虑工程的规模、工程量清单、材料价格、人工成本、设备费用、管理费用、监理费用、风险预备金等多方面因素,以尽可能准确地预测工程项目所需的资金支持。同时,预算需要与项目的计划和目标一致,以确保项目的顺利进行。

(2) 建立健全项目资金管理制度

一旦预算完成,就需要对资金进行严格监管,确保资金的使用符合预算且得到合理的支持。这就需要建立健全项目资金管理制度,确保每笔资金都能得到明确的记录和追踪。这些记录和追踪将为项目的决策提供有力支持,也可以成为工程项目的后期评估和总结的依据。同时,资金监管需要严格的程序和流程配合,以确保每一项资金支出都能得到合理的审核和审批。

(3) 及时调整预算和资金使用计划

在资金使用方面,要根据实际的工程需要和预算的安排,确保资金的使用能够符合工程项目的建设要求。工程施工过程中,可能会出现资金需求的变动,这时需要及时调整预算和资金使用计划,以确保工程项目的正常进行。同时,资金的使用需要透明和公开,与项目方沟通协调,确保资金的使用能够得到合理的支持。

(4) 工程施工资金的风险控制

① 首先要确保资金的来源合法合规,避免通过非法渠道融资带来的风险及失去信誉。同时,企业需要建立完善的风险评估机制,对可能导致资金损失的因素进行预测和分析,以

有效防范和控制资金风险。

② 在工程施工过程中,可能会出现因工程需要、供应商结算等原因而导致资金流动性问题。对于工程施工资金的准备方案来说,需要充分考虑工程项目的工期和供给环节,以合理安排资金的流动,防范因资金不足而导致工程项目的停滞和延误。

③ 外部环境的变化也可能对工程施工资金造成影响,如工程项目所在地的政策变动、经济周期变化、市场供需变动等都有可能对资金造成直接影响。因此,需要及时了解外部因素的变动,以及时调整工程项目的资金准备方案,确保工程项目的正常进行。

2) 资金筹措计划

项目资金的来源包括政府投资、企业投资、银行贷款、股权融资等多方面渠道。在工程施工资金准备方面,项目资金是其中非常重要的一部分,其数量及使用范围直接决定了工程项目的规模和发展方向。

(1) 银行贷款

银行贷款是企业最常见的融资方式之一,尤其是对于工程项目来说,通常需要大量的资金支持,而企业往往难以用自有资金满足所有的资金需求。因此,企业通常会选择向银行申请贷款来支持工程项目的建设。银行贷款具有金额大、期限长等特点,适合用于支持大型工程项目的建设。

(2) 股权融资

股权融资是指企业通过发行股票来融资的一种方式。对于某些较大型的工程项目来说,企业可能需要更多的资金支持,而单纯的银行贷款无法满足资金需求。此时,可以考虑通过发行股票进行融资,以解决工程项目资金不足的问题。

4. 季节性施工准备

1) 冬期施工准备

(1) 合理选择冬期施工项目。冬期施工条件差、技术要求高、施工质量不容易保证,同时还要增加施工费用。因此要求:尽量安排冬期施工费用增加不多、又比较容易保证施工质量的施工项目,如吊装工程、打桩工程和室内装修工程等;尽量不安排冬期施工费用增加较多、又不易保证施工质量的项目,如土方工程、基础工程、屋面防水工程和室外装饰工程;对于那些冬期施工费用增加稍多一些,但采用适当的技术、组织措施后能保证施工质量的施工项目,也可以考虑安排在冬期施工,如砌筑工程、现浇钢筋混凝土工程等。

(2) 冬期施工准备工作的主要内容。包括各种热源设备、保温材料的储存、供应以及司炉工等设备操作管理人员的培训工作;砂浆、混凝土的各项测温准备工作;室内施工项目的保暖防冻、室外给排水管道等设施的保温防冻、每天完工部位的防冻保护等准备工作;冬期到来之前,尽量储存足够的建筑材料、构配件和保温用品等物资,节约冬期施工运输费用;防止施工道路积水成冰,及时清除冰雪,确保道路畅通;加强冬期施工安全教育,落实安全、消防措施。

2) 雨期施工准备

合理安排雨期施工项目,尽量把不宜在雨期施工的土方、基础工程安排在雨期到来之前完成,并预留出一定数量的室内装修等雨天也能施工的工程,以备雨天室外无法施工时转入室内装修施工;做好施工现场排水、施工道路的维护工作;做好施工物资的储运保管、施工机具设备的保护等防雨措施;加强雨期施工安全教育,落实安全措施。

3) 夏季施工准备

夏季气温高、干燥,应编制夏季施工方案及采取的技术措施,做好防雷、避雷工作,还必须做好施工人员的防暑降温工作。

5. 施工组织准备

施工组织准备是确保拟建工程能够优质、安全、低成本、高速度地按期建成的必要条件。其主要内容包括:

(1) 建立拟建项目的领导机构。项目领导机构人员的配置应根据拟建项目的规模、结构特点、施工的难易程度而定。对于一般的单位工程,可配置项目经理、技术员、质量员、材料员、安全员、定额统计员、会计各一人即可;对于大型的单位工程,项目经理可配副职,技术员、质量员、材料员和安全员的人数均应适当增加。

(2) 集结精干的施工队伍。建筑安装工程施工队伍主要有基本、专业和外包施工队伍 3 种类型。基本施工队伍是建筑施工企业组织施工生产的主力,应根据工程的特点、施工方法和流水施工的要求恰当地选择劳动组织形式。土建工程施工一般采用混合施工班组较好,其特点是:人员配备少,工人以本工种为主,兼做其他工作,施工过程之间搭接比较紧凑,劳动效率高,便于组织流水施工。

专业施工队伍主要用来承担机械化施工的土方工程、吊装工程、钢筋气压焊施工和大型单位工程内部的机电安装、消防、空调、通信系统等设备安装工程,也可将这些专业性较强的工程外包给其他专业施工单位来完成。

外包施工队伍主要用来弥补施工企业劳动力的不足。随着建筑市场的开放、用工制度的改革和建筑施工企业的精兵简政,施工企业仅靠自己的施工力量来完成施工任务已远远不能满足需要,因而将越来越多地依靠组织外包施工队伍来共同完成施工任务。外包施工队伍大致有 3 种形式:独立承担单位工程施工、承担分部分项工程施工和参与施工单位施工队施工,以前两种形式居多。

施工经验证明,无论采用哪种形式的施工队伍,都应遵循施工队组和劳动力相对稳定的原则,以利于保证工程质量,提高劳动效率。

(3) 加强职业培训和技术交底工作。建筑产品的质量是由工序质量决定的,工序质量是由工作质量决定的,工作质量又是由人的素质决定的。因此,要想提高建筑产品的质量,必须首先提高人的素质。提高人的素质、更新人的观念和知识的主要方法是加强职业技术培训,不断提高各类施工操作人员的技术水平。加强职业培训工作,不仅要抓好本单位施工队伍的技术培训工作,而且要督促和协助外包施工单位抓好技术培训工作,确保参与建筑施工的全体施工人员均有较好的素质和满足施工要求的专业技术水平。

施工队伍确定后,按工程开工日期和劳动力的需要量与使用计划,分期分批地组织劳动力进场,并在单位工程或分部分项工程开始之前向施工队的有关人员或全体施工人员进行施工组织设计、施工计划交底和技术交底。交底的内容主要有:工程施工进度计划、月(旬)作业计划、施工工艺方法、质量标准、安全技术措施、降低成本措施、施工验收规范中的有关要求以及图纸会审纪要中确定的有关内容、施工过程中三方会签的设计变更通知单或洽商记录中核定的有关内容等。交底工作应按施工管理系统自上而下逐级进行,交底的方式以书面交底为主,口头交底、会议交底为辅,必要时应进行现场示范交底或样板交底。交底工作之后,还要组织施工队组有关人员或全体施工人员进行研究、分析,搞清关键内容,掌握操作要领,明确施工任务和分工协作关系,并制定出相应的岗位责任制和安全、质量保证措施。

(4) 建立健全各项规章与管理制度。施工现场各项规章与管理制度是否健全,不仅直接影响工程质量、施工安全和施工活动的顺利进行,而且直接影响企业的施工管理水平、企业的信誉和社会形象,也就是直接影响企业在竞争激烈的建筑市场中承接施工任务的份额和企业的经济效益,为此必须建立健全各项规章与管理制度。

主要的规章与管理制度有:
① 工程质量检查与验收制度。
② 工程技术档案管理制度。
③ 建筑材料、构配件、制品的检查验收制度。
④ 技术责任制度。
⑤ 施工图纸学习与会审制度。
⑥ 技术交底制度。
⑦ 职工考勤、考核制度。
⑧ 经济核算制度。
⑨ 定额领料制度。
⑩ 安全操作制度。
⑪ 机具设备使用保养制度。

6. 对外工作准备

施工准备工作除了要做好企业内部和施工现场准备工作外,还要同时做好对外协作的有关准备工作。主要有:

(1) 选定材料、构配件和制品的加工订购地区和单位,签订加工订货合同。
(2) 确定外包施工任务的内容,选择外包施工单位,签订分包施工合同。
(3) 施工准备工作基本满足开工条件要求时,应及时填写开工申请报告,呈报上级批准。

7. 施工准备工作计划

为了落实各项施工准备工作,加强对施工准备工作的检查和监督,必须根据各项施工准备的内容、时间和人员,编制出施工准备工作计划,通常采用表格的方式,如表 5-15 所示。

表 5-15 施工准备工作计划

序号	施工准备工作	简要内容	要求	负责单位	负责人	配合单位	起止时间		备注
							×月×日	×月×日	

5.6.2 资源配置计划

根据施工进度计划,可以编制资源配置计划,以便按计划要求组织运输、加工、订货、调配和供应等工作,保证施工按计划、顺利进行。

资源配置计划是做好劳动力与物资的供应、平衡、调度、落实的依据,也是施工单位编制施工作业计划的主要依据之一。

资源配置计划应包括劳动力配置计划和物资配置计划等。

1. 劳动力配置计划

劳动力配置计划主要用于调配劳动力,安排生活福利设施。劳动力的需要量是根据单位工程施工进度计划中所列各施工过程每天所需人工数之和确定。各施工过程劳动力进场时间和用量的多少,应根据计划和现场条件而定,如表 5-16 所示。

表 5-16 单位工程劳动力配置计划

序号	工种名称	劳动量/工日	需要工人人数及时间												...
			×月			×月			×月			×月			...
			上旬	中旬	下旬	上旬	中旬	下旬	上旬	中旬	下旬	上旬	中旬	下旬	...

2. 物资配置计划

(1) 主要材料配置计划

材料需要量计划主要为组织备料,确定仓库、堆场面积,组织运输之用,以满足施工组织计划中各施工过程所需的材料供应量。材料需要量是将施工进度表中各施工过程的工程量,按材料名称、规格、使用时间、进场量等并考虑各种材料的储备和消耗情况进行计算汇总,确定每天(或月、旬)所需的材料数量,如表 5-17 所示。

表 5-17 主要材料配置计划

序号	材料名称	规格	需要量		供应时间	备注
			单位	数量		

(2) 构、配件和半成品配置计划

构、配件和半成品配置计划主要用于落实加工订货单位,组织加工、运输和确定堆场或仓库,应根据施工图纸及进度计划、储备要求及现场条件编制,如表 5-18 所示。

表 5-18 构、配件和半成品配置计划

序号	构、配件和半成品名称	规格	图号、型号	需要量		使用部位	加工单位	供应日期	备注
				单位	数量				

(3) 施工机具、设备配置计划

根据采用的施工方案和安排的施工进度确定施工机械的类型、数量、进场时间。施工机械需用量是把单位工程施工进度中的每一个施工过程，每天所需的机械类型、数量和施工日期进行汇总。对于机械设备的进场时间，应该考虑设备安装和调试所需的时间，如表 5-19 所示。

表 5-19 施工机具、设备配置计划

序号	施工机具、设备名称	规格型号	需用量				货源	进场日期	使用起止时间	备注
			单位	数量	现有	不足				

5.7 单位工程施工平面图

单位工程施工平面图是对一个建筑物或构筑物施工现场的平面规划和空间布置图。它是根据工程规模、特点和施工现场条件，在施工用地范围内，对各项生产、生活设施及其他辅助设施等进行规划和布置。

单位工程施工平面图是进行施工现场布置的依据，是实现施工现场有组织、有计划文明施工的先决条件。贯彻和执行合理的施工平面布置图，可以使现场施工井然有序，顺利进行，从而保证施工进度，提高效率和经济效果。

5.7.1 设计依据

1. 施工现场的自然条件资料和技术经济资料

(1) 自然条件资料包括：气象、地形、地质、水文等。主要用于排水、易燃易爆有毒品的布置以及冬雨季施工安排。

(2) 技术经济资料包括：交通运输，水电源，当地材料供应，构、配件的生产能力和供应能力，生产生活基地状况等，主要用于"四通一平"的布置。

2. 工程设计施工图

工程设计施工图是设计施工平面图的主要依据。

(1) 建筑总平面图中一切地上、地下拟建和已建的建筑物和构筑物，是确定临时设施位置的依据，也是修建工地内运输道路和解决排水问题的依据。

(2) 管道布置图中已有和拟建的管道位置,是施工准备工作的重要依据,如已有管线是否影响施工,是否需要利用或拆除;临时性建筑应避免建在拟建管道上面等。

(3) 拟建工程的其他施工图资料。

3. 施工方面的资料

(1) 施工方案可确定起重机械和其他施工机具位置及场地规划。

(2) 施工进度计划可了解各施工过程情况,对分阶段布置施工现场有重要作用。

(3) 资源需要量计划可确定材料堆场和仓库面积及位置。

(4) 施工预算可确定现场施工机械的数量以及加工场的规模。

(5) 建设单位提供的已有设施的利用情况,可减少现场临时设施的搭设数量。

5.7.2 设计原则

(1) 平面布置科学合理,场地布置应紧凑,施工场地占用面积尽量少,以不占或少占农田为原则。

(2) 合理组织运输,尽可能减少二次搬运。

(3) 施工区域的划分和场地的临时占用应符合总体施工部署和施工流程要求,减少相互干扰。

(4) 充分利用既有建(构)筑物和既有设施为项目施工服务,降低临时设施的建造费用。

(5) 临时设施应方便生产和生活,办公区、生活区和生产区宜分离设置。

(6) 符合节能、环保、安全和消防等要求。

(7) 遵守当地主管部门和建设单位关于施工现场安全文明施工的相关规定。

5.7.3 单位工程施工平面图的设计内容

单位工程施工现场平面布置图一般按地基基础、主体结构、装修装饰 3 个阶段分别绘制,通常用 1∶200～1∶500 的比例绘制,一般应在图上标明下列内容:

(1) 工程施工场地状况,包括施工现场围挡、大门的位置和尺寸等,并标注指北针。

(2) 拟建建(构)筑物的位置、轮廓尺寸、层数等。

(3) 工程施工现场的加工设施、存储设施、办公和生活用房等的位置和面积。

(4) 布置在工程施工现场的垂直运输设施、供电设施、供水供热设施、排水排污设施和临时施工道路等。

(5) 施工现场必备的安全、消防、保卫和环境保护、防洪等设施布置。

(6) 相邻的地上、地下既有建(构)筑物及相关环境,并标注道路、河流、湖泊等位置和尺寸。

5.7.4 单位工程施工平面图的设计步骤

一般情况下,可按下列步骤进行单位工程施工平面图设计,如图 5-11 所示。可扫描二维码 5-6 观看教学视频,学习单位工程施工平面图设计步骤。

5-6

1. 垂直运输机械布置

垂直运输机械的布置直接影响仓库、料堆、砂浆和混凝土搅拌站的位置及道路和水、电

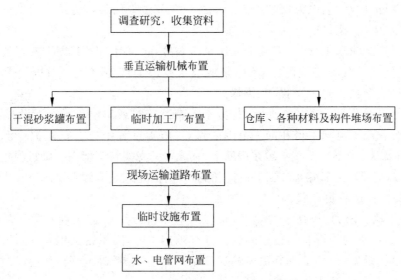

图 5-11 单位工程施工平面图设计步骤

线路的布置等,因此应首先考虑。

1) 塔式起重机布置

建筑施工中多用附着式塔式起重机,其布置要结合建筑物的平面形状、尺寸和四周的施工场地条件而定,应使拟建建筑物平面尽量处于塔式起重机的工作半径回转范围之内,避免出现"死角";要使构件、成品及半成品堆放位置及搅拌站前台尽量处于塔臂的活动范围之内。布置塔式起重机时应考虑其起重量、起重高度和起重半径等参数,同时还应考虑装、拆塔式起重机时场地条件及施工安全等方面的要求,如塔基是否坚实,多塔工作时是否有塔臂碰撞的可能性,塔臂范围内是否有需要防护的高压电线等问题。

在高层、超高层建筑主体结构施工阶段,往往还需配备人货两用电梯作为塔式起重机的辅助设备;当主体结构施工完毕,进入装饰工程施工时,作为主要垂直运输设备的塔式起重机可提前拆除转移到其他工程。

2) 施工电梯的布置

施工电梯的布置主要根据机械性能、建(构)筑物的平面形状和大小、施工段的划分情况、起重高度、材料和构件的重量及垂直运输量、运输道路等情况而定。其目的是充分发挥施工电梯的能力,做到使用安全、方便、便于组织流水施工,并使地面与楼面上的水平运输距离最短。布置时应考虑以下几个方面:

(1) 当建筑物各部位高度相同时,应布置在施工段的分界线附近;当建筑物各部位高度不同时,应布置在高低分界线较高部位一侧,以使楼面上各施工段的水平运输互不干扰。

(2) 若有可能,应尽量布置在窗口处,以避免砌墙留槎和减少井架拆除后的修补工作。

(3) 施工电梯的数量要根据施工进度、垂直提升构件和材料的数量、台班工作效率等因素确定,其服务范围一般为 30~40m。

3) 混凝土输送泵及管道布置

(1) 混凝土输送泵布置

混凝土输送泵应设置在场地平整坚实、道路畅通、接近排水设施、便于配管、供料方便、距离浇筑地点近,供水、供电方便的地方。混凝土泵放置地面最好浇筑一块平整的混凝土基础,并搭建简易工棚,架设应有的照明装置。

当采用搅拌运输车供料时,混凝土输送泵应布置在大门附近,其周围最好能停放两辆搅拌运输车,以保证供料的连续性,避免停泵或吸入空气而产生气阻。泵机周围必须保证有1m的工作空间,以便工作人员操作、维修。

在混凝土泵及布料设备的作业范围内,不得有高压线或影响作业的障碍物。布料设备与塔式起重机和施工电梯不得在同一范围内作业,施工过程中应进行监护。手动布料机不得支承在脚手架上,也不得直接支承在钢筋上,宜设置钢支架将其架空。泵机附近以及人员容易接近的地段,应对输送管路加以必要的防护物,以防因管破裂或管卡松脱造成人员受伤。

(2) 混凝土输送管道布置

① 为减小输送阻力,提高泵送效率,布置时应尽量减少管道长度;同一管路宜采用相同管径的输送管,少用锥形管、弯管和软管,除终端出口处外,不得采用软管。输送管路应布置在人员容易接近处,以便清理和更换输送管路。应按先浇筑最远处,然后以"打退管"的思路布置管路,避免泵送过程中频繁接管,影响作业。

② 垂直向上配管时,地面水平管折算长度不宜小于垂直管长度的1/5,且不宜小于15m,以便利用水平管中的摩擦阻力抵消垂直管中因混凝土自重所造成的逆流压力。垂直泵送高度超过100m时,混凝土泵机出料口处应设置截止阀。倾斜或垂直向下泵送施工时,且高差大于20m时,应在倾斜或垂直管下端设置弯管或水平管,弯管和水平管折算长度不宜小于1.5倍高差。垂直向上的输送管路可沿电梯井向上布置,也可从楼面预留孔中穿过,这样便于管路拆装。

③ 混凝土输送管的固定应可靠稳定,避免泵送时管路产生摇晃、脱落。用于水平输送的管路应采用支架固定;用于垂直输送的管路支架应与结构牢固连接。支架不得支承在脚手架上,并应符合下列规定:

A. 水平管的固定支撑宜具有一定离地高度;水平管路铺设不应悬空,必须有牢固的支撑。一般现场使用轮胎作为支撑物。

B. 每根垂直管应有两个或两个以上固定点。

C. 如现场条件受限,可另搭设专用支架。

D. 垂直管下端的弯管不应作为支撑物使用,宜设钢支架承受垂直管重量。

E. 各管路必须保证连接牢固,应严格按要求安装接口密封圈,同时各管卡一定要紧固到位,保证连接部位密封严实,不漏浆、不漏气。

④ 混凝土输送泵出口管路布置

混凝土输送泵出口管路布置形式主要分3种,如图5-12所示。不同的连接方式各有优缺点,应根据现场施工条件而定。

A. 直线形连接:泵送阻力小,但泵送高度较大时,混凝土容易倒流,适用于水平或垂直向下输送混凝土;

B. U形连接:泵送阻力较大,但是泵送高度较大时,混凝土不容易倒流,适合大高度泵送;

C. L形连接:泵送阻力介于上述两种情况之间,实际工程多用此种连接方式,但是横向反作用力大,因此锥管处应有牢固的固定措施。

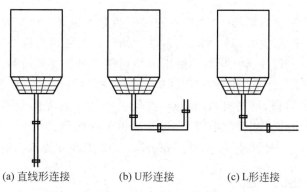

(a) 直线形连接　　　(b) U形连接　　　(c) L形连接

图 5-12　混凝土输送泵出口管路布置形式

2. 确定干混砂浆储料罐、临时加工厂、仓库及各种材料、构件堆场位置

1) 确定干混砂浆储料罐位置

目前国内工程基本都采用商品混凝土，所以施工现场一般不设置混凝土搅拌站，只要及时与商混搅拌站做好订货联系即可。确实因某种原因（如交通不便）不能使用商混的项目，工地有时也设置混凝土搅拌站。现场使用砂浆采用干混砂浆储料罐随拌随用，砂浆储料罐应尽量布置在靠近施工电梯处，减少运距。

2) 确定临时加工厂位置

施工现场的临时加工厂一般是指钢筋加工场地、模板加工场地、预制构件加工场地、沥青加工处、淋灰池等。平面位置布置的原则是：尽量靠近起重设备，并按各自的性能及使用功能选择合适的地点。

木工和钢筋加工场地可考虑布置在建筑物四周较远的地方，但应有一定的场地堆放木材、钢筋和成品。钢筋、木材原材料堆场应设置在临时道路边，方便卸料。模板加工处还应根据其加工特点，选在远离火源的地方。钢筋成品及模板成品堆放处应布置在塔式起重机服务范围之内，避免二次搬运。沥青堆场及熬制锅的位置要离开易燃仓库或堆场，并应布置在下风处。构件预制场地位置应选择在起重机服务范围内，且尽可能靠近安装地点。布置时还应考虑到道路的畅通，不影响其他工程的施工。

3) 确定仓库及各种材料、构件堆场位置

根据施工阶段、施工部位和起重机械类型的不同，仓库、材料、构件堆场位置一般应遵循以下几点要求：

(1) 仓库位置应根据储存材料的性能和仓库使用功能确定其位置。通常，仓库应尽量选择地势较高、周边能较好地排水、交通运输方便的地方，易燃易爆危险品库房应远离明火作业区、锅炉房、人员密集区和建筑物相对集中区。

(2) 建筑物基础和第一层施工所用的材料应布置在建筑物四周。其堆放位置应根据基坑（槽）的深度、宽度及其坡度或支护形式确定，并与基坑边缘保持一定安全距离（基坑周边1.5m范围内不宜堆载），以免造成基坑土壁坍塌。第二层以上施工材料，布置在起重机附近。

例如，框架结构房屋中的基础施工阶段，可在基坑四周布置地下防水材料、地下室墙体砌筑用砖等，而在主体结构施工阶段可沿建筑物四周布置砌块等隔墙材料。

(3) 当采用塔式起重机进行垂直运输时，材料、构件堆场位置应布置在塔式起重机有效起重幅度范围内；装饰材料堆场、仓库位置应尽可能靠近施工电梯布置，减少二次搬运。

(4) 多种材料同时布置时，对大宗的、重量大的和先期使用的材料应尽可能靠近使用地点或起重机附近；而少量的、轻的、后期使用的材料则可布置得稍远些。

(5) 不同施工阶段、施工部位和使用时间，材料、构件堆场的位置应分区域设置或分阶段设置。按不同施工阶段、不同材料的特点，在同一位置上可先后布置几种不同材料，让材料分批进场，在不影响施工进度的前提下，尽量少占工地面积。

(6) 模板、脚手架等周转性材料，应选择在装卸、取用、整理方便和靠近拟建工程的地方布置。

3. 现场运输道路的布置

现场运输道路的布置必须满足材料、构件等物品的运输及消防要求，一般沿仓库和堆场进行布置。现场的主要道路应尽可能利用拟建工程的永久性道路，可先做好永久性道路的路基，在交工之前再铺路面，以减少投资。现场道路布置时，单行道路宽不小于4m，双行道路宽不小于6m。为使运输工具有回转的可能性，主要道路宜围绕在建工程环形布置，转弯半径要满足最长车辆拐弯要求，单行道不小于9m，双行道不小于7m。路基要坚实，做到雨期不泥泞不翻浆，路面材料要选择透水性好的材料，保证雨后2h车辆能够通行。道路两侧要设有排水沟，以利于雨期排水，排水沟深度不小于0.4m，底宽不小于0.3m。

《建设工程施工现场消防安全技术规范》(GB 50720—2011)：

3.3.1 施工现场内应设置临时消防车道，临时消防车道与在建工程、临时用房、可燃材料堆场及其加工场的距离不宜小于5m，且不宜大于40m；施工现场周边道路满足消防车通行及灭火救援要求时，施工现场内可不设置临时消防车道。

3.3.2 临时消防车道的设置应符合下列规定：

1. 临时消防车道宜为环形，设置环形车道确有困难时，应在消防车道尽端设置尺寸不小于12m×12m的回车场。
2. 临时消防车道的净宽度和净空高度均不应小于4m。
3. 临时消防车道的右侧应设置消防车行进路线指示标识。
4. 临时消防车道路基、路面及其下部设施应能承受消防车通行压力及工作荷载。

3.1.3 施工现场出入口的设置应满足消防车通行要求，并宜布置在不同方向，其数量不宜少于2个。当确有困难只能设置1个出入口时，应在施工现场内设置满足消防车通行的环形道路。

4. 临时设施的布置

临时设施分为生产性临时设施（如钢筋加工棚、水泵房、木工加工房）和非生产性临时设施（如办公室、工人休息室、警卫室、食堂、厕所等）。主要考虑以下几方面：

(1) 现场的非生产性临时设施应尽量少设，尽量利用原有房屋，必须修建时要经过计算，合理确定面积，节约临时设施费用。

(2) 必须设置的临时设施应考虑使用方便，但又不妨碍施工，并应符合安全、卫生规定，还应满足现场防火、灭火及人员安全疏散要求。

(3) 办公室、门卫室宜布置在工地出入口处；工人休息室、食堂、浴室等应布置在工人作业区附近，宿舍应布置在安全的上风向。

5．水、电管网的布置

1）临时用水管网的布置

施工现场用水包括生产、生活、消防用水三大类。在可能的条件下，单位工程施工用水及消防用水应尽量利用工程永久性供水系统，以便节约临时供水设施费用。

(1) 施工用的临时给水管，一般由建设单位的干管或施工单位自行布置的干管接到用水地点，有枝状、环状和混合状等布置方式。布置时应力求管网长度最短，管径大小、龙头的位置与数量视工程规模大小通过计算确定。管道应埋入地下，尤其是寒冷地区，给水管要埋置在冰冻层以下，避免冬期施工时水管冻裂，应防止汽车及其他机械在上面行走压坏水管。临时管线不要布置在二期将要修建的建(构)筑物或室外管沟处，以免这些项目开工时，切断水源影响施工用水。

(2) 应按防火要求，设置室外消防栓，其设置要求见第4章中施工总平面图设计。高层建筑施工一般要设置高压水泵和楼层临时消火栓，消火栓作用半径为50m，其位置在楼梯通道处或外架、垂直运输井架附近，冬期施工还要采取防冻保温措施。条件允许时，可利用城市或建筑单位的永久消防设施。为防止供水的意外中断，可在建筑物附近设置简易蓄水池。施工时应注意保证消防管路畅通，消防栓箱内设备完备且箱前道路畅通，无阻塞或堆放杂物。

(3) 加强用水管理，严禁出现长流水的浪费现象，现场临水使用设专人负责。

(4) 为便于排除地面水和地下水，应及时修建永久性下水道，并结合现场地形，在建筑物四周设置排除地面水和地下水的排水沟，如排入城市下水系统，还应设置沉淀池。现场排水沟应定期进行清理，保证排水畅通。水泵按规定定期检查，水泵维修、电源切换必须有专人负责。

2）临时用电管网的布置

(1) 单位工程施工用电应在全工地施工总平面图中一并考虑。一般施工中的临时供电应根据计算出的各施工阶段所需最大用电量，选择变压器和配电设备。根据用电设备的位置及容量，确定动力和照明供电线路。

(2) 变压器(站)的位置应布置在现场边缘高压线接入处，四周用铁丝网围住，不宜布置在交通要道口。临时变压器设置应距地面不小于30cm，并应在2m以外设置高度大于1.7m的保护栏杆。

(3) 各用电点必须配备与用电设备功率匹配的、由闸刀开关、熔断保险、漏电保护器和插座等组成的配电箱，其高度与安装位置应以操作方便、安全为准；每台用电机械或设备均应分设闸刀开关和熔断器，实行单机单闸，严禁一闸多机。设置在室外的配电箱应有防雨措施，严禁漏电、短路及触电事故发生。

(4) 每台用电设备应有自己的开关箱，开关箱内应一机一闸，严禁用一个开关电器直接控制2台及以上的用电设备。分配电箱应装设在用电设备或负荷相对集中地区，分配电箱与开关箱的距离不得超过30m，开关箱与其控制的固定式用电设备的水平距离不宜超过3m。

(5) 配电室、开关箱不应设在易受施工干扰、地势低洼易积水的场所，不得装设在有严重损伤作用的瓦斯、烟气、蒸汽、液体及其他有害介质中，也不得装设在易受外来固体物撞击、强烈振动、液体侵溅及热源烘烤的场所，应装设在干燥、通风及常温场所。配电箱、开关箱周围应有足够两人同时工作的空间，不得堆放任何有碍操作、维修的物品。

(6) 施工现场配电线路宜采用直埋方式进行敷设，直埋线路宜采用有外护层的铠装电

缆,直埋敷设的电缆线路应符合下列规定:

① 在地下管网较多、有较频繁开挖的地段不宜直埋。

② 直埋电缆应沿道路或建筑物边缘埋设,并宜沿直线敷设,直线段每隔 20m 处、转弯处和中间接头处应设电缆走向标识桩,便于检修,并可有效防止误挖破坏。

③ 电缆直埋时,其表面距地面的距离不宜小于 0.7m;电缆上、下、左、右侧应铺以软土或砂土,其厚度及宽度不得小于 100mm,上部应覆盖硬质保护层,电缆宜埋入冻土层以下。

④ 直埋电缆在穿越建筑物、构筑物、道路,易受机械损伤、腐蚀介质场所及引出地面 2.0m 高至地下 0.2m 处,应加设防护套管。防护套管应固定牢固,端口应有防止电缆损伤的措施,其内径不应小于电缆外径的 1.5 倍。

⑤ 直埋电缆与外电线路电缆、其他管道、道路、建筑物等之间平行和交叉时的最小距离应符合规范规定,不满足则应采取穿管、隔离等防护措施。

(7) 施工现场内使用的所有电焊机必须加装电焊机触电保护器,电焊机外壳应做接零或接地保护。焊把线应双线到位,不得借用金属管道、金属脚手架、轨道及结构钢筋作为回路地线;焊把线无破损,绝缘良好。电焊机设置地点应防潮、防雨、防砸,焊接现场不得堆放易燃易爆物品,不得有污染和腐蚀介质,否则予以清除或做好防护措施。

(8) 对于夜间车辆通行的工程或机械设备,必须安装设置醒目的红色信号灯,其电源应设在施工现场电源总开关前侧。

(9) 施工现场各种高大设施(如塔式起重机)必须按规定装设避雷装置。

《建设工程施工现场供用电安全规范》(GB 50194—2014):

6.1.1 低压配电系统宜采用三级配电,宜设置总配电箱、分配电箱、末级配电箱。

6.1.4 消防泵、施工升降机,塔式起重机、混凝土输送泵等大型设备应设专用配电箱。

6.3.1 总配电箱以下可设若干分配电箱;分配电箱以下可设若干末级配电箱。分配电箱以下可根据需要,再设分配电箱。总配电箱应设在靠近电源区域,分配电箱应设在用电设备或负荷相对集中区域,分配电箱与末级配电箱的距离不宜超过 30m。

6.3.2 动力配电箱与照明配电箱宜分别设置。当合并设置为同一配电箱时,动力和照明应分路供电;动力末级配电箱与照明末级配电箱应分别设置。

综上所述,建筑施工是一个复杂多变的生产过程,各种施工机械、材料、构件等是随工程的进展而逐渐进场的,而且又随工程的进展而逐渐变动、消耗。因此,在整个施工过程中,它们在工地上的实际布置情况是随时改变的。在布置各阶段的施工平面图时,对整个施工时期使用的主要道路、水电管线和临时房屋等,不要轻易变动,以节省费用。为此,对于大型建筑工程、施工期限较长或施工场地较为狭小的工程,需要按不同施工阶段分别设计几张施工平面图,以便能把不同施工阶段的合理布置具体反映出来。布置重型工业厂房的施工平面图,还应该考虑到一般土建工程同其他设备安装等专业工程的配合问题,一般以土建施工单位为主会同各专业施工单位,共同编制综合施工平面图。在综合施工平面图中,尤其要根据各专业工程在各施工阶段中的要求将现场平面统筹规划,合理划分,以满足所有专业施工要求。对于一般工程,只需对主体结构阶段设计施工平面图,同时考虑其他施工阶段如何周转使用施工场地。

5-7
5-8

某综合体项目 1 号办公楼主体阶段施工平面如图 5-13 所示,该办公楼基础及装饰装修阶段施工平面图可扫描二维码 5-7 查看。扫描二维码 5-8,可了解某高层住宅楼基础、主体、装饰装修阶段施工平面布置。

第 5 章 单位工程施工组织设计

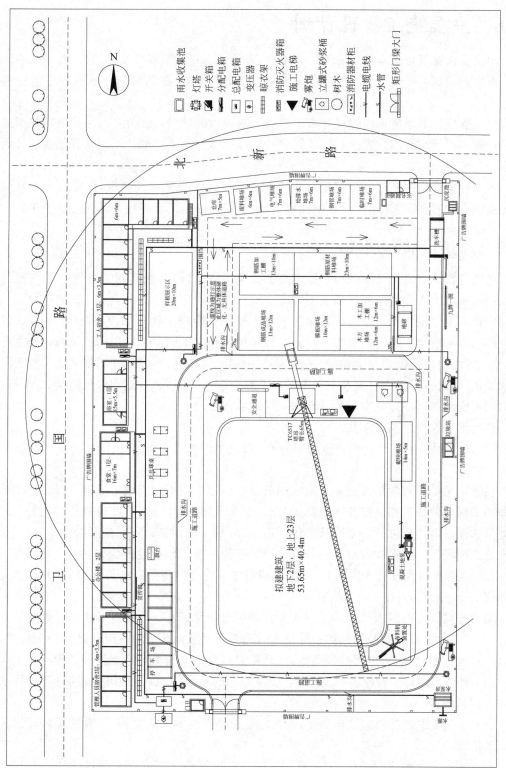

图 5-13 某综合体项目 1 号办公楼主体阶段施工平面布置图（1∶300，单位：m）

5.8 主要施工管理计划

现代建筑施工是多人员、多工种、多专业、多设备、高技术、现代化的综合、复杂的系统工程。要达到提高工程质量、缩短工期、降低成本、安全施工,就必须用科学的方法进行施工管理。

施工管理计划是施工组织设计必不可少的部分,其内容涵盖很多方面,主要应包括进度管理计划、质量管理计划、安全管理计划、环境管理计划、成本管理计划以及其他管理计划等内容。

各项管理计划的制定应根据项目的特点及工程具体情况有所侧重,加以取舍。在编制施工组织设计时,各项管理计划可单独成章,也可穿插在施工组织设计的相应章节中。

5.8.1 进度管理计划

进度管理计划是保证实现项目施工进度目标的管理计划,包括对进度及其偏差进行测量、分析,采取的必要措施和计划变更等。

项目施工进度管理应按照项目施工的技术规律和合理的施工顺序,保证各工序在时间和空间上顺利衔接。不同的工程项目施工技术规律和施工顺序不同。即使是同一类工程项目,施工顺序也难以做到完全相同。因此必须根据工程特点,按照施工的技术规律和合理的组织关系,解决各工序在时间和空间上的先后顺序和搭接问题,以达到保证质量、安全施工、充分利用空间、争取时间、实现经济合理安排进度的目的。

进度管理计划包括以下几方面:

(1) 对工程施工进度计划进行逐级分解,通过阶段性目标的实现保证最终工期目标的完成。

在施工活动中通常是通过对最基础的分部(分项)工程的施工进度控制来保证各个单项(单位)工程或阶段工程进度控制目标的完成,进而实现项目施工进度控制总体目标;因而需要将总体进度计划进行一系列从总体到细部、从高层次到基础层次的层层分解,一直分解到在施工现场可以直接调度控制的分部(分项)工程或施工作业过程为止。

(2) 建立项目进度管理的组织机构,并明确施工管理组织的进度控制职责,制定相应管理制度。

施工进度管理的组织机构是实现进度计划的组织保证;它既是施工进度计划的实施组织,又是施工进度计划的控制组织;既要承担进度计划实施赋予的生产管理和施工任务,又要承担进度控制目标,对进度控制负责,因此需要严格落实有关管理制度和职责。

(3) 针对不同施工阶段的特点,制定进度管理的相应措施,包括施工组织措施、技术措施和合同措施等。

(4) 建立施工进度动态管理机制,及时纠正施工过程中的进度偏差,并制定特殊情况下的赶工措施。

面对不断变化的客观条件,施工进度往往会产生偏差。当发生实际进度比计划进度超前或落后时,控制系统就要做出应有的反应:分析偏差产生的原因,采取相应的措施,调整原来的计划,使施工活动在新的起点上按调整后的计划继续运行,如此循环往复,直至预期计划目标的实现。

(5) 根据项目周边环境特点,制定相应的协调措施,减少外部因素对施工进度的影响。

项目周边环境是影响施工进度的重要因素之一,其不可控性大,必须重视诸如环境扰民、交通组织和偶发意外等因素,采取相应的协调措施。

5.8.2 质量管理计划

质量管理计划是保证实现项目施工质量目标的管理计划,包括制定、实施、评价所需的组织机构、职责、程序以及采取的措施和资源配置等。

质量管理计划可参照《质量管理体系 要求》(GB/T 19001—2016),在施工单位质量管理体系的框架内编制。可以独立编制质量计划,也可在施工组织设计中合并编制质量计划的内容。质量管理应按照 PDCA(计划(plan)、实施(do)、检查(check)、处理(action))循环模式,加强过程控制,通过持续改进提高工程质量。

质量管理计划包括以下几方面:

(1) 按照项目具体要求确定质量目标并进行目标分解,质量指标应具有可测量性。

应制定具体的项目质量目标,质量目标应不低于工程合同要求;质量目标应尽可能地量化和层层分解到最基层,建立阶段性目标。

(2) 建立项目质量管理的组织机构并明确职责。

应明确质量管理组织机构中各重要岗位的职责,与质量有关的各岗位人员应具备与职责要求匹配的相应知识、能力和经验。

(3) 制定符合项目特点的技术保障和资源保障措施,通过可靠的预防控制措施,保证质量目标的实现。

应采取各种有效措施,确保项目质量目标的实现,这些措施包含但不局限于:原材料、构配件、机具的要求和检验,主要的施工工艺、质量标准和检验方法,夏期、冬期和雨期施工的技术措施,关键过程、特殊过程、重点工序的质量保证措施,成品、半成品的保护措施,工作场所环境以及劳动力和资金保障措施等。

(4) 建立质量过程检查制度,并对质量事故的处理做出相应规定。

按质量管理八项原则中的过程方法要求,将各项活动和相关资源作为过程进行管理,建立质量过程检查、验收以及质量责任制等相关制度,对质量检查和验收标准做出规定,采取有效的纠正和预防措施,保障各工序和过程的质量。

5.8.3 安全管理计划

安全管理计划是保证实现项目施工职业健康安全目标的管理计划,包括制定、实施所需的组织机构、职责、程序以及采取的措施和资源配置等。

目前大多数施工单位通过了职业健康安全管理体系认证,建立了企业内部的安全管理体系。可参照《职业健康安全管理体系 要求及使用指南》(GB/T 45001—2020),在施工单位安全管理体系的框架内,针对项目的实际情况编制安全管理计划。

建筑施工安全事故(危害)通常分为七大类:高处坠落、机械伤害、物体打击、坍塌倒塌、火灾爆炸、触电、窒息中毒。安全管理计划应针对项目具体情况,建立安全管理组织,制定相应的管理目标、管理制度、管理控制措施和应急预案等。现场安全管理应符合国家和地方政府部门的要求。

安全管理计划包括以下几方面:

(1) 确定项目重要危险源,制定项目职业健康安全管理目标;

(2) 建立有管理层次的项目安全管理组织机构并明确职责;

(3) 根据项目特点,进行职业健康安全方面的资源配置;

(4) 建立具有针对性的安全生产管理制度和职工安全教育培训制度;

(5) 针对项目重要危险源,制定相应的安全技术措施,对达到一定规模的危险性较大的分部(分项)工程和特殊工种的作业应制定专项安全技术措施的编制计划;

(6) 根据季节、气候的变化,制定相应的季节性安全施工措施;

(7) 建立现场安全检查制度,并对安全事故的处理做出相应规定。

5.8.4 环境管理计划

环境管理计划是保证实现项目施工环境目标的管理计划,包括制定、实施所需的组织机构、职责、程序以及采取的措施和资源配置等。

施工现场环境管理越来越受到建设单位和社会各界的重视,同时各地方政府也不断出台新的环境监管措施,环境管理计划已成为施工组织设计的重要组成部分。对于通过了环境管理体系认证的施工单位,可参照《环境管理体系 要求及使用指南》(GB/T 24001—2016),在施工单位环境管理体系的框架内,针对项目的实际情况编制环境管理计划。

1. 环境因素

一般来讲,建筑工程常见的环境因素包括以下内容:

(1) 大气污染;

(2) 垃圾污染;

(3) 建筑施工中建筑机械发出的噪声和强烈的振动;

(4) 光污染;

(5) 放射性污染;

(6) 生产、生活污水排放。

2. 环境管理计划内容

(1) 确定项目重要环境因素,制定项目环境管理目标;

(2) 建立项目环境管理的组织机构并明确职责;

(3) 根据项目特点,进行环境保护方面的资源配置;

(4) 制定现场环境保护的控制措施;

(5) 建立现场环境检查制度,并对环境事故的处理做出相应规定。

现场环境管理应符合国家和地方政府部门的要求。施工单位应根据建筑工程各阶段的特点,依据分部(分项)工程进行环境因素的识别和评价,并制定相应的管理目标、控制措施和应急预案等。

5.8.5 成本管理计划

成本管理计划是保证实现项目施工成本目标的管理计划,包括成本预测、实施、分析,采取的必要措施和计划变更等。

成本管理计划应以项目施工预算和施工进度计划为依据编制。

成本管理和其他施工目标管理类似,首先确定目标,继而进行目标分解,组织人员配备,落实相关管理制度和措施,并在实施过程中进行纠偏,以实现预定目标。

成本管理计划包括以下几方面:

(1) 根据项目施工预算,制定项目施工成本目标;
(2) 根据施工进度计划,对项目施工成本目标进行阶段分解;
(3) 建立施工成本管理的组织机构并明确职责,制定相应管理制度;
(4) 采取合理的技术、组织和合同等措施,控制施工成本;
(5) 确定科学的成本分析方法,制定必要的纠偏措施和风险控制措施。

成本管理是与进度管理、质量管理、安全管理和环境管理等同时进行的,是针对整体施工目标系统所实施的管理活动的一个组成部分。在成本管理中,必须正确处理并协调好成本与进度、质量、安全和环境等之间的关系,不能片面强调成本节约。

5.8.6 其他管理计划

其他管理计划宜包括绿色施工管理计划、防火保安管理计划、合同管理计划、组织协调与沟通管理计划、创优质工程管理计划、质量保修管理计划以及资源管理计划等,可根据项目的特点和复杂程度加以取舍。特殊项目的管理可在此基础上增加相应的其他管理计划,以保证建筑工程的实施处于全面的受控状态。

各项管理计划的内容应有目标,有组织机构,有资源配置,有管理制度和技术、组织措施等。

1. 绿色施工管理计划

绿色施工是世界各国大力推行的一种以节约资源、降低消耗和减少污染为宗旨的清洁生产方式。为贯彻落实绿色发展理念,推进绿色建造,促进建筑业持续健康发展,节约资源,保护环境,减少排放,提升建筑工程品质,推动建筑业高质量发展,2021年3月,住房城乡建设部组织编制印发了《绿色建造技术导则(试行)》,提出将绿色发展理念融入工程策划、设计、施工、交付的建造全过程中,充分体现绿色化、工业化、信息化、集约化和产业化的总体特征。

1) 基本术语

(1) 绿色建筑

《绿色建筑评价标准》(GB/T 50378—2019)第2.0.1条:在全寿命期内,节约资源、保护环境、减少污染,为人们提供健康、适用、高效的使用空间,最大限度地实现人与自然和谐共生的高质量建筑。

(2) 绿色建造

《绿色建造技术导则(试行)》第 2.0.1 条:按照绿色发展的要求,通过科学管理和技术创新,采用有利于节约资源、保护环境、减少排放、提高效率、保障品质的建造方式,实现人与自然和谐共生的工程建造活动。

(3) 绿色施工

《建筑工程绿色施工规范》(GB/T 50905—2014)第 2.0.1 条:在保证质量、安全等基本要求的前提下,通过科学管理和技术进步,最大限度地节约资源,减少对环境负面影响,实现节能、节材、节水、节地和环境保护("四节一环保")的建筑工程施工活动。

2) 绿色施工与绿色建筑的关系

(1) 绿色施工表现为一种过程;绿色建筑表现为一种状态或产品。

(2) 绿色施工可为绿色建筑增色;绿色施工不一定建成绿色建筑。

(3) 绿色建筑的形成,必须首先使设计成为"绿色";绿色施工关键在于施工组织设计和施工方案策划成"绿色",才能使施工过程成为绿色。

(4) 绿色建筑事关居住者的健康,运行成本和使用功能,对整个使用周期均有重大影响。

绿色施工主要涉及施工期间,对环境影响相当集中,施工过程做到绿色,一般会增加施工成本,但对社会及人类生存环境是一种"大节约"。

3) 绿色施工总体框架

绿色施工总体框架由绿色施工管理、环境保护、节材与材料资源利用、节水与水资源利用、节能与能源利用、节地与施工用地保护六个方面组成(图 5-14)。

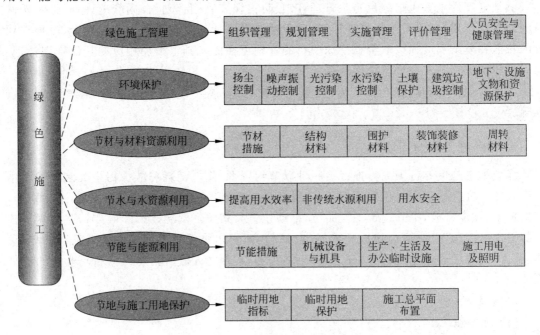

图 5-14 绿色施工总体框架

4) 绿色施工管理

绿色施工管理主要包括组织管理、规划管理、实施管理、评价管理和人员安全与健康管理五个方面。

(1) 组织管理

① 建立绿色施工管理体系,并制定相应的管理制度与目标。

② 项目经理为绿色施工第一责任人,负责绿色施工的组织实施及目标实现,并指定绿色施工管理人员和监督人员。

(2) 规划管理

编制绿色施工方案。该方案应在施工组织设计中独立成章,并按有关规定进行审批。绿色施工方案应包括以下内容:

① 环境保护措施,制订环境管理计划及应急救援预案,采取有效措施,降低环境负荷,保护地下设施和文物等资源。

② 节材措施,在保证工程安全与质量的前提下,制定节材措施。例如,进行施工方案的节材优化,建筑垃圾减量化,尽量利用可循环材料等。

③ 节水措施,根据工程所在地的水资源状况,制定节水措施。

④ 节能措施,进行施工节能策划,确定目标,制定节能措施。

⑤ 节地与施工用地保护措施,制定临时用地指标、施工总平面布置规划及临时用地节地措施等。

(3) 实施管理

① 绿色施工应对整个施工过程实施动态管理,加强对施工策划、施工准备、材料采购、现场施工、工程验收等各阶段的管理和监督。

② 应结合工程项目的特点,有针对性地对绿色施工做相应宣传,通过宣传营造绿色施工的氛围。

③ 定期对职工进行绿色施工知识培训,增强职工绿色施工意识。

(4) 评价管理

① 对照《绿色建造技术导则(试行)》的指标体系,结合工程特点,对绿色施工的效果及采用的新技术、新设备、新材料与新工艺,进行自评估。

② 成立专家评估小组,对绿色施工方案、实施过程至项目竣工,进行综合评估。

(5) 人员安全与健康管理

① 制订施工防尘、防毒、防辐射等职业危害的措施,保障施工人员的长期职业健康。

② 合理布置施工场地,保护生活及办公区不受施工活动的影响。施工现场建立卫生急救、保健防疫制度,在安全事故和疾病疫情出现时提供及时救助。

③ 提供卫生、健康的工作与生活环境,加强对施工人员的住宿、膳食、饮用水等生活与环境卫生的管理,明显改善施工人员的生活条件。

2. 防火保安管理计划

严格按照《中华人民共和国消防法》的规定及公司的有关规定,建立消防保安管理体系,制定消防保安管理制度。

1) 施工现场防火管理

(1) 贯彻"预防为主、防消结合"的方针,立足于自防自救,坚持安全第一,实行"谁主管、谁负责"的原则。在防火业务上多请当地公安消防机构做现场指导。

(2) 开工时,制定详细消防方案。消防方案由公司一级技术、质量安全、设备、保卫部门依次审核,由保卫部门送公司总工程师、防火责任人审批。

(3) 施工现场实行分级防火责任制,落实各级防火责任人,各司其职。项目经理为施工现场防火责任人,全面负责施工现场的防火工作。班组长是各班组防火责任人,对本班组的防火负责。工地防火检查员(消防员)每天班后必须巡查,发现不安全因素应及时消除或汇报。施工现场成立防火领导小组。

(4) 对职工进行经常性的防火宣传教育,增强消防观念。

(5) 施工现场设置防火警示标志,施工现场张挂防火责任人、防火领导小组成员名单、防火制度等标牌。

(6) 施工现场防火管理,按其施工项目、施工范围,实行"谁施工、谁负责"。

(7) 现场留有满足消防车出入和行驶的道路,设置符合要求的防火报警系统和固定式灭火系统。在火灾易发地区施工或存储、使用易燃、易爆器材时,项目部应采用特殊消防安全措施,现场严禁吸烟,必要时可设吸烟室。

(8) 施工现场的通道、消防出入口、紧急疏散通道等应符合消防要求,均应有明显标志或指示牌,在通行高度限制的地点应设限高标志。

(9) 施工中需进行爆破作业的,必须经政府主管部门审查批准,并提供爆破器材的品名、数量、用途、爆破地点、四邻距离等文件和安全操作规程,向所在地公安机关申领"爆破物品使用许可证",由具备爆破资质的专业队伍按有关规定进行施工。

2) 施工现场保安管理

(1) 项目施工现场应设立围墙、大门和标牌,防止与施工无关人员随意进出工地现场。

(2) 施工现场应设立门卫,根据需要设置警卫,负责施工现场的安全保卫工作,并采取必要的防盗措施。

(3) 施工现场的主要管理人员应当在施工现场佩戴证明其身份的标识,严格现场人员的进出管理。对来访人员,做好登记工作。对进出场运送材料的车辆,进场时进行检查和登记,出场时凭出门条检查、放行。

(4) 按照"谁主管、谁负责"的原则,项目经理应真抓实管,层层签订治安目标管理责任书。

(5) 保安组应建立健全安全保安制度,定期检查现场消防设施及安全预防、维护工作。对项目的火源、电源以及存放易燃、易爆、剧毒、危险物品和机密图纸、预算资料的重点要害部位应配专人负责管理。

(6) 不定期进行现场及工作面巡逻,尤其是夜间的保卫巡逻。夜间值班人员不得睡觉、喝酒,应不断进行巡逻检查。

(7) 维护好现场和宿舍正常秩序,维护好施工现场秩序,制止员工违纪或暴力行为。维护好现场人员及财物的安全,预防各种安全及消防事件的发生。

(8) 保安组在狠抓人防的基础上应积极开展技术防范与机械防范,对钱、财、物集中的地方要加强防范措施,做到"三铁二器",即铁门、铁窗、铁栏杆、消防灭火器、防盗报警器。

3. 合同管理计划

项目管理机构应建立项目合同管理制度,明确合同管理责任,设立专门机构或人员负责合同管理工作。应配备符合要求的项目合同管理人员,实施合同的策划和编制活动,规范项目合同管理的实施程序和控制要求,确保合同订立和履行过程的合规性。严禁通过违法发包、转包、违法分包、挂靠方式订立和实施建设工程合同。

项目合同管理程序:合同评审→合同订立→合同实施计划→合同实施控制→合同管理总结。

1) 合同评审

合同订立前应进行合同评审,完成对合同条件的审查、认定和评估工作,对招标文件和投标文件进行审查、认定和评估。

对合同评审中发现的问题,应以书面形式提出,要求予以澄清或调整。应根据需要进行合同谈判、细化、完善、补充、修改或另行约定合同条款和内容。

2) 合同订立

应依据合同评审和谈判结果,按程序和规定订立合同。合同订立应采用书面形式,合同订立后应在规定期限内办理备案手续。

3) 合同实施计划

项目管理机构应规定合同实施工作程序,编制合同实施计划。承包人自行完成的工作及分包合同的内容,应在质量、资金、进度、管理架构、争议解决方式方面符合总包合同要求。

4) 合同实施控制

(1) 合同实施前,相关部门和合同谈判人员应对项目管理机构进行合同交底。

(2) 项目管理机构应在合同实施过程中,对合同实施信息进行全面收集、分类处理、查找合同实施中的偏差,定期进行定性、定量分析,通报合同实施情况及存在的问题,并制定合同纠偏措施或方案,经授权人批准后实施。

(3) 合同变更管理

在履行合同项目过程中,由于实施条件或相关因素的变化,而不得不对原合同的某些条款进行修改、订正、删除或补充。合同变更一经成立,原合同中的相应条款就应解除。

变更应经法人或其授权人员签字或盖章后实施。变更对合同价格及工期有影响时,相应调整合同价格和工期。

(4) 合同中止行为的控制和管理

合同中止履行前,应以书面形式通知对方并说明理由。因对方违约导致合同中止履行时,在对方提供适当担保时应恢复履行;中止履行后,对方在合理期限内未恢复履行能力并且未提供相应担保时,应报请组织决定是否解除合同。

合同中止或恢复履行,如依法需要向有关行政主管机关报告或履行核验手续,应在规定的期限内履行相关手续。合同中止后不再恢复履行时,应根据合同约定或法律规定解除合同。

(5) 合同索赔管理

① 提出索赔意向。索赔事件发生后 28d 内,向监理工程师发出索赔意向通知。

② 准备索赔资料。应全面、完整地收集和整理索赔资料,并做好以下工作:

A. 跟踪和调查干扰事件,掌握事件产生的详细经过。

B. 分析干扰事件产生的原因,划清各方责任,确定索赔根据。

C. 损失或损害事件的调查分析与计算,确定工期索赔和费用索赔值。

D. 收集证据,获得充分而有效的各种证据。

E. 起草索赔文件。

③ 提交索赔文件。承包商必须在发出索赔意向书后的一定期限内（通常是28d），向工程师提交索赔文件，包括索赔金额、工期和索赔依据的相关证明材料。如果干扰事件持续发生，还需要提交中间索赔报告，并在干扰事件影响结束后的28d内提交一份最终索赔报告。

④ 索赔处理。在提交索赔文件之后，承包商还应每隔一段时间主动向对方了解情况并督促其快速处理，并根据所提出意见随时提供补充资料，为监理工程师处理索赔提供帮助、支持与合作。

（6）合同反索赔管理

① 对收到的索赔报告进行审查分析，收集反驳理由和证据，复核索赔值，起草并提出反索赔报告。

② 做好合同管理工作，防止反索赔事件发生。

（7）合同争议的解决

合同实施过程中产生争议时，应按下列方式解决：

① 双方通过协商达成一致；

② 请求第三方调解；

③ 按照合同约定申请仲裁或向人民法院起诉。

5）合同管理总结

项目管理机构应进行项目合同管理评价，总结合同订立和执行过程中的经验和教训，提出总结报告。项目管理机构应根据合同总结报告确定项目合同管理改进需求，制定改进措施，完善合同管理制度，并按照规定保存合同总结报告。

4．组织协调与沟通管理计划

1）组织协调

施工项目组织协调是指以一定的组织形式、手段和方法，对施工中产生的关系不畅进行疏通，对产生的干扰和障碍予以排除的活动。在项目运行过程中，项目管理机构应分阶段、分层次、有针对性地进行组织人员之间的交流互动，增进了解，避免分歧，进行各自管理部门和管理人员的协调工作。

施工项目协调的范围可分为内部关系协调和外部关系协调。外部关系协调又分为近外层关系协调和远外层关系协调，详见表5-20和图5-15。

表 5-20 施工项目协调范围

协调范围		协调关系	协调对象
内部关系		1. 领导与被领导关系； 2. 业务工作关系； 3. 与专业公司有合同关系	1. 项目部与企业之间； 2. 项目部内部部门之间、人员之间； 3. 项目部与作业层之间； 4. 作业层之间
外部关系	近外层	1. 直接或间接合同关系； 2. 服务关系	企业、项目部与业主、监理单位、设计单位、供应商、分包单位、贷款人、保险人等
	远外层	多数无合同关系，但要受法律、法规和社会公德等约束关系	企业、项目部与政府、环保、交通、环卫、环保、绿化、文物、消防、公安等

施工项目组织协调的内容主要包括人际关系、组织关系、供求关系、协作配合关系和约束关系等方面的协调。这些协调关系广泛存在于施工项目组织的内部、近外层和远外层之中。

2) 沟通管理计划

项目管理机构应将沟通管理纳入日常管理计划,建立项目相关方沟通管理机制,健全项目协调制度,确保组织内部与外部各个层面的交流与合作。通过及时沟通信息,做好协调工作,避免和消除项目运行过程中的障碍、冲突和不一致。

施工单位沟通包括项目部与项目各主体组织管理层、派驻现场人员之间的沟通、项目部内部各部门和相关成员之间的沟通、项目部与政府管理职能部门和相关社会团体之间的沟通等。项目各相关方应通过制度建设、完善程序,实现相互之间沟通的零距离和运行的有效性。

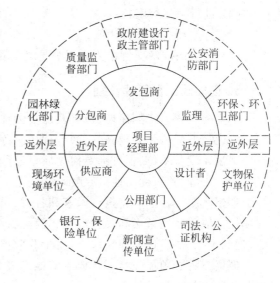

图 5-15 施工项目协调范围示意

项目管理机构应在项目运行之前,由项目负责人组织编制项目沟通管理计划,由授权人批准后实施。项目管理机构应定期对项目沟通管理计划进行检查、评价和改进。

(1) 项目沟通管理计划的内容

① 沟通范围、对象、内容与目标;

② 沟通方法、手段及人员职责;

③ 信息发布时间与方式;

④ 项目绩效报告安排及沟通需要的资源;

⑤ 沟通效果检查与沟通管理计划的调整。

(2) 沟通方式

项目管理机构可采用信函、邮件、文件、会议、口头交流、工作交底以及其他媒介沟通方式与项目相关方进行沟通,重要事项的沟通结果应书面确认。

3) 冲突管理

项目管理机构应根据项目运行规律,结合项目相关方的工作性质和特点预测项目可能的冲突和不一致,确定冲突解决的工作方案,并在沟通管理计划中予以体现;还需要针对预测冲突的类型和性质进行工作方案的调整和完善,确保冲突受控、防患于未然。

项目管理机构应就容易发生冲突和不一致的事项,形成预先通报和互通信息的工作机制,化解冲突和不一致。易发生冲突和不一致的事项主要体现在合同管理方面。项目管理机构需确保行为规范和履行合同,保证项目运行节点交替的顺畅。

各项目管理机构应识别和发现问题,采取有效措施避免冲突升级和扩大;对项目冲突管理工作应进行记录、总结和评价。

消除冲突和障碍可采取下列方法:

(1) 选择适宜的沟通与协调途径;

(2) 进行工作交底；

(3) 有效利用第三方调解；

(4) 创造条件使项目相关方充分地理解项目计划，明确项目目标和实施措施。

5. 创优质工程管理计划

创优质工程是指创建地、市级及以上的优质建设项目或单位工程，重点是国家级优质工程（鲁班奖、詹天佑奖等）和省（部）级优质工程。

工程建设各单位、项目部要树立质量品牌意识，大力开展市优质工程、省部级优质工程、"鲁班奖"工程和"双优工地"创建活动。

创建优质工程应严格执行国家和各省、市现行有关工程的法律法规、标准，符合国家工程建设标准强制性条文和现行规范、规程及设计要求；认真落实省市级、集团公司的有关规定，做到预控有效，过程控制认真，质量验收严格。

创优工程必须加强"四新"成果的推广应用，鼓励积极采用新技术、新工艺、新设备、新材料和节能、绿色、环保技术。

1) 创优管理

(1) 工程开工前，项目部应按照集团创优要求，结合项目实际情况，确立质量创优目标，并填写《拟申报创优工程项目清单》和《创优工程概况表》，由分公司审批通过后，报集团技术质量部备案。集团技术质量部根据分公司拟创优工程情况，确定创优工程，制订年度工程创优工作计划，每年年初进行发布。

(2) 项目部应根据公司年度工程创优工作计划，建立创优质量管理体系，项目经理负责组织管理项目创优工作。

(3) 项目部应根据工程特点，编制创优工程总策划，明确各个阶段的创优策划、创优方案的内容及要求。

(4) 项目部应从开工初期，严把质量关，对施工过程进行全面质量控制，严格按照国家相关法律、法规、规定及公司"质量/环境/职业健康安全"管理体系的程序文件、年度工程创优工作计划、创优方案等组织项目施工，确保工程实体质量满足创优要求。

(5) 项目部应加强工程创优资料管理，严格按照创优工程要求进行填写，确保资料齐全、真实、有效，并保证与工程进度同步。对于创优工程所需的相关资料的原件，项目部资料员负责保存。

(6) 项目部应及时整理保存创优工程所需的视频、照片等真实反映工程实体质量的影像资料。

(7) 集团技术质量部负责制订公司的年度工程创优工作计划，并结合工程进度对创优工程进行创优交底及检查指导。

(8) 按照集团"建筑双优，凡建必优"总体创优要求和年度创优工作计划，分公司应积极推进创优工作，强化各项目总体创优策划和过程控制。分公司应每月对拟创优工程进行专项检查和指导。

(9) 工程具备申报条件后，集团技术质量部按照各奖项评选办法要求，组织分公司、项目部进行申报和现场复查的相关工作。

(10) 质量目标、工程创优的完成情况，作为分公司、项目部年度考核的重要依据，对未完成计划的分公司、项目部,在考核时扣除相应的分数。

创优工作管理人员职责如表 5-21 所示。

表 5-21 创优工作管理人员职责

部 室	职 责
总工程师	负责年度工程创优工作计划、创优方案的审批工作
相关部室	配合项目部做好创优管理工作,参与创优方案的审核
技术质量部	负责公司工程质量创优管理,并负责公司年度工程创优工作计划的制定。公司技术质量部负责创优方案的审核及方案落实情况的监督指导工作
分公司	负责创优方案的审核及监管所属项目部的创优工程管理情况
项目部	项目部负责落实本项目的质量目标;按照创优要求进行具体实施

2) 创优组织机构

成立以项目经理为组长的质量创优管理领导小组,全面负责项目工程质量保证和控制。制定各项质量管理制度,用有效的制度保证质量创优。项目部应加强各项管理制度的落实,将质量责任落实到人,明确管理人员职责及分工,不断增强施工管理人员创优质工程、创企业品牌的意识。

3) 创优策划

按照"开工必优,一次成优"的管理思路,实施"样板引路"和"首件工程验收制度",在工程开工前,项目经理和总工程师组织相关部门,策划工程创优工作,主要包括:

(1) 确定创优目标

依据工程"建设创优规划"确定创优目标,针对工程施工特点、单位技术力量及管理特点等进行必要的细化、量化,编制质量、安全、文明施工与环保、工期与投资等分目标,质量目标应细化到各分部分项工程。

工程项目创优目标制定的依据:

① 公司与业主签订合同的质量承诺;

② 申报创优的工程对公司发展的影响或是否为省、市级以上的重点工程;

③ 所有申报创优的工程必须符合相应奖项的申报条件;

④ 申报创优的工程,其制造成本对公司收益率的影响程度;

⑤ 上述①②③条必须同时满足,④条需进行测算分析。

(2) 确定工程重难点、质量控制点、施工工艺及示范段

质量控制点须覆盖从施工准备到完工回访的全过程,质量控制点应明确控制要点、责任人、控制内容、控制依据。

根据施工图纸、设计交底等文件要求,创优领导小组应组织收集工程中涉及的施工工艺、质量验收规范、强制性标准条文和施工图集;组织学习和交底,使技术管理人员、班组长、关键岗位掌握各工序质量控制中的关键环节;组织编制施工作业指导书;针对工程的难点、关键点,成立 QC(质量控制)小组,编制 QC 活动计划;组织技术人员,认真复核施工图纸,编制"四新"推广应用计划;针对工程中可能出现的质量通病,制定相应的预防措施。

4) 创优方案编制及审批要求

创优工程应编制创优方案,创优方案由项目经理组织编写,分公司技术、质量、安全、设

备材料等人员评审,分公司技术经理或分公司技术负责人审核,上报技术质量部,技术质量部组织工程管理部、安全管理部、数字化中心等相关部门评审,技术质量部部长审核,报集团公司总工程师审批,审批通过后项目部按审批意见进行完善并报技术质量部备案。

创优工程策划、创优方案审批流程如图 5-16 所示。

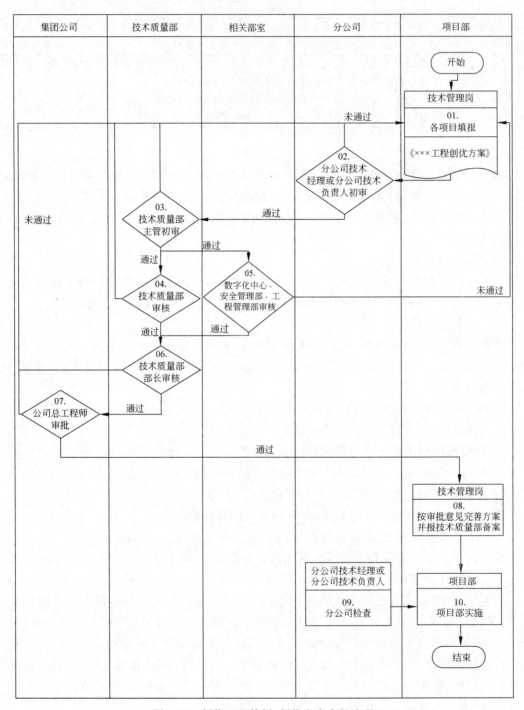

图 5-16　创优工程策划、创优方案审批流程

5) 创优申报

(1) 申报原则

优质工程按照逐级申报的原则进行,荣获市优质工程(或股份公司优质工程)后方可申报省(部)级优质工程;荣获省(部)级优质工程后方可申报国家级优质工程。

(2) 申报程序

优质工程申报程序:准备资料→分公司审查→集团公司审查→申报。

按照集团公司《创优质工程管理办法》的要求准备相关申报资料,在集团公司工程信息管理系统中上报申报材料,经初审通过后,再提交书面申报资料。省(部)级及以上优质工程奖的申报按相应的评选办法执行。某公司优质工程申报流程如图5-17所示。

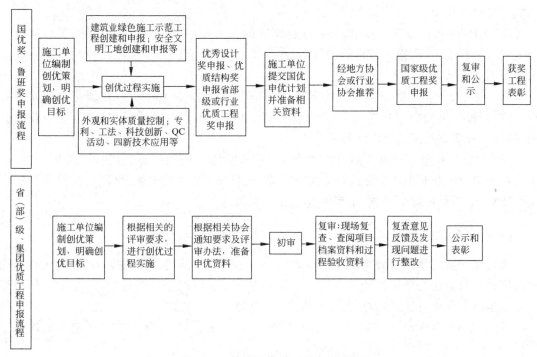

图 5-17 某公司优质工程申报流程

(3) 项目部组织做好工程创优汇报资料和现场核查的准备工作,积极配合各级优质工程现场核查工作。

6) 创优措施

创优工程项目在正式开工前,应根据"创优计划"制定详细具体的创优措施。

(1) 坚持"过程优质",严格过程控制

项目部要加大对在建工程施工过程的质量管理和监督的工作力度,严格质量管理责任制,严格执行施工工艺标准,增加检查频次,实行定期检查和不定期检查相结合,加大施工过程质量的检查预控,将质量问题和质量隐患尽可能消灭在施工过程中、消灭在萌芽状态。通过施工过程中施工人员的精心组织和精心操作,使各工序施工一遍成活,杜绝不合格工序,确保工程整体质量和创优夺杯目标的实现。

(2) 用有效的制度保证质量创优

项目部要加强各项管理制度的落实,严格执行各项制度,将质量责任落实到人。要求创优夺杯的项目部要根据工程实际,定制度、立规矩,形成从严、从精、从细的管理作风,促使在过程质量控制中从严把关,真正做到施工过程有人负责、有人监督、有人记录,增强施工过程控制的可追溯性。

(3) 施工中应当留存钢筋安装、混凝土和砌体外观效果的视频影像资料,留存数量不少于总层数 1/3。鼓励在施工现场安装高清视频监控设备,实现可视化管理。工程施工过程中的文字材料、工程照片、工艺录像等,应指定专人负责收集整理,做好工程创优申报的准备。

(4) 对创优项目投入的检验、测量和试验设备应按规定进行检验和校准,并做好标识记录;对进场的原材料、成品、半成品应及时进行检验和试验,凡检验试验结果达不到规定要求的不得投入使用。

(5) 创优项目在施工过程中,要做好各层次的技术交底,严格按设计文件、标准规范及施工工艺组织施工,严格执行自检、互检和监理检查制度,上道工序未经检查或检查不合格的项目不能转入下道工序施工。

(6) 创优项目应特别加强对工程外观质量的控制,施工过程中进一步加强全面质量管理工作,积极开展 QC(质量控制)小组攻关活动,在抓好工程内在质量的同时,把外观质量做好,使工程实体真正达到内实外美。

(7) 创优工程项目的施工现场应做到布局合理,施工场地平整、整洁,道路排水畅通;现场材料应分类堆码整齐,做到工完料净场清,文明施工;各类机械设备停放、保养维修应设固定场所,并做好防护设施,小型机具安装应牢固。

6. 质量保修管理计划

建设工程实行质量保修制度,发包人与承包人应签订工程保修期保修合同,确定质量保修范围、期限、责任与费用的计算方法。承包人应制定工程保修期管理制度,在工程保修期内应承担质量保修责任,回收质量保修资金,实施相关服务工作。

承包人应根据保修合同文件、保修责任期、质量要求、回访安排和有关规定编制保修工作计划,保修工作计划应包括下列内容:

(1) 主管保修的部门;
(2) 执行保修工作的责任者;
(3) 保修与回访时间;
(4) 保修工作内容。

建设工程在保修范围和保修期限内发生质量问题的,施工单位应当履行保修义务,并对造成的损失承担赔偿责任。保修范围和保修期限见第 1.1.2 节中回访保修相关内容。

7. 资源管理计划

项目资源包括人力资源、劳务、工程材料与设备、施工机具与设施、资金等。项目管理机构应根据项目目标管理的要求进行项目资源的计划、配置、控制,并根据授权进行考核和处置。

1) 项目资源管理计划的内容

(1) 建立资源管理制度;
(2) 编制资源使用计划、供应计划和处置计划;

(3) 确定资源管理职责和管理程序。

2) 项目资源管理程序

(1) 明确项目的资源需求；

(2) 分析项目整体的资源状态；

(3) 确定资源的各种提供方式；

(4) 编制资源的相关配置计划；

(5) 提供并配置各种资源；

(6) 控制项目资源的使用过程；

(7) 跟踪分析并总结改进。

具体包括：按合同要求，编制资源配置计划，确定投入资源的数量与时间；根据资源配置计划，实施各种资源的供应工作；根据各种资源的特性，采取集成措施，进行有效组合，合理投入，动态调控；对资源投入和使用情况定期分析，找出问题，总结经验并持续改进。

3) 项目资源管理配置和控制

项目资源管理配置和控制的内容包括按资源管理计划进行资源的选择、组织和进场后的管理等内容，具体来说有以下几点：

(1) 人力资源管理控制。包括人力资源的选择、订立劳务分包合同、教育培训和考核等。

(2) 劳务管理控制。包括劳务队伍选择、订立劳务分包合同、施工过程控制、劳务结算、劳务分包退场管理、特殊工种及劳务人员专项培训、劳务实名制管理、建立劳务突发事件应急管理预案、为从事危险作业的劳务人员购买意外伤害保险等。

(3) 工程材料与设备管理控制。包括材料供应单位的选择、订立采购供应合同、出厂或进场验收、储存管理、使用管理及不合格品处置等。项目管理机构应制定材料管理制度，规定材料的使用、限额领料、使用监督、回收过程，并应建立材料使用台账。

(4) 施工机具与设施管理控制。包括机械设备购置与租赁管理、使用、维修管理、操作人员管理、报废和进、出场管理等。施工机具与设施操作人员应具备相应技能并符合持证上岗的要求。项目管理机构应确保投入使用过程的施工机具与设施性能和状态合格，并定期进行维护和保养，形成运行使用记录。

(5) 资金管理控制。包括资金收入与支出管理、资金使用成本管理、资金风险管理等。

项目管理机构应按资金使用计划控制资金，节约开支；按会计制度规定设立资金台账，记录项目资金收支情况、实施财务核算和盈亏盘点；应进行资金使用分析，对比计划收支与实际收支，找出差异，分析原因，改进资金管理。

4) 项目资源管理考核和处置

项目资源管理考核和处置的内容包括通过对资源投入、使用、调整以及计划与实际的对比分析，找出管理中存在的问题，并对其进行评价的管理活动。通过考核和处置能及时反馈信息，提高资金使用价值，持续改进。

(1) 项目管理机构应对项目人力资源管理方法、组织规划、制度建设、团队建设、使用效率和成本管理进行分析和评价，以保证项目人力资源符合要求。

(2) 项目管理机构应对劳务计划、过程控制、分包工程目标实现程度以及相关制度进行考核评价。

(3) 项目管理机构应对工程材料与设备计划、使用、回收以及相关制度进行考核评价。

（4）项目管理机构应对项目施工机具与设施的配置、使用、维护、技术与安全措施、使用效率和使用成本进行考核评价。

（5）在项目竣工后，项目管理机构应结合项目成本核算与分析，进行资金收支情况和经济效益考核评价，并上报企业财务主管部门备案。根据资金管理效果对有关部门或项目部进行奖惩。

5.9 单位工程施工组织设计实例

5.9.1 某公司办公楼工程施工组织设计

本部分内容以"秦皇岛市嘉瑞集团办公楼工程施工组织设计"为例，为缩短篇幅，将原设计内容进行了大量删简，并进行了修改。可扫描二维码5-9，了解另外一个实际工程的施工组织设计的详细内容。

5-9

5.9.1.1 编制依据

1. 项目相关文件

（1）秦皇岛市嘉瑞集团办公楼工程施工合同。

（2）秦皇岛市嘉瑞集团办公楼工程施工图纸。

（3）秦皇岛市嘉瑞集团办公楼工程岩土工程勘察报告。

（4）施工组织总设计。

2. 相关规范、规程、标准等

国家有关现行建筑工程规范、规程、条例、标准、图集及省、市基本建设工程的有关文件等。（略）

3. 其他

工程施工范围内的现场条件、资源供应情况、类似工程的施工经验总结等。（略）

5.9.1.2 工程概况

1. 工程主要情况

（1）工程名称：秦皇岛市嘉瑞集团办公楼。

（2）建设地点：河北省秦皇岛市富强路与钻石路交会路口。

其他情况略。

2. 各专业设计简介

（1）建筑设计简介

本工程建筑设计概况如表5-22所示。

表 5-22　某工程建筑设计概况

建筑面积	8905.96m²	地上面积	7667.21m²	地下面积	1238.75m²
长度	80.00m	宽度	16.56m	建筑高度	29.05m
地下室层高	3.90m	1～5层层高	均为4.20m	6层层高	4.50m
保温做法	外墙	300mm厚AAC自保温砌块，梁柱部位采用100mm厚岩棉一体化保温板（A级）			
	屋面	80mm厚挤塑聚苯板			
装饰做法	外墙	轻钢龙骨玻璃幕墙、干挂石材、涂料			
	楼地面	找平层：为30mm厚C20细石混凝土找平层；面层：地下室为水泥砂浆压光；楼梯间、电梯厅及1～2层为大理石面层；其余为陶瓷地砖面层			
	内墙面	抹灰、刮两遍腻子、刷两遍涂料；会议室为隔声材料墙面			
	顶棚	普通房间：刮两遍腻子、刷两遍涂料；会议室为轻钢龙骨纸面石膏板吊顶			
	卫生间	墙面：釉面砖；地面：铺贴陶瓷地砖；顶棚：轻钢龙骨嵌入铝合金方板吊顶			
	门窗工程	成品实木复合门、成品铝合金门（窗）、断桥铝合金安全中空玻璃窗（外墙）、钢制乙级防火防盗门、防雨百叶窗等			
防水做法	地下	防水混凝土＋(4＋3)mmSBS改性沥青防水卷材（外防外贴）			
	屋面	1.5mm厚白色高强度聚合物水泥防水涂料＋1.2mm厚丁基自粘TPO防水卷材			
	卫生间	(1.5＋1.5)mm厚聚氨酯防水涂料			

(2) 结构设计简介

本工程结构形式为钢筋混凝土框架-剪力墙结构，基础采用1000mm厚筏板基础，建筑场地类别为Ⅱ类。抗震设防烈度为7度，建筑结构安全等级为二级，结构抗震等级为二级，结构设计使用年限50年。混凝土强度等级：地下室框架柱为C35，基础、地上各层框架柱及其他受力构件均为C30。地下室外墙为250mm厚钢筋混凝土剪力墙，抗渗等级为P8；内墙由混凝土小型空心砌块砌筑，地面以下直接与土接触地方为MU20粉煤灰混凝土实心砖墙。地上外墙为AAC自保温砌块墙，内墙为蒸压加气混凝土砌块墙体。

3．工程施工条件

(1) 气温：最冷月平均气温：－6.5℃；最热月平均气温：25℃。

(2) 相对湿度：最冷月平均41%；最热月平均59%。

(3) 最大冻结厚度：0.85m。

(4) 地下水位：原地下水位－1.600m，水质无侵蚀性作用。

(5) 工程地质资料：见岩土工程勘察报告。

其他略。

5.9.1.3　施工部署

1．施工管理目标

(1) 工期目标

计划开工日期：2023年3月1日。

计划竣工日期：2023年10月31日。

计划工期：245日历天。

(2) 质量目标

符合现行国家有关工程施工质量验收规范和标准要求（合格），确保获得秦皇岛市建设工程港城杯奖（市优质工程），力争获得河北省建设工程安济杯奖（省优质工程奖）。分项工程、分部工程和单位工程一次验收合格率100%；杜绝一般及以上工程质量事故。

(3) 职业健康安全目标

① 杜绝重大伤亡事故和重大设备事故，一般事故频率控制在1‰以内；

② 杜绝重大火灾、重大交通责任事故；

③ 不发生群体性中毒事件；

④ 不发生因作业环境因素而导致的职业病。

(4) 文明施工目标

获得"河北省建筑施工安全文明标准化工地"。

(5) 环境目标

① 现场噪声达标，符合《建筑施工场界环境噪声排放标准》(GB 12523—2011)要求；

② 污水排放达标，符合《污水综合排放标准》(GB 8978—1996)要求；

③ 扬尘治理标准必须符合《河北省扬尘污染防治办法》(河北省人民政府令〔2020〕第1号)、《河北省大气污染防治条例》(2021)、《河北省人民代表大会常务委员会关于加强扬尘污染防治的决定》(2018)和《河北省建筑施工扬尘防治强化措施18条》(冀建安〔2016〕27号)等有关文件要求。

光污染：夜间施工照明灯罩使用率100%。

(6) 成本目标

控制施工成本，保持在预算范围内并且尽可能降低成本。力争降低成本率6%，节约"三材"率5%。

(7) 绿色施工目标

创河北省绿色施工示范工程。

(8) 科技创优目标

创河北省新技术应用示范工程，省部级以上优秀QC成果2项、河北省建设行业科技成果1项；省级工法2项或3项；专利2项或3项。

2. 工程项目管理组织机构

(1) 项目班子组成。建立以项目经理为首的工程项目部，配备项目部专职施工管理人员，由项目经理统一指挥和领导。项目部采用直线职能式的管理模式，如图5-18所示。

(2) 项目班子成员岗位职责（略）。

3. 施工组织安排

1) 确定施工开展程序

本工程的施工程序为：签订工程施工合同→施工准备→全面施工→竣工验收。

施工阶段按照"先地下后地上，先主体后围护，先结构后装饰，先土建后设备安装"的原则来确定施工开展程序。

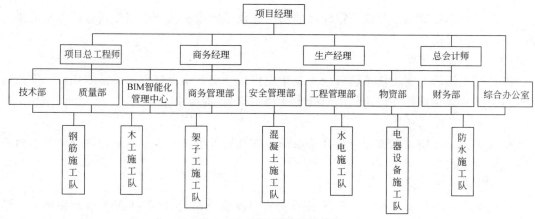

图 5-18 项目部组织机构图

2) 划分施工段

施工段划分既要考虑现浇混凝土工程的模板配置数量、周转次数及每日混凝土的浇筑量,也要考虑工程量的均衡程度和塔式起重机每台班的效率,具体流水段划分如下。

(1) 基础工程:以后浇带为界,分为两个施工段,如图 5-19 所示。

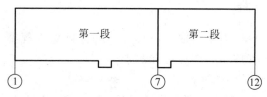

图 5-19 基础工程施工段划分示意

(2) 主体结构工程:同基础工程分为两个施工段。
(3) 屋面工程:不分施工段。
(4) 装饰装修工程:水平方向不划分施工段,竖向划分施工层,一个结构层为一个施工层,即一层一个施工段。

3) 施工起点流向

(1) 基础工程:从第一段开始,按照第一段→第二段的流向进行流水施工。
(2) 主体结构工程:平面上从第一段开始,按照第一段→第二段的流向进行流水施工,竖向从下向上逐层进行流水施工。
(3) 装饰装修工程:本工程由于结构层数少,室内装饰和室外装饰均从顶层开始,自上而下进行施工。

4) 分部分项工程施工顺序

施工段划分既要考虑现浇混凝土工程的模板配置数量、周转次数及每日混凝土的浇筑量,也要考虑工程量的均衡程度和塔式起重机每台班的效率,具体流水段划分如下:

(1) 地下工程的施工顺序(±0.000 以下)

测量放线→基坑降水→土方开挖(穿插土钉墙支护施工)→验槽→基础垫层→砖胎模→垫层防水施工→基础施工→房心回填→地下室施工→地下室外墙防水施工→肥槽回填。

(2) 基础工程

浇筑基础垫层混凝土→砌筑砖胎模→防水层施工→防水保护层施工→绑扎筏板基础及

基础梁钢筋→绑扎框架柱及地下室外墙插筋→支设基础梁模板→浇筑筏板基础及基础梁混凝土→养护→拆模。

(3) 主体结构工程

绑扎柱子钢筋→支设柱子模板→支设梁底模板→绑扎梁钢筋→支设梁侧模板→支设楼板模板→绑扎楼板钢筋→浇筑柱子混凝土→浇筑梁、板混凝土。

(4) 屋面工程

铺设保温层→施工找坡层→抹找平层→涂刷基层处理剂→节点增强处理→防水卷材施工→做防水卷材保护层。

(5) 装饰装修工程

室内装饰工程的施工顺序：砌隔墙→安装门窗框→窗台、踢脚抹灰→楼地面垫层→墙面抹灰→墙面贴砖→吊顶→楼地面铺砖→楼梯间及踏步抹灰→安装门窗扇→顶棚、墙面刮腻子→顶棚、墙面刷涂料→检查整修。

本工程室外装饰工程的施工顺序：外墙抹灰→玻璃幕墙(干挂石材、外墙涂料)→外墙勒脚→台阶→散水。

4. 工程施工的重点、难点分析

(1) 质量标准高

该工程质量目标为合格,力争获取安济杯奖。如何确保工程施工质量达到河北省优质工程标准,是该工程质量管理中一个重点和难点。

(2) 安全管理难度大

如何确保施工现场不出现重大安全伤亡事故,不出现高空坠落、物体打击、重大火灾、爆炸事故,并减少一般事故发生的频率,是该工程安全管理中的难点。

(3) 绿色、环保、文明施工目标高

该工程要创建"省级安全文明施工工地"和"河北省绿色施工示范工程",因此在施工中如何使施工场地减少扬尘,生产、生活用水不污染环境,减少建筑垃圾排放量及减少对周边环境噪声的污染,是该工程施工中的一个重点和难点。

5.9.1.4 主要施工方案

1. 施工测量

测量放线原则：整体控制局部,高精度控制低精度,长边长方向控制短边短方向。

1) 平面控制

(1) 工程定位测量

施工测量流程：场区控制点交接→复核原始控制点→建立场区平面控制网→建立轴线控制网→引测水准点→报规划部门复核。

测量工作实施前与建设单位进行基准控制点(网)书面和现场交接,对建设单位提供的平面和高程控制点(坐标控制点一般不少于3个,高程控制点宜为2个,以方便校核工作)的测量成果资料和现场控制点(网)进行现场复测,复测结果满足误差要求并经各方签字认可后,便可依据此基准控制点向场地内引测并建立场区平面控制网。主轴线控制网依据场区平面控制网采用直角坐标法进行测设。工程定位测量完成后,按照要求填写工程定位测量记录,并组织建设、监理单位复核,通知建设单位报规划部门复核,复核通过后方可进行下一道工序施工。

(2) 控制桩点的设置及保护

根据主轴线控制网,结合工程施工图纸及基坑开挖方案(放坡坡度、开挖深度、基坑底工作面尺寸),放出开挖基坑的上口线、下口线,并撒上白灰,作为土方开挖的依据。将轴线控制桩引至基坑坡顶 1.5m 以外,控制桩为 C20 混凝土墩埋地设置,混凝土墩截面为 400mm×400mm,深度不小于 800mm,中央嵌入 150mm×150mm×10mm 钢板,上刻十字线。桩面上对轴线及高程进行标示,并在桩的周围设置牢固围护设施。

(3) 垫层定位放线

垫层施工完成后需要对建筑物进行准确定位,一般精度控制在 2mm 内即可满足施工要求。将经纬仪架设在基坑边上的轴线控制桩位上,经对中、整平后,后视同一方向桩(轴线标志),将所需的轴线投测到垫层上。针对规则性的建筑物,通常投测的纵、横主轴线各不得少于两条,以此作角度、距离的闭合、校核。然后根据定位的主轴线及图纸细部尺寸定位所有轴线,该步骤完成后通常需要规划院进行核验,确保施工的准确性。

经过以上步骤,一个建筑物的位置即可确定,从而完成了定位。

(4) 轴线传递

为了保证轴线投测的精度,地上各层平面控制主要采用内控法,在各层布设轴线内控制网,采用矩形布置,设置 4 个控制点。先在首层楼板上预埋 100mm×100mm×8mm 厚钢板,在钢板下焊 ϕ12 钢筋,且与首层楼板钢筋焊接浇筑混凝土而成。然后在各层施工浇筑混凝土楼板时,在垂直对应控制点位置预留 200mm×200mm 洞口,以便轴线向上投测,内控点设置时应避开结构梁、墙柱、楼梯等不能留洞的部位,且应通视。内控点间的连线(辅助轴线)与其相对应的轴线平行,至轴线距离为 1000mm。

在首层的内控点上架设激光垂准仪,架设垂准仪时,必须反复进行整平及对中调节,以便提高投测精度。确认无误后,分别在各楼层的楼面上测量孔位置处将激光接收靶放在楼面上定点,再用墨斗线准确地弹一个十字架。十字架的交点为内控点。内控点全部接收完成后,再利用经纬仪和 50m 钢尺对接收点进行角度、距离的复核测量。角度偏差不大于 $5''$,上下层的轴线竖向垂直偏移不得超过 3mm,方可作为该施工层的平面控制网,以此放出其他相应的轴线。施工楼层内控线、主要轴线测放完成后,利用经纬仪、钢尺测放墙、柱、梁边线和控制线以及洞口等细部尺寸线。轴线投测时,测量人员之间用对讲机进行联络。当每一层平面或每段轴线测设完后,必须进行自检,自检合格后及时填写报验单,报验单必须写明层数、部位、报验内容,并附一份报验内容的楼层放线记录表,报监理验线后才进行下道工序。

2) 高程控制

先对建设单位提供的水准点进行复核,确定无误后再在现场布设不少于 8 个点的闭合水准控制网,作为施工高程传递的依据。

(1) 地下高程控制

在向基坑内引测标高时,首先联测高程控制网点,以判断场区内水准点是否被碰动,经联测无误后,方可向基坑内引测所需的标高。

然后根据控制点标高测设槽底控制标高,以防超挖或少挖,标高传递采用悬挂钢尺配合水准仪进行(图 5-20)。将标高控制点引测至不会发生变形、移位、沉降的部位,可标在塔式起重机立面或较稳定位置,用红色三角作标志,并标明绝对高程和相对高程,便于施工中使用。

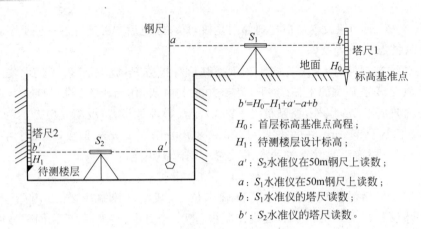

图 5-20 地下工程标高传递示意

(2) 地上高程控制

标高的竖向传递采用悬挂钢尺从施工层至首层起始标高线垂直量取(二层以上各层都要从首层 1000mm 线量取,避免误差累积),用激光测距仪进行复核,当传递高度超过钢尺长度时应在中间层另设一道起始线接力传递。每栋建筑应由 3 处分别向上传递,施工抄平之前,应先检测 3 个传递标高点,当较差小于 3mm 时以其平均点作为标高起测点,否则应重新传递。

柱子钢筋绑扎完后,先将建筑 50 线(或 1m 线)抄测在柱子钢筋上,用红胶带做好标记,作为支模和浇筑混凝土的依据,拆模后再将 50 线抄测在柱子上(可用墨斗弹线设定)。二次结构完成后,用墨斗将 50 线弹在墙体上,作为装修和安装的依据。

3) 变形监测

工程变形监测由建设单位委托具备相应资质的第三方监测单位进行,并由建设单位将监测资料移交项目部归档。施工单位也需在关键施工阶段对建筑物进行必要的沉降观测,观测结果同第三方观测成果及时进行对比。

(1) 沉降观测

建筑物施工阶段的沉降观测应随施工进度及时进行,每增加一层观测一次。当建筑物发生较大沉降、不均匀沉降或出现裂缝时,应立即向工程技术负责人汇报。

沉降观测结束后,应及时整理观测资料,妥善保存,作为该工程技术档案资料的一部分,观测成果应包括:沉降观测成果表;沉降观测点位分布图及各周期沉降展开图;v-t-s(沉降速度、时间、沉降量)曲线图;沉降观测分析报告等。

(2) 基坑边坡变形监测

边坡工程应由设计方提出监测项目和要求,由业主委托有资质的监测单位编制监测方案,监测方案应包括监测项目、监测目的、监测方法、测点布置、监测项目报警值和信息反馈制度等内容,经设计方、监理单位和业主等共同认可后实施。

地下工程施工期间,第三方监测单位应编制基坑监测方案,根据施工进度计划,安排专业人员按照监测方案内容进行基坑监测,应对基坑支护、四周市政道路、地下管线、周边建筑的沉降、倾斜、位移等项目设置观测点进行定期监测,及时掌握基坑变形的具体情况,确保基坑施工安全。监测点应设在相对稳定且便于作业的地方,并设置标志,便于观测和保护。鼓励采用自动化、智能化、信息化的监测手段以提高监测效率,同时提供准确的监测数据和分析报告。

可扫描二维码 5-10 了解某工程施工测量方案。

2. 基坑降水

本工程基底标高为 −6.170m，设计室外地坪标高为 −0.750m，原地下水位 −1.600m，采用管井降水，共设 20 口降水井，2 口观测井，管井井点沿工程基坑周围离边坡上口 1.0m 呈环形布置，管井外露地面 0.3m，埋设深度为 19.7m（含 2m 沉淀管长度）。

1）主要机具设备

管井井点机具设备由井管、潜水泵、排水管和成孔设备等组成。

（1）井管

由滤水管、吸水管和沉淀管 3 部分组成。

① 滤水管采用外径 600mm、壁厚 60mm 的无砂混凝土管，每节长 1m，共计 18m 长。

② 吸水管采用外径为 63mm 的 PVC 管。

③ 沉淀管采用与滤水管同直径混凝土管，长 2m，下端用钢板封底。

（2）潜水泵

采用 QB40-25 型潜水泵，每井一台，另设 2 台备用泵，并配上一个控制井内水位的自动开关，在井口安装阀门，以便调节流量的大小，阀门用夹板固定。

（3）排水管

地面铺设排水管，采用外径为 150mm 的 PVC 管，与附近市政污水管网接通。

（4）成孔设备

采用 4 套 CZ-22 型冲击钻机及配套卷扬机等。

2）施工工艺流程

井点测量定位→挖井口、安护筒→钻机就位→钻孔→清孔→回填井底砂垫层→安放井管→回填井管与孔壁间的砂砾过滤层→洗井→安装抽水设备→布设排水管→试抽水→降水井正常工作→降水完毕拔出井管→封井。

可扫描二维码 5-11 进一步了解管井井点降水计算及具体施工工艺。

3. 基坑支护

依据本工程施工图纸、岩土工程勘察报告，结合施工现场周边环境条件等资料，经过多方案比选，确定采用土钉墙支护。

1）土钉墙构造

土钉墙坡度设计为 1∶0.3；土钉采用 HRB400 级钢筋，直径为 32mm；水平间距 S_x 为 1.5m，竖向间距 S_y 为 1.2m；土钉与水平面夹角为 15°。钻孔直径为 120mm；注浆用干混水泥砂浆强度等级为 DSM25。面层厚度设计为 100mm，喷射混凝土强度等级为 C20。面层中应配置钢筋网和通长的加强钢筋，钢筋网采用 HPB300 级钢筋，直径为 8mm，间距为 200mm，坡面上下段钢筋网搭接长度应大于 300mm；加强筋选用 HRB400 级钢筋，直径 20mm。第 1 层土钉长 7.5m，第 2 层和第 3 层土钉长 7m，第 4 层土钉长 6m，第 1 层土钉距地面 1.0m。

2）土钉墙施工工艺

（1）修整坡面

土方应分层分段开挖，每层开挖深度与土钉竖向间距一致，开挖标高为土钉位置下

300mm 左右。每层土开挖后应修整坡面,去除突出土体,压实表面松动土体,确保喷射混凝土面层的平整。

(2) 钻机就位

平整作业面范围场地,吊入钻机就位,钻机下应垫枕木,保证其平整度。采用罗盘测量钻杆角度,控制误差在±2°以内。钻机安装要求牢固,施工中不得产生移位现象。

(3) 初喷底层混凝土

喷射顺序应自上而下,喷头与受喷面距离控制在 1.0m 左右,喷射方向垂直喷射面,一次喷射厚度 50mm,喷射混凝土适当加入速凝剂以提高混凝土的凝结速度,防止混凝土塌落。

(4) 钻孔、注浆

钻孔前,应根据设计要求定出孔位并做好标记及编号。采用专业钻机,对准孔位徐徐钻进,待达到一定深度且土层较稳定时,方可以正常速度钻进。钻孔位置、孔深、孔径及钻孔倾角均应满足设计要求。

为防止塌孔,本工程采用边钻进边注浆的成孔施工工艺。采用压力泵进行注浆,浆液配合比和注浆压力需按设计要求控制。将水泥浆管与钻机动力头接口连接好,并在孔口设置止浆塞。在钻孔过程中,水泥浆液经空心钻杆进入孔内对锚孔进行护壁,钻到要求深度后,边注浆边将钻杆缓慢均匀拔出。

(5) 放置土钉钢筋

注浆完成后将土钉钢筋穿入孔内,为使土钉钢筋居中,每隔 2.0m 设置一个钢筋船形中心定位架。

(6) 绑扎钢筋网

钢筋网应随土钉分层施工、逐层铺设绑扎,钢筋与坡面的间隙应大于 20mm。钢筋网可采用绑扎固定,钢筋连接宜采用搭接焊,焊缝长度不应小于钢筋直径的 10 倍。钢筋网应延伸至地表面,坡顶翻边 1.2m。

(7) 安装泄水孔

在土钉墙面层背部插入长度为 500mm、直径不小于 40mm 的水平(略朝下)泄水管,其外端伸出面层,排水管间距为 2m,以便将喷射混凝土面层后的土层内部的积水排出。

(8) 喷射混凝土

钢筋网、土钉验收合格后开始喷射混凝土,喷头与土钉墙墙面应保持垂直,其距离宜为 0.8~1.0m。喷射作业应分段分片依次进行,同一分段内喷射顺序应自下而上均匀喷射。本工程混凝土面层分两层喷射,每层厚 50mm。前一层混凝土终凝后方可喷射后一层混凝土,搭接宽度不小于 2 倍厚度,接缝应错开。喷射混凝土终凝 2h 后应及时喷水养护,保持混凝土表面湿润。

可扫描二维码 5-12 了解土钉墙支护施工方案。

5-12

4. 土方开挖

本工程基底标高为 -6.170m,设计室外地坪标高为 -0.7500m,基坑开挖深度为 5.42m。因为采用土钉墙支护,所以采用岛式开挖方法。基坑土方开挖应与土钉墙支护施工密切配合,现场设专人负责挖方与护坡施工的协调。

1) 土钉墙工作面开挖

(1) 先沿基坑四边采用反铲挖土机开挖一条宽度为 6m 的沟槽,作为土钉墙施工的工作面。应分层分段开挖,每段长度10m。竖向分4层开挖,每层开挖深度为1.3m,接近坑底留220mm进行人工清底,防止机械超挖扰动地基土。

(2) 土方运输是关键,应合理布置现场道路和出入口。先施工坡道口处土钉,同时另设一个6m的汽车临时通道,待坡道口处土钉墙施工完毕回填后作为汽车运土的正式通道。

(3) 每层土方随挖随做护坡,为确保工程质量,开挖后应及时封闭临空面,应在24h内完成土钉安设和喷射混凝土面层。

(4) 上一层土钉完成注浆后,间隔48h,且待面层混凝土强度达到设计要求后,方可进行下一层土方的开挖。

(5) 为防止超挖或松动边壁土体,基坑边壁采用人工用铁锹切削修坡,保证边壁平整并符合设计规定的坡度。

2) 中心岛土方机械开挖与人工清理

(1) 最后一排土钉完工,质量验收合格后便可开挖中心岛土方。采用2台反铲挖土机,沿竖向分两层开挖,并设一宽度4m、坡度1∶6的坡道供车辆上下基坑,最后用反铲随挖随将坡道清除。

(2) 土方开挖随挖随运,留下回填土后的余土配10辆自卸汽车外运,弃土于建设单位指定的堆场。运输中车斗必须覆盖,避免遗撒。土方运输车辆出场前应进行清扫,现场大门处设置洗车机,洗车污水应经沉淀池沉淀后排出,土方施工期间指派专人负责现场大门外土方开挖影响区的清理。

(3) 基坑底周边设排水沟,排水沟与基坑边壁的距离不得小于0.5m;基坑四角设300mm×300mm×300mm集水坑,集水坑周边采用120mm厚MU10红砖,DMM5干混砂浆砌筑护边,基础施工期间每个集水坑设一台水泵排地表水。

(4) 土方开挖至距垫层底设计标高300mm时复核开挖深度,确定其正确后由人工继续开挖至垫层底标高时及时会同建设、设计、监理、质量监管部门验槽;签字确认后及时浇筑垫层混凝土,避免雨水、地表水浸泡土质发生变化。

(5) 基坑四周应设1.2m高防护栏杆,并用砖砌筑挡水堤坝或设置截水沟。基坑上口1.5m范围内不准堆载;人员上下基坑应设安全通道。

5. 钢筋工程

本工程所用钢筋主要有HPB300和HRB400两种。

本工程筏板基础钢筋、框架柱竖向受力钢筋及框架梁中直径大于或等于16mm的纵向钢筋接长采用剥肋滚压直螺纹机械连接(Ⅱ级接头),其余钢筋连接均采用绑扎方式。

1) 钢筋进场检验及加工要求

每批钢筋进场,必须检查钢筋出厂合格证、检测报告、钢筋标识牌、钢筋上的标识,钢筋外观质量,并随机按规范要求抽样检验,合格后方可使用。

本工程所用钢筋全部在现场集中加工,钢筋加工厂根据每月的供料计划表负责加工、供货。钢筋配料前,配料工长应该在阅读图纸、标准图集、图纸会审、设计变更、施工方案、规范等以后认真核对钢筋构件配料单,认定配料单钢筋尺寸无误后下达配料令,由配料员在现场钢筋车间内完成配料。钢筋下料采用新型钢筋锯切机,保证钢筋端头截面与钢筋轴线垂直、不翘曲。钢筋加工后的形状尺寸、规格等应符合设计及规范要求,钢筋表面洁净、无损伤、无油渍和铁锈等。

2）钢筋绑扎施工要点

钢筋绑扎前，项目工长根据钢筋绑扎施工方案及设计要求进行详细的技术交底，钢筋作业人员、现场工长、技术员、质量检查员应全面熟悉图纸，并对照图纸及配料单检查钢筋品种、规格、尺寸及使用部位，全部符合要求后，方可进行钢筋的绑扎施工。

钢筋绑扎时锚固长度、搭接接头长度，严格按国家现行施工验收规范及设计要求进行。

每次浇完混凝土，绑扎钢筋前清理干净钢筋上的杂物；检查预埋件的位置、尺寸、大小并调校；水、电、通风预留、预埋应与土建协商，不得随意断筋，要焊接必须增设附加筋，严禁与结构主筋焊接。

（1）筏板基础钢筋绑扎

本工程筏板钢筋均为双层双向，采用人工绑扎方式安装。

① 筏板钢筋绑扎流程：划钢筋位置线→绑扎下铁下层钢筋→绑扎下铁上层钢筋→绑扎地梁钢筋→绑扎上铁下层钢筋→绑扎上铁上层钢筋→绑扎暗柱插筋→绑扎墙体插筋。

② 绑扎要点。基础底板钢筋网四周两行钢筋交叉点每点绑扎，中间部位可间隔交错绑扎，相邻绑扎点铁丝扣成八字形，以免受力滑移。为确保底板上下层钢筋之间距离，在上下层钢筋之间梅花形布置马凳（$\phi16$ 钢筋制成）固定，间距 1000mm。在浇筑混凝土时，需搭设马道，禁止直接踩踏在钢筋上。可扫描二维码 5-13 观看视频了解某工程在施工筏板基础钢筋时操作不当而造成的安全事故及具体原因。

5-13

（2）框架柱钢筋绑扎

① 绑扎流程：钢筋修整、清理→套柱箍筋→竖向受力钢筋连接→钢筋定距框、限位箍筋设置→画箍筋间距线→绑扎箍筋→安装垫块。

② 绑扎要点。计算好每根柱箍筋数量，从上往下套箍筋，柱子竖向受力钢筋采用剥肋滚压直螺纹套筒进行连接。在柱上口设置柱定距框（固定钢筋的位置，可周转使用），并且在柱上口设置 1~2 道柱限位箍筋，定距框、限位箍筋要与柱主筋绑扎牢固。在立好的柱子竖向钢筋上，按图纸要求用粉笔自混凝土面 50mm 起画箍筋间距线，当分档排到直螺纹套筒上时，采用上下加密方法避开箍筋设置在套筒上。按已画好的箍筋位置线，将已套好的箍筋往上移动，由上往下绑扎；箍筋弯钩应交错布置在四角上，绑扣相互间成八字形。最后将定制的塑料垫块卡在柱外侧竖筋上，竖向间距 1000mm，水平间距 400mm，采用梅花形布置，确保柱筋保护层厚度。

（3）框架梁钢筋绑扎

① 绑扎流程。正常施工顺序是：支梁底模→绑扎框架梁钢筋→支梁侧模→支楼板模板→绑扎楼板钢筋→浇筑梁板混凝土。但为了加快进度，避免木工窝工，降低成本，可以先支设梁板模板，后绑扎梁板钢筋，这种施工顺序增加梁筋绑扎难度，尤其使得梁柱节点处钢筋位置不好处理，一般只用于次梁或梁高较小的梁。

梁钢筋的绑扎与模板安装之间的配合关系有以下两种方式：

A．梁的高度较大（$\geqslant1.2m$）时，梁的钢筋宜在梁底模上绑扎，其两侧模或一侧模后装。

这种方式钢筋绑扎流程：梁上方的板模上放置辅助横杆→将主梁上部通长筋放置在横杆上→在通长筋上（或侧模上）用粉笔画好箍筋间距线→套入箍筋→穿入主梁上部支座负筋、架立筋→穿入主梁下部纵向钢筋及腰筋（梁的侧面构造筋或扭筋俗称腰筋）→按画好的间距绑扎箍筋→绑扎腰筋拉筋→安放梁底和侧面垫块→绑扎次梁钢筋(工艺顺序同主梁)→拆除辅助横杆,将主次梁钢筋落入模板中。

B. 梁的高度较小时,梁的钢筋架空在梁顶上绑扎,然后再落位。

这种方式钢筋绑扎流程:在梁底模板上安放主梁下部纵向受力钢筋→安放次梁的下部纵向受力钢筋→绑扎梁柱节点处箍筋→在主次梁下部纵向钢筋上(或底模上)用粉笔画好箍筋间距线→套入主次梁箍筋→穿入主次梁腰筋→安放主梁上部支座负筋、架立筋、通长筋→按画好的间距绑扎主梁箍筋→安放次梁上部钢筋→绑扎次梁箍筋→绑扎腰筋拉筋→安放梁底和侧面垫块。

② 绑扎要点。板、次梁与主梁交叉处,板的钢筋在上,次梁的钢筋居中,主梁的钢筋在下。梁端第一个箍筋应在距支座边缘 50mm 处,箍筋的弯钩,在梁中应错开绑扎。当梁主筋为双排或多排时,各排主筋间的净距不应小于 25mm,且不小于主筋的直径;现场可用短钢筋垫在两排主筋之间,控制其间距,短钢筋方向与主筋垂直。

(4) 楼板钢筋绑扎

① 绑扎流程:在楼板模板上弹板筋位置线→绑扎下铁下层钢筋→绑扎下铁上层钢筋→安放垫块和马凳→拉通线绑扎上铁下层钢筋→拉通线绑扎上铁上层钢筋。

② 绑扎要点。对于单向板钢筋,除靠近外围两行钢筋的相交点全部扎牢外,中间部分交叉点可间隔交错绑扎牢固;双向板钢筋,必须全部扎牢。相邻绑扎扣应成八字形,防止钢筋变形。板底层钢筋绑扎完,穿插预留预埋管线的施工,然后绑扎上层钢筋。无特别注明,板下铁先摆放短向钢筋,后长向钢筋;上铁则先摆长向钢筋,后短向钢筋。预埋件、电线管、预留孔等及时配合安装,应防止电线管将钢筋抬起或压下。小于 300mm 的洞,板钢筋可从洞边绕过;大于 300mm 的洞,板筋断开,并按图纸要求加筋补强。板下层钢筋网片边绑扎边垫塑料垫块,间距 600mm,梅花形布置;上下层钢筋之间采用几字形马凳支撑,马凳用 $\phi 8$ 钢筋加工制作,间距 1m,梅花形布置。

可扫描二维码 5-14 了解地下室外墙构造及现场绑扎要求。

3) 钢筋机械连接施工要点

本工程筏板基础钢筋、框架柱竖向受力钢筋及框架梁中直径≥16mm 的纵向钢筋接长采用剥肋滚压直螺纹机械连接。

滚压钢筋直螺纹时,采用水溶性切削润滑液,不得用机油作切削润滑液或不加润滑液滚压丝头。套丝完成后,要求用牙形规、环规逐个检查钢筋丝头的加工质量。自检合格的丝头,端头拧上塑料保护帽。

连接钢筋前,将端头保护帽拧下,露出丝扣,并将丝扣上的水泥浆等污物清理干净。用力矩扳手按规定力矩值将钢筋接头拧紧,直至扳手在调定的力矩值发出响声,并画上油漆标记,以防钢筋接头漏拧。可扫描二维码 5-15 进一步了解钢筋机械连接相关知识。

6. 模板工程

1) 模板选型

筏板基础采用砖胎模,墙厚 240mm,砌筑高度自垫层上表面至基础顶面标高,砖墙沿长度方向每隔 3m 设置墙垛一道,且在筏板基础四个转角处另增设墙垛。为保证砖胎模在底板混凝土浇筑时不移位,浇筑底板混凝土前,将砌筑砖胎模高度外侧回填级配砂石,按设计要求夯填密实。

框架梁、柱采用 15mm 厚双面覆膜胶合板模板,次楞采用 40mm×80mm 木方,主楞和柱箍采用 100mm×50mm×3mm 方钢管。

楼板采用 15mm 厚塑料模板,40mm×80mm 木方次楞和 80mm×80mm 木方主楞,支撑体系采用扣件式钢管满堂支撑架。

2) 模板体系安装流程

(1) 柱子模板

测量放线→搭设脚手架→沿模板边缘贴密封条→安装柱模板→安装柱箍→校正柱子方正、垂直度和位置→紧固对拉螺栓→安装斜撑。

(2) 梁模板

测量放线→搭设脚手架→安装梁底模→梁模起拱→绑扎钢筋与垫块→安装两侧模板→固定梁夹具→检查校正。

(3) 楼板模板

测量放线→搭设扣件式钢管脚手架→安装 U 形螺杆→安装主龙骨→安装次龙骨→调整楼板模标高及起拱→铺放楼板模板→检查模板标高、平整度、支撑牢固情况。

3) 模板体系安装要点

(1) 模板支架搭设所采用的钢管、扣件规格,应符合设计要求。扣件式钢管满堂支撑架的立杆纵距、横距、支架步距以及构造要求,应符合专项施工方案要求。立杆纵距、横距不应大于 1.5m,支架步距不应大于 2.0m。

(2) 上、下楼层模板支架的立杆宜对准,模板及支架杆件等应分散堆放。后浇带的模板及支架应独立设置。

(3) 跨度不小于 4m 的梁、板模板施工起拱高度宜为梁、板跨度的 1/1000~3/1000,起拱不得减少构件的截面高度。

(4) 模板安装应保证混凝土结构构件各部分形状、尺寸和相对位置准确,面板拼缝应严密,阴阳角处模板海绵条要粘贴到位,防止漏浆。

(5) 所有对拉螺栓必须拧双螺母,螺栓必须紧固。一般区域可以利用 PVC 管回收对拉螺栓,地下室外墙和人防区域必须使用带止水片的对拉螺栓,止水片应与对拉螺栓环焊。

(6) 模板安装应与钢筋安装配合进行,梁柱节点的模板宜在钢筋安装后进行。合模之前,用气泵将模内杂物清理干净。

(7) 模板体系搭设完以后,施工管理人员及监理工程师应严格按规范要求进行检验,达到规范及设计要求,签证同意后才能进行下道工序。

4) 模板体系拆除要点

(1) 模板体系拆除应按照先支后拆、后支先拆,先拆非承重模板、后拆承重模板的顺序,并应从上而下进行拆除。

(2) 底模及支架应在混凝土强度达到规范或设计要求后再拆除,侧模应在混凝土强度能保证其表面及棱角不受损伤时方可拆除。

(3) 拆下的模板及支架杆件不得抛掷,应分散堆放在指定地点,并应及时清运。

可扫描二维码 5-16 了解模板工程安全专项施工方案实例。

5-16

7. 混凝土工程

(1) 浇筑前的准备工作

本工程采用商品混凝土泵送浇筑方式，在混凝土浇筑前要做好充分的准备工作，技术人员根据专项施工方案进行技术交底；生产人员检查机具、材料准备，保证水电的供应；检查和控制模板、钢筋、保护层、预埋件、预留洞等的尺寸、规格、数量和位置，其偏差值应符合现行国家标准规定；检查安全设施、劳动力配备是否妥当，能否满足浇筑速度要求。严格执行混凝土浇灌令制度，请建设单位、监理人员进行隐蔽验收，填好隐蔽验收记录。填写混凝土搅拌通知单，通知搅拌站所要浇筑混凝土的强度等级、配合比、搅拌量、浇筑时间。

要掌握天气季节变化情况，避免雷雨天浇筑混凝土；应提前准备好水泵、塑料布、雨披以防雨。可事先与水、电供应部门取得联系，应保证现场水、电、照明不中断，检修好发电机并备足柴油。

（2）混凝土运输、浇筑施工要点

混凝土运输、输送、浇筑过程中严禁加水，散落的混凝土严禁用于混凝土结构构件的浇筑。混凝土拌和物运到浇筑地点后，按规定检查混凝土坍落度，做好记录，并应立即浇筑入模。混凝土应布料均衡，应对模板及支架进行观察和维护，发生异常情况应及时进行处理。混凝土浇筑和振捣应采取防止模板、钢筋、钢构、预埋件及其定位件移位的措施。

（3）大体积混凝土施工

本工程筏板基础厚 1000mm，应按大体积混凝土施工，必须采取各种措施控制内外温差不超过 25℃，避免温度裂缝的出现。利用汽车泵浇筑混凝土，采用斜面分层浇筑方案，即一次从底浇到顶，自然流淌形成斜面的浇筑方法。利用插入式振动器振捣，应严格控制振捣时间、振动点间距和插入深度。每隔半小时，对已浇筑的混凝土进行一次重复振捣，以排除混凝土因泌水在粗骨料、水平筋下部生成的水分和空隙，增强密实度，提高抗裂性。浇筑成型后的混凝土表面水泥砂浆较厚，应按设计标高用刮尺刮平，初凝前用木抹子抹平、压实，以闭合收水裂缝。浇筑完毕 12h 内采用浇水覆盖塑料薄膜进行养护，养护时间不少于 14d。可扫描二维码 5-17 观看视频，了解河南信阳 CAZ 金融服务中心大体积混凝土浇筑现场施工情况；也可扫描二维码 5-18，了解上海北外滩 91 号街坊项目施工新技术，扫描二维码 5-19 观看视频，进一步了解该项目超深超厚基础底板工地现场施工组织情况。

5-17

（4）梁柱节点处混凝土施工

梁柱接头节点处混凝土浇筑应"先高后低"，即先浇筑高强度等级混凝土，后浇筑低强度等级混凝土，严格控制高强度混凝土初凝前浇筑低强度混凝土。梁柱不同强度等级混凝土采用快易收口网分隔，在两侧模板安装前绑扎完成。

5-18

（5）施工缝和后浇带留设及处理

施工缝和后浇带应留设在结构受剪力较小且便于施工的位置，且应符合规范规定。受力复杂的结构构件、特殊结构部位或有防水抗渗要求的结构构件，施工缝留设位置应经设计单位确认，后浇带留设位置应符合设计要求。施工缝、后浇带留设界面，应垂直于结构构件和纵向受力钢筋。结合面应采用粗糙面，清除浮浆、疏松石子、软弱混凝土层，清理干净后再浇筑混凝土，并细致捣实，使新旧混凝土紧密结合。

5-19

8. 脚手架工程

（1）脚手架方案选择

结合工程结构形式，建筑高度及实际施工特点，本着经济合理、安全实用的原则，经过多方案比选，本工程外架采用全高全封闭的双排落地式钢管脚手架。此架为一架三用，既用于结构施工和外装修施工,同时兼作安全防护架。内墙砌筑采用折叠式里脚手架;室内装修采用支柱式里脚手架及可移动的门式里脚手架。此处主要介绍双排落地式外脚手架。

本工程双排落地式外脚手架,采用 $\phi 48.3mm \times 3.6mm$ 扣件式钢管搭设;内排立杆离外墙0.3m,横距为1.05m,纵距为1.5m,步距为1.5m。地下室及一层双排脚手架,在基坑里面搭设。一层主体结构施工完,且地下室外墙防水完成后,拆除落地式脚手架,进行肥槽回填,采用三七灰土分层回填,利用蛙式打夯机分层夯实,夯实之后,浇筑100mm厚C20混凝土垫层并在垫层周边设置排水沟,二次搭设双排落地式脚手架。立杆底部设置厚度50mm,宽度200mm,长度不小于两跨的木垫板。

(2) 双排落地式外脚手架搭设流程

弹线、立杆定位→铺设通长木垫板→摆放纵向扫地杆→逐根竖立立杆,随即与纵向扫地杆扣紧→搭设横向扫地杆,并在紧靠纵向扫地杆下方处与立杆扣紧→搭设第1步纵向水平杆,并与立杆扣紧→搭设第1步横向水平杆,并与纵向水平杆扣紧→搭设第2步纵向水平杆→搭设第2步横向水平杆→搭设临时抛撑→搭设第3步、第4步纵向水平杆和横向水平杆→固定连墙件→接长立杆→搭设剪刀撑→铺脚手板→搭设防护栏杆→挂安全网。

(3) 脚手架搭设施工要点

① 脚手架搭设前,应根据工程特点编制脚手架安全专项施工方案,并应经审批后实施。搭设前,应向施工现场管理人员及作业人员进行安全技术交底。

② 脚手架材料与构配件在使用周期内,应及时检查、分类、维护、保养,对不合格品应及时报废,并应形成文件记录。

③ 脚手架作业层外边缘应设置防护栏杆和挡脚板,作业脚手架底层脚手板应采取封闭措施,沿所施工建筑物每3层或高度不大于10m处应设置一层水平防护。作业层外侧应采用安全网封闭,当采用密目安全网封闭时,密目安全网应满足阻燃要求。

④ 连墙件的水平间距不得超过3跨,竖向间距不得超过3步,连墙件之上架体的悬臂高度不应超过2步。

⑤ 脚手架的搭设应与主体结构工程施工同步,一次搭设高度不应超过最上层连墙件2步,且自由高度不应大于4m。剪刀撑、斜撑杆、连墙件等杆件应随架体同步搭设。

⑥ 严禁将支撑脚手架、缆风绳、混凝土输送泵管、卸料平台及大型设备的支承件等固定在作业脚手架上。严禁在作业脚手架上悬挂起重设备。

(4) 脚手架拆除要点

① 脚手架拆除应按专项方案施工,拆除前应对施工人员进行交底;应清除脚手架上杂物及地面障碍物。架体拆除作业应统一组织,并应设专人指挥,不得交叉作业。

② 架体拆除应按自上而下顺序按步、逐层进行,不应上下同时作业,同层杆件和构配件应按先外后内的顺序拆除。

③ 剪刀撑、斜撑杆等加固杆件应在拆卸至该部位杆件时拆除。连墙件应随架体逐层、同步拆除,不得先将连墙件整层或数层拆除后再拆架体;当架体悬臂段高度超过2步时,应加设临时拉结。

④ 严禁高空抛掷拆除后的脚手架材料与构配件。

脚手架构造要求及安全管理规定等详见《建筑施工扣件式钢管脚手架安全技术标准》(T/CECS 699—2020)、《建筑施工脚手架安全技术统一标准》(GB 51210—2016)、《施工脚手架通用规范》(GB 55023—2022)等规范及标准。

可扫描二维码 5-20,了解普通型钢悬挑脚手架工程安全专项施工方案实例;扫描二维码 5-21,了解花篮式悬挑脚手架工程安全专项施工方案实例。

9. 砌筑工程

本工程地下室外墙为 250mm 厚钢筋混凝土剪力墙,抗渗等级为 P8;内墙采用 DMM10 干混砂浆砌筑 200mm 厚混凝土小型空心砌块,地面以下直接与土接触地方为 MU20 粉煤灰混凝土实心砖墙。地上外墙采用 AAC 专用黏结剂砌筑 300mm 厚蒸压轻质砂加气混凝土砌块(AAC 自保温砌块),内墙采用 DMM5.0 干混砂浆砌筑 100mm/200mm 厚蒸压加气混凝土砌块墙。

填充墙砌筑要点:

(1)《砌体结构工程施工质量验收规范》(GB 50203—2011)9.1.9 条规定:填充墙砌体砌筑,应待承重主体结构检验批验收合格后进行。填充墙与承重主体结构间的空(缝)隙部位施工,应在填充墙砌筑 14d 后进行。

本工程填充墙砌至接近框架梁底时,应留一定空隙,待砌体沉实,至少间隔 14d 后,按楼层从上到下,用楔形砌块将其补砌挤紧。

(2) 在墙体转角,不同厚度墙体交接处,宽度大于 2000mm 的门窗洞口两侧及悬臂墙端部均应设置构造柱,构造柱尺寸为墙厚×250mm,配筋为 4ϕ12,箍筋为 ϕ6@250。砌墙时,构造柱与墙体连接处应加拉筋,构造柱与梁板连接处应设插筋,插筋构造做法详见《砌体填充墙结构构造》(22G614-1)图集。

(3) 宽度小于或等于 2000mm 的门窗洞口两侧设置混凝土抱框柱,其顶部为钢筋混凝土过梁,窗下部设置 50mm 厚钢筋混凝土压顶,配 2ϕ6 钢筋。

(4) 填充墙长度大于 5m 时,墙顶与梁板设 1ϕ12@1000 钢筋拉接。填充墙长度大于 5m 或大于层高的 2 倍时,沿墙长中间部位应设置 240mm×墙宽的构造柱。

(5) 砌体填充墙高度大于 4m 时,墙体半高处或门洞上皮设置与柱连接且沿墙全长贯通的钢筋混凝土水平系梁,高 240mm,宽同墙厚,间距不大于 2m。

(6) 填充墙应沿框架柱全高每隔 500mm 左右(砌体皮数的倍数),设置 2ϕ6 沿墙全长贯通的拉结筋。

(7) 在厨房、卫生间等有水房间采用蒸压加气混凝土砌块砌筑墙体时,墙体底部宜现浇 150mm 高混凝土坎台。

10. 屋面工程

本工程屋面为平屋面,屋面工程施工顺序:保温层→找坡层→找平层→防水层→保护层。

1) 屋面保温层、找坡层及找平层施工要点

保温层采用 100mm 厚聚苯板,铺设前应先将接触面清扫干净,板块应紧贴基层,铺平垫稳,板缝用保温板碎屑填充,保持相邻板缝高度一致。不得在铺设完的保温板上面堆放重物,严禁人员和运输车辆在上面行走。

随后浇筑 LC5.0 轻骨料混凝土找坡层,最薄处 30mm 厚,找 2% 坡。根据墙上的 50cm 控制线,往下量测出找坡层最高标高并弹在四周墙上,按设计要求的坡度找出最高和最低点后,拉小线抹出成坡度的灰饼,以便控制表面标高。铺设轻骨料混凝土时,随铺随压,用大刮杠刮平,再用铁抹子压密实。

抹水泥砂浆找平层,每间隔 4m 设分格缝,并做到表面无开裂、疏松、起砂、起皮现象,找

平层必须干燥后方可铺设卷材防水层。

2) 屋面防水层施工要点

本工程屋面防水等级为Ⅰ级，防水层采用两道设防，第1道防水层为1.5mm厚白色高强度聚合物水泥防水涂料，第2道防水层为1.2mm厚丁基自粘TPO防水卷材。

(1) 防水涂料施工要点

工艺流程：基层处理→节点附加增强处理→制备防水涂料→刮涂第1遍涂料→刮涂第2遍涂料→验收。

防水层的基层应坚实、平整、干净、干燥，无孔隙、起砂和裂缝。涂膜施工应先做好细部处理，再进行大面积刮涂。先在水落口、女儿墙泛水槽、变形缝和伸出屋面管道根部铺贴胎体增强材料，宜边涂布边铺贴胎体材料，胎体应铺贴平整，排除气泡，并应与涂料黏结牢固，涂料应浸透胎体。屋面转角及立面的涂膜应薄涂多遍，不得流淌和堆积。

防水涂料应分2遍刮涂，并应待前一遍涂布的涂料干燥成膜后，再涂布后一遍涂料，且前后2遍涂料的涂布方向应相互垂直。涂膜防水层完成并验收合格后再进行防水卷材施工。

(2) 防水卷材施工

工艺流程：基层表面清理、修补→喷、涂基层处理剂→节点附加增强处理→定位、弹线、试铺→铺贴卷材→收头处理、节点密封→清理、检查、修整→保护层施工。

在基层表面均匀涂刷基层处理剂，干燥后应及时铺贴卷材。

低温施工时，宜采用热风对基面及卷材表面加热，不得采用明火加热。施工时，先做好节点、附加层和排水比较集中部位的处理，然后由屋面最低标高处向上施工。

铺贴卷材时应将自粘胶底面的隔离纸完全撕净，应排除卷材下面的空气，并应辊压粘贴牢固。铺贴的卷材应平整顺直，不得扭曲、褶皱。防水层的铺贴方法、搭接宽度应符合规范标准要求，搭接缝口可采用热风机加热封严或采用材性相容的密封材料进行处理。

3) 蓄水试验

防水层做完后，应进行蓄水试验，检查屋面有无渗漏。蓄水试验时间不少于24h，蓄水深度以水面高出屋面找坡最高点20mm为宜。确认屋面不渗漏水，方可进行保护层施工。

11. 垂直运输工程

基础和主体施工阶段，安装1台型号为TC7015臂长60m的附着式塔式起重机，主要吊运钢筋、模板、脚手管等材料，塔式起重机可以覆盖整个施工区域，保证现场垂直运输和水平运输。装饰装修阶段安装1台SC200/200型双笼施工电梯，主要用于人员上下以及运送室内装饰材料。塔式起重机及施工电梯安装、拆卸由专业公司负责，其位置见施工平面布置图。基础施工阶段，设置2台HBT80.13.130RS混凝土汽车泵，主体施工阶段，采用1台同型号汽车泵进行混凝土运输。另外，设置1台HS-150I砂浆泵进行砂浆运输。可扫描二维码5-22了解垂直运输工程施工方案实例。

5-22

5.9.1.5 施工进度计划

(1) 计划工期

根据建设单位的要求，该工程计划2023年3月1日开工，2023年10月31日竣工，计划工期为245日历天。

(2) 施工进度计划

本工程各项工作日期安排，详见实施性施工进度计划横道图如图5-21所示。

本工程控制性施工进度计划网络图如图5-22所示。

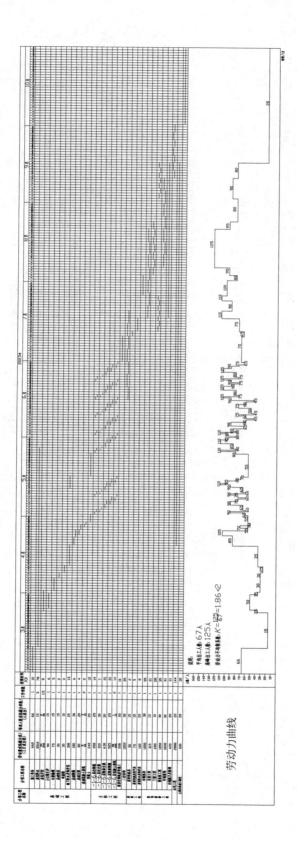

图 5-21 某公司办公楼工程控制性施工进度计划横道图（见文后插页）

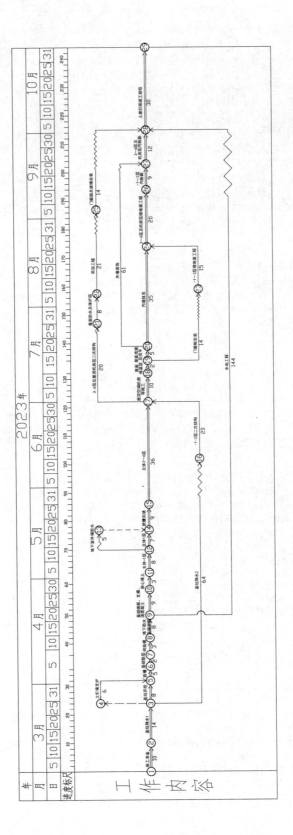

图 5-22 某公司办公楼工程控制性施工进度计划网络图

5.9.1.6 施工准备与资源配置计划

1. 施工准备

（1）技术准备

组织施工管理人员认真熟悉图纸，做好图纸会审和设计交底工作。完善施工组织设计和各分部分项工程施工方案。对新技术、新工艺、特殊工种工程，要做好技术上的准备和人员培训工作。

（2）施工现场准备

清理现场障碍物，做好"四通一平"工作，做好施工场地的控制网测量与放线工作，搭设临时设施，布置好临时供水、供电管网和排水、排污管线以及临时道路等。

本工程水源由甲方提供，直接引入加压泵房。经过西侧泵房加压后，分别引出DN100、DN75和DN50供水主干管；DN75、DN50干管分别满足现场施工用水和生活区用水；DN100干管围绕施工现场敷设，形成环路，主要满足现场临时消防用水。给水管道采用镀锌钢管和饮用水PVC管，污水排水管道采用铸铁排水管、PVC管，室外部分埋地敷设，埋深≥2m，室内部分沿墙壁明装。

所有临时建筑及建筑物周边、路的边缘均设临时排水沟，深度大于300mm，泄水坡度大于2‰。在卫生间外设化粪池，在食堂外设隔油池满足卫生及环保要求。施工现场全部用C15混凝土覆盖，地面设3‰的坡度并朝向排水沟。施工废水及生活污水经沉淀池处理后排入城市的下水道。

现场临时道路宽度6m，入口处8m宽，浇筑200mm厚C30混凝土，根据现场实际特点环形布置。现场设两座出入口大门，门宽8m，在出入口处设洗车台，并与沉淀池相连。

2. 资源配置计划

（1）劳动力配置计划

为确保本工程顺利完成，劳动力随施工进度提前安排，并提前安排专业人员培训教育。各专业技工和壮工人数合理搭配，保证施工生产高效、有序。

各专业队伍的劳动力配置计划见表5-23。

表5-23 主要劳动力配置计划　　　　　　　　　　　　　　　单位：人

工种	施工阶段				
	施工准备	基础工程	主体工程	装饰装修工程	收尾阶段
测量工	4	4	4	4	2
塔式起重机司机	—	2	2	—	—
信号工	—	2	2	—	—
司索工	—	2	2	—	—
电梯司机	—	—	4	4	—
木工	10	20	30	20	4
钢筋工	5	30	25	10	2
混凝土工	5	15	15	10	2

续表

工种	施工阶段				
	施工准备	基础工程	主体工程	装饰装修工程	收尾阶段
架子工	5	5	15	15	2
砌筑工	10	10	30	30	2
防水工	2	10	10	20	1
电焊工	4	5	5	10	2
抹灰工	5	5	5	30	1
装饰工	5	5	5	30	2
外墙工	—	—	10	30	5
电工	—	5	10	10	2
水工	2	3	10	10	2
消防工	—	6	10	10	2
暖通工	—	—	5	10	2
普工	5	10	10	10	5
保安	4	4	4	4	4
总计	66	143	213	267	42

（2）施工机具、设备配置计划

本工程主要施工机具、设备详见表 5-24。

表 5-24 主要施工机具、设备

序号	设备名称	型号规格	数量	额定功率/kW	备注
1	塔式起重机	TC7015	1	90	60m 臂长
2	施工电梯	SC200/200	1	66	每个吊笼载重 2t
3	旋挖钻机	SR155	2	147	30m
4	混凝土汽车泵	HBT80.13.130RS	2	130	80m³/h
5	砂浆泵	HS-150I	1	11	8m³/h
6	干混砂浆储料罐	XGT25A-S	1	4	25m³
7	布料机	HGY28	2	11	布料半径 28m
8	反铲挖掘机	PC200	2	103	土方开挖
9	小型反铲挖掘机	XE80D	2	46.3	土方回填
10	自卸汽车	V6×4	10	—	20m³
11	装载机	ZL50	2	—	3m³
12	锚杆机	XY-300	2	22	30m
13	汽车式起重机	25t	1	—	25t
14	蛙式打夯机	HW-80 型	5	3	振动直径 1.3m
15	小型压路机	YH	1	28.5	0.3～3.5t
16	钢筋切断机	GJ-40-1	2	5.5	12t/台班
17	钢筋弯曲机	GW-40	2	5.5	15t/台班
18	钢筋调直机	GT4/8	2	5.5	—
19	直螺纹套丝机	HGS-40	2	11	—
20	套丝机	Z3T-R4	5	1.5	—
21	弯管机	WYQ27-108	5	2.2	—

续表

序号	设备名称	型号规格	数量	额定功率/kW	备注
22	液压弯管器	φ20~32	5	—	—
23	剪板机	Q-11-20×2500A	10	5.5	—
24	砂轮切割机	BX1-500	5	3	—
25	逆变直流焊机	ZX7-250	5	21	20~250A
26	氩弧焊机	WSE-500	2	13	12~510A
27	手提交流电焊机	BX1-500	5	11	8.3A
28	平板振动器	HZ6X-50	2	1.1	—
29	插入式振动棒	HZ-50	5	1.5	50mm
30	混凝土抹面机	QYMJ90	5	3	1m/min
31	吊篮	ZLP-630	10	1.5	5.8kN
32	空气压缩机	CZ-0.43/60A	10	1.5	0.43m³/min
33	腻子搅拌器	20	10	1.5	0~580r/min
34	瓷砖切割器	油壶款	10	3	6000r/min
35	角向磨光机	SF-125	5	1.35	11 000r/min
36	圆盘锯	φ300	10	1.5	
37	手电锯	GBM350	10	0.5	
38	砂轮锯	400	5	1.1	
39	电锤	φ8~38	10	0.75	
40	焊条烤箱	ZYHC-150	2	3	
41	台钻	ST-24	5	1.1	
42	手电钻	6~12mm	10	0.5	
43	气钉枪	SN-822	10	—	20mm
44	叉车	5t	1	—	5t
45	洒水车	5164GSSC6T045	2	140	15m³
46	雾炮机	40	4		1.5~3.5MPa
47	木工压刨	MB104-1	2	1.5	—
48	联合咬口机	YZL-12	10	1.5	
49	单平咬口机	YZB-12C	10	1.5	
50	转面咬口机	YZZ-12	10	1.5	
51	电动试压泵	4DSY-165	5	1.5	6.3MPa
52	污水泵	4PW	5	2.2	15m³/h
53	高压水泵	3S1	2	15	70m扬程
54	洗车机	FT-48	2	15	500/台班
55	视频监控系统	—	1		

（3）主要设备及器具配备

根据本工程质量要求配备相应精度的试验、检验、测量和计量设备，来满足工程需要。如表 5-25 所示。

表 5-25　主要试验、检验、测量、计量设备

序号	仪器设备名称	型号规格	数量	用途
1	全站仪	NTS-362R	1	放线、测量
2	电子经纬仪	DJD2-C	1	测量
3	水准仪	DZS3-1	2	测量

续表

序号	仪器设备名称	型号规格	数量	用途
4	激光铅垂仪	DZJ3	2	测量
5	塔尺	5m	4	测量
6	钢尺	50m	2	测量
7	激光测距仪	PD40	2	测量
8	盒尺	5m	20	测量
9	混凝土抗压试模	150mm×150mm×150mm	15	混凝土试验
10	混凝土抗渗试模	175mm×185mm×150mm	6	混凝土抗渗试验
11	砂浆试模	70.7mm×70.7mm×70.7mm	10	砂浆试验
12	坍落度筒	100mm×200mm×300mm	2	混凝土试验
13	混凝土振动台	500mm×500mm	1	混凝土试验
14	混凝土试块恒温恒湿养护仪	HWS-SW	1	混凝土试验
15	楼板测厚仪	SW-360LB	2	实测实量
16	靠尺	JZC-2	3	检测墙体平整度
17	塞尺	J2G-1	3	检测墙体平整度
18	游标卡尺	0.02mm/0～150	2	检测
19	环刀	100cm^3	5	回填土试验
20	电子测温仪	TM-902C	2	温度检测
21	回弹仪	HT-225T	3	检测
22	天平	2000g	1	试验
23	台秤	11kg	2	试验
24	兆欧表	500MP	3	试验
25	摇表	ZC-8	3	测电阻试验
26	压力表	0～1.6MPa	3	试验
27	万用表	MF47	3	测电压、电流、电阻试验

检验、测量和试验设备设专人保管和使用,定期对仪器的使用情况进行检查或抽查,并对重要的检验、测量和试验设备建立使用台账。对于在检查中或使用过程中发现异常的设备,及时组织检定和维修。

5.9.1.7 施工平面布置

(1) 基础阶段施工现场平面布置图,如图 5-23 所示。
(2) 主体结构阶段施工现场平面布置图,如图 5-24 所示。
(3) 装饰装修阶段施工现场平面布置图,如图 5-25 所示。

5.9.1.8 主要施工管理计划

1. 进度管理计划

1) 对工程施工进度计划进行逐级分解

本工程计划 2023 年 3 月 1 日开工,2023 年 10 月 31 日竣工,计划工期为 245 日历天。

为确保工期,必须保证各分部工程按计划时间完成,根据工程特点,制订如下里程碑计划节点,如表 5-26 所示。

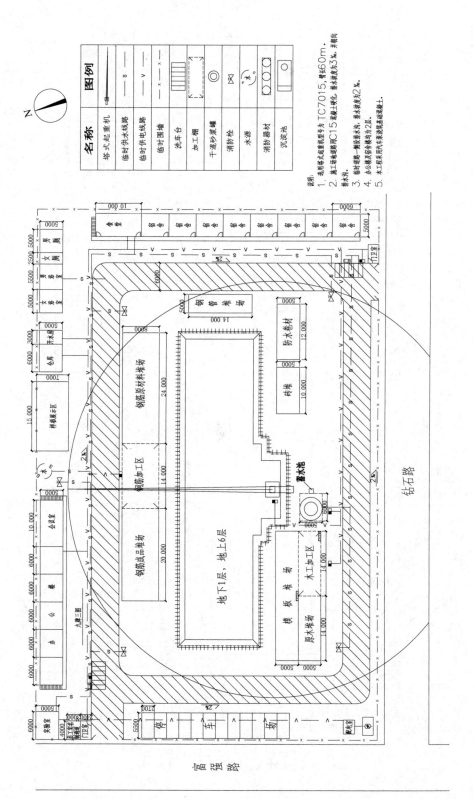

图 5-23 某工程基础阶段施工现场平面布置图 (1:400)

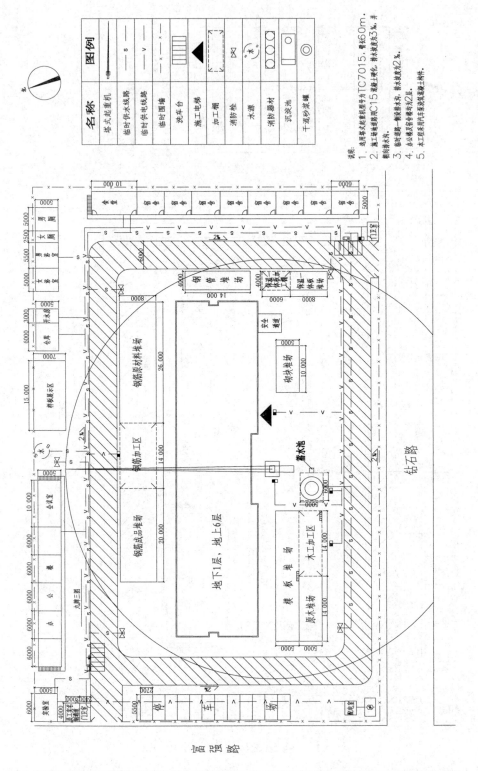

图 5-24 某工程主体结构阶段施工现场平面布置图（1：400）

第5章 单位工程施工组织设计

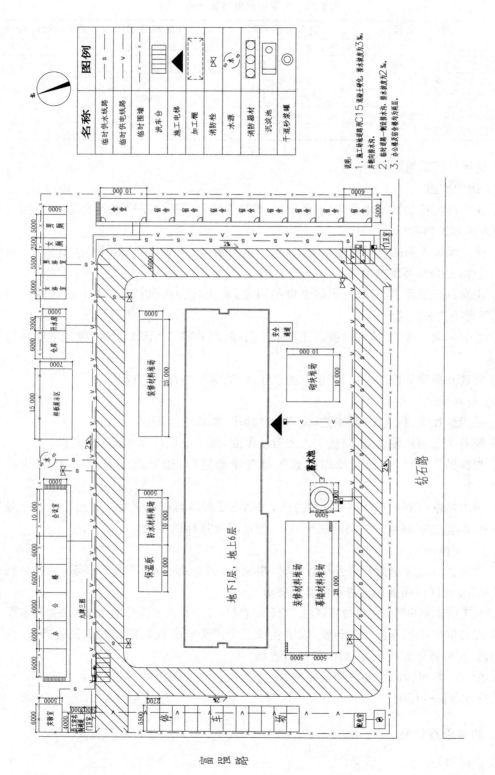

图 5-25 某工程装饰装修阶段施工现场平面布置图（1：400）

表 5-26　主要节点里程碑计划

序号	施工阶段	计划开始日期	计划完成日期	施工持续时间/d
1	施工准备	2023-03-01	2023-03-10	10
2	降水、支护、土方、基础工程	2023-03-11	2023-05-27	78
3	主体结构施工	2023-05-02	2023-07-20	80
4	屋面工程施工	2023-07-11	2023-08-03	24
5	装饰装修工程施工	2023-07-13	2023-10-01	81
6	土建扫尾竣工验收	2023-10-02	2023-10-31	30

2) 进度管理措施

(1) 组织措施

① 建立进度控制目标体系，组织精干的、管理方法科学的进度控制班子，落实各层次进度控制人员和工作责任。

② 建立保证工期的各项管理制度，如生产例会制度，工期目标奖罚制度，日检查、周汇报工作制度，月分析调整制度等。

③ 定期召开工程例会，分析影响进度的因素，解决各种问题；对影响工期的风险因素有识别管理手法和防范对策。

④ 组织劳动竞赛，有节奏的掀起几次生产高潮，调动职工生产积极性，保证进度目标的实现。

⑤ 合理安排季节性施工项目，组织流水作业，确保工期按时完成。

(2) 技术措施

① 采用新技术、新方法、新工艺，提高生产效率，加快施工进度。

② 配备先进的机械设备，降低工人的劳动强度，既保证质量又加快工程进度。

③ 规范操作程序，使施工操作能紧张而有序地进行，避免返工和浪费，以加快施工进度。

④ 采取网络计划技术及科学管理方法，借助电子计算机对进度实施动态控制。一旦发生进度延误，能适时调整工作间的逻辑关系，保证进度目标的实现。

(3) 合同措施

① 在选择专业分包商及劳务作业层时，根据不同的专业特点和施工要求，采取不同的合同模式，在合同中明确保证进度的具体要求。

② 施工前就要和各分包单位签订施工合同，规定完工日期及不能按期完成的惩罚措施等。

③ 在合同中添加专款专用制度，以防止施工中因为资金问题而影响工程的进展，充分保证劳动力、机械的充足配备，材料的及时进场。

④ 随着工程各阶段控制日期的完成，及时支付各作业队伍的劳务费用，为施工作业人员的充分准备提供保证。

2. 质量管理计划

1) 质量目标

(1) 总体质量目标

符合现行国家有关工程施工质量验收规范和标准要求（合格），确保获得秦皇岛市建设工程港城杯奖(市优质工程奖),力争河北省建设工程安济杯奖(省优质工程奖)。

(2)主要分部、分项质量目标分解

对工程质量进行目标分解,以加强施工过程中的质量控制,确保分部、分项工程合格,从而顺利实现工程质量目标。根据《建筑工程施工质量验收统一标准》(GB 50300—2013)、《建筑工程施工质量评价标准》(GB/T 50375—2016)相关内容,结合本工程的实际情况进行目标分解,如表5-27所示。

表5-27 质量目标分解

序号	分部工程	质量等级	子分部工程	分项工程	质量等级控制
1	地基与基础	优良	基础	筏板基础	优良
			土方工程	土方开挖	优良
				土方回填	优良
				场地平整	优良
			基坑支护	土钉墙	优良
			地下防水	主体结构防水	优良
				细部构造防水	优良
2	主体结构	优良	混凝土结构	钢筋	优良
				模板	优良
				混凝土	优良

注:其他分部工程质量目标分解略。

2)建立项目创优组织机构并明确职责

公司委派具有类似工程施工经验的优秀项目管理人员组建本工程项目部,在公司的服务和控制下,建立由公司宏观控制、项目总负责人领导、技术总工程师策划、常务副经理组织实施、质量员检查和验收的管理系统,形成从公司、项目部到总承包方、各专业分包单位和各施工班组的质量管理网络。创优组织机构如图5-26所示。

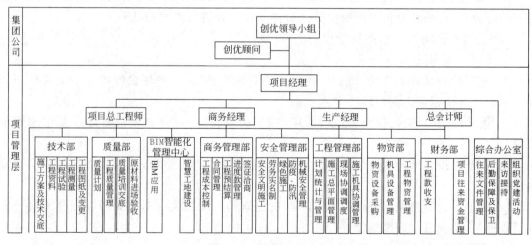

图5-26 创优组织机构

建立完善的质量岗位责任制和质量监督制度,明确项目领导班子的责任,确定每个部门的职责,最后落实到项目部每个管理人员,并签订相应的质量岗位责任状,落实施工质量控制责任,各司其职。对工程施工的全过程进行有效的监督管理,严格控制每一个分项、分部工程的质量,以确保项目创优目标的实现。

3) 质量管理措施

(1) 建立健全质量管理制度

严格执行各级质量目标管理和岗位责任制,严格执行图纸技术方案、技术措施会审制,严格执行原材料的订货、采购、运输、入场保管、复检制度,严格执行技术交底、技术培训、签证制,严格执行工序自检、互检、交叉检等交接检查、验收、签证制度,做好隐蔽工程验收及签证制度,做好技术资料归档制度等。

(2) 强化质量管理手段,定期召开质量小结会,奖优罚劣,严格执行"总工程师质量一票否决制"。

(3) 加强质量管理业务水平,提高各层次员工质量管理能力;施工工长在施工中认真熟悉图纸,用规范指导施工,做到施工不出错;施工前,总工程师向施工责任工长、施工责任工长向施工劳务人员作详细技术交底。

(4) 加强各阶段工程质量的控制和管理

① 事前质量控制

做好各项施工准备工作,包括技术准备、物资准备、施工现场准备等,且施工准备工作应贯穿施工全过程中。

② 事中质量控制

全面控制施工过程质量,重点控制工序质量,做到工序交接有检查,质量预控有对策,施工项目有方案,技术措施有交底,图纸会审有记录,配合材料有检查,隐蔽工程有验收,计量仪器有校验,设计变更有手续,道道工序有检查,质量处理有复查,成品保护有措施,行使质量员有表决权,质量、资料有档案。

③ 事后质量控制

准备好竣工验收资料,组织自检和互检工作,另外按规定的质量评定标准和办法,对已完成的各分项、分部及分包工程所组成的整体单位工程进行整改和处理等。

(5) 主要分部分项工程的质量控制

① 钢筋工程质量保证措施

A. 钢筋应存储在高于地面的平台、垫木或其他支承物上,并尽量保护它不受机械损伤和不暴露在可使钢筋生锈的环境中。

B. 钢筋的规格形状、长度、数量、间距、锚固长度、接头位置必须符合设计要求和规范规定。

C. 钢筋应按图纸所示的位置准确地安装,并有可靠固定措施,使其在浇筑过程中不致移位。

D. 钢筋应设置垫块,确保保护层厚度,避免露筋。浇筑筏板基础和楼板混凝土时一定要搭设通道,避免直接踩踏钢筋。

② 模板工程质量保证措施

A. 通过设计确保模板和支撑材料有足够强度、刚度和稳定性。

B. 严格控制模板的几何尺寸和位置,防止变形走样。

C. 模板接缝连接紧密,防止漏浆,梁柱交接处用木方堵塞牢固。

D. 模板拆除后,及时清理、校正、刷隔离剂,以利下次周转。

E. 浇筑混凝土中派专人看守模板,防止模板爆模、漏浆。

③ 混凝土工程施工质量保证措施

A. 浇筑混凝土施工遇雨天时,采用玻璃纤维布把混凝土表面盖好,以免混凝土表面被雨水淋坏。

B. 墙体混凝土应按水平分层、左右对称浇筑。

C. 混凝土浇筑过程中,一定要振捣密实,不得漏振,振捣应保持足够的时间和强度,以彻底捣实混凝土,但时间不能太长以免造成混凝土离析,振捣时应避免振动棒碰撞模板、钢筋及其他预埋件。

D. 混凝土浇筑 12h 内,应及时覆盖、定时养护。

④ 防水工程施工质量保证措施

A. 屋面的泛水、水落口、分格缝、排气管道、伸出屋面管道等部位,是屋面工程中最容易出现渗漏的薄弱环节,应作为施工控制重点;铺贴附加层时,卷材剪配、粘贴操作等,应使附加层紧贴到位,封严压实,不得翘边;对细部构造处理所用的防水材料应严格把关。

B. 注意施工时基层应充分干燥,卷材铺设层间不能窝住空气。

C. 为防在凉胶时粘上沙尘而造成空鼓,刮大风时不宜施工。

⑤ 装饰装修工程施工质量保证措施

装饰工程推行样板间,经业主认可后再进行大面积施工。

具体施工质量保证措施略。

(6) 雨期施工质量保证措施

① 施工现场设置排水沟,并在雨季前进行检查、维修、疏通,保持排水畅通;

② 脚手架、脚手板采取防滑措施,大风、大雨后对其进行检查,雷雨天不在脚手架上操作;

③ 配电室外架、起重机械上均安置阀型避雷器,并定期派人检查,以保证其接地良好;

④ 利用建筑物结构防雷形成临时防雷系统;

⑤ 配电箱、电机、电器均设防雨罩和接地、漏电保护装置。

3. 安全管理计划

1) 确定项目职业健康安全管理目标

(1) 安全管理目标

杜绝重大伤亡事故和重大设备事故,一般事故频率控制在 1‰ 以内;杜绝重大火灾、重大交通责任事故,将火灾、交通事故次数控制为零;不发生群体性中毒事件;不发生因作业环境因素而导致的职业病。

(2) 安全目标分解

按照项目部组织机构,将安全目标分解到项目部领导、各个管理部门及相关岗位,使项目部领导、各管理部门及相关岗位人员充分认识到各自安全管理的职责、目标,并促进安全工作在各个系统的展开,从而保证安全管理工作的深度和广度。

2) 建立项目安全管理组织机构并明确职责

施工现场建立以项目经理为第一负责人的安全保证体系。项目经理出任总指挥长,由各部门负责人、班组长及专职、兼职安全生产检查员组成施工现场安全管理小组,落实施工过程中各种安全技术措施的编制、审查、批准及具体实施人。明确本工程安全防护设施及施工过程中安全设施的验收程序以及验收责任人。通过设立安全检查、奖惩、教育等制度对施工全过程进行安全管理工作,确保工程安全施工目标顺利实现,安全生产组织机构及运行流程详见图 5-27 所示。

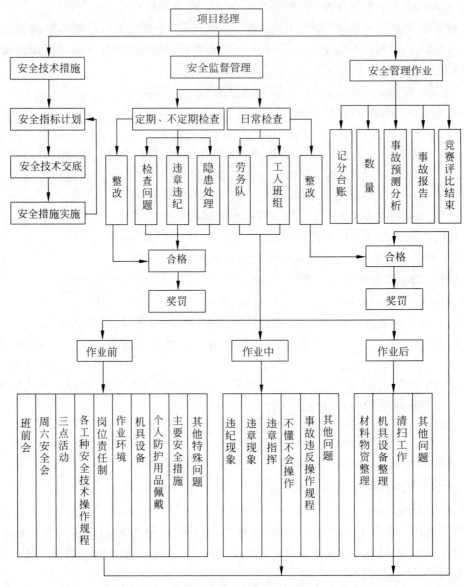

图 5-27 安全生产管理组织机构及运行流程

3) 建立具有针对性的安全生产管理制度和职工安全教育培训制度

(1) 安全生产管理制度

安全生产管理制度包括安全责任考核制度、安全责任考核制度、安全生产检查制度、安全技术交底制度、安全生产验收制度、安全生产例会制度、安全生产奖惩制度、施工机械设备安全管理制度、特种作业人员安全管理制度等。

（2）职工安全教育培训制度

项目负责人每年接受安全教育培训的时间不少于30学时，专职安全管理人员每年接受安全教育培训的时间不得少于40学时。新入场人员需经过三级安全教育，并进行考试，合格后方准进入操作岗位。

4）项目危险源控制

做好危险源辨识及控制工作，对于施工危险性大、工序特殊等重大危险源，管理人员必须现场指挥控制，出现问题及时处理。本工程重要危险源及控制措施如表5-28所示。

表5-28 重要危险源及控制措施

序号	作业活动	危险因素		可能导致的事故	控制措施
1	降水	1. 降水机具无漏电保护装置	管理缺陷	触电	现场检查控制
2		2. 作业人员未按操作规程操作	违章作业	其他伤害触电	按操作规程控制
3		3. 降水区域未设置防护网	防护缺陷	其他伤害	现场检查控制
4		4. 漏电保护设施缺陷	设施缺陷	触电	现场检查控制
5	土方挖运支护	1. 挖运机械有缺陷	设施缺陷	机械伤害	现场检查控制
6		2. 指挥人员指挥失误	管理缺陷	其他伤害	现场检查控制
7		3. 作业人员未按操作规范操作	违章作业	其他伤害	按操作规程控制
8		4. 土钉墙支护土钉长度不够	防护缺陷	坍塌	现场检查控制
9		5. 土方施工时放坡不符合规定	防护缺陷	坍塌	按方案检查控制
10	基础工程	1. 基坑未搭设上下通道，危险处未设红色标志灯	防护缺陷，信号缺陷	高处坠落坍塌	现场检查控制
11		2. 在基坑上口1m内堆土、堆料、停置机具	违章作业	坍塌	现场检查控制
12		3. 机械设备施工与坑边距离不符合规定、无措施	违章指挥	坍塌	现场检查控制
13		4. 未设置有效的排水措施	管理缺陷	坍塌	现场检查控制
14	钢筋工程	1. 作业人员未按操作规程操作	违章作业	机械伤害	按操作规程控制
15		2. 电器设施不规范或不合格	防护缺陷	触电	现场检查控制
16		3. 无漏电保护器	防护缺陷	触电	现场检查控制
17		4. 设备无防雨设施	防护缺陷	触电	现场检查控制
18		5. 钢筋加工机械无防护装置	防护缺陷	机械伤害	现场检查控制
19		6. 作业人员操作失误	操作失误	机械伤害	按技术交底检查控制
20	模板工程	1. 模板支撑系统无设计计算	管理缺陷	模架坍塌	按规范检查控制
21		2. 模板存放不整齐、过高等不符合安全要求	违章作业	物体打击	现场检查控制
22		3. 高处拆模直接撬落	违章作业	物体打击	现场检查控制
23		4. 拆除模板时未设置警戒线和无监护人看护	违章作业	物体打击	现场检查控制
24		5. 模板拆除前无混凝土强度报告或未达到设计拆模强度提前拆模	管理缺陷	高处坠落	现场检查控制

续表

序号	作业活动	危险因素	可能导致的事故	控制措施
25	脚手架工程	1. 使用不合格的钢管扣件	违章作业	高处坠落坍塌	现场检查控制
26		2. 脚手架基础未平整夯实,无排水措施	违章作业管理缺陷	倒塌	现场检查控制
27		3. 脚手架底部未按规定垫木和加绑扫地杆	防护缺陷	倒塌	按规范检查控制
28		4. 架体与建筑物未按规定拉结或拉结后不符合设计要求	防护缺陷	高处坠落倒塌	按规范检查控制
29		5. 未按规定设置或剪刀撑搭设不符合设计要求	防护缺陷	倒塌	按规范检查控制
30		6. 未按规定设置安全网或安全网搭设不符合要求	防护缺陷	高处坠落,物体打击	按规范检查控制
31		7. 立杆,纵、横向水平杆间距超过规定要求	防护缺陷	高处坠落倒塌	按规范检查控制
32		8. 操作面未满铺脚手架板,下层未兜设水平安全网,漏洞大,有探头板、飞跳板	防护缺陷	高处坠落	按规范检查控制
33		9. 操作面未设防护栏杆、挡脚板、立挂安全网	防护缺陷	高处坠落	按规范检查控制
34		10. 建筑物顶部的架子未按规定高于屋面,高出部分未设防护栏杆和立挂安全网	防护缺陷	高处坠落	按规范检查控制
35		11. 架体未设上下通道或通道设置不符合要求	防护缺陷	高处坠落	按规范检查控制
36		12. 不按规定安装卸料平台	违章作业	物体打击	按方案检查控制
37		13. 不按规定拆除脚手架	违章作业	高处坠落	现场检查控制
38		14. 非架子工操作	违章作业	高处坠落,物体打击	现场检查控制
39		15. 疲劳作业	负荷超限	其他伤害	现场检查控制

注:其他危险源辨识及控制略。

5)安全管理措施

(1)组织措施

① 明确安全目标,建立以项目经理为核心的安全保证体系;建立各级安全生产责任制,明确各级施工人员的安全职责,层层落实,责任到人。

② 项目部主要负责人与各专业施工队伍负责人签订安全生产责任状,使安全生产工作责任到人,做到安全生产工作责任横向到边,层层负责;竖向到底,一环不漏。

③ 认真贯彻执行国家、行业、地区安全法规、标准、规范和各专业安全技术操作规程,并制定本工程的安全管理制度。

④ 工人进场上岗前,必须进行上岗安全教育和安全操作培训;加强安全施工宣传工作,使全体施工人员认识到"安全第一"的重要性,提高安全意识和自我保护能力,使每个职工自觉遵守安全操作规程,严格遵守各项安全生产管理制度。

⑤ 加强安全交底工作；施工班组要坚持每天开好班前会，针对施工中安全问题及时提示。

⑥ 定期召开安全生产分析会议，对不安全因素及时进行整改；对影响安全的风险因素（如由于操作者失误、操作对象的缺陷以及环境因素等导致的人身伤亡、财产损失和第三者责任损失等）有识别管理办法和防范对策。

⑦ 定期开展多层次、全方位、多形式的安全检查，及时消除安全隐患；把安全管理与经济效益挂钩，全员明确安全责任，做到人人有安全管理的危机感和责任感。

⑧ 加强特殊作业人员的培训、考试和发证工作，保证持证上岗，杜绝无证人员从事特种作业工作。

⑨ 建立"一个台账，三个清单"制度，即建立建筑施工现场安全风险辨识分级管控台账、建筑施工安全风险分级管控清单、建筑施工事故隐患排查清单、内部追责问责清单。

(2) 技术措施

① 基坑降水、边坡支护、临时用电、模板工程、脚手架工程应编写安全专项施工方案。

② 危险处、通道处及"四口五临边"必须采取有效的防护措施，防止人员坠落，夜间应设红色标志灯。

③ 针对新工艺、新技术、新材料、新结构，制定专门的施工安全技术措施。

④ 要有安全用电和机电防短路、防触电的措施。

⑤ 针对有毒有害、易燃、易爆作业，应备有安全防护措施。

⑥ 要有防火、防爆、防台风、防洪水、防地震、防雷电等措施。

⑦ 现场应设置与周围通行道路及居民区防护隔离的措施。

⑧ 坚持安全"三宝"，进入现场人员必须佩戴安全帽，高空作业必须系安全带，现场不得穿软底鞋、高跟鞋、拖鞋。

⑨ 夜间施工应装设足够的照明设施，深坑或潮湿地点施工，应使用低压照明，现场禁止使用明火，易燃、易爆物应妥善保管。

⑩ 各施工部位要有明显的安全警示标志。

6) 项目安全事故应急预案

项目部本着"预防为主，自救为主，统一指挥，分工负责"的原则，制定安全事故应急预案。根据危险目标模拟事故状态，制定出各种事故状态下的应急处置方案，如支模架坍塌、大型设备坍塌、基坑坍塌、触电、人员中毒、毒气泄漏、燃烧、爆炸、停水、停电等，包括通信联络、抢险抢救、医疗救护、伤员转送、人员疏散、生产系统指挥、上报联系、救援行动方案等。

4. 环境管理计划

1) 确定项目环境管理目标

现场噪声排放、污水排放、扬尘治理全部达标，符合相关标准要求。

2) 环境保护措施

(1) 项目部应组建环保施工领导小组，建立项目环境监控体系，不断反馈监控信息，采取整改措施。

(2) 应确保环保施工的资金到位，保证应有的投入。

(3) 每周项目部组织自查，每月公司组织检查，做得不够的及时整改或处罚，做得好的给予奖励。

(4) 施工现场泥浆和污水未经处理不得直接排入城市排水设施和河流。

(5) 除有符合规定的装置外,不得在施工现场熔化沥青和焚烧卷材、油漆,亦不得焚烧其他可产生有毒有害烟尘和恶臭气味的废弃物,禁止将有毒有害废弃物进行土方回填。

(6) 正确处理施工垃圾、废水、废气,减小施工噪声,防止环境污染。

(7) 在居民和单位密集区域进行爆破、打桩等施工作业前,应按规定申请批准,并取得居民和有关单位的协作和配合;对施工机械的噪声与振动扰民,应采取相应措施予以控制。

(8) 经过施工现场的地下管线,应由发包人在施工前通知承包人,标出位置,加以保护。施工时发现文物、古迹、爆炸物、电缆等,应当停止施工保护好现场,及时向有关部门报告,按照有关规定处理后方可继续施工。

(9) 施工中需要停水、停电、封路而影响环境时,必须经有关部门批准,事先告知。在行人、车辆通行的地方施工,沟、井、坎、穴应设置覆盖物和标志。

(10) 施工现场在温暖季节应绿化,现场要控制扬尘,易扬尘的粉状物料应库存或覆盖。

(11) 输送管的清洗应采用有利于节水节能、减少排污量的清洗方法。

(12) 泵送和清洗过程中产生的废弃混凝土或清洗残余物,应按预先确定的处理方法和场所,及时进行妥善处理,并不得将其用于未浇筑的结构部位中。

(13) 洗车池设污水沉淀池,污水经过三级沉淀后,进入现场的污水管网;沉淀池每周清理一次,项目环保管理员负责检查。

(14) 夜间室外照明用的投光灯均设灯罩,透光方向均集中在施工范围。在围墙附近或距附近居住区较近地段施工时,设密目网屏障遮挡光线照射居民区。尽量不安排夜间电焊施工,必须进行电焊夜间作业时,焊接区域附近设密目网遮光屏障。

(15) 对所有废弃物实行分类管理,对分类存放的各类废弃物,进行明显标识;项目设置统一的废弃物临时存放点,存放点配备收集桶(箱),以防止流失、渗漏、扬散;还要确保废弃物在运输过程中不遗洒、不混装。

5. 成本管理计划

1) 确定项目成本管理目标

控制施工成本,保持在预算范围内并且尽可能降低成本。力争降低成本率6%,节约"三材"率5%。

2) 成本管理措施

(1) 合同管理是降低工程成本的有效途径,在分项施工合同、劳务合同、材料和设备采购合同等管理中,要特别强调确立成本控制目标和必须严格执行成本计划的管理条款,确保达到成本管理的预期目标。

(2) 施工中做到管理层"少量复杂劳动"与施工队"多量简单劳动"相结合,达到控制工程成本的目的。"少量复杂劳动"是指项目工作要落实到"台账、组织协调生产、技术管理(含质量)与结算"上来;"多量简单劳动"是指施工队工作要落实到工、料、机使用及管理、质量、安全、进度、文明施工、成本控制、台账、结算等工作中来。

(3) 加强人工费的承包管理。严格控制零工、杂工,特殊原因需使用的必须由主管施工员报项目经理批准。项目部对施工队实施"奖罚"等强制性手段进行管理,杜绝返工、修复等无效工作,对于因施工队原因造成返工或进度迟缓而导致人工投入加大的由施工队负责,反之,由主管施工员及项目部负责。

(4) 加强材料管理。材料原则上由项目部统一供应,要选择合格分供方中单价低的单位。材料费的支出包括主材、辅料、周转材料与运输费四项;其中主材实用实销,作为施工队的支出,辅料以施工队实用实销。

(5) 机械费管理。机械费支出包括外租、内租、易耗配件。外租机械是根据工程进度情况,由施工队与项目部共同确定进场设备时间及费用,外租机械施工队不得自行租赁。内租机械原则上使用租赁公司内部机械,其中内租易损耗常用配件由施工队负责。

(6) 加强综合分析管理。按照施工形象进度、施工产值统计、实际成本归集"三同步"的原则,在施工过程中按每月为一核算期,参考计算机统计的数据对项目成本进行核算,并与施工项目管理责任目标成本的界定范围一致。及时进行实际工程量与预算工程量的对比分析,实际消耗量与计划消耗量的对比分析,实际采用价格与计划价格的对比分析,各种费用实际发生额与计划支出额的综合对比分析,并将成本分析的结果形成文件,为成本偏差的纠正与预防、成本控制方法的改进,制定降低成本措施,改进成本控制体系等提供依据。

6. 其他管理计划

其他管理计划编制可以参考第 5.8.6 节内容,此处略。

可扫描二维码 5-23 了解深圳国际会展中心施工组织相关内容及关键建造技术。

5.9.2　某道路工程施工组织设计

本部分内容以"某高速公路施工组织设计"为例,为缩短篇幅,将原设计内容进行了大量删简,并进行了修改。可扫描二维码 5-24,了解本高速公路 LK1 标段(K0+000—K21+920)施工组织设计的详细内容。

1. 工程概况

1) 项目简介

本项目为某高速公路的 LK1 标段(K0+000—K21+920),全长 21.92km。路线大致呈西南至东北走向,起于梁平区云龙镇石莲村附近,设石莲枢纽互通与 G42 沪蓉高速相交;向东北下穿渝万高铁,经荫平、屏锦、聚奎,跨 G318 后布线至齐河村附近设齐河枢纽互通,与 G5515 张南高速相接;再沿礼让、明达、龙门、新盛一线西侧布线,终点止于梁平区礼让镇。

2) 主要结构物

主线桥 1166.85m/11 座,匝道桥 2745.36m/19 座,互通 4 座(石莲枢纽互通、荫平互通、屏锦互通、齐河枢纽互通),车行天桥 14 座(含拆除 2 座),人行天桥 6 座,涵洞 115 道(含互通),路基挖方 304.29 万 m^3,路基填方 359.41 万 m^3。

3) 主要技术标准

本合同段主要技术指标如表 5-29 所示。

表 5-29　主要技术指标

序号	指标名称	单位	技术指标
1	高速公路技术标准	—	双向四车道
2	设计速度	km/h	100
3	路基宽度	m	26.0
4	行车道宽度	m	4×3.75
5	路面类型及等级	—	沥青混凝土高级路面

续表

序号	指标名称	单位	技术指标
6	桥涵设计汽车荷载等级	—	公路-I
7	最大纵坡	%	2.5
8	最小坡长	m	600
9	凸形竖曲线最小半径	m	17 000
10	凹形竖曲线最小半径	m	12 000
11	竖曲线最小长度	m	348

4) 工程施工条件

(1) 工程建设地点气象状况。

路线廊道区地处四川盆地东部暖湿性亚热带季风气候区,季风交替,四季分明,气候温暖,气温年均 14～18℃,全年气温最高为 7 月,一般在 27℃以上,最低为 1 月,一般在 5℃左右。据降水系列资料计算:多年平均降水量 1258.6mm,多年平均径流总量 10.563 亿 m^3,径流深 557.5mm。区内各月平均风速小于 2m/s,年均 1.4m/s。累年各风向频率中,静风为 39.7%。全县平均风速小,但各地几乎每年有 1～2 次大风出现,雷暴大风占大风的 94%,大多出现在 7、8 月。

(2) 工程水文地质状况。

线路区由侏罗系上统遂宁组(J3s)、中统上沙溪庙组(J2s)和第四系全新统坡洪积、残坡积地层组成,岩性以侏罗系红层为主,在调查及初勘钻探中发现,沟谷中多分布软塑～可塑状的黏性土,厚度在 2～13m,各地层厚度及岩性略。场地沟谷分布众多,水系发达,线路区地下水主要以松散岩类孔隙水、基岩裂隙孔隙水的形式赋存,可分为松散岩类孔隙水、基岩裂隙孔隙水 2 种类型;地下水补给、径流和排泄条件受地形地貌、地质构造和地层岩性所控制。场地区为丘陵地貌,平坝地貌,多以台阶状出现,坡表植被发育,地表径流不大。

(3) 当地建筑材料供应状况。

材料提前储备,建立物资周转仓库,材料采购采用招投标制度,由多家材料供应商提供材料。钢材从万州区购买,木材在当地购买,沥青从涪陵区购买;工地附近有一个年产 300 万 t 的水泥厂;全线碎石、机制砂料源丰富,料点生产能力都在 2000～3000t/d;本项目区砂源较缺乏,细砂可自万州或忠县长江边采购,需远运洞庭湖中粗砂。重庆地区路面上面层使用玄武岩碎石,主要来源于四川宜宾屏山和江苏镇江,主要通过船运运至重庆地区各主要码头。其他外购材料从重庆采购,且运距较短,国道、省道、地方道路均可作为拟建公路筑路材料及设备运输道路,运输条件较好。粉煤灰:可用产于遂宁市某有限公司的粉煤灰,交通运输方便,运距约 60km;大足、荣昌段所用粉煤灰可采用泸州化工厂、合江榕山热电厂、宜宾黄桶庄电厂的粉煤灰,距路线终点运距 40～100km。

(4) 交通运输状况。

工程所在地区路网完善,铁路、等级公路、乡村道路发达,运输条件较好。各种筑路材料及机械设备可选择经济合理的运输方式进驻现场。路线经过区域有沪蓉高速、张南高速、G318 线、S102 线以及若干县、乡道路,交通运输较为方便。

(5) 当地供水、供电和通信能力状况。

本段公路沿线溪沟、堰塘众多,水源丰富,工程用水选择水质干净水源,就近取水。

电力资源相对丰富,大部分地段有高压线路通过,能够满足施工需要,部分零星工程采用自发电源。

由于本项目工程均位于梁平区境内,较为平坦,移动、联通、电信网络全程覆盖,可保证施工期对外通信畅通。

2. 施工部署

1) 施工管理目标

(1) 工期目标

本高速公路 LK1 标段计划 2020 年 12 月 30 日开工,2023 年 8 月 30 日竣工,计划工期为 609 日历天。

(2) 质量目标

① 交工验收的工程质量目标:合格;

② 竣工验收的工程质量目标:合格;

③ 年度一次性抽检合格率(监督部门抽检数据)97%;

④ 创建顾客满意的优质工程;

⑤ 打造铁建杯优质工程,争创巴渝杯。

(3) 安全目标

① 杜绝各类责任伤亡事故;

② 遏制较大危险性事件;

③ 及时消除重大事故隐患;

④ 严防安全生产失信惩戒;

⑤ 创建重庆市平安工地。

(4) 文明施工目标

做到现场布局合理,施工组织有序,材料堆码整齐,设备停放有序,标识标志醒目,环境整洁干净,实现施工现场标准化、管理规范化。

(5) 环境管理目标

遵守有关环境保护的法律、法规和规章制度,并按照合同文件技术条款和地方有关规定,做好施工生产及生活区的环境保护工作,环境保护措施落实,环境投诉及时处理。

2) 施工项目管理组织机构

针对本合同段的特点,组建精干高效的指挥部,在施工现场建立梁开高速 LK1 项目部,设项目经理一名,下设副经理、总工程师、书记、总经济师、安全总监,部门设工程管理部、安全质量环境保护部、物资设备部、计划合同部、财务部、征迁协调部、综合管理部、农民工工资清欠管理办公室和工地实验室共 7 部 2 室职能部门。抽调具有丰富的施工经验、专业技术能力强、综合素质高的工程技术和管理人员参与本项目管理。

本合同段线路较长、管理跨度较大,应结合专业化的原则组织施工,因此项目部成立 4 个工区,对全线现场进行施工管理。

现场施工管理组织机构详见图 5-28,指挥部及职能部门的管理职责略。

3) 各工区任务划分

(1) 工区划分

根据本合同段工程量和工期要求,本着统筹兼顾、合理调配、科学组织、精心安排的原

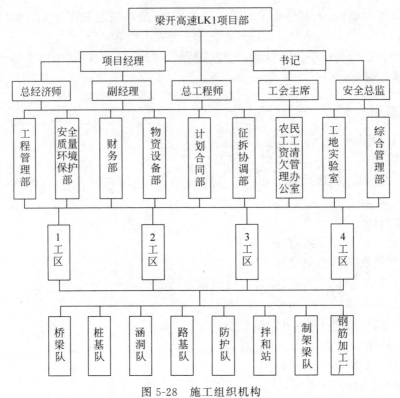

图 5-28 施工组织机构

则,本标段任务划分如表 5-30 所示。

表 5-30 各工区任务划分

序号	工区	里程桩号	主要工程任务
1	1工区	K0+000—K4+800、石莲枢纽互通	路基挖方约 107.83 万 m^3,路基填方约 99.33 万 m^3;共 4 座桥梁,分别为石莲枢纽互通 A、C 匝道桥,毛家湾中桥、吊咀河大桥;涵洞共 28 道,天桥 8 座(含拆除 2 座)
2	2工区	K4+800—K11+428、荫平互通	路基挖方约 85.94 万 m^3,路基填方约 63.99 万 m^3;共有 6 座桥梁,分别为荫平互通主线桥、跨 DN559 管线中桥、七涧河中桥、七涧河大桥、熊家院子中桥、响水滩大桥;涵洞共 28 道,天桥 3 座
3	3工区	K11+428—K18+868、屏锦互通	路基挖方约 73.10 万 m^3,路基填方约 79.89 万 m^3;共有 9 座桥梁,分别为新房子中桥、跨 DN219 管线中桥、屏锦互通主线桥、跨 DN711 管线中桥、跨 DN813 管线中桥、陈家院子大桥、跨 DN508 管线中桥、跨 DN559 管线中桥、柏树桥中桥;涵洞共 31 道,天桥 7 座
4	4工区	K18+868—K20+796.869、齐河枢纽互通	路基挖方约 37.42 万 m^3,路基填方约 116.20 万 m^3;共有 11 座桥梁,分别为毛家坡中桥、刘家染坊大桥、上跨张南高速主线桥、B 匝道中桥、B 匝道大桥、C 匝道 1 号大桥、C 匝道 2 号大桥、D 匝道大桥、F 匝道大桥、G 匝道大桥、H 匝道大桥;涵洞共 28 道,天桥 2 座

(2) 施工队伍划分

施工队伍计划进场 17 个,综合队伍 5 个,桥涵队伍 7 个(含钢混组合梁队伍),桩基队伍 1 个,钢筋加工队伍 1 个,梁场队伍 1 个,小构件预制队伍 1 个,软基处理队伍 1 个。

① 路基综合队

路基工程设置 5 个施工队,施工内容包括:路基土石方工程、涵洞工程、桥涵台背回填、结构物锥坡施工、便道施工等。

② 软基处理队

软基处理设置 1 个施工队,负责全线的软基处理施工。

③ 桥梁队

桥梁工程施工总体设置 6 个施工队,施工内容包括:钢混组合梁、桩头凿除、承台系梁、墩柱、盖梁垫石挡块、重力式桥台、肋板式桥台、台帽、耳背墙等工程。

④ 桩基队

桥梁桩基计划 2022 年 2 月底完成,配备旋挖钻 2 台、挖掘机 1 台、起重机 1 台。

⑤ 梁场队

预制梁施工设置 1 个施工队,施工人员 86 人;预制 T 梁 907 片,其中 40m T 梁 64 片、30m T 梁 600 片、20m T 梁 229 片、23.5m T 梁 14 片。梁场队伍的主要施工任务是:T 梁预制、张拉压浆、梁板运输与安装、支座安装,T 梁预制计划 2022 年 5 月 31 日全部完成。

根据 T 梁不同施工类型,又将其分为专业施工班组,主要包括:钢筋安装班组、模板班组、混凝土班组、张拉压浆班组、架梁班组、桥面系班组等,采用专业化、精细化管理模式。

⑥ 钢筋加工场队伍

根据本标段的结构物数量、类型及钢筋总工程量设置一个钢筋加工场。加工全线所有结构物钢筋、成品、半成品后运至现场绑扎安装。

⑦ 拌和站队伍

本标段计划设置一个拌和站,采用两台 HZS120 型拌和机,生产全线所有混凝土。

⑧ 小构件预制队伍

本标段计划设置一个小型构件预制场,设置一个队伍,负责全线预制构件的施工。

(3) 本标段控制性工程及重难点工程

本标段控制性工程为:石莲枢纽互通和齐河枢纽互通。

重难点工程为:下穿铁路、上跨高速、上跨军事光缆,一般互通工程主要是 K1+138—K1+202 段(64m)路基下穿渝万高速铁路施工,陈家院子大桥上跨省道 S102 施工,荫平互通(主线上跨匝道)、屏锦互通(主线上跨匝道)施工,项目 907 片 T 梁预制及安装施工等。

本标段控制性工程及重难点工程中存在的问题及应对措施如表 5-31 所示。

表 5-31　本标段控制性工程及重难点工程中存在的问题及应对措施

序号	工程名称	存 在 问 题	对　　策
1	石莲枢纽	以现浇桥梁和钢混组合梁为主,A、C 匝道桥梁及 2 座天桥施工上跨 G42 沪蓉高速,存在较大安全风险,施工组织较为复杂	提前与高速公路管理部门联系,并办理封路各项手续,做好交通疏导工作,并提前做好各项施工组织安排
2	路基施工下穿渝万高速铁路	K1+138—K1+202 段(64m)路基施工下穿渝万高速铁路,成为本项目重难点工程	争取提前开工,提前编制专项施工方案并报批,选用专业技术干部及作业队伍,合理安排工期、配置资源,按期履约

续表

序号	工程名称	存 在 问 题	对　策
3	上跨军事光缆	作为地埋线路保护施工，存在很多盲点，且是比较重要的国家级通信系统，意义重大，故此上跨军事光缆施工是项目重点工程	施工前，认真熟悉图纸，并在现场认真调查，确定军事光缆的位置和埋置深度以及埋设方式。与军事光缆涉及的军队取得联系，沟通协调军事光缆的具体情况，以及听取军方的保护意见，并制定详细的施工方案
4	软基处理	软基处理工程量大，同步施工点多、线长，施工组织、质量控制难度大，对路基土方填筑进度影响大	落实施工材料和施工机具，配足后备力量，以便随时调拨，开工前对机械设备进行全面检修和维护。认真编制施工进度计划并严格执行，合理组织施工顺序，使施工资源利用达到最优化

3. 施工准备与资源配置计划

1）施工准备

工程开工前项目公司和施工单位选派得力人员尽快与地方政府、主管部门和相关协作单位进行沟通，建立密切联系，消除沟通障碍，疏通施工渠道，为工程施工创造一个和谐、融洽的外部环境。

除做好外部沟通工作外，施工单位还应在技术管理、组织管理等几个方面做好如下准备工作。

（1）技术准备

① 现场勘察，资料收集；

② 图纸会审和设计技术交底；

③ 编制施工组织设计；

④ 进行施工技术交底。

（2）征地拆迁

由项目公司负责本项目工程建设用地的征地拆迁工作，施工单位配合，并组建征地拆迁领导小组，制订详细的征地拆迁计划，分区域、分重点，责任到人，全力配合当地政府推进征迁工作；及时办理各种征拆手续，并确保手续齐全，征拆合法。按照"先主后次、先重点后一般"的顺序，逐渐开展征拆工作；对于重点工程的征拆和迁改，应实行重点监控，以保证节点工期的要求。

（3）临时设施准备

① 生活及办公设施

项目部拟布置在屏锦镇，距主线 K12+000 直线距离 4km 左右，项目部租用川东石油公司办公大楼（共4层），占地面积 $3180m^2$。1～2层为办公室，3～4层为职工宿舍。主楼前面建一层办公活动板房紧邻原有平房，分别设置门卫室、大会议室、小餐厅、大餐厅、厨房等；办公区设置篮球场、健身器材等。项目部大门口设置独立门岗，保证视野开阔，大门采用电动伸缩门，院内设置旗杆、停车场、绿化场地等。项目部办公区域地坪地面采用 C20 混凝土硬化（绿化带除外），厚度 20cm；场内设置尺寸为 30cm（宽）×30cm（高）的排水沟。

② 生产设施

包括仓库、料场、预制厂、拌和站及工地实验室等，施工布置原则是尽量紧凑，少占土地，并且所有场地尽量靠近既有公路,以利交通运输。

A. 工地实验室布置

工地实验室拟布置在沪蓉高速连接线附近,距主线 K14+350 直线距离 1500m 左右,紧邻钢筋加工场和拌和站,面积 1272m²。

B. 拌和站建设

本项目部拟建设 1 个拌和站:拌和站位于聚奎镇清宴村,距主线 K14+500 线路右侧直线距离 900m,占地面积 12 960m²,共分为拌和区、生活区、办公区、停车区四大部分,主要供应 K0+000—K21+920 段结构物施工。

C. 钢筋加工场建设

钢筋加工场位于聚奎镇聚奎社区,场地规划面积约 4268m²。设原材存放区、加工制作区、半成品及成品存放区、成品展示区等,各区域分开标识布置。

D. 预制梁场建设

本标段设置一个预制梁场,建设在里程桩号为 K10+400—K11+150 之间路基上,共 750m,平均宽度 24m,包括制梁区、存梁区,梁场最大纵坡 0.85%。根据梁场建设及门式起重机最大安全纵坡度要求,梁场路基最大纵坡≤1.5%,满足规范要求。

E. 小型预制构件场

本标段小型混凝土构件预制场设置于屏锦互通连接线(红线范围内),占地面积 4400m²,负责本标段路基排水工程的水沟盖板、防护工程的各型预制块、涵洞盖板及其他设计要求的小型预制构件预制。预制场内所用的混凝土由项目部集中拌和站提供,小型预制构件钢筋由钢筋加工场加工。预制场分生产区、养护区、成品区以及生活办公区等。

③ 施工便道布置

本标段便道主要为新修和改扩便道,共设置 18 条便道,借用便道总长约 20.7km,拟在原有便道每 300m 处设置一处错车道。便道路面采用 50cm 厚泥结碎石,底层采用碎石填筑,主便道路面采用厚度为 20cm 的 C20 混凝土硬化,路面宽 7m,横向设置 4% 排水坡,由中间向两侧排水,两侧设置排水沟;其他便道横向设置 2% 的双面排水坡,纵向坡度不大于 10%,便道两侧设置排水系统。

④ 施工用水、用电

施工用水:拟采用就近钻井取水的方式,并设置蓄水池,以满足施工用水和生活用水。

施工用电:本工程用电属于临时用电,以高速公路施工现场用电为主,全线共布置变压器 7 台,主要供混凝土拌和站、钢筋加工场、梁场、小型预制构件场及施工机械用电。电源从附近既有高压线路引入专用变压器,采用三相五线制设置,并配备标准配电柜。电缆均采用埋地式,在电缆过沟处均加钢管防护。为防止意外停电影响正常施工,在拌和站及钢筋加工场各配备柴油发电机组以备用。

2) 资源配置计划

(1) 劳动力配置计划

根据本工程的特点,加强内部劳动力结构的调整,选派技术过硬的专业化施工队伍进场施工,对进场工人进行技能培训考核,施工工艺和操作规程交底,确保施工队伍的有效投入,建立健全劳动纪律和规章制度,形成"交底→施工→验收"的组织监控体系;加强各专业工种的穿插流水,使施工队伍处于最佳工作状态,提高工作效率。

本标段劳动力配置计划如表 5-32 所示。

表 5-32 劳动力计划

单位：人

劳动力	2020年 4季度	2021年				2022年				2023年		
		1季度	2季度	3季度	4季度	1季度	2季度	3季度	4季度	1季度	2季度	3季度
挖掘机司机	2	12	30	40	55	55	40	30	20	12	8	3
推土机司机	2	5	10	20	20	20	15	10	5	5	0	0
装载机司机	2	5	25	40	40	40	30	20	10	8	5	0
压路机司机	2	5	15	35	35	35	15	20	10	5	2	0
平地机司机	0	5	10	15	15	15	15	10	5	3	2	1
自卸车司机	10	50	150	250	250	250	200	100	180	120	80	20
起重机司机	2	8	20	20	20	20	24	20	16	6	4	2
洒水车司机	1	5	10	10	10	10	10	10	10	10	5	5
泵车司机	0	2	4	5	5	5	5	5	5	4	3	2
电气焊工	10	30	60	60	60	60	50	50	50	45	30	15
架子工	30	60	220	250	250	250	260	200	160	140	120	120
模板工	10	60	160	210	210	210	210	180	150	150	100	70
钢筋工	10	80	200	320	320	320	280	250	250	200	150	60
混凝土工	10	60	180	200	200	200	200	160	100	100	150	40
砌筑工	15	40	100	100	100	90	80	80	50	60	50	20
木工	5	170	250	260	260	240	230	230	180	100	80	80
张拉压浆工	0	0	0	20	20	40	50	40	30	0	0	0
起重工	3	4	8	20	20	20	20	16	16	8	8	4
电工	3	10	30	40	40	40	40	40	35	30	20	10
架桥机司机	0	0	0	6	6	6	6	6	0	0	0	0
拌和楼机操作手	5	10	35	35	35	35	35	35	40	40	30	20
混凝土罐车司机	5	15	40	40	40	40	40	40	36	25	16	10
其他技术工	10	100	210	210	210	200	200	220	220	240	240	240
普工	10	100	260	300	300	300	300	200	180	180	160	120
管理人员	40	50	55	60	60	60	60	60	60	50	40	25
技术员	8	15	30	40	40	40	40	40	30	30	25	15
试验员	4	8	15	15	15	15	15	20	20	20	15	10
测量员	4	10	10	10	10	15	10	20	20	20	15	10
质检员	3	8	15	15	15	15	15	15	15	15	15	10
安全员	3	5	10	10	10	10	10	10	10	10	10	5
合计	209	932	2162	2656	2685	2665	2525	2137	1913	1636	1273	917

(2) 机械设备配置计划

针对工程特点,按多作业面并行施工配备机具设备及运输车辆,保证机械设备按时进场,足量到位。对机械及早调试、彻底检修,保证上场机具性能完好。对于重型和大型机械选择合适的路线运输到现场。同时,抓好材料的组织与管理,确保机具设备的高效运转。

本标段主要施工机械设备配置计划如表5-33所示。

表5-33 本标段主要施工机械设备配置计划

设备名称	规格、功率及容量	单位	数量	计划进退场时间
挖掘机	卡特330	台	35	2020年12月—2023年8月
挖掘机	PC220	台	20	2020年12月—2023年8月
推土机	T165	台	20	2020年12月—2023年8月
装载机	ZL50	台	40	2020年12月—2023年8月
平地机	Y180	台	15	2020年12月—2023年8月
压路机	32t	台	35	2020年12月—2023年8月
强夯机	SCC1500C	台	5	2020年12月—2023年8月
振动夯	—	台	5	2020年12月—2023年8月
自卸车	红岩25m^3	台	250	2020年12月—2023年8月
洒水车	—	台	10	2020年12月—2023年8月
羊足碾	25kJ	台	10	2020年12月—2023年8月
门式起重机	100t	台	4	2020年12月—2023年8月
门式起重机	10t	台	6	2020年12月—2023年8月
架桥机	180t	台	3	2020年12月—2023年8月
拌和站	HZS120	套	2	2020年12月—2023年8月
混凝土罐车	10m^3	台	40	2020年12月—2023年8月
空压机	3m^3	台	20	2020年12月—2023年8月
智能张拉设备	—	套	10	2020年12月—2023年8月
智能压浆设备	—	套	10	2020年12月—2023年8月
塔式起重机	TC6024	台	4	2020年12月—2023年8月
起重机	25t	台	16	2020年12月—2023年8月
起重机	50t	台	4	2020年12月—2023年8月
起重机	220t	台	2	2020年12月—2023年8月
发电机	200kW	台	6	2020年12月—2023年8月
旋挖钻	三一重工360	台	2	2020年12月—2023年8月
冲击钻	70kW	台	2	2020年12月—2023年8月
地泵	HBTZ90	台	5	2020年12月—2023年8月
泵车	56m	台	5	2020年12月—2023年8月
电焊机	28kW	台	100	2020年12月—2023年8月
混凝土振动棒	—	支	100	2020年12月—2023年8月
数控式钢筋弯曲机	GTY4/14	台	1	2020年12月—2023年8月
钢筋调直机	—	台	1	2020年12月—2023年8月
钢筋切断机	—	台	1	2020年12月—2023年8月
钢筋直螺纹滚丝机组	—	台	1	2020年12月—2023年8月
三辊机铺筑设备	TZ219	台	2	2020年12月—2023年8月
运梁台车	—	套	3	2020年12月—2023年8月
湿喷机	—	台	4	2020年12月—2023年8月

主要试验和检测仪器设备配置计划如表 5-34 所示。

表 5-34　试验和检测仪器设备配置计划

设备名称	规格、功率及容量	单位	数量	计划进退场时间
压力机	YAW-300B	台	4	2020 年 12 月—2023 年 6 月
万能材料试验机	WAW-300B	台	4	2020 年 12 月—2023 年 6 月
连续式打点机	BD-Ⅱ型	台	1	2020 年 12 月—2023 年 6 月
水泥净浆搅拌机	NJ-160	台	1	2020 年 12 月—2023 年 6 月
水泥胶砂振实台	ZT-96	台	1	2020 年 12 月—2023 年 6 月
水泥标准养护箱	SHBY-40B 型	台	2	2020 年 12 月—2023 年 6 月
沸煮箱	FZ-31A	台	1	2020 年 12 月—2023 年 6 月
水泥细度负压筛析仪	FSY-150	台	1	2020 年 12 月—2023 年 6 月
水泥胶砂流动度测定仪	NLD-3	台	1	2020 年 12 月—2023 年 6 月
电动重型击实仪	JZ-2D	台	1	2020 年 12 月—2023 年 6 月
液塑限测定仪	LP-100D	台	1	2020 年 12 月—2023 年 6 月
路面材料强度仪	TL127-Ⅱ型	台	1	2020 年 12 月—2023 年 6 月
电动脱模器	LD-150	台	2	2020 年 12 月—2023 年 6 月
烘箱	101-2ES	台	4	2020 年 12 月—2023 年 6 月
强制式混凝土搅拌机	STD30-60	台	1	2020 年 12 月—2023 年 6 月
强制式砂浆搅拌机	SJZ-15	台	1	2020 年 12 月—2023 年 6 月
混凝土渗透仪	HS-4	台	1	2020 年 12 月—2023 年 6 月
混凝土振动台	HJZ-8	台	1	2020 年 12 月—2023 年 6 月
标准恒温养护设备	—	套	1	2020 年 12 月—2023 年 6 月
混凝土贯入阻力仪	HG-80	台	1	2020 年 12 月—2023 年 6 月
砂浆稠度仪	SZ-145	台	1	2020 年 12 月—2023 年 6 月
混凝土含气量测定仪	GQC-1	台	1	2020 年 12 月—2023 年 6 月
细骨料亚甲蓝测定仪	NSF-2	台	1	2020 年 12 月—2023 年 6 月
震击式标准振筛机	ZBS-92A	台	1	2020 年 12 月—2023 年 6 月
砂当量仪	SD-Ⅲ	台	1	2020 年 12 月—2023 年 6 月
燃烧法沥青测定仪	LHRS-6	单	1	2020 年 12 月—2023 年 6 月
全自动车辙试验仪	LHCZ-6	台	1	2020 年 12 月—2023 年 6 月
马歇尔击实仪	ZMJ-Ⅲ	台	1	2020 年 12 月—2023 年 6 月
马歇尔沥青稳定度仪	DF	台	1	2020 年 12 月—2023 年 6 月
沥青混合料理论最大相对密度仪	HLM-2S	台	1	2020 年 12 月—2023 年 6 月
沥青混合料搅拌机	SLHB-Ⅱ	台	1	2020 年 12 月—2023 年 6 月
全自动沥青软化点测定仪	SYD-2806E	台	1	2020 年 12 月—2023 年 6 月
全自动沥青针入度仪	SYD-2801E	台	1	2020 年 12 月—2023 年 6 月
碳化深度测定仪	HT	台	1	2020 年 12 月—2023 年 6 月

续表

设备名称	规格、功率及容量	单位	数量	计划进退场时间
收敛仪	JSS30	台	1	2020年12月—2023年6月
回弹仪标准钢钻	GZ-1	台	1	2020年12月—2023年6月

(3) 材料配置计划

依据设计文件、工程承包合同,结合物资管理规定,确定物资的供应品种、技术要求、规格、数量及相应质量技术标准。按照工程施工进度计划,确定主要物资的使用时间和进场批量,编制主要物资总需求计划和分期供应计划。

物资部门组织开展采购前进行市场调查,分析资源分布和供求态势,做好采购前准备和市场信息收集工作;对水泥、粉煤灰、混凝土外加剂、砂石料、钢筋、钢材等所有用于主体工程的材料,应进行每批次进场取样送检,确保主要材料质量合格。

结合主要物资供求情况、交通运输条件等因素,做好重点物资储备、仓储计划和临时设施的建设工作;对于使用火工品的工程项目,必须做好火工品仓库的规划并上报当地公安部门审批、验收。

4. 主要工程项目施工方案

1) 路基工程

(1) 路基工程总体概况

本管段内路基里程长度21.92km,挖方304.29万 m^3,填方359.41万 m^3。边坡防护主要采用喷播植草、拱形骨架护坡、高强土工格室生态护坡、挂网喷播护坡、锚杆框架梁等。软基处理主要采用挖除换填、片石(卵石)盲沟、重压嵌入片石、部分换填+片石(卵石)盲沟、坡脚换填、冲击碾压、强夯、土工格栅、水泥搅拌桩、碎石桩、预制混凝土管桩、钢花管等方式。土方开挖施工采用挖掘机开挖,近距离调运采用装载机装运,距离较远采用挖掘机配合自卸汽车装运,平地机、振动压路机平整、碾压。路基采取分段(两结构物之间为一段)、分层填筑碾压,严格按照"三阶段(准备、施工、验收)、四区段(填土、平整、碾压、检测)、八流程(施工准备、基底处理、分层填筑、摊铺碾压、洒水晾晒、碾压夯实、检验签证、路基整修)"的作业程序组织施工。

(2) 施工顺序

施工准备→清表和地基处理→路堑开挖、边坡支护路床下路基填筑→路床填筑→路基相关工程(边坡防护及排水系统等)施工→整理验收进行路面施工准备。

(3) 施工方法

① 路基清表

施工前进行测量放线,定出路基施工用地范围,并在放桩的同时精确算出填挖土石方数量,制定土石方调配方案。做好排水设施,疏通排水系统。

清除公路用地范围内的所有构筑物、植被和杂物。人工配合推土机铲除地表种植土和腐殖土。清理完成后全面进行填前碾压,使其达到规定的压实度。

② 基底处理

A. 一般基底处理

地表处理采用人工配合挖掘机或推土机按不同的要求分段作业,处理后的基底表面平整,无草皮、树根等杂物,且无积水。地面倾斜地段按设计要求挖出台阶。

B. 特殊地基的处理

路基特殊地基处理方式主要有挖除换填、片石(卵石)盲沟、重压嵌入片石、部分换填＋片石(卵石)盲沟、坡脚换填、冲击碾压、强夯、土工格栅、水泥搅拌桩、碎石桩、预制混凝土管桩、钢花管等。

各种路基基底处理方式的施工方法略。

③ 路堑开挖

A. 土方开挖

土方路堑采用挖掘机开挖,对于较短而深的路堑采用全断面横挖法,对于较长路堑采用横断面全宽纵向分层开挖法。土方运距小于100m时,可直接用推土机、装载机运土;大于100m时,采用挖掘机或装载机配合自卸汽车运土。路拱开挖、路基面修整采用人工配合挖掘机、推土机、平地机施工。

B. 石方开挖

石方路堑采用机械自上而下分层纵向开挖。深路堑按"分级开挖,分级加固"的原则进行施工。开挖机械主要用单钩岩石挖掘机、破碎锤、挖掘机。

顺层路堑开挖要注意防止顺层滑坡的发生,设有锚杆地段,路堑挖至锚固标高后要及时锚固,待锚杆施工完毕,经观测其边坡无异常变化后再开挖下一层,直至设计标高。

④ 一般路堤施工

A. 一般土质路堤填筑

路堤填筑,按照分层振动碾压法施工。严格控制填筑层厚度,按填筑试验段确定的松铺厚度全宽、纵向、水平分层填筑,摊铺从路堤中线开始,对称地向两侧填土。第一层填料宜用轻型压实机具压实,当土石合成材料上的填料厚度大于0.6m后,采用重型压实机械;填筑时挂线控制虚铺厚度,不小于15cm,先用推土机初平,再用平地机精平,平整时摊铺厚度差不应超过±50mm。

摊铺时,应做成向路基两侧4％的排水坡,以利排水。自卸汽车卸填料时,根据车容量计算堆土间距,以使平整时控制填层厚度,填筑时路基两侧各加宽50cm,以保证边坡压实密度。

洒水:摊铺完毕,要及时检测摊铺层含水量。当填料含水量在最佳含水量±2％时,用压路机碾压一次,以暴露填筑面的潜在不平整,并用平地机对填筑层进行初平和整形,然后进行碾压工序。若含水量过小,用喷管式洒水车补充洒水;若含水量过大,则晾晒至含水量符合后再碾压。

碾压:振动压路机按试验段确定的工艺参数进行碾压。碾压时,振动压路机先慢后快,振动频率先弱后强,直线段由两侧向中间,曲线段由线段内侧向外侧纵向进退错行进行碾压,行与行的轮迹重叠宽度不小于0.3m,横向同层接头处重叠压实不小于1m,前后相邻两区段纵向重叠2m,上下两层接头处错开3m,达到无漏压,无死角,确保碾压均匀。

碾压完再用平地机精平一次,使每层压实面有2%的路拱横坡且平整,无积水,无明显碾压轮迹,无显著的局部凸凹。

B. 石方路堤填筑

对于填石路基,采取分层填筑,重型压路机碾压,分层厚度不超过施工规范要求。填料中须保证土石充分混合,填料级配良好。

⑤ 拼宽路基施工

拼宽路基施工前,严格按设计文件及施工规范要求挖好台阶,台阶宽2m,路床处理采用铺设两层钢塑格栅,当路基加宽宽度>6m时,铺设宽度6m,当路基加宽宽度≤6m时,新路基范围内满铺,同时与边坡应保持0.5m宽度,确保与既有公路路基的连接牢固。

既有公路路基拼宽施工中要随挖台阶随即向上分层填筑,确保既有公路路基边坡稳定。既有公路路基坡面防护拆除一段,施工一段。选择既有公路并肩地段填料时要选用与既有路堤相同或优于既有公路路堤的填料。

⑥ 台背回填施工

路基与桥涵台背填筑,采用透水性材料或设计要求的合格填料,台后大型压路机能施工的部位其施工方法与路基填筑相同,大型压路机不能到位的部位,采用小型夯实机具夯实。分层填筑、分层压实,压实度不得小于设计值。台背回填部分的路床与路堤路床同步施工。

⑦ 路基排水工程

A. 排水方式

a. 路拱排水:行车道及硬路肩横坡采用2%,土路肩横坡采用4%,路面排水采取自由漫流方式排入边沟或路堤边坡上的泄流设施;中央分隔带采用纵横向排水相结合的形式。

b. 路基排水:主要采用边沟、排水沟、截水沟、急流槽等排水设施将路基水排入路基以外的排水系统。

c. 超高排水:为排出主线超高路段外侧路面水,在超高侧路缘带靠中央分隔带设置有钢筋混凝土盖板的纵向排水沟,并每隔50m设置一处集水井及横向排水管,将汇水引排至路基挖方边沟或边坡急流槽。

B. 施工要点

a. 路基排水工程在施工过程中,必须注意与桥梁、涵洞、防护工程等的紧密衔接,保证路基安全稳定、水流畅通。对于急流槽、截水沟、排水沟等,可以经相关部门同意后根据实际地形调整位置,并且与当地水利设施结合,以保证路基的稳定性,避免农用失灌和水毁现象发生。

b. 在路基施工过程中,挖方路段截水沟在临时排水沟基础上尽快砌筑。

c. 截水沟、边沟、排水沟的下游出口段,应绕开路堤坡脚及桥台前锥体坡脚向外引出,以防止水流冲刷,如下方为弃土堆,于弃土堆外侧挖沟引出。

⑧ 路基边坡防护

A. 拱形骨架护坡

施工前,应自上而下逐条布置骨架,当至路堤坡脚最后几个拱间距或高度不足时,应根据实际情况调整拱间距、拱高或镶边宽度,使边坡得到有效保护。骨架应按设计形状和尺寸嵌入边坡内,骨架内的种植土应与骨架表面齐平,并与骨架和坡面密贴。骨架、襟边、镶边采用混凝土浇筑,现场整体浇筑,脚墙采用混凝土现场浇筑。骨架、襟边、镶边、脚墙沿线路方向每隔14.1m设伸缩缝一道,缝宽0.02m,缝内全断面填塞沥青麻絮,每隔100m浇筑一道1m宽踏步。

  B. 锚杆框架梁护坡

  a. 锚杆施工

测量放线→搭设脚手架→钻孔→清孔、验孔→插入锚杆→锚杆孔灌注水泥砂浆→张拉锚杆→锚固。

  b. 框架梁施工

在土石方开挖前,应对框架梁进行放样,基础开挖采用人工风镐凿除方式,应自上而下进行,开挖时注意不得扰动原状土。

在基础达到设计要求尺寸后,将基础松动杂石及浮渣清除干净后方可进行钢筋绑扎安装。

混凝土浇筑时,尤其在锚孔周围,钢筋较密集,一定要仔细振捣,保证质量。框架分片施工,两相邻框架接触处留2cm宽伸缩缝,用浸沥青木板填塞。分段施工时需预留钢筋,连接面按施工缝处理。

采用草帘麻袋覆盖及浇水的养护方式,养护时间一般不得少于7d。

  C. 片石混凝土挡土墙

  a. 基坑开挖:基坑开挖至设计高程后,立即进行基底承载力检查。

  b. 立模板:片石混凝土挡墙按挡墙几何尺寸支立模板,并用脚手架加固模板和搭设施工作业平台。

  c. 片石混凝土浇筑:检查模板几何尺寸及加固措施满足设计和规范要求后,分层浇筑片石混凝土,片石的掺量不得超过15%。

  d. 养护:在挡土墙混凝土施工完成后,及时进行洒水养护,炎热季节覆盖塑料薄膜。

(4)路基土石方调配

本项目共有路基土方工程填方359.41万m^3,挖方304.29万m^3,其中K0+000—K19+000段内挖填均衡,土方调配距离均在1km范围之内,只有K19+000—K21+920(含齐河枢纽互通)填缺77.1万m^3,计划从竹海服务区借调。

2)路面工程

(1)工程概况

路面工程包含线路内的主线、枢纽互通匝道以及收费站等路面施工项目,具体概况如下:

主线全长21.92km,线上设2处收费站及4处互通匝道,主要施工内容有沥青混凝土路面结构层、功能区水泥混凝土路面、路面附属工程等项目。

主线路面结构由下至上依次为改善层20cm、底基层20cm、基层20cm、同步碎石封层1.0cm、下面层(AC-25C)8cm、中面层(AC-20C)6cm、上面层(SMA-13)4cm。

桥梁路面结构由下至上依次为下面层（AC-25C）8cm、中面层（AC-20C）6cm、上面层（SMA-13）4cm。

（2）施工组织方案

路面工程施工顺序：路床验收→测量放线→预埋管线→混合料集中拌和→垫层摊铺碾压养护→底基层摊铺碾压养护→基层摊铺碾压养护→洒布透层→稀浆封层摊铺→下面层摊铺→洒布粘层→中面层摊铺→洒布粘层→上面层摊铺。

收费站广场混凝土面板以及全线路缘石、土路肩、路面纵向排水、横向排水等附属工程提前或跟进施工。

（3）施工技术方案

基层、底基层混合料采用稳定粒料拌和机拌和，自卸汽车运输，每个断面采用两台同型号摊铺机呈梯队方式摊铺，压路机碾压成型；沥青混合料拌和采用热拌技术，面层沥青混合料采用沥青拌和楼生产，自卸汽车运输，每个断面采用2台同型号摊铺机呈梯队方式摊铺，压路机碾压成型。

水泥混凝土面板施工采用三辊轴机组铺筑的施工方法，即由拌和站集中拌制混凝土，混凝土运输车运至现场后，专人指挥泵送卸料，人工配合三辊轴机组进行布料摊铺，通过插入式振动棒、振动板与振动梁振实，振实后拖动滚杠提浆整平。养护采用保湿覆盖。

（4）施工方法

① 路面结构层施工

A. 路面垫层、底基层、基层施工

路面垫层、底基层、基层材料均设计为水泥稳定碎石，采用稳定土拌和站集中拌和，自卸车运输，摊铺机摊铺，单钢轮振动压路机和胶轮压路机组合碾压成型。成型后覆盖洒水养护，质量检验合格后转入下一工序施工。

a. 混合料组成设计

工地实验室通过设计掺配后进行重型击实、承载比及抗压强度试验，确定混合料的最佳水泥剂量和最佳含水量，最终确定混合料配合比设计方案，并于开工前28d内呈报监理工程师批准。

b. 放样测量

根据线路中桩，放出固定桩。为确保高程与横坡的精度，直线段纵向每隔10m打入一桩，匝道、弯道每5m打一桩，挂钢丝基准线。单根基准线不宜太长，直线段300m，曲线段200m，用紧线器拉紧，拉力不小于800N。施工前，反复精确测量基准线高度，以保证基准线的准确度。路床表面摊铺前提前24h洒水湿润。

c. 场内拌和

拌和机组按照实验室提供的配合比，将合格的原材料拌和，拌和前实验室测定材料的含水量，提供精确的用水量，并将此含水量增加1%～2%作为施工含水量，以补偿在运输、摊铺、压实过程中水分的散失。

d. 汽车运输

自卸汽车装料时，为防止混合料离析，分2～3次装料，每次装料后移动车箱位置。运输过程中应加以覆盖防止水分蒸发。运至工地后，自卸汽车退至距摊铺机30cm处停车卸料。

e. 摊铺机摊铺

采用双机梯队摊铺。稳定土摊铺机摊铺时,按规定的松铺厚度均匀摊铺。摊铺前调整虚铺厚度和横坡度达到规定要求。根据拌和站的生产能力,调整摊铺机的行走速度,确保摊铺机匀速不间断地摊铺作业。摊铺过程中,采用"走钢丝"基准线的方式控制高程、厚度和平整度,随时用3m直尺和水准仪校核路面平整度、高程、横坡,若有偏差,及时调整。

f. 压路机碾压

摊铺后,即可按试验段确认的碾压程序进行施工碾压。

碾压采用单钢轮+胶轮的组合形式。先用单钢轮振动压路机慢压碾压,后用重型轮胎压路机碾压密实。碾压过程中,混合料的表面要始终保持潮湿。如表层水分蒸发过快,要及时均匀补洒少量水,严禁洒大量水碾压。压路机开始碾压时,主动轮朝向施工前进方向,原路返回再向前碾压时,开始错轮。在正碾压和刚完成的路段上,严禁压路机调头和急刹车。

g. 养护及交通管制

每一施工段碾压完成并经压实度检查合格后,立即覆盖土工布养护,采用洒水车洒水,保持水泥稳定碎石湿润,在水泥稳定碎石达到设计要求强度后,方可铺筑上层。

养护期不少于规定时间并保证一定的湿度,避免表面时干时湿。养护期间封闭交通,禁止除洒水车以外的一切车辆通行。

h. 质量检验

按照《公路工程质量检验评定标准》(JTG F80/1—2004)的规定项目,对水泥稳定碎石垫层、底基层、基层进行质量检验和评定。

B. 沥青路面透层施工

透层乳化沥青应在水泥稳定碎石上基层碾压成型后表面稍变干燥,但尚未硬化的情况下喷洒。基层若因故未能及时在施工后喷洒透层油,应在下次喷洒前对干燥的基层表面洒水,待其表面微潮且无明显积水时,再洒布透层油。

其施工工艺为:下承层准备→试洒→喷洒透层油→人工补洒→交通管制。

a. 下承层准备

洒布前对基层表面进行彻底清扫,必要时,用高压水枪冲洗基层表面,使基层骨料大颗粒部分外露,再用吹风机吹干。清扫完成后,对基层表面进行裂缝清查,对出现裂缝的,为防止裂缝反射到面层,用热沥青对裂缝进行灌缝处理。透层施工前,用彩条布或塑料薄膜遮挡路肩土和中分带以及紧邻的人工构造物,包裹好后用重物镇压或绑扎,防止透层油污染。

b. 试洒确定洒布速度

正式施工前,进行试洒,确定乳化沥青设计洒布量对应的洒布车速度。试洒确定洒布速度后封闭洒布段交通。

c. 洒布透层

采用智能沥青洒布车均匀洒布,同时检测透层油的洒布用量,每次检测不少于3处,施工满足透层油下渗基层不小于5mm。沥青洒布车配备适用于不同稠度沥青喷洒用的喷嘴,在沥青洒布机喷洒不到的地方采用手工洒布机喷洒。喷洒超量或漏油或少洒的地方应予以纠正。

d. 局部人工补洒

在喷洒透层沥青时,当有花白遗漏时应人工补洒,喷洒过量时应立即洒布石屑和砂吸油,必要时用轻型钢轮压路机碾压。

e. 交通管制

洒好透层的基层要保持洁净状态。养护期间,不应在已经洒好透层沥青的路面上开放交通,确保透层沥青充分渗入基层。

C. 沥青路面下封层施工

下封层设计采用同步碎石封层,使用同步碎石封层车摊铺,在透层施工完成破乳后应尽早进行下封层摊铺。

同步碎石封层施工工艺流程为:下承层清洁→封闭管制交通→放样画线→摊铺施工→人工修补→碾压→早期养护。

a. 施工准备

透层洒布完成破乳后,此时透层表面清洁无污染,应立即进行碎石封层摊铺;若因故未能及时进行下封层铺筑,施工前须彻底清洁透层表面。碎石封层按照设计要求配制混合料,采用专用的同步碎石封层车摊铺。将符合要求的改性乳化沥青、碎石等装入同步碎石封层车的相应料箱。

b. 封闭交通

清洁下承层前,封闭摊铺路段前后交通,摊铺路段除碎石封层车外禁止任何车辆驶入。

c. 下封层摊铺

将装好料的同步碎石车开至施工起点,开始施工,封层车匀速缓慢前进,一般前进速度为 5km/h,控制喷洒改性乳化沥青温度及撒布量、碎石的撒布量,撒布碎石达到颗粒不重叠、均匀,覆盖率达 60%。

d. 局部人工修补

对撒布不均匀、质量不符合要求的部位及时安排人工进行修补找平,修补找平的重点是:起点、终点、纵向接缝、过厚、过薄或不平处,尤其对超大粒径矿料产生的纵向拉痕,应尽快清除或填平。

e. 碾压

同步碎石封层摊铺后,使用轮胎压路机碾压 2~3 遍,碾压速度均匀,不得急刹车、急转弯。

f. 早期养护

碎石封层采用自然封闭养护,在养护期内,严禁任何车辆和行人进入,成型后再开放交通。

D. 沥青路面粘层施工

粘层是沥青面层之间加强层间结合力的乳化沥青薄层,一般采用慢裂乳化沥青,智能沥青洒布车洒布,其施工工艺为:下承层准备→试洒→喷洒粘层油→人工补洒→交通管制。

具体施工方法同路面透层施工,此处略。

E. 桥面防水层施工

a. 桥面经喷砂、打磨,报监理验收合格后,方能进行桥面防水层施工。

b. 桥面喷涂施工时,桥表面必须干燥、整洁。

c. 防水性黏结剂施工时最低气温不应低于5℃,雨天、大雾及五级风以上不得施工。

d. 施工采用喷涂机,喷涂分3次进行,防水涂料用量应不小于设计要求。

e. 喷涂质量要求:喷涂均匀,表面不流淌、堆积,不出现漏喷和污染桥涵结构物的现象。

f. 喷涂结束后,自然养护24h以上,在养护期间设专人防护,禁止车辆通行,严防人员踩踏,确保黏结层的质量。待黏结层干实后,方可进行桥面沥青铺装层施工。

F. 沥青路面面层施工

沥青面层混合料设计为沥青混凝土,采用拌和站集中拌和,自卸汽车运输,摊铺机摊铺,双钢轮振动压路机和胶轮压路机组合碾压成型。温度降至50℃以下即可开放交通,进行质量检验,检验合格转入下一工序施工。

a. 放样测量

根据线路中桩,放出固定桩。沥青底面层施工时,仍采用挂钢丝基准线的方式控制高程。沥青中、上面层施工时,高程、厚度采用非接触式超声波平衡梁控制。

b. 铺筑试验段

在正式铺筑前,每种沥青混合料先铺筑一段长300m与本工程主线路面相同宽度的路面试验段。通过试验确定:拌和温度、拌和时间、混合料出厂温度、到达现场温度、摊铺机的摊铺温度、摊铺速度、摊铺宽度、摊铺厚度、自动找平方式等操作工艺;压路机的压实顺序、碾压温度、碾压速度及遍数等压实工艺以及确定松铺系数、切缝、接缝方法等。具体以试验段试验结果为准。试验段摊铺压实24h后,应对其厚度、密实度、沥青含量、矿料级配及其他项目进行抽样检验。

c. 摊铺

摊铺前,先对下层进行检查,并提前0.5~1h预热熨平板,预热温度不低于100℃。运输车卸料时,应分多次起斗,并调节好转运车推轮与运输车的距离,防止漏料;混合料摊铺温度不低于135℃(气温较低时,摊铺温度提高10~15℃)。现场用玻璃管温度计和电子温度计严格检查,确保进行摊铺的混合料合格。在雨天、沥青混合料表面存水或施工气温低于10℃时,停止摊铺混合料。摊铺时派专人检查摊铺带边缘局部缺料、摊铺机后面的拖痕、表面不平整、局部混合料离析等情况,发现问题及时处理。为消除纵向接缝,主线采用2台摊铺机在高速公路半幅路面全宽范围内组成梯队联合摊铺,2台摊铺机前后距离为10~20m,前后2台摊铺机轨道重叠10cm左右。沥青混合料必须缓慢、均匀、连续不间断地摊铺。摊铺过程中不得随意变换速度或中途停顿,摊铺速度为2~4m/min。铺筑过程中,摊铺机螺旋送料器应不停顿转动,两侧应保持不少于送料器高度2/3的混合料,并保证在摊铺机全宽度断面上不发生离析,在熨平板按所需厚度固定后,不得随意调整。

d. 碾压

摊铺后及时检查摊铺厚度,但不允许踩踏路面,对不符合要求之处设专人及时进行调整,随后进行充分、均匀地压实。沥青混合料压实分初压、复压和终压。

初压:初压采用13t轻型双钢轮振动压路机静压,碾压时驱动轮面向摊铺机,碾压从外侧向中心顺序进行,碾压路线及碾压方向不得突然改变以免导致混合料产生推移。初压后检查平整度和路拱,必要时予以修整。

复压:复压紧接在初压后进行,采用胶轮压路机压实,相邻碾压带应重叠1/3~1/2的碾压轮宽度,达到要求的压实度,并无显著轮迹。

终压:紧接在复压后进行,采用 13t 双钢振动轮压路机赶光 2 遍以上。压路机从外侧向中心碾压,相邻碾压带应重叠宽度为 10~20cm,最后碾压路中心部分,碾压速度控制在 3~6km/h。

辅助碾压:在桥头、路缘和中分带等构筑物位置,为保护构筑物和保证碾压质量,采用小型辅助压路机适当增加碾压遍数进行碾压,并检查碾压效果,适当调整。每台压路机不允许在同一横断面回车,要错成台阶形状,错台距离为一次碾压时间内摊铺的距离。压路机碾压过程中有沥青混合料粘轮现象时,可向碾压轮洒少量水或加洗衣粉的水,严禁洒柴油。

e. 接缝处理

当由于工作中断,如摊铺材料的末端已经冷却,或继续摊铺影响平整度时,就应做成一条横缝。横缝与摊铺方向成直角,严禁使用斜接缝。用 6m 直尺检验找出该切除的位置(平整度、厚度符合要求,并与相连的层次和相邻的行程间均应至少错开 1m),将不符合要求的混合料切除。继续摊铺时,在接缝处涂刷粘层沥青,并注意设置整平板高度,为碾压留出适当的预留量。摊铺机起步前应预热 30min 以上(气温较低时 50min 以上),用刚运至工地的混合料开始摊铺。随后,用偏细的沥青混合料找平起步时 1~2m 范围内的变化,压路机先横向后纵向碾压,并用 3m 直尺检测,直到达到要求为止。

3) 桥梁工程

(1) 工程概况

① 主线桥梁

本项目大中桥 3912.21m/30 座,其中主线桥 1166.85m/11 座,匝道桥 2745.36m/19 座,车行天桥 14 座(含拆除 2 座),人行天桥 6 座;互通式立交共 4 处,其中枢纽 2 处,一般互通 2 处。

② 互通式立交工程

本项目全线共设 4 处互通,其中,枢纽互通 2 处,一般互通 2 处。

③ 天桥

本标段共设置天桥 20 座,采用钢混组合梁、预制 T 梁及现浇箱梁。

(2) 施工组织方案

本标段桥梁工程分段实施,T 梁集中预制,按首架次架方向组织预制和安装。混凝土及钢筋加工制作采用集中拌和、钢筋场加工,运至现场进行浇筑和绑扎成型的方式。

桥梁下部结构在不影响架梁的前提下,总体按照先特殊结构基础、后一般结构基础;先两端桥台、后中间墩;先桥梁主体、后附属的顺序组织施工。

互通式立交优先施工主线及匝道上跨桥梁结构,再施工其他桥梁结构,以减小立交建设过程中对交通的干扰。

天桥施工根据路基施工进度,交叉组织施工。

(3) 施工技术方案

略。

4) 涵洞、通道工程

(1) 工程概况

本项目主线、枢纽互通内、改路及跨高速旧涵接长共 115 道,主要以盖板涵为主。盖板涵涵身均采用钢模板,盖板涵盖板在预制场集中预制,吊车安装。混凝土由拌和站集中供应,泵送入模。

基础开挖前需做好基础周围的临时排水设施,临时排水设施应与永久排水设施结合。基础采用挖掘机开挖,人工修整基坑,涵洞基础以下松软土按照设计要求加固,换填采用人工配合挖掘机开挖平底后,利用装载机、自卸汽车运送换填料,压路机碾压密实,经检验合格后施工涵洞。涵洞工程由相应地段路基综合作业队分段施工。

(2) 施工方案

先行安排对路基、桥梁有影响的和基底需要进行处理的涵洞施工,完成时间要满足路基施工填土的节点要求。基底处理后立即施工涵洞,为涵背及路堤大面积填筑创造条件。

涵洞安排在路基填方前施工,以保证路基填筑的正常进行,路基作业面内根据路基施工顺序合理安排平行或流水作业。

(3) 钢筋混凝土盖板涵施工

略。

5. 施工进度计划

本高速公路 LK1 标段计划 2020 年 12 月 30 日开工,2023 年 8 月 30 日竣工,计划工期为 974 日历天。

为确保工期,制订如下里程碑计划节点,如表 5-35 所示。

表 5-35 主要节点里程碑计划

序号	工作内容		工期/d	开始时间	结束时间
1		施工准备	92	2020-12-30	2021-03-31
2	路基工程	特殊路基处理	183	2021-04-01	2021-09-30
3		路基挖方	446	2021-05-01	2022-07-20
4		路基填方	457	2021-05-01	2022-07-31
5		防护、排水工程	518	2021-04-01	2022-08-31
6		涵洞及通道工程	426	2021-04-01	2022-05-31
7	桥涵工程	基础工程	315	2021-04-01	2022-02-09
8		墩台工程	335	2021-05-01	2022-03-31
9		梁体工程	304	2021-08-01	2022-05-31
10		梁体安装	334	2021-09-07	2022-07-31
11		桥面铺装及附属工程	457	2021-10-01	2022-12-31
12	路面工程	路面基层	395	2022-04-01	2023-04-30
		路面面层	150	2023-02-01	2023-06-30
13		服务、收费站等房屋工程	273	2022-10-01	2023-06-30
14		绿化工程	183	2022-12-30	2023-06-30
15		交安工程	212	2022-12-01	2023-06-30
16		交工验收	61	2023-07-01	2023-08-30

本高速公路 LK1 标段施工进度计划如图 5-29 所示。

6. 施工平面布置

本高速公路 LK1 标段施工平面布置如图 5-30 所示。

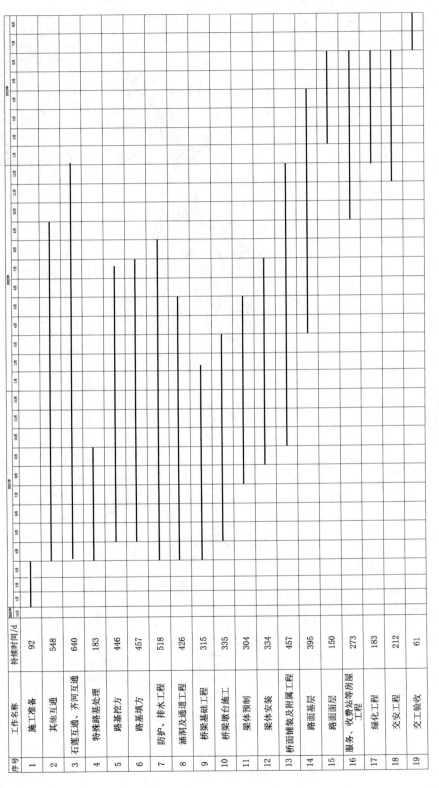

图 5-29 某高速公路 LK1 标段施工进度计划

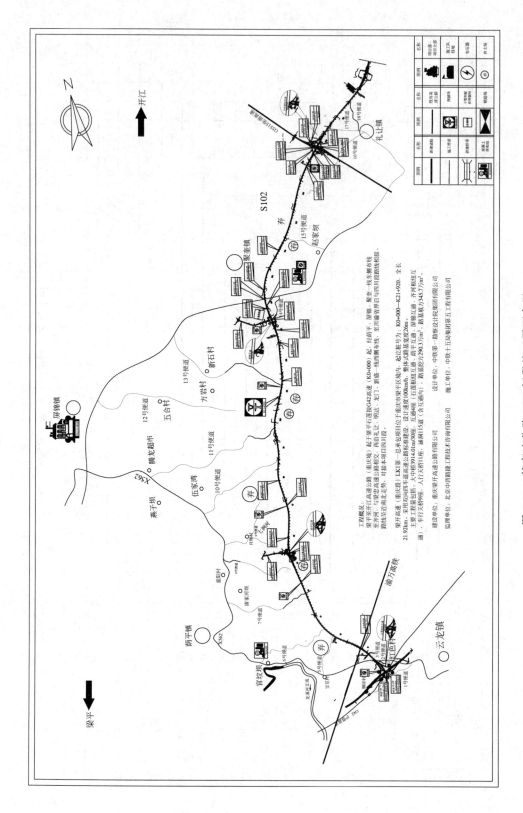

图 5-30 某高速公路 LK1 标段施工平面布置

7. 主要施工管理措施

略。

思考题

1. 单位工程施工组织设计包括哪些内容？
2. 什么叫单位工程的施工起点和流向？室内、外装饰各有哪些施工流向？
3. 选择施工方法和施工机械应满足哪些基本要求？
4. 单位工程施工进度计划的编制依据有哪些？
5. 试述单位工程施工进度计划的编制步骤。
6. 施工过程划分应考虑哪些要求？
7. 工程量计算应注意什么问题？
8. 如何确定施工过程的劳动量和持续时间？
9. 施工准备工作应包括哪些内容？什么是施工准备工作的核心？
10. 施工现场准备工作应包括哪些内容？"四通一平"是指什么？
11. 试述单位工程施工平面图的绘制步骤。
12. 施工电梯布置时应考虑哪些因素？
13. 试述现场运输道路的布置要求。

习题

1. 单项选择题

（1）由施工方自行确定的项目管理目标是（　　）。（**2022 年国家一级建造师考试真题**）

  A. 环保   B. 安全   C. 质量   D. 成本

（2）下列各项进度计划中，不属于施工方进度计划的是（　　）。（**2022 年国家一级建造师考试真题**）

  A. 施工准备工作计划   B. 施工总进度计划
  C. 施工招标工作计划   D. 单位工程施工进度计划

（3）下列施工准备的质量控制工作中，属于现场施工准备工作的是（　　）。（**2021 年国家一级建造师考试真题**）

  A. 编制作业指导书   B. 复核测量控制点
  C. 组织设计交底   D. 细化施工方案

（4）关于建设工程现场文明施工措施的说法，正确的是（　　）。（**2021 年国家一级建造师考试真题**）

  A. 施工现场严禁设置吸烟处，应设置于生活区

B. 施工总平面图应随工程实施的不同阶段进行调整
C. 一般工地围挡高度不得低于 1.6m
D. 施工现场应设置排水系统,直接排入市政管网

(5) 关于施工方项目管理目标的说法,正确的是(　　)。(2021 年国家一级建造师考试真题)
  A. 施工总承包方的工期目标和质量目标必须符合合同要求
  B. 施工总承包方的成本目标由施工企业根据合同确定
  C. 与业主方签订分包合同的工程,其工期目标和质量目标由分包方负责
  D. 分包方的成本目标由施工总承包方确定

(6) 在单位工程施工组织设计文件中,施工流水段划分一般属于(　　)的内容。(2021 年国家一级造价师考试真题)
  A. 工程概况　　　B. 施工进度计划　　　C. 施工部署　　　D. 主要施工方案

(7) 下列施工现场噪声控制的措施中,属于声源控制的是(　　)。(2019 年国家一级建造师考试真题)
  A. 采用低噪声设备和加工工艺　　　B. 利用消声器阻止传播
  C. 利用吸声材料吸收声能　　　D. 应用隔声屏障阻碍噪声传播

(8) 建设工程固体废物的处理方法中,进行资源化处理的重要手段是(　　)。(2019 年国家一级建造师考试真题)
  A. 回收利用　　　B. 减量化处理　　　C. 填埋处置　　　D. 稳定固化

(9) 下列施工现场环境保护措施中,属于大气污染防治措施的是(　　)。(2018 年国家一级建造师考试真题)
  A. 禁止将有毒有害废弃物作土方回填　　　B. 禁止在施工现场焚烧各种包装物
  C. 工地临时厕所化粪池采取防渗漏措施　　　D. 选用低噪声设备和加工工艺

(10) 某投标人在内部投标评审会中发现招标人公布的招标控制价不合理,因此决定放弃此次投标。该风险应对策略为(　　)。(2018 年国家一级建造师考试真题)
  A. 风险规避　　　B. 风险减轻　　　C. 风险自留　　　D. 风险转移

2. 多项选择题

(1) 根据《建筑施工组织设计规范》(GB/T 50502—2009),施工管理计划包括(　　)。(2019 年国家一级建造师考试真题)
  A. 进度管理计划　　　B. 质量管理计划
  C. 安全管理计划　　　D. 环境管理计划
  E. 运营管理计划

(2) 下列影响工程进度因素中,属于承包人可以要求合理延长工期的有(　　)。(2020 年国家一级建造师考试真题)
  A. 业主在工程实施中增减工程量对工期产生不利影响
  B. 业主在工程实施中改变工程设计对工期产生不利影响
  C. 因进场材料不合格而对工期产生不利影响
  D. 因施工操作工艺不规范而对工期产生不利影响

E. 突发的极端恶劣气候对工期产生不利影响

（3）根据《建筑施工组织设计规范》，施工方案的主要内容包括（　　）。(**2021 年国家一级建造师考试真题**)

  A. 工程概况   B. 施工方法及工艺要求

  C. 施工部署   D. 施工现场平面布置

  E. 施工准备与资源配置计划

（4）下列建设工程施工现场的防治措施中，属于空气污染防治措施的有（　　）。(**2019 年国家一级建造师考试真题**)

  A. 清理高大建筑物的施工垃圾时使用封闭式容器

  B. 施工现场道路指定专人定期洒水清扫

  C. 机动车安装减少尾气排放的装置

  D. 化学用品妥善保管，库内存放避免污染

  E. 拆除旧建筑时，适当洒水

（5）工程项目风险管理中常用的风险对策有（　　）。(**2022 年国家一级建造师考试真题**)

  A. 风险规避   B. 风险减轻   C. 风险自留   D. 风险监控

  E. 风险转移

（6）下列承包人提出的索赔情形中，索赔能够成立的有（　　）。(**2022 年国家一级建造师考试真题**)

  A. 施工过程中，因施工方案缺陷导致的工程变更

  B. 由于阴雨天气，造成工期延误和人员窝工

  C. 总承包单位经建设单位代表同意更换项目经理，导致工期延误

  D. 发包人减少工程量，造成进场人员材料损失

  E. 基础工程覆盖后因建设单位要求进行剥离复验，复验结果合格

（7）关于施工现场文明施工措施的说法，正确的有（　　）。(**2020 年国家一级建造师考试真题**)

  A. 闹市区施工现场设置 2.5m 高的围挡

  B. 利用现场施工道路堆放砌块材料

  C. 材料库房内配备保管员住宿用的单人床

  D. 施工作业区内禁止随意吸烟

  E. 在总配电室设置灭火器和消防沙箱

（8）项目风险管理过程中，风险识别工作包括（　　）。(**2020 年国家一级建造师考试真题**)

  A. 分析风险因素发生的概率   B. 确定风险因素

  C. 编制项目风险识别报告   D. 分析各风险的损失量

  E. 收集与项目风险有关的信息

（9）下列施工现场噪声控制措施中，属于控制传播途径的有（　　）。(**2020 年国家一级建造师考试真题**)

  A. 使用耳塞、耳罩等防护用品

B. 限制高音喇叭的使用
C. 选用吸声材料搭设防护棚
D. 改变震动源与其他刚性结构的连接方式
E. 进行强噪声作业时严格控制作业时间

(10) 在绘制单位工程施工进度计划图前,需要完成的先导工作有( )。(2020 年监理工程师考试真题)
A. 安排资金使用量　　　　　　　B. 确定施工顺序
C. 绘制施工平面图　　　　　　　D. 计算工程量
E. 划分工作项目

案例分析题

1. 案例 1(2018 年国家一级建造师考试真题)：一建筑施工场地,东西长 110m,南北宽 70m。拟建建筑物首层平面 80m×40m,地下 2 层,地上 6/20 层,檐口高 26/68m,建筑面积约 48 000m²。施工场地部分临时设置平面布置示意如图 5-31 所示。图中布置施工临时设施有：现场办公室、木工加工及堆场、钢筋加工及堆场、油漆库房、塔式起重机、施工电梯、物料提升机、混凝土地泵、大门及围墙、车辆冲洗池(图中未显示的设施均视为符合要求)。

(1) 写出图 5-31 中临时设施编号所处位置最宜布置的临时设施名称(如⑨大门与围墙)。

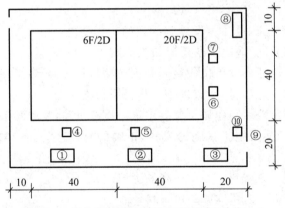

图 5-31　部分临时设施平面布置示意(单位:m)

(2) 简单说明布置理由。
(3) 施工现场安全文明施工宣传方式有哪些?

2. 案例 2(2018 年国家一级建造师考试真题改)：一新建工程地下 2 层,地上 20 层。高度 70m,建筑面积 40 000m²,标准层平面为 40m×40m。项目部根据施工条件和需求,按照施工机械设备选择的经济性等原则,采用单位工程量成本比较法确定塔式起重机型号。施工总承包单位根据项目部制定的安全技术措施、安全评价等安全管理内容提取了项目安全生产费用。

项目部在"X 工程施工组织设计"中制定了临边作业、攀登与悬空作业等高处作业项目安全技术措施。在一次塔式起重机起吊荷载达到其额定起重量 95% 的起吊作业中,安全人员让操作人员先将重物吊起离地面 15cm,然后对重物的平稳性、设备和绑扎等各项内容进行了检查,确认安全后同意其继续起吊作业。

"在建工程施工防火技术方案"中,对已完成结构施工楼层的消防设施平面布置如图 5-32 所示。图中立管设计参数为:消防用水量 15L/s,水流速 $i=1.5 \text{m/s}$;消防箱包括消防水枪、水带与软管。监理工程师按照《建设工程施工现场消防安全技术规范》(GB 50720—2011)提出整改要求。

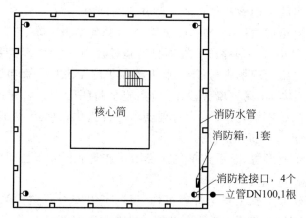

图 5-32 标准层临时消防设施布置示意

(1) 施工机械设备选择的原则和方法分别还有哪些?当塔式起重机起重荷载达到额定起重量 90% 以上时,对起重设备和重物的检查项目有哪些?

(2) 需要在施工组织设计中制定安全技术措施的高处作业项还有哪些?

(3) 指出图 5-32 中的不妥之处,并说明理由。

3. 案例 3(2018 年国家一级建造师考试真题改):某高校图书馆工程,地下 2 层,地上 5 层,建筑面积约 $35\,000\text{m}^2$,现浇钢筋混凝土框架结构,部分屋面为正向抽空四角锥网架结构。施工单位与建设单位签订了施工总承包合同,合同工期为 21 个月。在工程开工前,施工单位按照收集依据、划分施工过程(段)、计算劳动量、优化并绘制正式进度计划图等步骤编制了施工进度计划,并通过总监理工程师的审查与确认。

项目部在开工后进行了进度检查,发现施工进度拖延,其部分检查结果如图 5-33 所示。

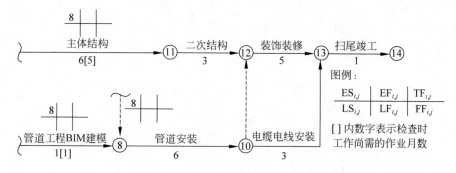

图 5-33 某工程网络计划(单位:月)

项目部为优化工期,通过改进装饰装修施工工艺,使其作业时间缩短为 4 个月,据此调整的进度计划通过了总监理工程师的确认。

管道安装按照计划进度完成后,因甲供电缆电线未按计划进场,导致电缆电线安装工程最早开始时间推迟了1个月,施工单位按规定提出索赔工期1个月。

(1) 单位工程施工进度计划编制步骤还应包括哪些内容?

(2) 图 5-33 中,工程总工期是多少?管道安装的总时差和自由时差分别是多少?除工期优化外,进度网络计划的优化目标还有哪些?

(3) 施工单位提出的工期索赔是否成立?并说明理由。

4. 案例 4: 某工程建筑面积 13 000 m^2,地处城区繁华地段。东、南两面紧邻市区主要路段,西、北两面紧靠居民小区一般路段。在项目实施过程中发生如下事件。

事件一:项目部对施工现场进行了规划,并绘制了施工现场平面布置图。

事件二:为控制成本,现场围墙分段设计,实施全封闭管理。紧邻市区主要路段的东、南两面设计为 1.8m 高砖围墙,并按市容管理要求进行美化;西、北两面是紧靠居民小区的一般路段,设计为 1.8m 高普通钢围挡。

事件三:为宣传企业形象,总承包单位在现场办公室前树立了公司旗帜,旗杆与基座采用预埋件焊接连接。

事件四:项目部建立了施工安全管理机构,设置了以安全总监为第一责任人的项目安全管理领导小组。在工程开工前,安全总监向项目有关人员进行安全技术交底。专业分包单位进场后,编制了相应的施工安全技术措施,报批完毕后交项目安全部门备案。

(1) 事件一中,施工现场平面布置图通常应包含哪些内容?

(2) 事件二中,分别说明现场砖围墙和普通钢围挡设计高度是否妥当,如有不妥,请说明正确做法。

(3) 事件三中,旗杆与基座预埋件焊接是否需要开动火证?若需要,请说明动火等级并说明相应的审批程序。

(4) 事件四中存在哪些不妥,并分别说明正确做法。

第6章 BIM技术在施工组织中的应用

重点掌握内容：施工方案模拟，BIM技术在施工进度计划编制及控制中的应用，BIM技术在施工场地布置中的应用。

了解内容：BIM技术发展，施工工艺模拟。

6.1 概述

6.1.1 BIM技术的发展

1. BIM定义

《建筑信息模型施工应用标准》(GB/T 51235—2017)规定如下：

2.0.1 建筑信息模型(building information modeling, building information model, BIM)

在建设工程及设施全生命期内，对其物理和功能特性进行数字化表达，并依此设计、施工、运营的过程和结果的总称。简称模型。

2. BIM技术的起源

BIM技术起源于20世纪70年代的美国。1975年，伊斯特曼教授在其研究课题"Building Description System"中提出"acomputer-based description of a building"的构想，以便实现建筑施工过程可视化和量化分析，提高效率。这一构想成为现在BIM理念的雏形，伊斯特曼教授也被公认为"世界BIM之父"。

BIM技术的开发最初是为了利用计算机技术来辅助建筑设计和施工过程，通过创建数字化的三维模型来集成建筑对象的几何形状、构造、材料等信息，实现对建筑全生命周期的集成管理和协作。美国是较早启动建筑业信息化研究的国家，发展至今，BIM研究与应用都始终走在世界前列。目前，美国诞生了各类BIM协会，也出台了各种BIM标准。除美国外，许多发达国家和地区都在积极推动BIM技术在建设工程各领域的广泛应用。

3. BIM技术在我国的发展

2002年，Autodesk公司将BIM概念引入我国。国内业内学者、专家开始研究和探讨BIM技术及其应用方法。BIM技术在我国的发展经历了概念导入、理论研究与初步应用、快速发展及深度应用三个阶段。

(1) 概念导入阶段(1998—2005年)

本阶段主要是针对 IFC(industry foundation classes,工业基础类)标准的引入,并基于 IFC 标准进行一些理论研究工作。IFC 标准是开放的建筑产品数据表达与交换的国际标准,是由国际组织 IAI(International Alliance for Interoperability,国际互操作联盟)制定并维护。该组织目前已改名为 Building SMART International。IFC 标准可被应用于勘察、设计、施工到运维的工程项目全生命周期中。

(2) 理论研究与初步应用阶段(2006—2010年)

在该阶段,BIM 的概念逐步得到大家的认知,科研机构针对 BIM 技术开始理论研究工作,并开始出现 BIM 技术在项目中的实际应用,主要聚焦在设计阶段。

(3) 快速发展及深度应用阶段(2011年以后)

自 2011 年之后,BIM 技术在我国得到快速发展,无论从国家政策支持,还是理论研究方面都得到高度重视,特别是在工程项目上得到广泛的应用,在此基础上,BIM 技术不断地向更深层次应用转化。

随着计算机技术的进步和建筑行业对高效协作和信息共享需求的增加,BIM 技术不断发展,并逐渐应用于建筑施工项目和建筑运维、设备管理等领域。现代 BIM 技术不仅包括建筑模型的创建和管理,还涵盖了各种相关数据的集成和分析,如材料、成本、进度等。近年来,随着 BIM 技术、大数据技术、物联网技术、云计算等信息技术的不断发展,施工现场管理逐渐由人工方式转变为信息化、智能化管理,并利用虚拟现实、增强现实等技术实现了更加直观和真实的建筑模拟和可视化,工程质量、进度、安全等管理效率显著提升,极大地节省了工程管理成本。

4. BIM 在施工行业的发展方向

目前,单纯的 BIM 应用越来越少,更多的是将 BIM 技术与其他专业技术、通用信息化技术、管理系统等集成应用,以期发挥更大的综合价值,因此,BIM 应用呈现出"BIM+"的特点,"BIM+"应用特点包括以下 5 个方面:

(1) 多阶段应用

即从聚焦设计阶段应用向施工阶段深化应用转变。

(2) 集成化应用

即从单业务应用向多业务集成应用转变。

(3) 多角度应用

即从单纯技术应用向与项目管理集成应用转变。

(4) 协同化应用

即从单机应用向基于网络的多方协同应用转变。

(5) 普及化应用

即从标志性项目应用向一般项目应用延伸。

6.1.2 BIM 技术在施工阶段的应用

BIM 技术在施工阶段的应用主要包括以下几个方面。

(1) 施工深化设计:提升深化后建筑信息模型的准确性、可校核性。将施工操作规范与施工工艺融入施工作业模型,使施工图深化设计模型满足施工作业指导的需求。

(2) 施工场地规划：施工各阶段的场地地形、既有建筑设施、周边环境、施工区域、临时道路、临时设施、加工区域、材料堆场、临水临电、施工机械、安全文明施工设施等进行规划布置和分析优化，以实现场地布置科学合理。

(3) 施工过程模拟：BIM可以通过虚拟建模技术对施工过程进行模拟，包括施工顺序、施工流程、材料运输等。通过模拟，可以发现和解决潜在的冲突和危险，提前优化施工计划，降低施工风险。

(4) 数字化加工：将BIM模型中的相关数据转换成数字化加工所需的数字化模型，结合建筑构件所关联的相关信息，利用自动化制造设备完成构件或预制构件的加工，可实现构件从设计、加工到运输的全过程管理。

(5) 碰撞检测：BIM可以对施工过程中的各种构件进行碰撞检测，发现和解决不同构件之间的干涉问题。通过BIM模型，可以在施工前预测和避免碰撞，提高施工效率，减少施工事故的发生。

(6) BIM4D：利用带有时间维度的4D模型，以可视化的方式直观地展示项目整体方案实施顺序、复杂区域的施工顺序等内容，使参建单位能更好地理解和掌握项目的里程碑事件，提升项目整体进度管理。

(7) BIM5D：是在3D建筑信息模型基础上，融入时间和成本两个维度，形成由"3D模型＋进度计划＋成本控制"的五维建筑信息模型。BIM5D不仅能统计工程量，还能将建筑构件的3D模型与施工进度的各种工作(WBS)相连，动态地模拟施工变化过程，实施进度控制和成本控制的实时监控。BIM5D是集工程量信息、进度信息、造价信息于一体，实现"进度模拟""成本跟踪""质量监控""安全监控""合同管理""资源跟踪"等施工管理目标的数字化施工管理系统，可以提升项目整体管理水平。

(8) 资源管理：BIM可以用来管理施工过程中的各种资源，包括人力、物力、设备等。通过BIM模型，可以实时监控资源的使用情况，提高资源利用效率，优化施工进度。

在深化设计模型中添加或完善楼层信息、构件信息、进度表、报表等设备与材料信息，建立可以实现设备与材料管理和施工进度协同的建筑信息模型(其中该模型应可追溯大型设备及构件的物流与安装信息)。按作业面划分，从建筑信息模型输出相应的设备、材料信息，通过内部审核后，提交给施工部门审核。根据工程进度实时输入变更信息，包括工程设计变更、施工进度变更等。输出所需的设备与材料信息表，并按需要获取已完工程消耗的设备与材料信息以及下个阶段工程施工所需的设备与材料信息。运用BIM技术达到按施工作业面配料的目的，实现施工过程中设备、材料的有效控制，提高工作效率，减少浪费。

(9) 质量与安全管理：施工过程模型应关联质量、安全管理方案，对质量、安全管控的重点部位或分部分项工程进行动态管理。通过三维激光扫描仪、自动放线机器人等相关硬件或手机App采集现场数据，与施工过程模型进行比对，及时预警和调整。

(10) 构建竣工模型：发挥BIM技术的及时性、准确性、完整性、集成性优势，将项目参与方在施工过程中的实际情况及时录入施工过程模型，保证模型与工程实体的一致性，进而形成竣工模型，满足电子化交付及运营基本要求。

6.2 施工模拟

BIM技术具有可视化、可模拟等功能，运用这些功能可以对建设项目进行三维展示并模拟施工，通过模拟可以及时发现设计、施工中存在的一些不合理之处，根据发现的问题有针对性地对原施工方案进行优化。

6.2.1 施工方案模拟

在施工图设计模型或深化设计模型的基础上，附加建造过程、施工顺序、施工工艺等信息，进行施工过程或关键复杂节点的可视化模拟，并充分利用建筑信息模型对方案进行分析和优化，提高方案审核的准确性，实现施工方案的可视化交底。

1. 基坑开挖施工方案模拟

基坑开挖施工方案模拟应结合工程实际情况，如基坑开挖深度、工程水位地质条件、周边建筑物的影响、基坑周边交通状况、地下管线等问题，还应根据基坑开挖土方工程量、开挖顺序、开挖机械数量安排、土方运输车辆载重能力、基坑支护类型及支撑等因素，综合考虑，合理安排。

6-1

6-2

某建设项目基坑开挖施工方案模拟如图 6-1 所示。可扫描二维码 6-1、二维码 6-2 观看动画模拟视频，了解土方开挖、基坑支护等施工工艺。

图 6-1 某建设项目基坑开挖施工方案模拟

2. 模板工程施工方案模拟

模板工程施工方案模拟，是对墙、柱、梁、板配模，对加固体系、支撑体系进行三维创建，使方案策划、技术交底、材料加工等工作均可在三维可视的效果下进行，减小沟通难度。还可以对模板、木方、钢管、扣件等材料用量进行汇总统计，有效控制材料用量。应结合工程实际情况，如搭设高度、最大跨度、复杂结构等问题，综合考虑所选模板类型、规格，支撑系统类型、规格和间距，支设流程和结构预埋件定位等因素，正确设置模拟参数。借助 BIM 技术的可视化功能，通过三维显示复杂节点，如图 6-2 所示。增强感性认识，提升理解度，将难点问题简单化，从而解决悬挑、高支模、大跨度等难题。

某工程楼板模板满堂支撑架支设方案三维展示如图 6-3 所示。

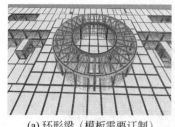 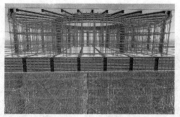 

(a) 环形梁（模板需要订制）　　(b) 大跨度梁（最大跨度为12.5m）　　(c) 高支模（最大高度为22.2m）

图 6-2　某工程模板工程复杂节点三维展示

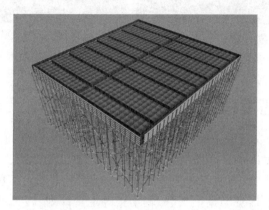

图 6-3　某工程楼板模板满堂支撑架支设方案三维展示

3. 脚手架工程施工方案模拟

脚手架工程施工方案模拟是通过建立三维模型，直观地展示脚手架的空间布局和结构特征；通过集成各种工程信息，实现对脚手架结构的精确表达和详细描述，减少设计中的错误和遗漏，提高设计质量和精度。通过与施工过程的紧密关联，实现动态管理和优化。此外，通过虚拟现实技术进行预演和模拟，还可以提前发现可能存在的安全隐患，并制定相应的应急预案，从而降低安全事故的发生概率。同时，通过对脚手架的实时监控和数据分析，对施工进度和成本进行精准控制和动态调整。

方案模拟应结合工程实际情况，如建筑物高度、层数、立面形式、搭设场地、相邻建筑物情况等问题，综合分析所选脚手架类型、组合形式、搭设顺序、安全网架设、连墙杆搭设、场地障碍物、卸料平台与脚手架关系等因素，合理优化脚手架方案。

某工程落地式脚手架搭设方案三维展示如图 6-4 所示，由于外架搭设高度小于 24m，所以剪刀撑采用间隔布置。

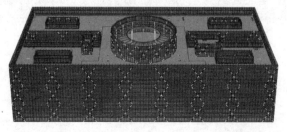

图 6-4　某工程落地式脚手架搭设方案三维展示

某工程型钢悬挑脚手架搭设方案三维展示如图 6-5 所示。

(a) 外立面三维展示

(b) 型钢悬挑梁锚固示意

图 6-5　某工程型钢悬挑脚手架搭设方案三维展示

6.2.2　施工工艺模拟

当工程施工难度大或采用新技术、新工艺、新设备、新材料时,宜应用 BIM 技术进行施工工艺模拟。应用 BIM 技术对工程项目施工中的深基坑工程、大型设备及构件安装、垂直运输、钢筋工程、混凝土工程等施工工艺进行模拟,可基于施工组织模型和施工图创建施工工艺模型,并将施工工艺信息与模型关联,输出资源配置计划、施工进度计划等,指导模型创建、视频制作、文档编制和方案交底。

在施工工艺模拟前应完成相关施工方案的编制,确认工艺流程及相关技术要求。

1. 钢筋工程施工工艺模拟

首先利用广联达 BIMMAKE 中 CAD 识别模块对项目中办公楼标准层梁柱节点进行钢筋识别,再将识别出的钢筋节点导入 BIMFILM 中进行钢筋工艺动画制作。利用动画从钢筋原材料进场、钢筋加工、施工前技术交底、钢筋安装、检查验收等部分进行钢筋工程施工全过程展示,如图 6-6 所示。可扫描二维码 6-3 观看动画模拟视频,了解钢筋进场验收、现场堆放要求、钢筋加工工艺及梁柱钢筋安装等施工工艺。

图 6-6　某工程框架梁柱钢筋绑扎施工模拟

2. 附着升降脚手架施工工艺模拟

利用广联达 BIMFILM 软件制作动画,主要模拟附着升降脚手架的地面组装、吊装、升降过程及拆卸等内容,如图 6-7 所示。可扫描二维码 6-4 观看动画模拟视频,了解附着升降脚手架的安装、升降及拆卸等施工工艺。

图 6-7　某项目附着升降脚手架爬升三维展示

6.3　BIM 技术在施工进度计划编制及控制中的应用

6.3.1　BIM 技术在施工进度计划编制中的应用

这里以品茗智绘进度计划软件应用为例。

（1）新建工程

使用新建工程命令可以在系统中创建一个新的项目文档,可以结合实际工程情况,填入项目名称、项目开始和结束时间等信息,如图 6-8 所示。

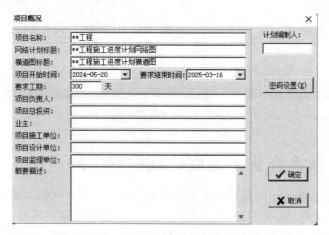

图 6-8　新建工程信息填写

（2）添加工作

点击"添加"按钮,在绘图区左键拖动需要的绘制距离,将弹出如图 6-9 所示对话框。逐项填写工作名称、开始时间和结束时间等信息,完成一项工作的添加。依次添加其他工作,如图 6-10 所示,直至绘制完成所有工作。如图 6-11、图 6-12 所示,为采用进度计划软件绘制的某工程施工进度计划网络图。此外软件还可以自动生成与时标网络计划对应的横道图。

图 6-9　添加工作及相关信息

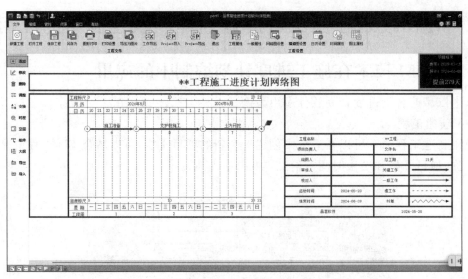

图 6-10　绘制网络图各项工作

6.3.2　BIM 技术在施工进度计划控制中的应用

BIM 技术在施工进度计划控制中的应用主要是基于 BIM3D 模型展开,在 3D 模型基础上与进度计划进行关联,形成 BIM4D 模型,运用 4D 模型进行施工模拟,如图 6-13 所示。此外还可以利用 BIM 技术的可视化功能,以不同颜色标记进度提前或延误的部位,实时展现项目计划进度与实际进度的模型对比,如图 6-14 所示,可扫描二维码 6-5 观看动画模拟对比过程。项目管理人员能够更加直观、准确地了解项目的进度情况,及时发现施工进度计划中存在的问题并进行优化调整,确保施工进度计划的合理性,进而使整个施工进度处于可控状态。

6-5

第6章 BIM 技术在施工组织中的应用

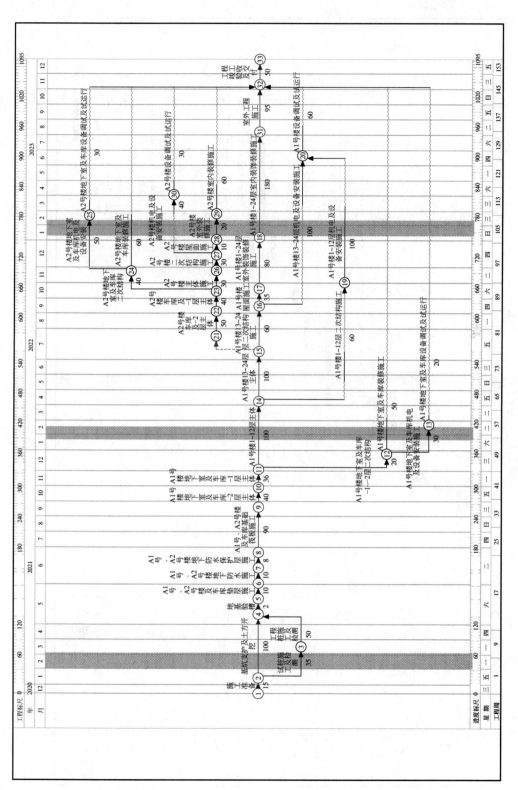

图 6-11 某工程施工进度计划网络图

图 6-12 某工程施工进度计划横道图

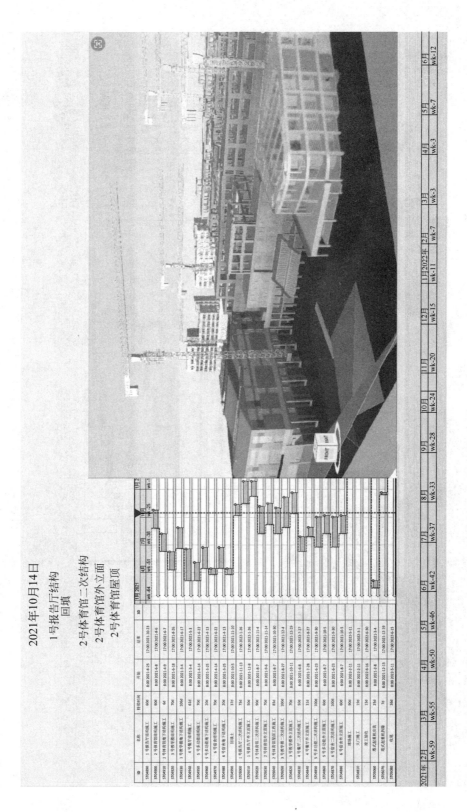

图 6-13 运用 4D 模型进行施工模拟

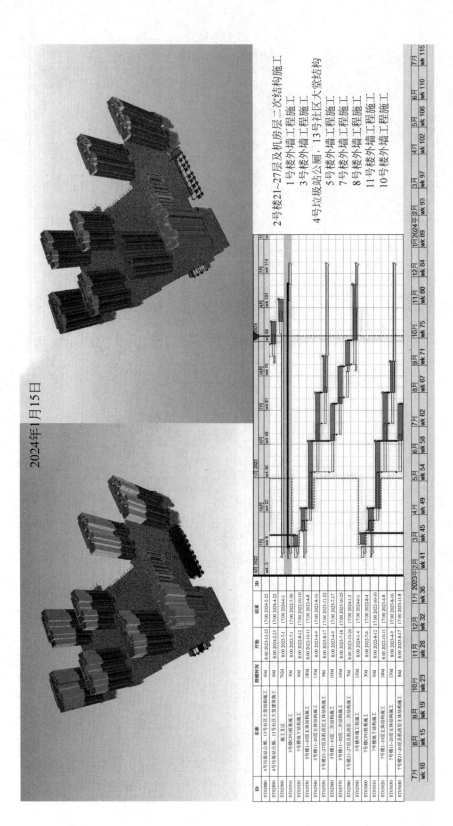

图 6-14 项目计划进度与实际进度的模型对比

6.4 BIM 技术在施工场地布置中的应用

BIM 技术在施工场地布置中的应用,可以帮助项目部提升施工现场的规划与管理能力,实现高效、安全、有序的施工环境,为工程项目管理提供更加科学的决策支持。主要包括:

(1) 建立安全文明施工设施库

借助 BIM 技术对施工场地的安全文明施工设施进行建模,并进行尺寸、材料等相关信息的标注,形成统一的安全文明施工设施库。

(2) 场地区域划分

利用 Revit 进行三维建模,将场地的生活区、办公区、施工区等合理划分。施工区域内物料区、道路、临时水电布置等进行合理布置。

(3) 现场机械设备管理

基于已经划分好的场地区域,在施工场地对机械进出场进行模拟,对机械设备位置再次检查,保证场地位置最佳,机械移动路线合理。

(4) 企业形象展示

利用 BIM 技术进行企业形象的三维展示,能更直观地查看场地布置情况,提高沟通效率。

(5) 场地工程量统计

利用建好的模型,对场地布置的工程量进行精准统计。

(6) 场地多方案对比

通过 BIM 构件库的建立,快速搭建多种场地布置方案,从经济、组织、交通、各不同阶段的需求等多方面数据的反馈,找出最好最优方案。根据采用的规范,进行自动检查,对出现的问题逐项调整,最后,确定场地布置正式方案。

(7) 塔式起重机平面试排功能

使用软件的塔式起重机平面试排功能,拟定现场所需塔式起重机型号、臂长、台数、平面位置等,并进行塔式起重机高度试算,为塔式起重机布置及安装提供参考。

某建设项目基础阶段施工场地布置如图 6-15 所示。

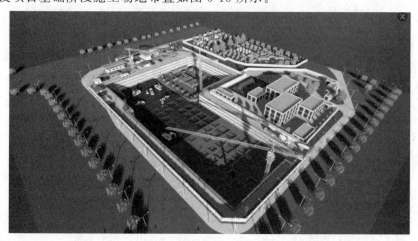

图 6-15 某建设项目基础阶段施工场地布置

某建设项目装饰装修阶段施工场地布置如图 6-16 所示。

可扫描二维码 6-6 观看视频,了解 BIM 技术在施工现场平面布置中的具体应用。

图 6-16 某建设项目装饰装修阶段施工场地布置

思考题

1. 什么是 BIM?起源于哪个国家?
2. BIM 技术在施工阶段的应用主要包括哪些方面?
3. BIM 技术在施工模拟中有什么优势?
4. BIM 技术在施工进度计划控制中有什么优势?
5. 试述 BIM 技术在施工场地布置中的应用主要包括哪些方面?

参 考 文 献

[1] 王利文.土木工程施工组织与管理[M].北京：中国建筑工业出版社,2021.
[2] 齐宝库.工程施工组织[M].北京：中国建筑工业出版社,2019.
[3] 韩英爱.工程项目管理[M].北京：机械工业出版社,2014.
[4] 建筑施工手册[M].5版.北京：中国建筑工业出版社,2013.
[5] 李思康,李宁,冯亚娟.BIM施工组织设计[M].北京：化学工业出版社,2018.
[6] 朱溢镕,李宁,陈家志.BIM5D协同项目管理[M].北京：化学工业出版社,2019.
[7] 郑显春.土木工程施工组织[M].北京：中国建材工业出版社,2009.
[8] 中华人民共和国住房和城乡建设部.建筑施工组织设计规范：GB/T 50502—2009[S].北京：中国建筑工业出版社,2009.
[9] 中华人民共和国住房和城乡建设部.工程网络计划技术规程：JGJ/T 121—2015[S].北京：中国建筑工业出版社,2015.
[10] 中华人民共和国住房和城乡建设部.建设工程项目管理规范：GB/T 50326—2017[S].北京：中国建筑工业出版社,2017.
[11] 中华人民共和国住房和城乡建设部.建筑信息模型施工应用标准：GB/T 51235—2017[S].北京：中国建筑工业出版社,2017.
[12] 中华人民共和国住房和城乡建设部.建筑工程绿色施工规范：GB/T 50905—2014[S].北京：中国建筑工业出版社,2014.
[13] 中华人民共和国住房和城乡建设部.建筑工程绿色施工评价标准：GB/T 50640—2023[S].北京：中国计划出版社,2023.
[14] 中华人民共和国住房和城乡建设部.建设工程施工现场消防安全技术规范：GB 50720—2011[S].北京：中国计划出版社,2011.
[15] 中华人民共和国住房和城乡建设部.建筑施工安全检查标准：JGJ 59—2011[S].北京：中国建筑工业出版社,2011.
[16] 中华人民共和国住房和城乡建设部.建设工程施工现场环境与卫生标准：JGJ 146—2013[S].北京：中国建筑工业出版社,2013.
[17] 中华人民共和国住房和城乡建设部.建设工程施工现场供用电安全规范：GB 50194—2014[S].北京：中国计划出版社,2014.
[18] 中华人民共和国住房和城乡建设部.施工现场临时用电安全技术规范：JGJ 46—2005[S].北京：中国建筑工业出版社,2005.